Abkürzungsverzeichnis der Rechtssprache

auf der Grundlage der für den Bundesgerichtshof geltenden Abkürzungsregeln

bearbeitet

von

Dr. Hildebert Kirchner

Bibliotheksdirektor beim Bundesgerichtshof

Berlin 1957

Walter de Gruyter & Co., Berlin W 35

vormals G. J. Göschen'sche Verlagshandlung · J. Guttentag, Verlagsbuchhandlung
Georg Reimer · Karl J. Trübner · Veit & Comp.

Archiv-Nr. 27 16 57
Satz: Walter de Gruyter & Co., Berlin W 35
Druck: Berliner Buchdruckerei Union GmbH, Berlin SW 29

Inhaltsverzeichnis

Vorwort

Die Verwendung von Abkürzungen ist in jüngster Zeit wiederholt heftig beklagt und als Zeichen der Hast unserer Zeit gebrandmarkt worden. Aber schon das geruhsame Mittelalter hatte einen unübersehbaren Katalog von Abbreviaturen, wie denn überhaupt Abkürzungen üblich sind, solange geschrieben wird.

Man sollte nicht verkennen, daß Abkürzungen bei dem Umfang des heutigen Schriftverkehrs durchaus sinnvoll sind, da sie die Schreibarbeit erleichtern und vereinfachen. Ihr Gebrauch ermöglicht zudem die Einschiebung von Zitaten in den laufenden Text, ohne daß der Satz zerrissen, das Satzbild gestört und dadurch das Lesen erschwert wird. Abkürzungen stellen bei zweckmäßiger Gestaltung und vernünftiger Verwendung einen wertvollen Rationalisierungsfaktor dar.

Zu beklagen und zu verdammen ist jedoch das Abkürzen um jeden Preis, das Aneinanderreihen einiger weniger Buchstaben, deren Sinn nicht sogleich erkennbar ist, und die Verwendung von Abkürzungen bei jeder sich bietenden Gelegenheit.

Der Gebrauch von Abkürzungen ist nur dann rationell, wenn eine Entschlüsselung nicht nötig ist, sich die Auflösung ohne weiteres ergibt. Der leichteren Erkennung des Gemeinten dient auch eine feste Übung im Gebrauch der Abkürzungen. Seit der Jahrhundertwende sind, gefördert durch den Deutschen Juristentag, immer wieder Versuche unternommen worden, durch die Herausgabe von Abkürzungsverzeichnissen eine gewisse Einheitlichkeit herbeizuführen. Diese Verzeichnisse waren im Anfang noch überaus bescheiden, der Erfolg jedoch einigermaßen befriedigend. Weitaus am bedeutendsten war die Arbeit von Maas und Magnus, die im Jahre 1929 im gleichen Verlag erschien, und die das bis jetzt umfangreichste und beste Verzeichnis darstellt. Ihr war der besondere Erfolg beschieden, daß sich die Juristische Wochenschrift sowie namhafte juristische Verlage fortan nach ihr richteten. Von späteren Bemühungen um eine Vereinheitlichung der Abkürzungen sind vor allem die Arbeiten der Akademie für Deutsches Recht zu erwähnen. Die Schaffung eines Abkürzungsverzeichnisses rechtswissenschaftlicher Zeitschriften stand kurz vor dem Abschluß. Der Krieg hat sein Erscheinen verhindert. (Siehe hierzu den Bericht von Güntzel im Jahrbuch der Akademie für Deutsches Recht Jg. 6/7. 1939/40 S. 250ff.)

Einer Vereinheitlichung der Abkürzungen dient auch die seit einigen Jahrzehnten bestehende Übung des Gesetzgebers, für Gesetze, Verordnungen usw. bestimmte Sigel vorzuschreiben. Im Bereich der Finanzen ist sie besonders ausgeprägt. Gleichwohl ist es nicht verständlich, warum für ganz unbedeutende Rechtsvorschriften Abkürzungen vorgesehen werden (so gibt es für die Bestimmungen über Haltung und Ausbildung von Zollhunden — Erlaß des BMF v. 16. 5. 1955, BZBl. S. 426 — eine Abkürzung: ZHBest.), für wichtigste Gesetze hingegen keine. Auch die Bemühungen mancher Zeitschriftenverleger, ihren Zeitschriften durch den Heftumschlägen aufgedruckte Hinweise eine einheitliche Abkürzungsweise zu sichern, sind löblich. Zu beklagen ist jedoch das Bestreben, möglichst kurze Schreibweisen vorzuschlagen.

Mit der Kürzung von Zeitschriftentiteln befaßt sich auch die in neuster Fassung im Februar 1955 herausgegebene DIN = Norm 1502. Sie soll für Zeitschriften aller Wissensgebiete eine einheitliche Abkürzungsweise sichern. Die Verwendung der in dieser Norm vorgeschriebenen Abkürzungen empfiehlt sich auch für juristische Arbeiten, sobald davon ausgegangen werden darf, daß sie auch im fremdsprachigen Ausland gelesen werden.

Das vorliegende Verzeichnis der in der deutschen Rechtssprache vorkommenden Abkürzungen, das die Arbeit von Maas und Magnus zu ersetzen bestimmt ist, gliedert sich in zwei Teile. Im ersten Teil werden die alphabetisch geordneten Abkürzungen und Sigel aufgelöst und erklärt. Da kein noch so umfangreiches Verzeichnis alle möglichen Abkürzungen zu erfassen vermöchte, sind zur einwandfreien Festlegung bei den Gesetzen die Fundstellen und bei den Zeitschriften sowie den Amtsblättern die Titeländerungen und Erscheinenszeiträume vermerkt. Kurzbezeichnungen der Rechtsvorschriften, die der Gesetzgeber selbst bestimmt hat, sind in runden, andernfalls in eckigen Klammern beigefügt. Auch aufgehobene Vorschriften sind aufgenommen, soweit sie in Rechtsprechung und Schrifttum noch eine Rolle spielen. Von den juristischen Zeitschriften, die, soweit sie nach 1900 erschienen sind, grundsätzlich alle berücksichtigt worden sind, sind auch unbedeutendere aufgeführt, weil deren Abkürzungen bei der Auflösung insbesondere Schwierigkeiten bereiten.

Der zweite Teil des Verzeichnisses gibt für Abkürzungen Empfehlungen. Damit soll nicht zum Ausdruck gebracht werden, daß alle in diesem Teil vorkommenden allgemeinen Rechtsbegriffe, Gesetz- und Amtsblätter, Zeitschriften und Rechtsvorschriften stets abgekürzt werden sollten oder könnten. Die Entscheidung, ob es zweckmäßig, möglich oder gar angezeigt ist, eine Abkürzung zu verwenden, muß jedermann vielmehr selbst treffen. Das hängt ganz und gar von den Umständen ab. Die ausgesprochene Empfehlung für Abkürzungen bezieht sich lediglich auf deren Form, deren Bildung. Gleichwohl wird sich niemals eine völlige Einheitlichkeit im Gebrauch von Abkürzungen erreichen lassen, weil es nur eine verhältnismäßig geringe Anzahl für alle Zweige der Rechtswissenschaft und für alle Zeiten feststehende und verständliche Abkürzungen gibt. Das war auch für die Bearbeitung dieses zweiten Teiles eine besondere Schwierigkeit, wenn die Empfehlungen nicht auf die allgemein bekannten Abkürzungen beschränkt bleiben sollten, was ja dann kaum sinnvoll gewesen wäre. Für die Gestaltung der Abkürzungen war es deshalb nötig, zu berücksichtigen, in welchem Bereich sie verwendet werden.

Hinsichtlich jener Gesetze und Zeitschriften, die hauptsächlich für die ordentliche Gerichtsbarkeit eine Rolle spielen, ist so von der Übung des Bundesgerichtshofs ausgegangen worden. Soweit Abkürzungen dem Bereich des Sozialrechts angehören, ist der Gebrauch des Bundessozialgerichts und der Sozialgerichte zugrunde gelegt. Entsprechendes gilt für arbeits- oder finanzrechtliche Abkürzungen. Beim Landesrecht ist die Landesübung berücksichtigt, so ist hinsichtlich der bayerischen Vorschriften insbesondere die Anlage zur Allgemeinen Dienstordnung für die Staatsbehörden verwertet worden.

Für die Form der empfohlenen Abkürzungen ist in jedem Fall beachtet und durch Fettdruck hevorgehoben worden, welche Abkürzung der Gesetzgeber, das Gesetz- oder Amtsblatt oder die Zeitschrift vorgesehen hat. Lediglich die Interpunktion ist unabhängig von den Vorschlägen einheitlich entsprechend den nachstehend angegebenen Regeln gestaltet. Bei den Zeitschriften ist die Abkürzungsweise, soweit sie vom Verlag nicht ausdrücklich empfohlen worden ist, aus der Verwendung im laufenden Text oder in den Fußnoten der Zeitschrift selbst entnommen worden. Da es zweckmäßig ist, grundsätzlich von den für Gesetze, Gesetz- und Amtsblätter sowie Zeitschriften vorgesehenen Abkürzungen auszugehen und den Gebrauch derselben zu empfehlen, ergeben sich manche Inkonsequenzen. In vielen Fällen ist, um solchen zu entgehen, eine andere Abkürzung vorgeschlagen worden. Anderweitige Vorschläge waren aber auch dann nötig, wenn die vorgesehene Abkürzung zu knapp und daher unverständlich ist. Auch bei älteren Abkürzungen erschienen gewisse Änderungen angebracht.

Grundsätzlich sind nur Abkürzungen der deutschen Rechtssprache aufgenommen. Nur wo eine Verwechslung mit gleichlautenden ausländischen Sigeln möglich ist, sind ausnahmsweise auch diese angegeben. Wichtig wäre vielleicht die Auflösung der Abkürzungen von ausländischen Zeitschriften gewesen. Das mußte indes unterbleiben, um das Verzeichnis nicht noch umfänglicher werden zu lassen. Für diese Fälle sei auf die von H. P. des Coudres zusammengestellte Bibliographie juristischer Abkürzungsverzeichnisse (Zeitschr. f. ausl. u. intern. Privatrecht 1953, S. 524) hingewiesen.

Nach dem 1. Januar 1957 veröffentlichte Rechtsvorschriften mußten unberücksichtigt bleiben.

Karlsruhe, den 1. April 1957 H. Kirchner

Regeln

für die Bildung und den Gebrauch von Abkürzungen

Abkürzungen sollen das Gemeinte ohne Schwierigkeiten erschließen lassen. Daraus ergeben sich Art und Weise und Umfang der Abkürzung.

1. *Abkürzung von Zeitschriftentiteln.* — Bei der Bildung von Abkürzungen für Zeitschriften sowie Gesetz und Amtsblätter ist von dem genauen Titel auszugehen, nicht von einem schon zusammengezogenen, besonders zurechtgelegten Titel, der vielleicht die Bildung einer kürzeren Abkürzung ermöglichen würde. Die Wortabfolge ist beizubehalten. Von den Zeitschriften empfohlene Abkürzungen sollten im allgemeinen verwendet werden, falls sie nicht zu kurz und dadurch unverständlich sind. Lassen solche empfohlenen Abkürzungen die Titel nicht erkennen, weil ihnen ein vom eigentlichen Titel abweichender Zwecktitel zugrunde gelegt wurde (z. B. „RabelsZ“ für „Zeitschrift für ausländisches und internationales Privatrecht“; „RFBl.“ für „Amtsblatt der Reichsfinanzverwaltung“), so sollten sie richtig gebildeten Abkürzungen nur vorgezogen werden, wenn das Blatt sehr bekannt ist, die Auflösung mithin keine Schwierigkeit macht.
2. *Abkürzung von Gesetzen.* — Grundsätzlich wird auch bei der Bildung von Abkürzungen für Gesetze von der Überschrift ausgegangen. Hat der Gesetzgeber eine besondere Kurzbezeichnung vorgesehen (z. B. Verordnung über die Anerkennung und die Verteilung von ausländischen Flüchtlingen ⟨Asylverordnung⟩) oder ist eine solche Kurzform üblich (z. B. Gesetz über die Zwangsversteigerung und die Zwangsverwaltung ⟨Zwangsversteigerungsgesetz⟩), so wird diese Kurzform für die Bildung der Abkürzung zugrunde gelegt. Ist dies nicht der Fall, handelt es sich aber um eine lange, nur schwerlich abkürzbare Gesetzesbezeichnung, so darf als Grundlage für die zu bildende Abkürzung in Ausnahmefällen auch eine sprachlich unmögliche Form gebildet werden (z. B. Gesetz zum Schutze der Jugend in der Öffentlichkeit = Jugendschutz in der Öffentlichkeit -Gesetz, abgekürzt: JSchÖG). Vom Gesetzgeber selbst vorgesehene Abkürzungen (Legalabkürzungen) sind auf alle Fälle zu verwenden.
3. *Umfang der Abkürzung.* — Mit wenigen Buchstaben können Zeitschriften, Gesetze (Rechtsnormen) und Behörden nur dann abgekürzt werden, wenn ihre Bekanntheit allgemein vorausgesetzt werden kann (BGB, NJW). Im übrigen muß sich die Form der Abkürzung nach dem zu erwartenden Leserkreis richten, sie kann also kürzer gehalten sein, wenn nur ein kleiner Kreis von Sach-

verständigen angesprochen werden soll. In Abhandlungen oder Urteilen sollte regelmäßig die jeweilige nicht allgemein bekannte Abkürzung beim ersten Vorkommen in ausführlicher Form verwendet werden. Dann kann in späteren Zitaten ruhig die knappste Form gebraucht werden.

4. *Art der Bildung der Abkürzung.* — Die wichtigen Worte des Zeitschriftentitels oder der Gesetzesbezeichnung sind sinngemäß durch Zusammenziehung (z. B. Ztg. für Zeitung) oder auch Weglassung der letzten Buchstaben (z. B. amtl. für amtlich) zu kürzen. Weniger wichtige Wörter, insbesondere Artikel und Verhältniswörter (Pronomina) können fortgelassen werden (z. B. Zeitschrift für Politik: ZPolit.). Artikel am Anfang des Titels sind stets wegzulassen (z. B. nicht: DÖV für „Die öffentliche Verwaltung", sondern: ÖV), da der als D. abgekürzte Artikel sonst auch als „Deutsch (e, -er, -es)" gelesen werden könnte.

   Adjektive werden bei der Kürzung groß geschrieben (z. B. „ArchÖffR" = „Archiv für öffentliches Recht"), um den Anfang des neuen Wortes zu kennzeichnen, falls sich nicht eine abweichende Schreibweise für die Abkürzung durchgesetzt hat (z. B. „AcP" = „Archiv für die civilistische Praxis").

   Buchstaben, die nicht am Anfang eines Wortes oder — bei zusammengesetzten Wörtern (Komposita) — des Wortteils stehen, sind in der Kürzung klein zu schreiben (also nicht: STGB, sondern StGB). Von dieser Regel sind nur eingebürgerte Abkürzungen ausgenommen (z. B. VO = Verordnung, AnO = Anordnung).

   Von üblichen Kürzungen sollte nicht abgewichen werden. Zu mißbilligen sind daher Abkürzungen wie: BG statt BGB, B. statt Bl. (= Blatt) in RBB (= Reichsbesoldungsblatt), GV statt GVBl. (= Gesetz- und Verordnungsblatt) beim Gesetz- und Verordnungsblatt für das Land Nordrhein-Westfalen, BgBl. oder BuGBl. statt des üblichen BGBl. (= Bundesgesetzblatt).

   Abkürzungen sind grundsätzlich ohne Zwischenräume zu schreiben.

5. *Flektion der Abkürzungen.* — Abkürzungen werden nicht flektiert (z. B.: des BGH, nicht: des BGHs). Der Plural ist sinngemäß zu bilden (RAe nicht RÄ = Rechtsanwälte; VOen = Verordnungen). Die Pluralbildung durch Verdoppelung des letzten Buchstaben ist nicht mehr üblich (also: Art. nicht Artt. = die Artikel).

Anhang: *Die Interpunktion der Abkürzungen.* — Eine besondere Uneinheitlichkeit und Unsicherheit besteht bei der Frage, ob hinter eine Abkürzung ein Punkt zu setzen ist oder nicht. Während die Juristen immer mehr dazu neigen, bei Abkürzungen jegliche Interpunktion zu unterlassen, schreibt der Duden, auch wenn die Abkürzung lediglich aus Großbuchstaben besteht, grundsätzlich einen Punkt am Schluß vor. Eine Ausnahme läßt er nur dann gelten, wenn Abkürzungen als selbständige Wörter gesprochen werden wie LKW (gesprochen: El-ka-we) oder BGB (gesprochen: Be-ge-be). Auch bei häufig gebrauchten Abkürzungen aus Wissenschaft und Wirtschaft wird das Fehlen der Punkte gebilligt. Als Beispiele werden hier m (= Meter), Ra (= Radium), SW (= Südwest) und DM (= Deutsche Mark) genannt.

Nach diesen Regeln dürften wohl ZPO, StGB und NJW ohne Punkt geschrieben werden können, nicht aber MSchG, GA (= Goltdammers Archiv) und MBliV, weil das niemand sagt. Auch hinter AG (= Amtsgericht oder Aktiengesellschaft) brauchte kein Punkt gesetzt zu werden, da es sich hier um häufig gebrauchte Abkürzungen aus Wissenschaft und Wirtschaft handelt; obgleich die Abkürzungen im allgemeinen nicht gesprochen werden und vielmehr Amtsgericht oder Aktiengesellschaft gesagt wird. Sicherlich wird aber niemand BT (Be-te) oder BR (Be-er) statt Bundestag oder Bundesrat sagen. Hier müßte dann ein Punkt gesetzt werden.

Für die Regelung des Duden besteht kein überzeugender Grund. Sie ist auch nicht folgerichtig. Nach den allgemeinen Interpunktionsregeln soll der Punkt hinter der Abkürzung die fehlenden Buchstaben kennzeichnen. Es ist deshalb s. = siehe, vgl. = vergleiche zu schreiben. Um eine Wortabkürzung handelt es sich aber bei der Schreibung m = Meter und Ra = Radium gar nicht. Es wäre nämlich nicht einzusehen, weshalb Meter in der Abkürzung plötzlich mit einem kleinen Buchstaben geschrieben werden sollte, und, wenn die chemischen Zeichen wirklich Abkürzungen wären, müßte Eisen Ei. und Kupfer Ku. geschrieben werden. In Wirklichkeit aber wird statt Eisen Fe (= Ferrum), statt Kupfer Cu (= Cuprum) geschrieben. Es handelt sich auch tatsächlich in diesen Fällen um keine Abkürzungen, sondern um besonders gestaltete Symbole, die man zum Unterschied gegen echte Abkürzungen Sigel nennen sollte.

Eine sigelmäßige Schreibung besteht im allgemeinen auch bei den juristischen Abkürzungen. Das Wort „Strafgesetzbuch" müßte bei einer normalerweise durch Zusammenziehung (Kontraktion) gebildeten Abkürzung „Stgb." geschrieben werden. Üblich ist die Schreibung „StGB". Eine echte Abkürzung, hinter die also ein Punkt zu setzen ist, liegt vor, wenn statt „Ehegesetz" abgekürzt „Eheg." geschrieben wird. Um ein Sigel jedoch handelt es sich, wenn unter Abweichung von der gewöhnlichen Schreibweise des Wortes „EheG" geschrieben wird. Die sigelmäßige Kürzung wird auch aus der lückenlosen Schreibung ersichtlich (ArchÖffR und nicht Arch.f.öff.R.).

Bei Sigeln würden Punkte immer dann entbehrlich sein, wenn sie mit einem Großbuchstaben enden. In diesen Fällen nämlich wird von selbst ersichtlich, daß es sich um eine abgekürzte symbolische Schreibung handelt, da es ja niemals vorkommen kann, daß ein Wort mit einem großen Buchstaben schließt.

Lediglich dann sollte auch hinter Sigel stets ein Punkt gesetzt werden, wenn der letzte Buchstabe ein kleiner ist. Es gibt nämlich hier Fälle, bei denen zwischen einer gewöhnlichen Abkürzung und einer symbolhaften Schreibung (Sigel) nicht unterschieden werden kann. Die punktlose Schreibung würde das Erkennen der Abkürzung oder des Sigels in vielen

Fällen erschweren. Der Bundesgerichtshof wird allerdings auch hier den Punkt künftig fortlassen.

Von dieser Regel bestehen drei Ausnahmen:

1. Einzeln stehende Buchstaben, die ja kein Sigel, sondern stets eine Abkürzung darstellen, sind mit einem Punkt zu versehen (V. = Verordnung, G. = Gesetz; in G 131 ⟨= Gesetz zur Regelung der Rechtsverhältnisse der unter Artikel 131 des Grundgesetzes fallenden Personen⟩ ist das G ohne Punkt zu schreiben, da der Buchstabe tatsächlich nicht allein steht, sondern mit der Zahl zusammen eine Einheit bildet).
2. Kein Punkt ist zu setzen, wenn die Abkürzung als sprechbares Kunstwort besonders gebildet worden ist (z. B. Ufita = Archiv für das Urheber-, Film- und Theaterrecht; Preugo = [Preußische] Gebührenordnung für approbierte Ärzte und Zahnärzte).
3. Allgemeine, nicht dem juristischen Bereich entspringende Abkürzungen sind mit der gebräuchlichen Interpunktion zu schreiben (also: a. a. O. = am angegebenen Ort, u. a. = unter anderem, a. M. = anderer Meinung, a. F. = alte Fassung).

Gesamtverzeichnis der Abkürzungen in alphabetischer Ordnung

A

AA	Ausführungsanweisung
AA, ArbA	Arbeitsamt
AA, ArbA	Das Arbeitsamt [Zeitschrift] (1. 1950ff.)
AA, AuswA	Auswärtiges Amt
a. A.	anderer Ansicht
AAB, AB	Allgemeine Ausführungsbestimmungen zur Eisenbahnverkehrsordnung
AAfGem.	Ausführungsanweisung zum Deutschen Beamtengesetz für die Kommunalbeamten (Beamten der Gemeinden, der Gemeindeverbände und der gemeindlichen Zweckverbände). RdErl. v. 1. 7. 1937 (MBliV S. 1051)
AAnw., AusfAnw.	Ausführungsanweisung
AAnz. Hamb.	Amtlicher Anzeiger (= Teil II d. Hamburgischen Gesetz- u. Verordnungsblattes) (1950ff.)
a. a. O.	am angegebenen Ort
AAR Nr. 1	Brit. Zone. Allgemeine Anweisungen an Richter Nr. 1 (SchlHA 1946 S. 4)
AB	Aufsichtsbehörde
AB, ABest., AusfBest.	Ausführungsbestimmung(en)
AB	s. a. AAB
ABA	Arbeit, Beruf und Arbeitslosenhilfe. (Jetzt m. d. Untertit.:) Fachzs. f. d. Aufgabengebiete d. Bundesanstalt (1. 1950ff.)
AbändG, AbGes.	Abänderungsgesetz
ABBOS	Ausführungsbestimmungen zur Eisenbahn-Bau- und Betriebsordnung für Schmalspurbahnen
ABBVO	s. AutoBBO
ABC, ABK	Allied Bank Commission (Alliierte Bankkommission)
ABC-Dir.	Direktive der Alliierten Bankkommission
Abdr. vorg.	Abdruck vorgesehen
ABest.	s. AB
ABG	s. a. AufbG
ABG	Allgemeines Berggesetz ~ f. d. preuß. Staaten v. 24. 6. 1865 (GS S. 705) ~ f. d. Land Hessen, i. d. F. v. 1. 4. 1953 (GVBl. S. 61)

Abg.	Abgeordneter
AbgabenDV-LA	Durchführungsverordnung über Ausgleichsabgaben nach dem Lastenausgleichsgesetz
ABGB	Allgemeines Bürgerliches Gesetzbuch für Österreich
AbGes.	s. AbändG
AbgO	s. AO
AbgVO	Bayern. VO ü. d. Abgabe starkwirkender Arzneien (Abgabenverordnung) v. 27. 11. 1956 (GVBl. S. 289)
Abh.	Abhandlung
Abhn.	Abhandlungen
ABilG	Berlin. Ges. ü. d. Altbankenrechnung u. d. DM-Eröffnungsbilanz d. Berliner Altbanken (Altbanken-Bilanz-Gesetz) v. 10. 12. 1953 (GVBl. S. 1488)
ABK	s. ABC
Abk.	Abkommen
ABL	Allgemeine Bedingungen für die Ausführung von Leistungen (= Teil B d. Verdingungsordnung f. Leistungen, ausgenommen Bauleistungen)
ABl.	Amtsblatt [Die einzelnen Amtsblätter, soweit sie im folgenden nicht aufgeführt sind, s. u. bei d. systematischen Übersicht d. Gesetz- u. Amtsblätter]
ABl.	Anwaltsblatt s. AnwBl.
ABlAHK, AHKBl.	Amtsblatt der Alliierten Hohen Kommission in Deutschland. Official Gazette of the Allied High Commission for Germany. Journal Officiel de la Haute Commission Alliée en Allemagne (1949—1955)
ABlAllKdtr.	Amtsblatt der Alliierten Kommandatura Berlin. Official Gazette of the Allied Kommandatura Berlin. Bulletin Officiel de la Kommandatura Interalliée de Berlin (1947ff.)
ABlBMP, ABlPost	Amtsblatt des Bundesministers (1950, 1—49: Bundesministeriums) für das Post- und Fernmeldewesen (1950ff.)
ABl. d. BAM	s. AMBl.
ABl. d. EKD, ABlEKD	Amtsblatt der Evangelischen Kirche in Deutschland [Ausgabe Hannover] (1. 1947ff.)
ABl. d. EKD-Bln., ABlEKD-Bln.	Amtsblatt der Evangelischen Kirche in Deutschland, Berliner Stelle (2. 1948ff.; vorher: Amtsbl. d. Kanzlei d. Ev. Kirche in Dtschld.)
ABlEGKS	Amtsblatt der Europäischen Gemeinschaft für Kohle und Stahl (1. 1952ff.)
ABlEGKS-Vhlgn.	Amtsblatt der Europäischen Gemeinschaft für Kohle und Stahl. Verhandlungen der Gemeinsamen Versammlung. Ausführliche Sitzungsberichte (2. 1953ff.)

ABlEL(BrZ)	Amtsblatt für Ernährung und Landwirtschaft. Mitteilungs- u. Verordnungsblatt d. Zentralamts f. Ernährung u. Landwirtschaft in d. britischen Zone. (1. 1946–2. 1947; dann: Amtsbl. f. Ernährung, Landwirtsch. u. Forsten)
ABlELF, ABlfELF, ABlErn.	Amtsblatt für Ernährung, Landwirtschaft und Forsten. Amtl. Mitteilungsbl. d. Verw. f. Ernährung, Landwirtschaft u. Forsten d. Vereinigten Wirtschaftsgebietes (1. 1947–3. 1949; fortges. als: Ministerialbl. d. Bundesmin. f. Ernährung, Landwirtschaft u. Forsten)
ABlHVPost, ABlPost	Amtsblatt der Hauptverwaltung für das Post- und Fernmeldewesen des amerikanischen und britischen Besatzungsgebietes (ab 1948, 6: d. Vereinigten Wirtschaftsgebietes) (1947–1950, 29; fortges. als: Amtsbl. d. Bundesministeriums f. d. Post- u. Fernmeldewesen)
ABlKR, KRABl.	Amtsblatt des Kontrollrats in Deutschland (Nr. 1. 1945–19. 1948)
ABlMfV	s. VMBl.
ABlMR(AmZ), ABlAmMilReg., AmABl.	Amtsblatt der Militärregierung. Deutschland. Amerikanisches Kontrollgebiet. Military Government Gazette. Germany. United States Area of Control. (Ausg. A–O, 1946–1949)
ABlMR(BrZ), ABlBrMilReg., BritABl.	Amtsblatt der Militärregierung. Deutschland. Britisches Kontrollgebiet. Military Government Gazette. Germany. British Zone of Control. (Nr. 1. 1945–41. 1949)
ABlPost	s. ABlHVPost; ABlBMP
ABlRPM, RPMBl., PoABl., PABl.	Amtsblatt des Reichspostministeriums (1919–1945; vorher: Amtsbl. d. Reichspostamts)
ABlVELKD	Amtsblatt der Vereinigten Evangelisch-Lutherischen Kirche Deutschlands (1. 1954ff.)
AbmG, AbmarkgsG	Abmarkungsgesetz Bayern. Gesetz, die Abmarkung d. Grundstücke betr. v. 30. 6. 1900 (GVBl. S.553) Hessen. ~ v. 3. 7. 1956 (GVBl. S. 124)
ABO	s. BauO, Hessen
AbordgB	Bestimmungen ü. Vergütung bei vorübergehender auswärtiger Beschäftigung d. Beamten v. 11. 9. 1942 (RBesBl. S. 184), i. d. F. v. 26. 5. 1950 (MinBlFin. 1951 S. 11)
AbrVO	Abrundungsverordnung v. 31. 10. 1923 (RGBl. I S. 1049)
Abs.	Absatz
Abschn.	Abschnitt

ABSOG	Niedersachsen. Ausführungsbestimmungen z. Gesetz ü. d. öffentliche Sicherheit u. Ordnung v. 30. 4. 1951 (MBl. S. 185)
Abt.	Abteilung
ABvBO	Ausführungsbestimmungen zur vereinfachten Eisenbahn-Bau- u. Betriebsordnung
ABvBOS	Ausführungsbestimmungen zur vereinfachten Eisenbahn-Bau- u. Betriebsordnung für Schmalspurbahnen
ABVO	s. AutoBBO
abw.	abweichend
AbwGewG	s. AGG
AbzG	Gesetz, betr. d. Abzahlungsgeschäfte [Abzahlungsgesetz] v. 16. 5. 1894 (RGBl. S. 450)
AcP, AZP, ArchZivPr. ZivA	Archiv für die civilistische Praxis (1. 1818—149. 1944, 150. 1948/49ff.)
AD	s. AußHandDienst
ADAC	Allgemeiner Deutscher Automobilclub
ADAnw.	Allgemeine Dienstanweisung
ADGB	Allgemeiner Deutscher Gewerkschaftsbund
ADGO, Adgo	Allgemeine Deutsche Gebührenordnung für Ärzte
ADHGB	Allgemeines Deutsches Handelsgesetzbuch von 1861
ADMietZ, ADMietZtg.	Allgemeine Deutsche Mieterzeitung (1. 1923—9. 1931)
ADO	Allgemeine Dienstordnung für nichtbeamtete Gefolgschaftsmitglieder [Arbeitnehmer] bei öffentl. Verwaltungen u. Betrieben v. 30. 4. 1938 (RGBl. I S. 461, 476, 491), f. Angestellte im öffentl. Dienst v. 10. 5. 1938 (RGBl. I S. 512, 513) [Es gibt noch weitere ADOen]
AdoptEG	Gesetz z. Erleichterung d. Annahme an Kindes Statt v. 8. 8. 1950 (BGBl. S. 356)
AdoptVG	Gesetz ü. d. Vermittlung d. Annahme an Kindes Statt v. 29. 3. 1951 (BGBl. I S. 214)
ADOSt.	Bayern. Allgemeine Dienstordnung f. d. Staatsbehörden v. 22. 12. 1953 (GVBl. 1954 S. 1)
ADS, ADSVB, AllgDSeeVersBed.	Allgemeine Deutsche Seeversicherungsbedingungen v. 1919
ADSp.	Allgemeine Deutsche Spediteurbedingungen i. d. F. v. Nov. 1939 (RAnz. 1940 Nr. 4)
AdV	s. ArchVölkR
ADV DStO	Bayern. Allg. DurchfVO z. Dienststrafordnung vom 28. 9. 1955 (GVBl. S. 222)

ÄAG	Nordrhein-Westfalen. Gesetz ü. d. Änderung beamtenrechtl. Vorschriften u. z. Anpassung d. Landesrechts an die Vorschriften d. Bundesgesetzes z. Regelung d. Rechtsverhältnisse d. unter Art. 131 d. GG fallenden Personen (Änderungs- u. Anpassungsgesetz) v. 15. 12. 1952 (GVBl. S. 423)
AEB, AEDB, AllgEinbrVersBed.	Allgemeine Einbruchsdiebstahlversicherungs- Bedingungen
AEBG	s. EisenbG
AEG	Anerbengericht
ÄG, ÄrzteG, BÄG	Bayerisches Ärztegesetz v. 25. 5. 1946 (GVBl. S. 193)
ÄG, ÄndG	Änderungsgesetz
Änd.	Änderung
ÄndIHG	Gesetz z. Änderung d. Gesetzes ü. d. Investitionshilfe d. gewerbl. Wirtschaft 1. Gesetz v. 22. 8. 1952 (BGBl. I S. 585) 2. Gesetz v. 30. 3. 1953 (BGBl. I S. 107) 3. Gesetz v. 19. 12. 1954 (BGBl. I S. 437)
ÄNLG	Bayern. Gesetz zur Regelung d. ärztl. Niederlassungswesens v. 23. 12. 1948 (GVBl. 1949 S. 2)
AF	Ausgleichsforderung
a. F.	alte Fassung
a. F.	alte Folge
Afa, AfA	Absetzung für Abnutzungen
AFB	s. a. AFVB
AFB	Ausführungsbestimmung(en)
AFET	Allgemeiner Fürsorgeerziehungstag
AfJ	s. ArchJugR
AFVB, AFB, AllgFeuerversBed.	Allgemeine Feuerversicherungs-Bedingungen
AG	s. a. AufbG
AG	Ausführungsgesetz
AG	Aktiengesellschaft
AG, AktG	Die Aktiengesellschaft. Zs. f. d. gesamte Aktienwesen (1. 1956ff.)
AG	Amtsgericht
AG	Anstellungsgrundsätze s. AGr.
AGB, AllgGeschBed.	Allgemeine Geschäftsbedingungen
AGBGB	Ausführungsgesetz z. Bürgerlichen Gesetzbuch Baden. I. d. F. v. 13. 10. 1925 (GVBl. S. 281) Bayern. Vom 9. 6. 1899 (GVBl. Beil. zu Nr. 28 S. 1) Preußen. Vom 20. 9. 1899 (GS S. 177) Württemberg. Vom 29. 12. 1931 (RegBl. S. 545)

AGD, AGDir.	Amtsgerichtsdirektor
AGG, AbwertGewG	Gesetz ü. Abwertungsgewinne v. 23. 12. 1936 (RGBl. I S. 1126)
AGG, ArbGG, BAGG	Arbeitsgerichtsgesetz Reich. ~ v. 23. 12. 1926 (RGBl. I S. 507) Besatzungszeit. Deutsches~. KRG Nr. 21 v. 30. 3. 1946 (ABlKR S. 124) Bundesrepublik. ~ v. 3. 9. 1953 (BGBl. I S. 1267)
AGGVG	Bayern. Gesetz z. Ausführung d. Gerichtsverfassungsgesetzes v. 17. 11. 1956 (GVBl. S. 249)
AGLondSchAbk.,	Gesetz z. Ausf. d. Abkommens v. 27. 2. 1953 ü. deutsche Auslandsschulden v. 24. 8. 1953 (BGBl. I S. 1003)
AGNB	Allgemeine Beförderungsbedingungen für den gewerblichen Güternahverkehr mit Kraftfahrzeugen. In Kraft seit 1. 1. 1956
AGO	Preußen. Allgemeine Gerichtsordnung v. 6. 7. 1793
AGR	Amtsgerichtsrat
AGr., AG	Anstellungsgrundsätze (Grundsätze f. d. Anstellung d. Inhaber eines Versorgungsscheins) v. 16. 7. 1930 (RGBl. I S. 234)
AgrarRefG	Agrarreformgesetz Baden. Landesges. z. Verbesserung d. landwirtschaftl. Bodenverteilung u. Bodennutzung (~) v. 27. 2. 1948 (GVBl. S. 165) Schleswig-Holstein. Ges. z. Einleitung d. Agrarreform v. 12. 3. 1948 (GVBl. S. 81)
AgrarZ	s. ZAgruWR
AGSGG	Ausführungsgesetz zum Sozialgerichtsgesetz Baden-Württemberg. ~ v. 21. 12. 1953 (GBl. S. 235) Bayern. Ges. z. Ausführung d. Sozialgerichtsgesetzes v. 21. 12. 1953 (GVBl. S. 195) Berlin. ~ v. 22. 12. 1953 (GVBl. S. 1521) Bremen. Ges. ü. d. Sozialgerichtsbarkeit v. 16. 10. 1953 (GBl. S. 107) Hamburgisches ~ v. 16. 10. 1953 (GVBl. S. 295) Hessisches ~ v. 22. 12. 1953 (GVBl. S. 204) Niedersachsen. ~ v. 24. 11. 1953 (GVBl. S. 87) Nordrhein-Westfalen. Ges. z. Ausf. d. Sozialgerichtsgesetzes v. 8. 12. 1953 (GVBl. S. 412) Rheinland-Pfalz. Landesgesetz ü. d. Errichtung v. Sozialgerichten u. eines Landessozialgerichts v. 16. 12. 1953 (GVBl. S. 139) Schleswig-Holsteinisches ~ v. 2. 11. 1953 (GVBl. S. 144)
AGStPO	Bayern. Ausführungsgesetz z. Strafprozeßordnung v. 17. 11. 1956 (GVBl. S. 254)

AGVSG — Bayern. Ausführungsgesetz z. Viehseuchengesetz v. 13. 8. 1910 (GVBl. S. 615)

AGWBewG, AGWoBewG — Ausführungsgesetz zum Wohnraumbewirtschaftungsgesetz
Baden-Württemberg. Vom 14. 6. 1954 (GBl. S. 79)
Bayern. Vom 7. 5. 1954 (GVBl. S. 106)
Berlin. Vom 13. 5. 1954 (GVBl. S. 290)
Hessen. Vom 2. 6. 1954 (GVBl. S. 100)
Rheinland-Pfalz. Vom 19. 7. 1954 (GVBl. S. 101)

AHB, AHVB, AllgHaftpflVersBed. — Allgemeine Haftpflichtversicherungs-Bedingungen

AHD — s. AußHandDienst

AHK, AllHKomm., AllHoheKomm. — Alliierte Hohe Kommission

AHKABl. — s. ABlAHK

AHKG — Gesetz der Alliierten Hohen Kommission

AhndG, AhndungsG — Gesetz zur Ahndung nationalsoz. Straftaten (Ahndungsgesetz)
Bayern. Gesetz Nr. 22 v. 31. 5. 1946 (GVBl. S. 182)
Bremen. Vom 27. 6. 1947 (GBl. S. 83)
Hessen. Vom 29. 5. 1946 (GVBl. S. 136)
Württemberg-Baden. Ges.Nr. 28 v. 31. 5. 1946 (RegBl. S. 171)

AHVB, AHB, AllgHaftpflVersBed. — Allgemeine Haftpflichtversicherungs-Bedingungen

AkadGFG — Gesetz über die Führung akademischer Grade v. 7. 6. 1939 (RGBl. I S. 985)

AKB, AK, AllKdtrBln. — Alliierte Kommandantur (Kommandatura) Berlin

AKB, AllgKVerkVersBed. — Versicherungsbedingungen für die Kraftfahrversicherung i. d. Bek. d. RAufsAPrivVers. v. 31. 7. 1940 (RAnz. Nr. 187 S. 2)

AKBl. — Allgemeines Kirchenblatt für das evangelische Deutschland (1. 1852–85. 1936; dann: Arch. f. ev. Kirchenrecht)

AKHB, AllgKFahrHaftpflVersBed. — Allgemeine Bedingungen für die Kraftfahrhaftpflichtversicherung i. d. Bek. d. RAufsAPrivVers. v. 31. 7. 1940 (RAnz. Nr. 187 S. 4)

AKK, AKKR — s. ArchKathKR

AKO — Amtskassenordnung der Reichsfinanzverwaltung v. 12. 3. 1938 (RFBl. S. 57)

AKommG — Kommanditgesellschaft auf Aktien

AKSchG — s. AngKSchG

Akt., Aktuelle — Die Aktuelle. Zs. f. Steuer, Recht u. Wirtschaft (1. 1947–4. 1950)

AktG	s. a. AG
AktG, AG	Gesetz über Aktiengesellschaften und Kommanditgesellschaften auf Aktien (Aktiengesetz) v. 30. 1. 1937 (RGBl. I S. 107)
AktO, AKTO	Anweisung f. d. Verwaltung d. Schriftguts bei d. Geschäftsstellen d. Gerichte u. d. Staatsanwaltschaften (Aktenordnung) Reich. Vom 28. 11. 1934 (SonderveröffDtJust. Nr. 6) Bayern. ~ i. d. f. ... ab 1. 1. 1957 geltenden Fassung. Bek. v. 26. 11. 1956 (JMBl. S. 265)
AktOBGH	Anweisung f. d. Verwaltung d. Schriftguts in Rechtssachen bei den Geschäftsstellen d. Bundesgerichtshofes und d. Bundesanwaltschaft beim Bundesgerichtshof (Aktenordnung Bundesgerichtshof) v. 22. 12. 1955
AKV, AllgKrankVersBed.	Allgemeine Krankenversicherungs-Bedingungen
AkZ	s. ZAkDR
Akz.	s. Az.
ALB, AllgLagBed.	Allgemeine Lagerbedingungen
ALB, AllgLebVersBed.	Allgemeine Lebensversicherungs-Bedingungen
Alfü, Alfu	Arbeitslosenfürsorgeunterstützung
AlfüG, AlfuG	Gesetz ü. d. Bemessung u. Höhe d. Arbeitslosenfürsorgeunterstützung v. 29. 3. 1951 (BGBl. I S. 221)
AllgDSeeVersBed., ADSVB	Allgemeine Deutsche Seeversicherungs-Bedingungen
AllgDTranspVersBed., ATV	Allgemeine deutsche Binnen-Transportversicherungs-Bedingungen
AllgEinbrVersBed., AEB, AEDB	Allgemeine Einbruchsdiebstahlversicherungs-Bedingungen
AllgElekVersorgBed., AVB	Allgemeine Bedingungen für die Versorgung mit elektrischer Arbeit aus dem Niederspannungsnetz des Elektrizitätsversorgungsunternehmens
AllgFeuerversBed., AFVB, AFB	Allgemeine Feuerversicherungs-Bedingungen
Allg. Gen.	Allgemeine Genehmigung
AllgGeschBed., AGB	Allgemeine Geschäftsbedingungen
AllgHaftpflVersBed., AHB, AHVB	Allgemeine Haftpflichtversicherungs-Bedingungen
AllgHGA-DV	19. DurchfVO ü. Ausgleichsabgaben v. 31. 8. 1956 (BGBl. I S. 768)
AllgKFahrHaftpflVers-Bed., AKHB	Allgemeine Bedingungen für die Kraftfahrhaftpflichtversicherung i. d. Bek. d. RAufsAPrivVers. v. 31. 7. 1940 (RAnz. Nr. 187 S. 4)

AllgKrankVersBed., AKV	Allgemeine Krankenversicherungs-Bedingungen
AllgKVerkVersBed., AKB	Versicherungsbedingungen für die Kraftfahrversicherung i. d. Bek. d. RAufsAPrivVers. v. 31. 7. 1940 (RAnz. 1940 Nr. 187 S. 2)
AllgLagBed., ALB	Allgemeine Lagerbedingungen
AllgLebVersBed., ALB	Allgemeine Lebensversicherungs-Bedingungen
AllgStR, AStR, AllgStRdsch.	Allgemeine Steuerrundschau (3. 1920—8. 1925; anfangs: Steuerrundschau)
AllgUnfVersBed., AUVB, AUB	Allgemeine Versicherungsbedingungen für die Unfallversicherung
AllgVersBed., AVB	Allgemeine Versicherungsbedingungen
AllgWiedergG	s. AWG (Hbg.)
AllHKomm., AllHoheKomm., AHK	Alliierte Hohe Kommission
AllKdtr., AllKdtur.	Alliierte Kommandatura Berlin
ALR	Allgemeines Landrecht für die preußischen Staaten, gültig ab 1. 6. 1794
AltbG	Berlin. Altbankengesetz v. 10. 12. 1953 (GVBl. S. 1483)
AltrG	s. ARG
AltsparG	s. ASpG
Alu	Arbeitslosenunterstützung
a. M.	anderer Meinung
AmABl.	s. ABlMR (AmZ)
AmateurFG	Gesetz über den Amateurfunk v. 14. 3. 1949 (WiGBl. S. 20)
AMBl.	Amtsblatt des Bayerischen Staatsministeriums für Arbeit und soziale Fürsorge (ab 1951 geteilt in Teil A—C) (1. 1946ff.)
AMBl. Fin., AMtblFin.	Amtliches Mitteilungsblatt der Verwaltung für Finanzen des Vereinigten Wirtschaftsgebietes (1948—1949; fortges. als: Ministerialbl. d. Bundesmin. d. Finanzen)
AME	s. AmtlMittEntsch.
AMMRE	Anstalt für mechanisch-musikalische Rechte GmbH
AmMRG	Gesetz der Amerikanischen Militärregierung
AmMRVO	Verordnung der Amerikanischen Militärregierung
AMRE	Abteilung für mechanische Rechte innerhalb der GEMA
AmREG, AREG, USREG	Amerik. Zone. Ges. Nr. 59: Rückerstattung feststellbarer Vermögensgegenstände, in Kraft getreten am 10. 11. 1947 (ABlMR Ausg. G S. 1)
Amtl. Begr.	Amtliche Begründung

Amtl. Bek.	Amtliche Bekanntmachung
AmtlHinwLRV	Amtl. Hinweise für d. Lebens- u. Rentenversicherung v. 5. 7. 1948 (VeröffVw. 7/48 S. 7)
AmtlMittEntsch., AME	Amtliche Mitteilungen in Entschuldungssachen (1. 1933/34—9. 1941/42)
Amtsbl.	s. ABl.
AmtsO	Amtsordnung Nordrhein-Westfalen. Vom 10. 3. 1953 (GVBl. S. 218) Preußen. Zuletzt i. d. F. d. Bek. v. 13. 7. 1935 (MBliV S. 893) Rheinland-Pfalz. ~ f. d. RegBez. Koblenz u. Trier (= Teil B d. Selbstverwaltungsgesetzes) i. d. F. v. 5. 10. 1954 (GVBl. S. 131) Schleswig-Holstein. Vom 17. 6. 1952 (GVBl. S. 95)
Amtsvorm., AVorm., DAVorm., DAmtsvorm.	Der Amtsvormund. Rundbrief d. Dt. Instituts f. Vormundschaftswesen (24. 1951/52ff.)
AmZ	Amerikanische Besatzungszone
AN	s. ANRVA
ANBA	Amtliche Nachrichten der Bundesanstalt für Arbeitsvermittlung und Arbeitslosenversicherung (1. 1953ff.)
AnerbG	Anerbengericht
AnfBil.	Anfangsbilanz
AnfG	Gesetz betr. d. Anfechtung von Rechtshandlungen eines Schuldners außerhalb des Konkursverfahrens [Anfechtungsgesetz] v. 21. 7. 1879 (RGBl. S. 277), i. d. F. d. Bek. v. 20. 5. 1898 (RGBl. S. 709)
ANfRV	s. ANRVA
AngArzt	Der angestellte Arzt (1. 1948ff.)
Angekl.	Angeklagter
AngKSchG, AKSchG	Gesetz über die Fristen für die Kündigung von Angestellten v. 9. 7. 1926 (RGBl. I S. 399)
AngVers.	Die Angestelltenversicherung. Amtl. Nachrichten d. Reichsversicherungsanstalt f. Angestellte (ab 2. 1914:) und der Spruchbehörden d. Angestelltenversicherung (1. 1913—10. 1922)
AngVers., MittBfA	Die Angestelltenversicherung. (Jetzt m. d. Untertit.:) Zs. d. Bundesversicherungsanstalt f. Angestellte. Amtl. Veröffentlichungsblatt (1. 1954ff.)
AngVG	s. AVG
Anh.	Anhang
Anl.	Anlage
AnlAblG	Gesetz ü. d. Ablösung öffentl. Anleihen v. 16. 7. 1925 (RGBl. I S. 137)

AnlBG, AnlBeitrG	Gesetz ü. d. Zahlung u. Sicherung von Anliegerbeiträgen v. 30. 9. 1936 (RGBl. I S. 854)
AnlStockG	Gesetz über die Gewinnverteilung bei Kapitalgesellschaften (Anleihestockgesetz) v. 4. 12. 1934 (RGBl. I S. 1222)
Anm.	Anmerkung
AN-MitbG	s. MitbG
AnnDR, HirthsAnn.	Annalen des Deutschen Reichs (1/2. 1868/69: d. Norddt. Bundes), begr. v. Hirth (1. 1868—64. 1931/32)
AnnRG	Annalen des Reichsgerichts, hrsg. von Blum (1. 1880 bis 10. 1884)
AnnSächsOLG,	Annalen des (bis 1918: Kgl.) Sächsischen Oberlandesgerichts zu Dresden (1. 1880—40. 1920)
AnO, AO	Anordnung
ANRVA, ANfRV, AN, RVANachr., RVersNachr.	Amtliche Nachrichten des Reichsversicherungsamtes (ab 1928: für Reichsversicherung) (1. 1885—61. 1945; 1928—39 ersch. als Reichsarbeitsblatt T. IV, 1940 bis 45 als Reichsarbeitsblatt T. II)
Anspr.	Anspruch
AntBewR 1953	Richtlinien zur Bewertung nichtnotierter Aktien und Anteile an Kapitalgesellschaften v. 14. 2. 1955 (BStBl. I S. 97)
Anw.	Anweisung
AnwBl.	Anwaltsblatt. Nachrichten f. d. Mitglieder d. Dt. Anwaltsvereins (13. 1926—20. 1933; N. F. 1. 1950/51 ff.; anfangs: Nachrichten f. d. Mitglieder d. Dt. Anwaltvereins)
AnwDA	Anwärterdienstalter
AO, AnO	Anordnung
AO, AbgO, RAO, RAbgO	Reichsabgabenordnung v. 13. 12. 1919 (RGBl. S. 1993), i. d. F. v. 22. 5. 1931 (RGBl. I S. 161)
AOA	Allgemeiner Organisationsausschuß
AöR	Anstalt des öffentlichen Rechts
AöR	s. a. ArchÖffR
AOG	Gesetz zur Ordnung der nationalen Arbeit v. 20. 1. 1934 (RGBl. I S. 45)
AOGö, AOGÖ	Gesetz zur Ordnung der Arbeit in öffentlichen Verwaltungen und Betrieben v. 23. 3. 1934 (RGBl. I S. 220)
AOK, AOKrk.	Allgemeine Ortskrankenkasse
AP, ArbRechtlPr.	Arbeitsrechtliche Praxis. Sammlg. d. Entscheidungen d. Bundesarbeitsgerichts, d. Landesarbeitsgerichte u. Arbeitsgerichte (1. 1950—5. 1954) dann:

AP	Nachschlagewerk des Bundesarbeitsgerichts. Arbeitsrechtliche Praxis (1954ff.; vorher: Arbeitsrechtliche Praxis)
APF	s. ArchPostFernmW
ApothAnlegungsVO	Preußen. Kgl. Verordnung wegen Anlegung neuer Apotheken v. 24. 10. 1811 (GS S. 359)
ApothBetrO	Bayern. VO ü. d. Apothekenwesen (Apothekenbetriebsordnung) v. 17. 9. 1955 (GVBl. S. 195)
ApothG, ApoG	Apothekengesetz Gesetz über die Verpachtung und Verwaltung öffentlicher Apotheken v. 13. 12. 1935 (RGBl. I S. 1445) Bayern. Gesetz ü. d. Apothekenwesen (~) v. 16. 6. 1952 (GVBl. S. 181)
ApothStoppG	Gesetz über die vorläufige Regelung der Errichtung neuer Apotheken v. 13. 1. 1953 (BGBl. I S. 9), 4. 7. 1953 (BGBl. I S. 469)
APWVO	s. ArbPlWechsVO
AR	s. ArbuR
AR-Blattei, Forkel AR-Blattei	Arbeitsrecht-Blattei (= Gruppe 11 der „Rechts- u. Wirtschaftspraxis“), verl. v. Forkel
Arb.	Arbeit. Zs. f. Gewerkschaftspolitik u. Wirtschaftskunde (1. 1924—10. 1933)
Arb.	Die Arbeit. Monatsschrift f. Theorie u. Praxis d. dt. Gewerkschaften, hrsg. v. Bundesvorstand d. FDGB. (Berlin: Tribüne) (1. 1947ff.)
ArbA, AA	Arbeitsamt
ArbA, AA, DA	Das Arbeitsamt [Zeitschrift] (1. 1950ff.)
ArbAusglG	Gesetz ü. d. Ausgleichs- u. Schiedsverfahren in Arbeitsstreitigkeiten (= Kontrollratsgesetz Nr. 35) v. 20. 8. 1946 (ABlKR Nr. 10 S. 174)
ArbBerAkDR	Arbeitsberichte der Akademie für Deutsches Recht (1937—1942)
ArbBl.	Arbeitsblatt (1. 1949; fortges. als: Bundesarbeitsblatt)
ArbBl.BrZ, ArbBl.f.d.b.Z	Arbeitsblatt für die britische Zone (1. 1947—2. 1948; fortges. f. d. Vereinigte Wirtschaftsgebiet als: Arbeitsblatt)
ArbBl. Rheinl.	s. ArbuBer.
ArbE, ArbEntschBln.	Arbeitsrechtliche Entscheidungen der Gewerbe- und Kaufmannsgerichte, Berlin (1. 1925—2. 1927)
ArbE BrZ, ArbEntsch. BrZ	Arbeitsrechtliche Entscheidungen (1947/48; 1947 = Beilage zum Arbeitsblatt für die Britische Zone)
ArbEins.	Arbeitseinsatz
Arbeitgeb., ArbGeb., Arbg.	Der Arbeitgeber (bis 23. 1933; dann aufgeg. in: Der dt. Volkswirt; N. F. 1. 1949ff.)

ArbG	Arbeitsgericht
ArbG	Arbeitsgericht (32. 1926/27—37/38. 1932/33; vorher: Das Gewerbe- u. Kaufmannsgericht)
ArbGEntschTeichm.	Arbeitsgerichtliche Entscheidungen, hrsg. v. Teichmann (1/3. 1928/29)
ArbGG	s. AGG
ArbGR	Arbeitsgerichtsrat
ArbGZ, DArbGZ, DArbGebZtg.	Die deutsche Arbeitgeberzeitung (1. 1902—32. 1933; dann: Der dt. Unternehmer)
ARBlattei	s. AR-Blattei
ArblFürs.	Arbeitslosenfürsorge
ArblU	Arbeitslosenunterstützung
ArblVers.	Arbeitslosenversicherung
ArbPlWechsVO, APWVO	VO ü. d. Beschränkung d. Arbeitsplatzwechsels v. 1. 9. 1939 (RGBl. I S. 1685)
ArbR	Arbeitsrecht. Zs. f. d. gesamte Dienstrecht der Arbeiter, Angestellten u. Beamten (1. 1914 bis 20. 1933)
ArbRÄndVO	VO zur Abänderung und Ergänzung von Vorschriften auf dem Gebiete des Arbeitsrechts v. 1. 9. 1939 (RGBl. I S. 1683)
ArbRBl.	s. BlArb.
ArbRechtlPr.	s. AP
ArbRKart., Kallee	Arbeitsrechts-Kartei, hrsg. v. Kallee (1934—1945; vorher: Kartenauskunftei d. Arbeitsrechts, seit 1919)
ArbRpr., ArbRPrax.	Arbeitsrechts-Praxis. Zs. f. Arbeitsrecht, Sozialversicherung u. soziale Verwaltung (1. 1928 — 6. 1933)
ArbRSamml., ArbRSlg., ARS, Bensheimer, RAGBensh.	Entscheidungen des Reichsarbeitsgerichts und der Landesarbeitsgerichte, verlegt bei Bensheimer (ab 19. 1934: Arbeitsrechts-Sammlung) (1. 1928—47. 1944)
ArbRspr., RsprArb.	Rechtsprechung in Arbeitssachen. Grundsätzliche Entscheidungen d. Reichsarbeitsgerichts, d. Landesarbeitsgerichte u. d. Arbeitsgerichte (1. 1927—5. 1932; dann vereinigt mit: Entscheidungen d. Reichsarbeitsgerichts)
ArbRStichw., ARSt., ARST, ARiSt.	Arbeitsrecht in Stichworten. Arbeitsrechtl. Entscheidungssammlung (1. 1947/48ff.)
ArbuBer.	Arbeit und Beruf. Halbmonatszs. f. Fragen des Arbeitsmarkts, Berufsberatung u. verwandte Gebiete (1.1921—13. 1934)
ArbuBer., ArbBl.Rheinl.	Arbeit und Beruf. Mitteilungsbl. d. Ministeriums d. Arbeit Rheinland-Pfalz (1. 1948; dann: Schaffendes Volk)

ArbuR, AuR, AR	Arbeit und Recht. Zs. f. Arbeitsrechtspraxis (1. 1953ff.)
ArbuSoz., ArbuSozFürs., AuSf.	Arbeit und Sozialfürsorge. Amtl. Organ d. Dt. Verw. f. Arbeit u. Sozialfürsorge d. sowj. Besatzungszone in Deutschland (1. 1946ff.)
ArbuSozPol., AuS	Arbeit und Sozialpolitik. Mitteilungsbl. d. Arbeitsministeriums Nordrhein-Westfalen (1. 1947ff.)
ArbuSozR	Arbeits- und Sozialrecht. Mitteilungsbl. d. Arbeitsministeriums Württemberg-Baden (3. 1948–7. 1952; vorher: Mitteilungen d. Arbeitsministeriums Württemberg-Baden)
ArbuSozR, MAM	Arbeits- und Sozialrecht. Mitteilungsbl. d. Arbeitsministeriums Baden-Württemberg. (1. 1952ff.)
ArbuSozRZsch., ArbuSozRZs.	Arbeits- und Sozialrecht in Zeitschriften, bearb. v. Cornelssen (1948ff.)
ArbVerm.	Arbeitsvermittlung
ArbVermG	Gesetz ü. Arbeitsvermittlung, Berufsberatung u. Lehrstellenvermittlung v. 5. 11. 1935 (RGBl. I S. 1281)
ArbVers.	Die Arbeiter-Versorgung (1. 1884–61. 1944, 9; fortg. durch: Dt. Sozialversicherung)
ArbZ	Arbeitszeit
ArbZO	s. AZO
Arch., Archit.	Der Architekt (1. 1952ff.)
ArchBürgR, BürgArch., Kohlers Arch.	Archiv für bürgerliches Recht (1. 1888–43. 1919)
ArchEisenbW, ArchEis., ArchEBW	Archiv für Eisenbahnwesen (1. 1878–66. 1943)
ArchEvKR	s. KirchArch.
ArchfKrim.	s. ArchKrim.
ArchfLr.	s. ArchLuftR
ArchFrauenarb.	Archiv für Frauenarbeit (1. 1913–10. 1922)
ArchFunkR, FunkArch.	Archiv für Funkrecht (1. 1928–10. 1937; dann: Rundfunkarchiv)
ArchG, ArchitG	Architektengesetz Baden-Württemberg. ~ v. 5. 12. 1955 (GBl. S. 265) Bayern. Ges. ü. d. Führung d. Berufsbezeichnung Architekt (~) v. 23. 1. 1954 (GVBl. S. 29) Rheinland-Pfalz. Landesges. ü. d. Errichtung einer Architektenkammer im Lande ... v. 6. 7. 1950 (GVBl. S. 235)
ArchGenW	Archiv für Genossenschaftswesen (1. 1939–3. 1943)
ArchGewRpfl.	Archiv für gewerbliche Rechtspflege (1. 1900–3. 1902)
Archit., Arch.	Der Architekt (1. 1952ff.)

ArchJugR, AfJ	Archiv für Jugendrecht (1. 1952ff.; = Beilage zum Zentralblatt für Jugendrecht und Jugendwohlfahrt)
ArchKathKR, AKKR, AKK	Archiv für katholisches Kirchenrecht (1. 1857ff.)
ArchKrim., Arch.f.Krim.	Archiv für Kriminologie (66. 1916ff.; vorher: Arch. f. Kriminalanthropologie u. Kriminalistik)
ArchKrimAnthr.	Archiv für Kriminalanthropologie und Kriminalistik (1. 1899—65. 1916; dann: f. Kriminologie)
ArchLuftR, ArchfLr.	Archiv für Luftrecht (1. 1931—12. 1943)
ArchÖffR, AöR	Archiv des öffentlichen Rechts (bis 26. 1910: für öffentliches Recht) (1. 1886ff.)
ArchPolR	Archiv für Polizeirecht (1. 1923/24ff.; N. F. = Beil. zu: Die Polizei 1. 1948ff.)
ArchPolW	Archiv für Polizeiwesen (16. 1937—20. 1941; vorher: Dt. Polizei-Archiv)
ArchPostFernmW, APF	Archiv für das Post- und Fernmeldewesen (1. 1949ff.)
ArchPostTel., ArchPT, Postarch.	Archiv für Post und Telegraphie (4. 1876—67. 1939; vorher u. später: Dt. Postarchiv)
ArchPraktRW, ArchPraktRWiss.	Archiv für praktische Rechtswissenschaft ... (1. 1852 bis 3. F. 18. 1897)
ArchRechtsWirtschPhilos., ArchRWiPhil.	Archiv für Rechts- und Wirtschaftsphilosophie (1. 1907/08—26. 1932/33) dann:
ArchRSozPhil., ARSP	Archiv für Rechts- und Sozialphilosophie (27. 1933/34 bis 37. 1944, 38. 1949/50ff.)
ArchRevTrhW, ArchRevTreuhW	Archiv für das Revisions- und Treuhandwesen (22. 1926 bis 27. 1931; dann: Der Wirtschaftsprüfer; vorher: Zs. d. Verbandes Dt. Bücherrevisoren)
ArchSozG, BraunsArch.	Archiv für soziale Gesetzgebung und Statistik, hrsg. v. Braun (1. 1888—18. 1903) dann:
ArchSozW, ArchSozWiss.	Archiv für Sozialwissenschaft und Sozialpolitik (19. 1904—69. 1933; vorher: Archiv f. soz. Gesetzgebung u. Statistik)
ArchUrhR	s. UFITA
ArchVerwR, ArchVwR	Archiv für Verwaltungsrecht (1. 1874—56. 1930)
ArchVölkR, AdV, AV	Archiv des Völkerrechts (1. 1948/49ff.)
ArchWettbR, ArchWR, AWR	Archiv für Wettbewerbsrecht (1. 1935—6. 1940; dann vereinigt m.: Wirtschaftswerbung)
ArchZivPr.	s. AcP
AREG	s. AmREG
ARG, AltrG	Gesetz ü. d. Versorgung d. vor dem 1. 8. 1914 aus d. Wehrmacht ausgeschiedenen Militärpersonen u. ihrer Hinterbliebenen (Altrentnergesetz) v. 18. 7. 1921 (RGBl. S. 953)

ArmAnwG	Gesetz, betr. d. Erstattung d. Rechtsanwaltsgebühren in Armensachen u. Änderung d. Gerichtskostengesetzes [Armenanwaltsgebührengesetz] v. 20. 12. 1928 (RGBl. I S. 411)
ArmeeVBl., AVBl.	Armee-Verordnungsblatt (Preußen) (1. 1867—53. 1919; dann: Heeres-Verordnungsblatt)
ArrG	Bayern. Gesetz ü. d. Zusammenlegung v. landwirtschaftl. Grundstücken (Arrondierungsgesetz) i. d. F. v. 11. 8. 1954 (GVBl. S. 169)
ARS	s. ArbRSamml.
ARSP	s. ArchRSozPhil.
ARSt., ARST, ARiSt.	s. ArbRStichw.
Art.	Artikel
AS	Amtliche Sammlung
ASB	Arbeitsgemeinschaft für Soziale Betriebsgestaltung
AschaffenburgsMschr.	s. MschrKrimPsych.
AS Rh-Pf.	Amtliche Sammlung von Entscheidungen des Oberverwaltungsgerichts Rheinland-Pfalz [in] Koblenz (1. 1954ff.)
ASpG, AltsparG	Ges. z. Milderung v. Härten d. Währungsreform (Altsparergesetz) v. 14. 7. 1953 (BGBl. I S. 495)
ASpG-DV	Durchführungsverordnung zum Altsparergesetz 1. DV v. 6. 11. 1953 (BGBl. I S. 1512) 2. DV v. 9. 7. 1954 (BGBl. I S. 190) 3. DV v. 24. 10. 1955 (BGBl. I S. 690)
AStO, AusglStO	Ausgleichsteuerordnung (Durchführungsbestimmungen z. Umsatzsteuergesetz) v. 23. 3. 1939 (RGBl. I S. 615), i. d. F. v. 8. 10. 1952 (BGBl. I S. 671)
AStR	s. AllgStR
AsylVO	VO ü. d. Anerkennung u. d. Verteilung von ausländischen Flüchtlingen (Asylverordnung) v. 6. 1. 1953 (BGBl. I S. 3)
ATO	Allgemeine Tarifordnung für Gefolgschaftsmitglieder im öffentlichen Dienst v. 1. 4. 1938 (RArbBl. VI S. 471), i. d. F. v. 1. 11. 1943 (RBesBl. 1944 S. 17)
ATO	Allgemeine Treuhandorganisation
ATV, AllgDTranspVersBed.	Allgemeine Deutsche Binnen-Transportversicherungs-Bedingungen
ATV	Allgemeine technische Vorschriften
AUB, AUVB, AllgUnfVersBed.	Allgemeine Versicherungsbedingungen für die Unfallversicherung

AÜGSGG — Bayern. Gesetz ü. d. Übertragung von Aufgaben u. Befugnissen d. Bayer. Landesversicherungsamts u. d. Oberversicherungsämter (Aufgabenübertragungsgesetz z. Sozialgerichtsgesetz) v. 21. 12. 1953 (GVBl. S. 196)

AufbG, AG, ABG — Aufbaugesetz
- Badisches ~ v. 25. 11. 1949 (GVBl. 1950 S. 29)
- Hamburg. Ges. ü. d. Aufbau d. Hansestadt . . . v. 11. 4. 1949 (GVBl. S. 45)
- Hessen. Ges. ü. d. Aufbau d. Städte u. Dörfer d. Landes . . . (~) v. 25. 10. 1948 (GVBl. S. 139)
- Niedersachsen. Ges. z. Durchf. d. Ortsplanung u. des Aufbaues in den Gemeinden (~) i. d. F. v. 17. 5. 1955 (GVBl. S. 195)
- Nordrhein-Westfalen. Ges. ü. Maßnahmen z. Aufbau in den Gemeinden (~) v. 29. 4. 1950 (GVBl. S. 78), i. d. F. v. 29. 4. 1952 (GVBl. S. 75)
- Rheinland-Pfalz. Landesges. ü. d. Aufbau in d. Gemeinden (~) v. 1. 8. 1949 (GVBl. S. 317)
- Schleswig-Holstein. Ges. ü. d. Aufbau in d. schleswig-holsteinischen Gemeinden (~) v. 21. 5. 1949 (GVBl. S. 93)
- Württemberg-Baden. Ges. Nr. 329: ~ v. 18. 8. 1948 (RegBl. S. 127)

AufhG — 1. u. 2. Gesetz z. Aufhebung d. Besatzungsrechts v. 30. 5. 1956 (BGBl. I S. 437, 446)

Aufl. — Auflage

AuflVO — Auflassungsverordnung
- [1.] VO ü. Auflassungen, landesrechtl. Gebühren u. Mündelsicherheit v. 11. 5. 1934 (RGBl. I S. 378)
- 2. VO ü. Auflassungen v. 9. 1. 1940 (RGBl. I S. 46)

AufrSchG — s. TumSchG

AufsStDV — VO z. Durchf. d. Steuerabzugs von Aufsichtsratsvergütungen i. d. F. v. 26. 8. 1955 (BGBl. I S. 534)

AufwFällG — Gesetz ü. d. Fälligkeit u. Verzinsung d. Aufwertungshypotheken [Aufwertungsfälligkeitsgesetz] v. 18. 7. 1930 (RGBl. I S. 300)

AufwG, AwG — Gesetz ü. d. Aufwertung v. Hypotheken u. anderen Ansprüchen (Aufwertungsgesetz) v. 16. 7. 1925 (RGBl. I S. 117)

AufwRspr. — s. RsprAufw.

AuR — s. ArbuR

AuS — s. ArbuSozPol.

AusbG — Gesetz über den Ausbau der Rentenversicherung v. 21. 12. 1937 (RGBl. I S. 1393)

AusbildV — VO ü. d. Ausbildung von Kraftfahrzeugführern v. 21. 12. 1933 (RGBl. 1934 I S. 13)

AuSf.	s. ArbuSoz.
AusfAnw., AAnw.	Ausführungsanweisung
AusfBest., ABest., AB	Ausführungsbestimmungen
AusfFördDV 1954	VO z. Durchf. d. Ausfuhrförderungsgesetzes i. d. F. v. 31. 12. 1954 (BGBl. 1955 I S. 7)
AusfFördG	Gesetz über steuerliche Maßnahmen zur Förderung der Ausfuhr (Ausfuhrförderungsgesetz) i. d. F. v. 18. 9. 1953 (BGBl. I S. 1379)
AusglStO	s. AStO
AusgrV	Bayern. VO, d. Ausgrabungen u. Funde von prähistorischen oder historisch merkwürdigen Gegenständen betr. v. 6. 9. 1908 (GVBl. S. 762)
AuskPflVO	VO ü. Auskunftspflicht v. 13. 7. 1923 (RGBl. I S. 723)
AuslandsR	Auslandsrecht. Blätter f. Handel u. Industrie (1. 1919 bis 7. 1926)
AuslG	s. DAG
AuslGes.	Gesetzgebung und Rechtspraxis des Auslandes (1. 1925 bis 6. 1930)
AuslPVO	Ausländerpolizeiverordnung v. 22. 8. 1938 (RGBl. I S. 1053)
AuslRZ	s. RabelsZ
AuslSchG	s. AGLondSchAbk.
AuslWBG, AuslWährBG	Ges. z. Bereinigung v. deutschen Schuldverschreibungen, die auf ausländische Währung lauten (Bereinigungsgesetz für deutsche Auslandsbonds) v. 25. 8. 1952 (BGBl. I S. 553)
Aussch.	Ausschuß
AußHandDienst, AHD, AD	Außenhandelsdienst der Industrie- und Handelskammern und Wirtschaftsverbände (1. 1947ff.)
AußPol.	Außenpolitik. Zs. f. intern. Fragen (1. 1950ff.)
AußWerbG	Bayern. Gesetz über verunstaltende Außenwerbung v. 2. 3. 1954 (GVBl. S. 41)
AuswA, AA	Auswärtiges Amt
AuswG	Gesetz über das Auswanderungswesen v. 9. 6. 1897 (RGBl. S. 463)
AutoBBO, ABVO, ABBVO, vABVO	Vorl. Autobahn-Betriebs- u. Verkehrs-Ordnung v. 14. 5. 1935 (RGBl. II S. 421)
AutomatG	Ges. ü. d. Verkauf v. Waren aus Automaten v. 6. 7. 1934 (RGBl. I S. 585)
AUVB, AUB, AllgUnfVersBed.	Allgemeine Versicherungsbedingungen für die Unfallversicherung
AV, AVO	Ausführungsverordnung

AV	Allgemeine Verwaltungsvorschrift; Allgemeine Vorschrift
AV	Allgemeine Verfügung
AV	s. ArchVölkR
AVAVG	Gesetz über Arbeitsvermittlung und Arbeitslosenversicherung v. 16. 7. 1927 (RGBl. I S. 187), i. d. F. d. Bek. v. 12. 10. 1929 (RGBl. I S. 162)
AVB, AllgElekVersorgBed.	Allgemeine Bedingungen für die Versorgung mit elektrischer Arbeit aus dem Niederspannungsnetz des Elektrizitätsversorgungsunternehmens
AVB, AllgVersBed.	Allgemeine Versicherungsbedingungen
AVBl.	s. ArmeeVBl.
AVfNot.	Allgemeine Verfügung d. RJM ü. d. Angelegenheiten der Notare v. 14. 6. 1937 (DtJust. S. 914)
AVG, AngVG, VGA	Angestelltenversicherungsgesetz v. 28. 5. 1924 (RGBl. I S. 563)
AVHO	Ausführungsvorschriften zur Hinterlegungsordnung. AV d. RJM v. 15. 3. 1937 (DtJust. S. 426)
AVLStVG	Bayern. VO z. Ausführung d. Landesstraf- u. Verordnungsgesetzes v. 19. 11. 1956 (GVBl. S. 274)
AVN	Angehöriger der Vereinten Nationen
AVO	Vorläufige Arbeitsverwaltungsordnung f. d. Vollzugsanstalten d. Reichsjustizverwaltung v. 14. 3. 1936
AVO, AV	Ausführungsverordnung
AVorm.	s. Amtsvorm.
AVOSGG	Baden-Württemberg. VO z. Ausf. d. Sozialgerichtssetzes v. 21. 12. 1953 (GBl. S. 236)
AVVFStr.	Allgemeine Verwaltungsvorschrift f. d. Auftragsverwaltung der Bundesfernstraßen 1. AV v. 3. 7. 1951 (BAnz. Nr. 132) 2. AV v. 11. 2. 1956 (BAnz. Beil. z. Nr. 38)
AW	Aufwertung
AWA	Anstalt zur Wahrung der Aufführungsrechte auf dem Gebiete der Musik
AWG(Hbg.)	Hamburg. Gesetz z. Ausgleich v. Schäden, die durch polit., weltanschauliche, religiöse oder rassische Verfolgung entstanden sind (Allgemeines Wiedergutmachungsgesetz) v. 8. 4. 1953 (GVBl. S. 55)
AwG	s. AufwG
AWR	s. ArchWettbR
AWV	Ausschuß für wirtschaftliche Verwaltung
AW-Weisung	Weisung ü. Aufbaudarlehen f. d. Wohnungsbau i. d. F. v. 3. 12. 1956 (BAnz. Nr. 248)

AZ	Amerikanische Besatzungszone
Az., Akz.	Aktenzeichen
AZO	Durchführungsbestimmungen z. Zollgesetz (Allgemeine Zollordnung) v. 21. 3. 1939 (RMBl. S. 313)
AZO, ArbZO	Arbeitszeitordnung v. 30. 4. 1938 (RGBl. I S. 447)
AZP	s. AcP
AZV, AZVO	Arbeitszeitverordnung
AZVO d. BdBeamt.	VO ü. d. Arbeitszeit der Bundesbeamten v. 15. 6. 1954 (BGBl. I S. 149)
AZVO f. KrkPflAnst.	VO ü. d. Arbeitszeit in Krankenpflegeanstalten v. 13. 2. 1924 (RGBl. I S. 66)

B

B	s. a. Betr.
B	[in zusammengesetzten Wörtern:] Blatt
BA	Bundesanstalt; Bundesamt
BA	s. a. BAnz.
BA, BAnw.	Bundesanwalt, Bundesanwaltschaft
BAA	Bundesausgleichsamt
BAA, BAV	Bundesaufsichtsamt für das Versicherungs- und Bausparwesen
BAA-ASpG-DV	RechtsVO d. Präs. d. Bundesausgleichsamtes z. Durchf. d. Altsparergesetzes 1. RechtsVO v. 8. 11. 1954 (BGBl. I S. 358) 2. RechtsVO v. 3. 12. 1956 (BAnz. Nr. 248; MtblBAA S. 540)
BAA-Festellungs-DV	Rechtsverordnungen d. Präs. d. Bundesausgleichsamtes z. Durchf. d. Feststellungsgesetzes
BAB	s. BerlAnwBl.
BABG, BAutobG	Gesetz ü. d. vermögensrechtlichen Verhältnisse d. Bundesautobahnen u. sonstigen Bundesstraßen d. Fernverkehrs v. 2. 3. 1951 (BGBl. I S. 157)
BABl.	Bundesarbeitsblatt (1. 1950 ff.)
BABl., BAusschrBl.	Bundesausschreibungsblatt (1. 1954 ff.)
BadAnn.	Annalen der Großherzoglich Badischen Gerichte (1. 1832/33—65. 1899; dann vereinigt mit: Bad. Rechtspraxis)
BadMBl.	s. BaMBl.
BadNotZ	Badische Notars-Zeitschrift (1. 1903—18. 1920)
BadRPrax., BadRspr.	Badische Rechtspraxis (ab 2[= 66]. 1900:) und Annalen der Großh. Badischen Gerichte (1. 1899—102. 1936)

BadVerwZ	Zeitschrift für Badische Verwaltung und Verwaltungsrechtspflege (1. 1859—73. 1941)
BadWürtt., Ba-Wü., BW	Baden-Württemberg
BäckAZG, BAZG	Gesetz über die Arbeitszeit in Bäckereien und Konditoreien v. 29. 6. 1936 (RGBl. I S. 521)
BÄG	s. ÄG
BAfAA, BAfAVAV, BAArbVerm., BAvAv.	Bundesanstalt für Arbeitsvermittlung u. Arbeitslosenversicherung
BAG, BArbG	Bundesarbeitsgericht
BAG, BArbG	Entscheidungen des Bundesarbeitsgerichts (1. 1954ff.)
BAG	Gesetz über die Errichtung eines Bundesaufsichtsamtes für das Versicherungs- und Bausparwesen v. 31. 7. 1951 (BGBl. I S. 480)
BAG	Bundesanstalt für den Güterfernverkehr
BAGG	s. AGG
BAH, BAfH	Bundesamt für das Heimatwesen
BAH, BAHeimw., EBAfH	Entscheidungen des Bundesamtes für das Heimatwesen (1. 1873—96. 1940)
BAM	Bayer. Minister für Arbeit und soziale Fürsorge
BAM	s. a. BMA
BaMBl., BadMBl., MBl.Bad.	Ministerialblatt der Landesregierung von Baden (zuletzt: der Badischen Ministerien in Abwicklung) (1. 1950—3. 1952)
Bank	Die Bank (1. 1908—36. 1943; dann: Bankwirtschaft)
BankA, BankArch.	Bank-Archiv (1. 1901—43. 1943; dann: Bankwirtschaft)
BankG	Hessen. Gesetz ü. d. Neuordnung d. öffentlichen Bank- u. Sparkassenwesens v. 8. 5. 1953 (GVBl. S. 99)
BankWi., BW	Bankwirtschaft (1943—1945)
BankWiss.	Bankwissenschaft (1. 1924—10. 1933)
BAnw., BA	Bundesanwalt, Bundesanwaltschaft
BAnz., Banz.	Bundesanzeiger (1. 1949ff.)
BArbBl.	s. BABl.
BArbG	s. BAG
BArbGG	s. AGG
BauAGemBau, BuG, BUG	Bauamt und Gemeindebau (1918ff.)
BauaufsG	Hessen. Bauaufsichtsgesetz v. 6. 3. 1954 (GVBl. S. 21)
BauersZ, ZAktG	Der Handelsgesellschafter, hrsg. v. Bauer (ab 5. 1897: Zeitschrift für Aktiengesellschaft u. Der Handelsgesellschafter, ab 11. 1903: Zeitschrift f. Aktiengesellschaften u. f. Gesellschaften mbH) (1. 1893—34. 1926/27)

BauFG, BauFdgG	Gesetz über die Sicherung der Bauforderungen v. 1. 6. 1909 (RGBl. S. 449)
BaugelErschlG, BgEG	Bayern. Gesetz über die Erschließung von Baugelände v. 4. 7. 1923 (GVBl. S. 273)
BaugestaltVO	VO über Baugestaltung v. 10. 11. 1936 (RGBl. I S. 938)
BauLBG, BaulBG, BaulBeschG, BLBG	Baulandbeschaffungsgesetz v. 3. 8. 1953 (BGBl. I S. 720)
BaulG, BaulenkG	Schleswig-Holstein. Baulenkungsgesetz v. 4. 2. 1948 (GVBl. S. 44)
BaulG, BLG	Baulandgesetz Württemberg-Baden. Ges. ü. d. Erschließung von Bauland durch Umlegung u. Grenzregelung i. d. F. v. 24. 9. 1948 (RegBl. S. 157) Württemberg-Hohenzollern. Ges. ü. d. Erschließung von Bauland (~) v. 28. 11. 1949 (RegBl. 1950 S. 1)
BauO, BO	Bauordnung Bayern. Vom 17. 2. 1901 (GVBl. S. 87) Berlin. v. 9. 10. 1929 (ABl. S. 1188) Hessen (-Darmstadt). Allgemeine ~ v. 30. 4. 1881 (RegBl. S. 71) Württemberg. Vom 28. 7. 1910 (RegBl. S. 333)
BaupolVO	VO ü. d. baupolizeiliche Behandlung von öffentlichen Bauten v. 20. 11. 1938 (RGBl. I S. 1677)
BaupolZustG	Preußen. Gesetz über baupolizeiliche Zuständigkeiten v. 15. 12. 1933 (GS S. 491)
BauregVO	VO über die Regelung der Bebauung v. 15. 2. 1936 (RGBl. I S. 104)
BAutobG	s. BABG
BauVerw.	Die Bauverwaltung. Zs. f. behördl. Bauwesen (1. 1952ff)
BAV, BAA	Bundesaufsichtsamt für das Versicherungs- und Bausparkassenwesen
2. BAV	Bayern. 2. VO über die Besoldungsangleichung bei den Beamten der Gemeinden, Gemeindeverbände und Körperschaften des öffentlichen Rechts (2. Besoldungsangleichungsverordnung) v. 7. 8. 1933 (GVBl. S. 211)
BAvAv.	s. BAfAA
BaVBl., BadMBliV, MBlBadIVerw.	Ministerialblatt für die Badische innere Verwaltung (1. 1935—9. 1943)
Ba-Wü., BW	Baden-Württemberg
Ba-WüVerwBl.	s. DÖV BaWü.
Bay., Bayer.	Bayern, bayerisch
BayBeaZtg., BBZt., BayBZ	Bayerische Beamtenzeitung (1. 1949ff.)

BayBesG	Bayerisches Besoldungsgesetz i. d. F. d. Bek. v. 23. 2. 1955 (GVBl. S. 41)
BayBG	Bayerisches Beamtengesetz v. 28. 10. 1946 (GVBl. S. 349)
BayBgm., BayerBgm., BayBM, BBgm.	Der Bayerische Bürgermeister (1. 1947ff.)
BayFBl.	s. FMBl.
BayGemVZ, BayGemVerwZ, BGVZ	Bayerische Gemeinde- und Verwaltungszeitung (30. 1920–51. 1941; davor: Bayer. Gemeinde-Zeitung)
BayGemZ, BayGZ, BGZ	Bayerische Gemeinde-Zeitung (1. 1891–29. 1919; dann Bayer. Gemeinde- u. Verwaltungszeitung; u. d. urspr. Titel wiederaufgenommen: 1. 1950ff.)
BayGnO	Bayerische Gnadenordnung v. 11. 11. 1954 (GVBl. 1955 S. 1)
BayJG	s. JagdG
BayNotV	Mitteilungen des Bayerischen Notarvereins (1. 1924–10. 1933; dann: Bayer. Notarzeitschrift)
BayNotZ	Bayerische Notariats-Zeitung und Zeitschrift für die freiwillige Rechtspflege der Gerichte in Bayern (1. 1864–36. 1899) dann:
BayNotZ	Zeitschrift für das Notariat, für die freiwillige Gerichtsbarkeit und das Grundbuchwesen in Bayern (bis 13. 1912: für d. Notariat u. f. d. freiw. Rechtspfl. d. Gerichte in Bayern) (N. F. 1. (= 37.) 1900–23. (= 59.) 1922; dann: Mitteilungen des Bayer. Notarvereins)
BayNotZ	Bayerische Notarzeitschrift (10. 1933; dann: Deutsche Notar-Zeitschrift, Bayerische Beilage)
BayObLG	Bayerisches Oberstes Landesgericht
BayObLGSt.	Entscheidungen des Bayerischen Obersten Landesgerichts in Strafsachen (N. F. 1. 1950/51ff.)
BayObLGSt.	Sammlung von Entscheidungen des Bayerischen Obersten Landesgerichts in Strafsachen (bis 10. 1899/1901: d. obersten Gerichtshofes für Bayern in Gegenständen d. Strafrechtes u. Strafprozesses) (1. 1872ff., N. F. 1. 1901–24. 1934)
BayObLGZ	Sammlung von Entscheidungen des Bayer. Obersten Landesgerichts in Z(C)ivilsachen (bis 17. 1900: d. obersten Gerichtshofes für Bayern in Gegenständen d. Civilrechts u. Civilprozesses) (1. 1872ff., N. F. 1. 1901–34. 1934/35)
BayObLGZ	Entscheidungen des Bayerischen Obersten Landesgerichts in Zivilsachen (N. F. 1. 1950ff.)
BayPrG	s. PrG
BayRAO	s. RAO

BayRpflZ, BayZ	s. ZRpflBay.
BayStAnz.	Bayerischer Staatsanzeiger [= seit 5. 1950, 26 Beil. zu: Bayerische Staatszeitung u. Bayer. Staatsanzeiger] (1. 1946ff.)
BayVBl., BayVwBl.	Bayerische Verwaltungsblätter (73. 1925—81. 1933; vorher: Blätter f. administrative Praxis; später: Dt. Verwaltungsblätter; N. F. 1. [= 86. d. GesFolge] 1955ff.)
BayVerf., BV	Verfassung des Freistaates Bayern v. 2. 12. 1946 (GVBl. S. 333)
BayVGH	Sammlung von Entscheidungen des (k.) bayerischen Verwaltungsgerichtshofes (1. 1880—63. 1943/44) dann:
BayVGH (n. F.), BayVfGH (n. F.)	Sammlung von Entscheidungen d. Bayer. Verwaltungsgerichtshofs mit Entscheidungen des Bayer. Verfassungsgerichtshofs (ab 4. 1951 ferner:) des Bayer. Dienststrafhofs u. d. Bayer. Gerichtshofs f. Kompetenzkonflikte (N. F. 1. (= 64. d. GesFolge) 1947/48ff.) [BayVGH (n. F.) bezieht sich auf Urteile des Verwaltungsgerichtshofs, BayVfGH (n. F.) auf Urteile des Verfassungsgerichtshofs]
BayZ, BayRpflZ	s. ZRpflBay.
BAZG	s. BäckAZG
BB, BR-Best.	Bundesratsbestimmungen
BB, BetrBer.	Der Betriebs-Berater (1. 1946ff.)
BB	s. a. BeamtBd.
BB	s. a. PrBB
BBahn, BuBahn	Die Bundesbahn (23. 1949ff.; vorher: Die Reichsbahn
BBahnG	s. BbG
BBauBl.	s. BBBl.
BBB	s. BonnBdBea.
BBBl., BBauBl.	Bundesbaublatt (1. 1952ff.)
BBesG	Bundesbesoldungsgesetz
BBG	Bundesbeamtengesetz v. 14. 7. 1953 (BGBl. I S. 551)
BBG, BerufsBG	Gesetz zur Wiederherstellung des Berufsbeamtentums v. 7. 4. 1933 (RGBl. I S. 175)
BbG, BBahnG	Bundesbahngesetz v. 13. 12. 1951 (BGBl. I S. 955)
BBgm.	s. BayBgm.
BBK	Beauftragter des Bundeskanzlers f. d. m. d. Vermehrung d. alliierten Truppen zusammenhängenden Fragen

BBl.	s. BürBl.
BB NBW	s. NB
BBVG	Gesetz ü. d. vermögensrechtlichen Verhältnisse d. Deutschen Bundesbahn v. 2. 3. 1951 (BGBl. I S. 155)
BBZt.	s. BayBeaZtg.
Bd.	Band
BDA	Bundesvereinigung Deutscher Arbeitgeberverbände
BDA	Besoldungsdienstalter
BDA	Bund Deutscher Architekten
BdGes., BdG, BG	Bundesgesetz
BDH	Bundesdisziplinarhof
BDH, BDiszH	Entscheidungen des Bundesdisziplinarhofs (1. 1955ff.)
BDI	Bundesverband der Deutschen Industrie
BDI	Bund Deutscher Ingenieure
BdL	Bank deutscher Länder
BDO	Bundesdisziplinarordnung v. 28. 11. 1952 (BGBl. I S. 761)
BDO, BesDO	Besondere Dienstordnung zur ATO u. TO A f. d. Geschäftsbereiche d. Reichs- u. Preuß. Min. d. Innern v. 14. 11. 1938 (MBliV S. 1887, 1889) d. Reichsfinanzverwaltung v. 7. 5. 1938 (RFBl. S. 541), 17. 4. 1942 (RFBl. S. 153) d. Reichsjustizverwaltung v. 17. 6. 1938 (DtJust. S. 964) d. Reichs- u. Preuß. Min. f. Ernährung u. Landw. v. 7. 1. 1939 (LwRMBl. S. 119) d. Preuß. Min. d. Finanzen v. 14. 5. 1938 (PrBesBl. S. 213)
BdSt.	Bund der Steuerzahler
BDStGG	Gesetz über die Errichtung von Bundesdienststrafgerichten v. 12. 11. 1951 (BGBl. I S. 883)
BDStO	Preußen. Beamtendienststrafordnung v. 27. 1. 1932 (GS S. 59), 18. 8. 1934 (GS S. 353)
BeamtBd., DBB, BB	Der Beamtenbund. Zs. d. Dt. Beamtenbundes (6. 1922–17. 1933; neu: 1. 1950ff.)
BeamtG	s. BayBG, HBG, LBG
BeamtJb., BJahrb., BJ	Beamten-Jahrbuch (1. 1914–28. 1941)
BeamtNebTätVO, NebTätVO	VO über die Nebentätigkeit der Beamten v. 6. 7. 1937 (RGBl. I S. 753), i. d. Bundesfassung v. 24. 1. 1951 (BGBl. I 87, 94)

Becker EntschMietR	Entscheidungs-Sammlung aus dem gesamten Miet- u. Wohnrecht, hrsg. v. Becker (1. 1949ff.)
BefBed.	Beförderungsbedingungen
BefBed. f. MöbTransp.	Beförderungsbedingungen für Möbeltransporte v. 23. 6. 1955 (BAnz. Nr. 121)
BefrG	Amerikanische Zone. Gesetz zur Befreiung v. Nationalsozialismus und Militarismus v. 5. 3. 1946 Bayern (GVBl. S. 145), Hessen (GVBl. S. 57), Württemberg-Baden=Gesetz Nr. 104 (RegBl. S. 71) Bremen. Ges. v. 9. 5. 1947 (GBl. S. 67)
BefStDV 1955	Beförderungsteuer-DurchfVO v. 8. 10. 1955 (BStBl. I S. 630)
BefStG 1955	Beförderungsteuergesetz i. d. F. v. 13. 6. 1955 (BGBl. I S. 366; BStBl. I S. 218)
BEG, BErgG	Bundesergänzungsgesetz zur Entschädigung für Opfer der nationalsozialistischen Verfolgung v. 18. 9. 1953 (BGBl. I S. 1387), 24. 11. 1954 (BGBl. I S. 356)
BEG	Bundesgesetz z. Entschädigung f. Opfer d. nationalsoz. Verfolgung (Bundesentschädigungsgesetz) i. d. F. v. 29. 6. 1956 (BGBl. I S. 559, 562)
Begr.	Begründung
Beigel.	Beigeladene
BeihGr., BHGr., BGr.	Beihilfengrundsätze Reich. RdErl. v. 25. 6. 1942 (RBesBl. S. 157) Berlin. ~ f. d. Verwaltung u. d. Betriebe d. Landes ... v. 13. 7. 1953 (ABl. S. 825)
Beil.	Beilage
BeitrO	Beitreibungsordnung v. 23. 6. 1923 (RMBl. S. 595)
Bek., Bkm.	Bekanntmachung
BELFMBl.	s. MinBlELF
Bensh., Bensheimer	s. ArbRSamml.
Ber.	Berichtigung
BerechVO, BerechnungsVO, BVO	VO über Wirtschaftlichkeits- und Wohnflächenberechnung für neugeschaffenen Wohnraum (Berechnungsverordnung) v. 20. 11. 1950 (BGBl. S. 753)
BergbuWi., BuW	Bergbau und Wirtschaft (4. 1951ff.; vorher: Informationsblatt d. IG Bergbau)
BerGen.	s. Berufsgen.
BErgG	s. BEG
BergG	s. a. ABG
BergG	Bayern. Berggesetz v. 13. 8. 1910 (GVBl. S. 815)
BerlAnwBl., BAB	Berliner Anwalts-Blatt (1. 1927—7. 1933)

BerlGrdE, BG	Berliner Grundeigentum. Zs. f. d. ges. Grundstücks-, Haus- u. Wohnungswirtschaft (1. 1956ff.)
BerlKfmGJb.	Jahrbuch der Kaufmannsgerichte Berlin (1. 1908–3. 1912)
BerlStBl.	Berliner Steuer-Blatt (1. 1950-7. 1956; dann aufgeg. in: Steuer- u. Wirtschafts-Kurzpost)
BernFrachtÜb.	s. IÜG
BernÜ, BÜ	s. a. RevBernÜ Berner Übereinkunft z. Schutze von Werken der Literatur und Kunst v. 9. 9. 1886 (RGBl. 1887 S. 493)
BErnVO	VO ü. d. Ernennung u. Beförderung der Beamten während d. Krieges v. 23. 9. 1942 (RGBl. I S. 563)
BerPolG	Bayern. Gesetz ü. d. Bereitschaftspolizei v. 31. 5. 1951 (GVBl. S. 85)
BerSchG, BSchG	Berufsschulgesetz Bayern. Vom 25. 3. 1953 (GVBl. S. 35) Rheinland-Pfalz. Landesges. ü. d. Berufsschulwesen (~) v. 3. 3. 1952 (GVBl. S. 57) Schleswig-Holstein. Ges. ü. d. Berufsschulwesen (~) v. 28. 2. 1950 (GVBl. S. 87)
BerufsBG	s. BBG
Berufsgen., BerGen., BG	Die Berufsgenossenschaft (1. 1886–60. 1945, 61. 1949ff.)
BeruPrax., BP	Aus Beruf und Praxis. Zs. f. Steuerrecht u. Steuerpraxis (1. 1949/50ff.)
BesÄG	Gesetz z. Änderung und Ergänzung des Besoldungsrechts 1. Gesetz v. 6. 12. 1951 (BGBl. I S. 939) 2. Gesetz v. 20. 8. 1952 (BGBl. I S. 582) 3. Gesetz v. 27. 3. 1953 (BGBl. I S. 81) [Ähnliche Gesetze auch in den Ländern]
BesatzSchG, BesAbgeltG	Gesetz ü. d. Abgeltung von Besatzungsschäden v. 1. 12. 1955 (BGBl. I S. 734)
BesBl.	s. PrBB und RBB
Besch.	Bescheid
Beschl.	Beschluß
BesDO	s. BDO
BesG, LBesG	Besoldungsgesetz Reich. ~ v. 16. 12. 1927 (RGBl. I S. 349) Bayerisches ~ v. 23. 2. 1955 (GVBl. S. 41) Berlin. ~ v. 2. 12. 1952 (GVBl. S. 1039) Bremisches ~ v. 8. 5. 1956 (GBl. S. 43) Hamburgisches ~ v. 6. 7. 1954 (GVBl. 1955 S. 41) Niedersachsen. ~ i. d. F. v. 22. 3. 1955 (GVBl. S. 113)

BesG, LBesG	Besoldungsgesetz Nordrhein-Westfalen. ~ v. 9. 6. 1954 (GVBl. S. 162) Preußen. Ges. ü. d. Dienstbezüge d. unmittelbaren Staatsbeamten (Preußisches ~) v. 17. 12. 1927 (GS S. 223)
BesGr.	Besoldungsgruppe
BesO	Besoldungsordnung Preußen. ~ f. d. planmäßigen unmittelbaren Staatsbeamten i. d. F. v. 4. 3. 1936 (GS S. 31) Schleswig-Holstein. ~ i. d. F. v. 11. 8. 1956 (GVBl. S. 137)
BesoldMaßnG	s. MaßnG
BesSpG, BesSperrG	Gesetz zur Sicherung einer einheitl. Regelung d. Beamtenbesoldung [Besoldungssperrgesetz] v. 21. 12. 1920 (RGBl. S. 2117)
BestO f. Ärzte	Bestallungsordnung für Ärzte v. 15. 9. 1953 (BGBl. I S. 1334), 26. 1. 1955 (BGBl. I S. 36)
BestO f. Apoth.	Bestallungsordnung für Apotheker v. 8. 10. 1937 (RGBl. I S. 1118)
BetäubMVerkG	s. OpiumG
BetäubMVO	VO ü. d. Verschreiben Betäubungsmittel enthaltender Arzneien u. ihre Abgabe in d. Apotheken v. 19. 12. 1930 (RGBl. I S. 635)
Betr., B, DB	Der Betrieb (1. 1948ff.)
BetrBer.	s. BB
BetrKK, BKK	Die Betriebskrankenkasse (1. 1908ff.)
BetrRG, BRG	Betriebsrätegesetz v. 4. 2. 1920 (RGBl. S. 147); Betriebsrätegesetz (= Kontrollratsgesetz Nr. 22) v. 10. 4. 1946 (ABlKR Nr. 6 S. 133)
BetrRWahlO	Erste Rechtsverordnung zur Durchführung des Betriebsverfassungsgesetzes [Betriebsratswahlordnung] v. 18. 3. 1953 (BGBl. I S. 58)
BetrVG, BVG	Betriebsverfassungsgesetz v. 11. 10. 1952 (BGBl. I S. 681)
BetrWiForschg., BFuP	Betriebswirtschaftliche Forschung und Praxis (1. 1949ff.)
BEvakG, BEvG	Bundesevakuiertengesetz v. 14. 7. 1953 (RGBl. I S. 586)
BeVO	s. BerechVO
BewG, RBewG	Reichsbewertungsgesetz v. 16. 10. 1934 (RGBl. I S. 1035)
BewHelferG, BewHG, BhG	Gesetz über die Bewährungshelfer Berlin. ~ v. 13. 5. 1954 (GVBl. S. 285); ~ f. Jugendliche und Heranwachsende v. 25. 11. 1954 (GVBl. S. 652)

BewHelferG, BewHG, BhG	Gesetz über die Bewährungshelfer Nordrhein-Westfalen. ~ v. 17. 5. 1955 (GVBl. S. 107) Schleswig-Holstein. ~ v. 7. 1. 1956 (GVBl. S. 4)
BewHilfe	Bewährungshilfe (1. 1954ff.)
BewNotG	s. BNG
Beyerles Beitr.	Deutschrechtliche Beiträge, Forschungen und Quellen zur Geschichte des Deutschen Rechts, hrsg. v. Konrad Beyerle (1. 1906—14. 1933)
BezO	Bezirksordnung f. d. Freistaat Bayern v. 27. 7. 1953 (GVBl. S. 107)
BezVG	Bezirksverwaltungsgericht
BezWahlG	Bayern. Gesetz ü. d. Wahl d. Bezirkstage (Bezirkswahlgesetz) v. 11. 8. 1954 (GVBl. S. 211)
Bf.	Beschwerdeführer
BfA	Bundesversicherungsanstalt für Angestellte
BfArb.	Bundesanstalt für Arbeitsvermittlung und Arbeitslosenversicherung
BFH	Bundesfinanzhof
BFH	Sammlung der Entscheidungen und Gutachten des Bundesfinanzhofs (55. 1952ff.)
BFHG	Gesetz über den Bundesfinanzhof v. 29. 6. 1950 (BGBl. S. 257)
BFM	s. BMF
BFMA	s. FMBl.
BFMBl.	s. MinBlFin.
BFStrG	s. FStrG
BFuP	s. BetrWiForschg.
BFV, BezFürsVerb.	Bezirksfürsorgeverband
BG, BdG, BdGes.	Bundesgesetz
BG	Berufungsgericht
BG	s. a. Berufsgen. und BerlGrdE
BG	s. a. BörsG
BG, LBG	Beamtengesetz (s. a. LBG) Hessen s. HBG Bayerisches ~ v. 28. 10. 1946 (GVBl. S. 349) Württemberg-Baden. Vom 19. 11. 1946 (RegBl. S. 249) Württemberg-Hohenzollern Vom 8. 4. 1949 (RegBl. S. 169)
BG, BkmG, BekG	Gesetz ü. Bekanntmachungen v. 17. 5. 1950 (BGBl. S. 183)

BGA	Bundesgesundheitsamt
BGAG	Gesetz ü. d. Errichtung eines Bundesgesundheitsamtes v. 27. 2. 1952 (BGBl. I S. 121)
BGB	Bürgerliches Gesetzbuch
BGBl.	Bundesgesetzblatt des Norddeutschen Bundes (1. 1867 bis 4. 1870; fortges. als: Reichsgesetzblatt)
BGBl.	Bundesgesetzblatt (1950; dann zerfallend in Teil I und II)
BGBl. I	Bundesgesetzblatt, Teil I (1951 ff.)
BGBl. II	Bundesgesetzblatt, Teil II (1951 ff.)
BGBWR	s. BlfGrdstBauWR
BGE	Entscheidungen des Schweizerischen Bundesgerichts
BgEG	s. BaugelErschlG
BGH	Bundesgerichtshof
BGH-GeschO	Geschäftsordnung des Bundesgerichtshofs v. 3. 3. 1952 (BAnz. Nr. 83; SaBl. S. 537)
BGHSt., BGH	Entscheidungen des Bundesgerichtshofs in Strafsachen (1. 1951 ff.)
BGHZ, BGH	Entscheidungen des Bundesgerichtshofs in Zivilsachen (1. 1951 ff.)
bgl.	bürgerlich; berufsgenossenschaftlich
Bgm., BM	Bürgermeister
BGr.	s. BeihGr.
BGS, BGrenzSch.	Bundesgrenzschutz
BGSG, BGrenzSchG, BGrG	Gesetz über den Bundesgrenzschutz und die Einrichtung von Bundesgrenzschutzbehörden v. 16. 3. 1951 (BGBl. I S. 201)
BGVZ	s. BayGemVZ
BGZ	s. BayGemZ
BHaftG	Preußen. Gesetz ü. d. Haftung d. Staates u. anderer Verbände f. Amtspflichtverletzungen von Beamten bei Ausübung d. öffentl. Gewalt v. 1. 8. 1909 (GS S. 691)
BhG	s. BewHelferG
BHGr.	s. BeihGr.
BHZ	Berliner Hausbesitzer-Zeitung (1. 1954 ff.)
BIDEC	Bipartite Decartelization Commission
BierStDB	Durchführungsbestimmungen zum Biersteuergesetz i. d. F. v. 14. 3. 1952 (BGBl. I S. 153)
BierStG, BiStG	Biersteuergesetz i. d. F. v. 14. 3. 1952 (BGBl. I S. 149)

Bil.	Bilanz
BillRichtl.	Billigkeitsrichtlinien
BinnSchG, BSchiffG, BSchG	Gesetz betr. d. privatrechtl. Verhältnisse der Binnenschiffahrt [Binnenschiffahrtsgesetz] v. 15. 6. 1895 (RGBl. S. 301), i. d. F. v. 15. 6. 1898 (RGBl. S. 868)
BinnSchNachr., BSN, BN	Binnenschiffahrts-Nachrichten (1946ff.)
BinnSchPolVO	Deutsche Binnenschiffahrtspolizeiverordnung v. 12. 4. 1939 (RGBl. II S. 655)
BinnSchSO, BSchSO	Binnenschiffahrtstraßen-Ordnung v. 19. 12. 1954 (BGBl. II S. 1135)
BinnSchuRhSchVerfG	Gesetz über das gerichtliche Verfahren in Binnenschiffahrts- und Rheinschiffahrtssachen v. 27. 9. 1952 (BGBl. I S. 641)
BIZ	Bank für internationalen Zahlungsausgleich
BJ, BJahrb.	s. BeamtJb.
BJG, BJagdG	Bundesjagdgesetz v. 29. 11. 1952 (BGBl. I S. 780)
BJM	s. BMJ
BJPl.	Bundesjugendplan
BK	Bundeskanzler, Bundeskanzleramt
BKA	Bundeskriminalamt
BKAG	Gesetz ü. d. Errichtung eines Bundeskriminalpolizeiamtes (Bundeskriminalamtes) v. 8. 3. 1951 (BGBl. I S. 165)
BKBl.	Bundeskriminalblatt (1. 1951ff.)
BKK	s. BetrKK
Bkm., Bek.	Bekanntmachung
BkmG	s. BG
BK/O	Anordnung der Alliierten Kommandatura Berlin (Order of the Allied Kommandatura Berlin)
BKSchG	s. KSchG
BKV	Betriebskollektivverträge (in der DDR)
BKVO	Verordnungen über Ausdehnung der Unfallversicherung auf Berufskrankheiten 3. VO ~ v. 16. 12. 1936 (RGBl. I S. 1117) 4. VO ~ v. 29. 1. 1943 (RGBl. I S. 85) 5. VO ~ (5. Berufskrankheitenverordnung) v. 26. 7. 1952 (BGBl. I S. 395)
Bl.	Blatt
BlAdmPrax., BlfaPr.	Blätter für administrative Praxis (1. 1851–72. 1922; dann: Bayerische Verwaltungsblätter)

BlArb., BlArbR, ArbRBl.	Blätter für Arbeitsrecht ... (= Beil zu: Die deutsche Arbeitgeberzeitung) (1. 1921-12. 1933,16; dann: Wirtschafts- u. Sozialrecht)
BlArmPfl., BlfApfl.	Blätter für Armenpflege und soziale Versicherung (bis 8. 1923; dann: Blätter f. öff. Fürsorge u. soz. Versicherung)
BLaufbVO	s. BLV
BLBG	s. BauLBG
BlfApfl.	s. BlArmPfl.
BlfaPr.	s. BlAdmPrax.
BlfG	s. BlGenW
BlfGK, BlfGk.	s. BlGefängnK
Bl. f. PMZ, BlPMZ, PMZBl.	Blatt für Patent-, Muster- und Zeichenwesen (1. 1894/95 bis 50. 1944, 51. 1948/49ff.)
BlfRA	s. SeuffBl.
BLG	s. a. BaulG
BLG	Bundesleistungsgesetz v. 19. 10. 1956 (BGBl. I S. 815)
BlGefängnK, BlfGk.	Blätter für Gefängniskunde (1. 1864—75. 1944)
BlGenW, BlfG, GenBl.	Blätter für Genossenschaftswesen (13. 1866ff.; vorher: Die Innung der Zukunft, seit 1853)
BlGrdstBauWR, BlfGBWR, BlGrB	Blätter für Grundstücks-, Bau- und Wohnungsrecht (1. 1952ff.)
BlIntPr., BlfIPR	Blätter für internationales Privatrecht (= Beilage zur Leipziger Zeitschrift) (1. 1926—6. 1931)
Bln.	Berlin
Bln-O	Berlin-Ost
Bln-W	Berlin-West
BlÖffFürs.	Blätter für öffentliche Fürsorge und soziale Versicherung (9. 1924—28. 1943; vorher: Blätter f. Armenpflege u. soziale Versicherung)
BlPMZ	s. Bl. f. PMZ
BlRpflThür., ThürBl.	Blätter für Rechtspflege in Thüringen und Anhalt (1. 1854—65. 1919/21)
BlSchG, BlutSchG	Gesetz zum Schutze d. deutschen Blutes u. d. deutschen Ehre [Blutschutzgesetz] v. 15. 9. 1935 (RGBl. I S. 1146)
BLSG	Bayerisches Landessozialgericht
BlStSozArbR	Blätter für Steuern, Sozialversicherung und Arbeitsrecht (1. 1925—20. 1944) dann:
BlStSozArbR, BlfStR, BlStA, SSA	Blätter für Steuerrecht, Sozialversicherung und Arbeitsrecht (N. F. 1. 1946ff.) [Es erscheint ab 4. 1949 eine besondere Ausg. f. West-Berlin]

BlumsAnn.	s. AnnRG
BLV	Bundeslaufbahnverordnung VO z. vorl. Regelung d. Laufbahnwesens im Bundesdienst v. 30. 11. 1953 (BGBl. I S. 1543) VO ü. d. Laufbahnen d. Bundesbeamten (~) v. 31. 7. 1956 (BGBl. I S. 712)
BLVA	Bayerische Landesversicherungsanstalt
BlVerglRW, BlVerglR, VglBlRW	Blätter für vergleichende Rechtswissenschaft und Volkswirtschaftslehre (1. 1905—19. 1926)
BLVW	Bayer. Landesamt für Vermögensverwaltung und Wiedergutmachung
BLW	Bayer. Landesamt f. Wiedergutmachung
BM, Bgm.	Bürgermeister
BMA	Bundesminister(ium) für Arbeit
BMAt.	Bundesminister(ium) für Atomfragen
BMAusw.	Bundesminister für auswärtige Angelegenheiten
BMBR	Bundesminister(ium) für Angelegenheiten des Bundesrates
BMF, BFM	Bundesminister(ium) der Finanzen
BMFa.	Bundesminister(ium) für Familienfragen
BMG	Bundesminister(ium) für gesamtdeutsche Fragen
BMG, EBMG	Gesetz ü. Maßnahmen auf d. Gebiete d. Mietpreisrechts (1. Bundesmietengesetz) v. 27. 7. 1955 (BGBl. I S. 458)
BMGGO	Gemeinsame Geschäftsordnung der Bundesministerien [nicht verkündet]
BMI	Bundesminister(ium) des Innern
BMJ	Bundesminister(ium) der Justiz
BMinG	Gesetz über die Rechtsverhältnisse der Mitglieder der Bundesregierung (Bundesministergesetz) v. 17. 6. 1953 (BGBl. I S. 407)
BML	Bundesminister(ium) für Ernährung, Landwirtschaft und Forsten
BMM	Bundesminister(ium) für den Marshallplan
BMP, BPM	Bundesminister(ium) für das Post- und Fernmeldewesen
BMS	Bundesminister(ium) für besondere Aufgaben
BMT	Bundes-Manteltarif
BMT-G	Bundes-Manteltarif für Arbeiter gemeindlicher Verwaltungen und Betriebe v. 22. 5. 1953
BMV	Bundesminister(ium) für Verkehr

BMVt.	Bundesminister(ium) für Vertriebene
BMVtdg.	Bundesminister(ium) für Verteidigung
BMWi.	Bundesminister(ium) für Wirtschaft
BMWo.	Bundesminister(ium) für Wohnungsbau
BMZ	Bundesminister(ium) für wirtschaftliche Zusammenarbeit
BN	s. BinnSchNachr.
BNA	Baunotabgabe
BNG, BewNotG	Ges. ü. Notmaßnahmen auf dem Gebiete d. Wirtschaft, d. Ernährung u. d. Verkehrs (Bewirtschaftungsnotgesetz) v. 30. 10. 1947 (WiGBl. 1948 S. 3)
BO	s. a. BauO
BO	Beschwerdeordnung für die Angehörigen der Wehrmacht v. 8. 4. 1936 (HDv. 3/10, MDv. 15/19, LDv. 3/10)
BO, EBBO	Eisenbahn-Bau- und Betriebsordnung v. 17. 7. 1928 (RGBl. II S. 541)
BOA	VO ü. d. Erlaß einer Bau- und Betriebsordnung f. Anschlußbahnen im Lande Baden-Württemberg v. 21. 1. 1956 (GBl. S. 51)
BObSeeA	Entscheidungen des Bundes-Oberseeamtes und der Seeämter der Bundesrepublik Deutschland (1. 1951/52ff.)
BodRefEntschG, GSBEG	Amerik. Zone. Gesetz ü. d. Entschädigung f. Übereignung oder Enteignung von Grundeigentum nach d. Gesetz z. Beschaffung v. Siedlungsland u. z. Bodenreform Bayern. Ges. v. 9. 7. 1949 (GVBl. S. 182) Hessen. Ges. v. 4. 7. 1949 (GVBl. S. 87) Württemberg-Baden. Ges. Nr. 948 v. 5. 7. 1949 (RegBl. S. 167)
BodRefG, BoRG, GSB	Amerik. Zone. Gesetz zur Beschaffung von Siedlungsland und zur Bodenreform Bayern. Ges. Nr. 48 v. 18. 9. 1946 (GVBl. S. 326) Hessen. Ges. v. 15. 10. 1946 (GVBl. S. 218) Württemberg-Baden. Ges. Nr. 65 v. 30. 10. 1946 (RegBl. S. 263)
BodRefG, BoRG, BRG	Bodenreformgesetz Nordrhein-Westfalen. Ges. z. Durchf. d. Bodenreform u. Siedlung (~) v. 16. 5. 1949 (GVBl. S. 84) Rheinland-Pfalz. Landesges. z. Bodenreform v. 16. 10. 1948 (GVBl. S. 385) Württemberg-Hohenzollern. Ges. z. Reform d. land- u. forstwirtschaftl. Bodenverteilung u. Bodenbewirtschaftung (~) v. 6. 8. 1948 (RegBl. S. 151)

BodRefVerfG	Nordrhein-Westfalen. Gesetz ü. d. gerichtliche Verfahren in Bodenreformsachen v. 12. 1. 1954 (GVBl. S. 37)
BodSchätzG	Gesetz ü. d. Schätzung d. Kulturbodens (Bodenschätzungsgesetz) v. 16. 10. 1934 (RGBl. I S. 1050)
BöhmsZ, NiemeyersZ	Zeitschrift für internationales Privat- und Strafrecht (ab 12. 1903: f. intern. Privat- u. Öffentl. Recht; ab: 20. 1910: f. intern. Recht; ab 25. 1915: Niemeyers Zs. . .), begr. v. Böhm, hrsg. ab 11. 1901 allein v. Niemeyer (1. 1891—52. 1938)
BörsG, BG	Börsengesetz v. 27. 5. 1908 (RGBl. S. 215)
BOHG	s. a. ROHG
BOHG	Bundesoberhandelsgericht
BOKraft.	VO über den Betrieb von Kraftfahrunternehmen im Personenverkehr v. 13. 2. 1939 (RGBl. I S. 231)
BonnBdBea., BBB	Der Bonner Bundesbeamte (1. 1951ff.)
BoR, BOR	Board of Review
BoR, BOR	Entscheidungen des Board of Review. Decisions of the Board of Review (1. 1950—21. 1954; dann Entscheidungen d. Obersten Rückerstattungsgerichts f. d. Brit. Zone)
BoRG	s. BodRefG
BOS	Eisenbahn-Bau- und Betriebsordnung für Schmalspurbahnen v. 25. 6. 1943 (RGBl. II S. 285)
BOStrab., StraßBauBetrO	Verordnung über den Bau und Betrieb der Straßenbahnen (Straßenbahn-Bau- und Betriebsordnung) v. 13. 11. 1937 (RGBl. I S. 1247)
BP	s. BeruPrax.
BPA	Bahnpostamt
BPA	Presse- und Informationsamt der Bundesregierung
BPersA	Bundespersonalausschuß
BPersAVO	Verordnung über den Bundespersonalausschuß v. 15. 6. 1950 (BGBl. S. 216)
BPG, BPersG, vorlBPG	Ges. z. vorläufigen Regelung d. Rechtsverhältnisse der im Dienst des Bundes stehenden Personen [Bundespersonalgesetz] v. 17. 5. 1950 (BGBl. S. 207)
BPM	s. BMP
BPolBG	s. vorlBPolBG
BPr.	Bundespräsident
BPrSt.	Bundesprüfstelle
BPV, BPolVO	Bergpolizeiverordnung
BPVG, DBP-VermG	Gesetz ü. d. vermögensrechtl. Verhältnisse d. Deutschen Bundespost v. 21. 5. 1953 (BGBl. I S. 225)

BPVwG	s. PostVerwG
BR, BRat	Bundesrat
BR, BuRi.	Bundesrichter
BrABl., BritABl.	s. ABlMR(BrZ)
BRÄG, BRÄndG	Ges. z. Änderung v. Vorschriften auf d. Gebiete d. allg. Beamten-, d. Besoldungs- u. d. Versorgungsrechts v. 30. 6. 1933 (RGBl. I S. 433) i. d. F. v. 24. 1. 1951 (BGBl. I S. 87, 97)
BrandschG	Brandschutzgesetz Hessen. ~ v. 19. 5. 1951 (GVBl. S. 30) Rheinland-Pfalz. Landesges. ü. d. Brandschutzwesen v. 11. 5. 1949 (GVBl. 161)
BranntwMonG	Gesetz ü. d. Branntweinmonopol v. 8. 4. 1922 (RGBl. I S. 405)
BranntwVwO, VwO	Branntwein-Verwertungsordnung (= Anl. 2 d. Grundbestimmungen z. Gesetz ü. d. Branntweinmonopol, ZBlDR 1922 S. 809)
BraunsArch., ArchSozG	Archiv für soziale Gesetzgebung und Statistik, hrsg. v. Braun (1. 1888—18. 1903; dann: Archiv f. Sozialwissenschaft u. Sozialpol.)
BraunschwZ	Zeitschrift für Rechtspflege im Hztm. Braunschweig (ab 66. 1919: Braunschweigische Zeitschrift f. Rechtspflege) (1. 1854—82. 1936)
BR-Best., BB	Bundesratsbestimmungen
BRD	Bundesrepublik Deutschland
BRDrucks. [folgt Nr. u. Jahr]	Drucksachen des Deutschen Bundesrates (1949 ff.)
BREG	s. BrREG
BReg.	Bundesregierung
Breithaupt Sammlg., Breith.	Sammlung von Entscheidungen des Reichsversicherungsamts, der Landesversicherungsämter und der Oberversicherungsämter (Titel mehrfach geändert; 35/37. 1946/48: aus dem Gebiete der Sozialversicherung, ab 40. 1951: der Sozialversicherung und Versorgung, ab 43. 1954: der Sozialversicherung, Versorgung u. Arbeitslosenversicherung), hrsg. v. Breithaupt (1. 1912/13 ff.)
Brem.	Bremen, bremisch
BreslauAK	Zeitschrift der Anwaltskammer im Oberlandesgerichtsbezirk Breslau (1. 1888 ff.; nach 1933 aufgegangen in: Kammerzeitung f. d. Bezirke d. OLGe Breslau, Dresden u. Naumburg/Saale)
BRG	s. BodRefG, BetrRG, G 131

BRGeschO	Geschäftsordnung des Bundesrates i. d. F. d. Bek. v. 31. 7. 1953 (BGBl. II S. 527)
BRH	Bundesrechnungshof
BRHG	Gesetz über Errichtung und Aufgaben des Bundesrechnungshofes v. 27. 11. 1950 (BGBl. S. 765)
BrMilReg.	Britische Militärregierung
BrMRVO	Verordnung der Britischen Militärregierung
BrotG	Brotgesetz i. d. F. v. 9. 6. 1931 (RGBl. I S. 335)
BrREG, BREG	Brit. Zone. MRG Nr. 59: Rückerstattung feststellbarer Vermögensgegenstände an Opfer der nationalsozialistischen Unterdrückungsmaßnahmen v. 12. 5. 1949 (ABlMR Nr. 28 S. 1169; VOBl.BrZ S. 152)
BRüG	Bundesrückerstattungsgesetz
BrunsZ	s. ZaöRV
BrZ	Britische Besatzungszone
BSch..., BSchiff...	s. BinnSch . . .
BSchG	s. BerSchG und BinnSchG
BSchPatentVO	VO ü. Befähigungszeugnisse in d. Binnenschiffahrt v. 15. 6. 1956 (BGBl. II S. 722)
BSchwBG	s. SchwbG
BSG	Bundessozialgericht
BSG	Entscheidungen des Bundessozialgerichts (1. 1955ff.)
BSN	s. BinnSchNachr.
BSpK	Bausparkasse(n)
BStAnz.	s. BayStAnz.
BStBl.	Bundessteuerblatt (Teil I—III) (1. 1951ff.)
BStG	Bürgersteuergesetz v. 16.10.1934 (RGBl. I S. 985), i. d. F. v. 20. 11. 1937 (RGBl. I S. 1261)
BStMdI	Bayerisches Staatsministerium des Innern
BT	Bundestag
BTDrucks. [folgt Wahlperiode u. Nr.]	Drucksachen des Deutschen Bundestages (1949ff.)
BTGeschO	Geschäftsordnung des Deutschen Bundestages v. 28. 1. 1952 (BGBl. II S. 389)
BTWahlG, WahlG, BWG	Wahlgesetz z. zweiten Bundestag u. zur Bundesversammlung v. 8. 7. 1953 (BGBl. I S. 470)
BUB	Betriebsunterbrechungsversicherungs-Bedingungen
BuBahn	s. BBahn
BürBl., BurBl., BBl.	Büro-Blatt (anfangs: Bureau-Blatt) für gerichtliche Beamte (4. 1855—80. 1932; dann: Justizverwaltungsblatt)

BürgArch.	s. ArchBürgR
Büro	Das Büro (1. 1950ff.)
BuG, BUG	s. BauAGemBau
Bull.	Bulletin des Presse- und Informationsamtes der Bundesregierung (1. 1951 ff.)
BuMG	s. BMG
BUmsiedlG	Gesetz zur Umsiedlung von Heimatvertriebenen aus d. Ländern Bayern, Niedersachsen u. Schleswig-Holstein [Bundesumsiedlungsgesetz] v. 22. 5. 1951 (BGBl. I S. 350), i. d. F. v. 23. 9. 1952 (BGBl. I S. 637)
BurBl.	s. BürBl.
BuRi., BR	Bundesrichter
BuschsA	Archiv für Theorie und Praxis des Allgemeinen Deutschen Handelsrechts (ab 27. 1872: Handels- und Wechselrechts), hrsg. v. Busch (1. 1862—48. 1888)
BuschsZ	s. ZZP
BuW	s. BergbuWi.
BV	Besoldungsvorschriften Reich. ~ v. 16. 12. 1927 (RBesBl. 1928 S. 33) Bayern. AusfBestimmungen z. Bayer. Besoldungsgesetz (~) v. 23. 2. 1955 (GVBl. S. 54) Hamburg. AusfBestimmungen z. Hamb. Besoldungsgesetz (~) v. 6. 7. 1954 (GVBl. 1955 S. 70) Niedersachsen. VO z. Ausf. d. Besoldungsgesetzes f. d. Land . . . (~) v. 3. 9. 1956 (GVBl. S. 156) Nordrhein-Westfalen. VO z. Ausf. d. Besoldungsgesetzes f. d. Land ... (~) v. 19. 1. 1956 (GVBl. S. 81)
BV	Betriebsvereinbarung
BV, BayVerf.	Verfassung des Freistaates Bayern v. 2. 12. 1946 (GVBl. S. 333)
BVA	Bundesversicherungsamt
BVAG	Gesetz ü. d. Errichtung des Bundesversicherungsamts, die Aufsicht ü. d. Sozialversicherungsträger u. d. Relung v. Verwaltungszuständigkeiten in d. Sozialversicherung u. d. betrieblichen Altersfürsorge (Bundesversicherungsamtsgesetz) v. 9. 5. 1956 (BGBl. I S. 415)
BVBl., BVersBl.	Bundesversorgungsblatt im Bundesarbeitsblatt (1951 ff.)
BVerfG	Bundesverfassungsgericht
BVerfG, BVerfGE	Entscheidungen des Bundesverfassungsgerichts (1. 1952ff.)

BVerfGG	Ges. ü. das Bundesverfassungsgericht v. 12. 3. 1951 (BGBl. I S. 243)
BVersBl.	s. BVBl.
BVersG, BVG	Gesetz ü. d. Versorgung der Opfer des Krieges (Bundesversorgungsgesetz) v. 20. 12. 1950 (BGBl. S. 791), i. d. F. d. Bek. v. 6. 6. 1956 (BGBl. I S. 469)
BVerwG	Bundesverwaltungsgericht
BVerwG, BVerwGE	Entscheidungen des Bundesverwaltungsgerichts (1. 1954 ff.)
BVerwGG, BVwGG	Gesetz über das Bundesverwaltungsgericht v. 23. 9. 1952 (BGBl. I S. 625)
BVFG	Ges. ü. d. Angelegenheiten der Vertriebenen u. Flüchtlinge (Bundesvertriebenengesetz) v. 19. 5. 1953 (BGBl. I S. 201)
BVG	1. Bundesversorgungsgesetz s. BVersG 2. Betriebsverfassungsgesetz s. BetrVG 3. Bundesvertriebenengesetz s. BVFG 4. Bundesverfassungsgericht 5. Bundesverwaltungsgericht
BVO	s. BerechVO
BVorbVO, LaufbVO	VO ü. d. Vorbildung und die Laufbahnen der deutschen Beamten v. 28. 2. 1939 (RGBl. I S. 371), i. d. F. v. 24. 1. 1951 (BGBl. I S. 87, 90)
BVpl.	Beauftragter für den Vierjahresplan
BVS	Bergmannsversorgungsschein
BVR	Bundesverfassungsrichter
BVT	Ärztlicher Bundestarif für das Versorgungswesen. Erl. d. BMA v. 23. 7. 1951 (BABl. S. 360 = BVBl. S. 74)
BW	s. a. BankWi.
BW, Ba-Wü., Bad-Württ.	Baden-Württemberg
BWahlG, BWG	Bundeswahlgesetz v. 7. 5. 1956 (BGBl. I S. 383)
BWahlO, BWO	Bundeswahlordnung v. 15. 7. 1953 (BGBl. I S. 514)
BWaStG, BWassStrG	Gesetz ü. d. vermögensrechtlichen Verhältnisse d. Bundeswasserstraßen v. 21. 5. 1951 (BGBl. I S. 352)
BWG	s. BTWahlG; BWahlG
BWGBl.	Gesetzblatt für Baden-Württemberg (1952 Nr. 1: f. d. südwestdt. Bundesland) (1952 ff.)
BWGöD, WGG, WiedergG	Gesetz zur Regelung der Wiedergutmachung nationalsozialistischen Unrechts für Angehörige des öffentlichen Dienstes v. 11. 5. 1951 (BGBl. I S. 291), 7. 1. 1952 (BGBl. I S. 15), 19. 8. 1953 (BGBl. I S. 994), 23. 12. 1955 (BGBl. I S. 820)

BWGöD(Ausl.)	Gesetz z. Regelung d. Wiedergutmachung nationalsozialistischen Unrechts f. d. im Ausland lebenden Angehörigen des öffentlichen Dienstes v. 18. 3. 1952 (BGBl. I S. 137)
BWMBl.	Ministerialblatt des Bundesministeriums für Wirtschaft (Teil I und II) (1. 1949ff.)
BWNotZ	Mitteilungen aus der Praxis. Zs. f. d. Notariat in Baden-Württemberg (21. 1955ff.)
BWV	Bundesbeauftragter für Wirtschaftlichkeit in der Verwaltung
BZ	Britische Besatzungszone
BZBl.	Bundeszollblatt (1. 1950ff.)
BZKom.	Bezirkszollkommissariat

C

CC, cc	Code civil
CdZ	Chef der Zivilverwaltung
ChBPr.	Chef des Bundespräsidialamtes
ChdOP	Chef der Ordnungspolizei
CIC	Codex juris canonici; Corpus juris canonici
cif	cost, insurance, freight
CIM	Convention internationale concernant le transport des marchandises par chemins de fer s. IÜG
CIV	Convention internationale concernant le transport des voyageurs et des bagages par chemins de fer s. IÜP
COALCO	Vereinigte Kohlen-Kontrollgruppe
ConradsJb.	Jahrbücher für Nationalökonomie und Statistik, begr. v. Conrad (1. 1863ff.)
CoRA, CORA	United States Court of Restitution Appeals (Nürnberg)
CPO	s. ZPO
CS	Cour Supérieure pour les Restitutions (Rastatt)

D

D, d., Dt., dt.	deutsch
DA, DAnw.	Dienstanweisung
DA	s. ArbA
DADV	VO z. Durchführung d. Dividendenabgabeverordnung 1. VO v. 18. 8. 1941 (RGBl.I S. 493) 2. VO v. 5. 5. 1942 (RGBl. I S. 261)
DAfStB, DA f. StandB	Dienstanweisung für die Standesbeamten und ihre Aufsichtsbehörden v. 1938

DAG, AuslG, DtAuslG	Deutsches Auslieferungsgesetz v. 23. 12. 1929 (RGBl. I S. 239), 12. 9. 1933 (RGBl. I S. 618)]
DAG	Deutsche Angestelltengewerkschaft
DAgrR	Deutsches Agrarrecht (11. 1943—12. 1944; vorher: Recht des Reichsnährstandes)
DanzJM, DanzJMschr.	Danziger Juristische Monatsschrift (5. 1926—12. 1933) vorher u. später:
DanzJZ, DanzJZtg.	Danziger Juristen-Zeitung (1. 1922—4. 1925, 13. 1934 bis 18. 1939; zwischendurch: Danziger Jurist. Monatsschrift)
DAO	Durchführungsanordnung
DAR, DArbR	Deutsches Arbeitsrecht (1. 1933—12. 1944)
DAR, DAutoR	Deutsches Autorecht (1. 1926—18. 1943, [21.] 1951 ff.; 1951/2 vereinigt m. Recht d. Kraftfahrers)
DArbGZ, DArbGebZtg.	s. ArbGZ
DAV	VO z. Begrenzung von Gewinnausschüttungen (Dividendenabgabeverordnung) v. 12. 6. 1941 (RGBl. I S. 323)
DAVorm., DAmtsVorm.	s. Amtsvorm.
DB, DBest., DurchfBest.	Durchführungsbestimmung(en)
DB, DBB	Deutsche Bundesbahn
DB	Dienstbeschädigung
DB	s. a. Betr.
Db., DBek.	Durchführungsbekanntmachung
DBB	s. a. DB
DBB	s. a. BeamtBd.
DBB	Deutscher Beamtenbund
DBea., DDB	Der Deutsche Beamte. Zs. d. dt. Gewerkschaftsbundes (1. 1951 ff.)
DBeklV	Dienstbekleidungsvorschrift. AV d. RJM v. 3. 6. 1942 (DtJust. S. 387)
DBest., DurchfBest., DB	Durchführungsbestimmung(en)
DBG	Deutsches Beamtengesetz v. 26. 1. 1937 (RGBl. I S. 39)
DBG-KomBDV	s. KDVO
Dbl.	Dienstblatt des Senats von Berlin (bis 1954: des Magistrats von Groß-Berlin) (1922 ff.)
DBP	Deutsche Bundespost
DBP-VermG	s. BPVG
DBV	Deutscher Bauernverband
DDA	Diätendienstalter

DDB	s. DBea.
DDevR, DDR, DevRdsch., DevR	Deutsche Devisen-Rundschau (1. 1951 ff.)
DDJ	s. DJustBea.
DDR	Deutsche Demokratische Republik
DDZ	s. DZollBea.
DEGT	Deutscher Eisenbahn-Gütertarif
DEK	Deutsche Evangelische Kirche
DEMV, DEinhMV, EMV	Deutscher Einheitsmietvertrag i. d. Bek. v. 7. 3. 1934 (DtJust. S. 304)
DenkmV	Bayern. VO ü. d. Errichtung von Denkmälern v. 27. 3. 1919 (GVBl. S. 119)
DepG, DepotG	Gesetz ü. d. Verwahrung u. Anschaffung von Wertpapieren [Depotgesetz] v. 4. 2. 1937 (RGBl. I S. 171)
DevArch.	Devisenarchiv (1. 1936—10. 1945)
DevBewVO	Berlin. VO Nr. 500 d. AllKdtr. ü. Devisenbewirtschaftung u. Kontrolle d. Güterverkehrs v. 15. 7. 1950 (VOBl. I S. 304)
DevG	Ges. ü. d. Devisenbewirtschaftung [Devisengesetz] v. 12. 12. 1938 (RGBl. I S. 1733)
DevR, DevRdsch.	s. DDevR
DfBest.	Durchführungsbestimmung(en)
DFG	Deutsche Freiwillige Gerichtsbarkeit (1. 1936—9. 1944)
DFinWirtsch., DFW	Deutsche Finanzwirtschaft (1. 1947 ff.)
DG	Durchführungsgesetz
DGA	s. DGewArch.
DGB	Deutscher Gewerkschaftsbund
DGemeinWiR, DGWR	Deutsches Gemein- und Wirtschaftsrecht (N. F. 1. 1935 bis 7. 1942; früher: Jurist. Rundschau)
DGemStZtg., DGStZ	Deutsche Gemeindesteuer-Zeitung (1. 1951 ff.)
DGemZ, DGemZtg.	Deutsche Gemeinde-Zeitung (1. 1862—72. 1933)
DGewArch., DGA	Deutsches Gewerbe-Archiv (= N. F. d. Gewerbearchivs f. d. Dt. Reich) (34. 1936—36. 1939/40)
DGKG	s. GKG
DGO	s. a. RevDGO BrZ
DGO	Deutsche Gemeindeordnung v. 30. 1. 1935 (RGBl. I S. 49)
DGOA	Nord-Württemberg. Deutsche Gemeindeordnung i. d. F. d. Anwendungsgesetzes Nr. 30 v. 20. 12. 1945 (WürttBadRegBl. 1946 S. 55)

DGT	Deutscher Gemeindetag
DGV	Deutscher Genossenschafts-Verband (Schulze-Delitzsch)
DGVollzZtg., GVollzZ, DGVZ	Deutsche Gerichtsvollzieher-Zeitung (1. 1881—64. 1944, 65. 1950 ff.)
DGWBewG	Durchführungsgesetz z. Wohnraumbewirtschaftungsgesetz Niedersachsen. Vom 14. 7. 1953 (GVBl. S. 48) Schleswig-Holstein. Vom 16. 2. 1954 (GVBl. S. 31)
DGWR	s. DGemeinWiR
DHA, DHandArch., HandArch.	Deutsches Handels-Archiv (35. 1881—98. 1945, 99/102. 1948 ff.; gegr. als: Preuß. Handelsarchiv 1847)
DJ, DtJust.	Deutsche Justiz, Rechtspflege und Rechtspolitik (95. 1933—107. [= 13.] 1945; vorher: Justiz-Ministerialblatt f. d. preuß. Gesetzgebung u. Rechtspflege)
DJ, Justiz, Just.	Die Justiz. Zs. f. Demokratie in Staat u. Recht (1952 ff.)
DJAmtm.	s. ZDJAmtm.
DienstO	Dienstordnung
DJH	s. DJugH
DIHT, DIndT	Deutscher Industrie- und Handelstag
DIHT, DIndT	Verhandlungen des Deutschen Industrie- und Handelstages (1922—1934; vorher: Verhandlungen d. Handelstags in Bln.; später: Verhandlungen d. Arbeitsgemeinschaft d. Ind.- u. Handelskammern...)
DImmZtg.	Deutsche Immobilien-Zeitung (1. 1924—20. 1943)
DIN	Deutsche Industrienorm
DIR	Deutsches Institut für Rechtswissenschaft (Dt. Demokr. Rep.)
DirBR	Geschäftsführender Direktor beim Deutschen Bundesrat
DirBT	Direktor beim Deutschen Bundestag
DiszH	Disziplinarhof
DJT	Deutscher Juristentag
DJT	s. a. VerhDJT
DJugH, DJugHilfe, DJH	Deutsche Jugendhilfe (29. 1937—36. 1944; vorher u. später: Zentralblatt f. Jugendrecht und Jugendwohlfahrt)
DJustBea., DDJ	Der Deutsche Justizbeamte (1934—1943)
DJZ, DJurZ	Deutsche Juristenzeitung (1. 1896—41. 1936)
DKolBl.	s. DtKolonBl.
DKrankK, DKK	Deutsche Krankenkasse (12. 1925—20. 1933; dann: Die deutsche Ortskrankenkasse; vorher: Ortskrankenkasse)

DKV	s. KrkVers.
DLandG	s. Landgem.
DLT	Deutscher Landkreistag
DMBErgG, DMBEG, DMBilEG	Gesetz z. Änd. u. Erg. d. D-Markbilanzgesetzes (D- Markbilanzergänzungsgesetz) 1. Gesetz v. 28. 12. 1950 (BGBl. S. 811) 2. Gesetz v. 20. 12. 1952 (BGBl. I S. 824) 3. Gesetz v. 21. 6. 1955 (BGBl. I S. 297)
DMBG, DMBilG	D-Markbilanzgesetz v. 21. 8. 1949 (WiGBl. S. 279), i. d. F. v. 28. 12. 1950 (BGBl. S. 811)
DMEB	Deutsche Mark-Eröffnungsbilanz
DMR, DMietR	Deutsches Mietrecht (9. 1929—13. 1933; vorher: Einigungsamt u. Mietschöffengericht)
DMÜB	Deutsche Mark-Überleitungsbilanz
DNotV, ZsDNotV	Zeitschrift des Deutschen Notarvereins (1. 1901—33. 1933) dann:
DNotZ, DNZ	Deutsche Notar-Zeitschrift (33. 1933—44. 1944, 1950 ff. vorher: Zs. d. Dt. Notarvereins)
DNV	s. NV
DNZ	s. DNotZ
DO	s. DStO und DONW
DO	Dienstordnung
DO-Angestellte	Dienstordnungsangestellte
DöD, ÖffD	Der öffentliche Dienst (3. 1950, 7—4. 1951, 6: Ausg. A). Fachzs. f. Beamte u. Angestellte d. Verwaltung (1. 1948ff.)
DöD B, ÖffD B	Der öffentliche Dienst. Ausg. B. Zs. f. d. Ausbildung u. Fortbildung d. Dienstkräfte d. öffentl. Verwaltung . . . (1. 1950—5. 1954; dann fortges. in: Staats- u. Kommunalverwaltung)
DÖV, DtÖffVers., ÖffVers.	Die öffentlichrechtliche Versicherung (ab 67. 1935: Deutsche öffentlich-rechtliche Versicherung) (61. 1929—74. 1943; vorher: Versicherung u. Geldwirtschaft)
DÖV, ÖV, ÖffVerw.	Die Öffentliche Verwaltung (1. 1948ff.)
DÖV BaWü., Ba-WüVerwBl.	Baden-Württembergisches Verwaltungsblatt (= Landesbeil. d. Zs. Die Öffentliche Verwaltung) (1. 1956ff.)
DOfN, DOfNot., DON	Dienstordnung für Notare. AV d. RJM v. 5. 6. 1937 (DtJust. S. 874)
DOG, DOGer.	Deutsches Obergericht für das Vereinigte Wirtschaftsgebiet
DOG (NRW)	Nordrhein-Westfalen. Dienstordnungsgesetz v. 20. 3. 1950 (GVBl. S. 52)

DogmJb.	s. JheringsJb.
DOK	s. DtOrtsKK und OrtsKK
Dokumente, Dok.	Dokumente. Zs. f. internationale Zusammenarbeit (1. 1945ff.)
DON	s. DOfN
DONW	Disziplinarordnung d. Landes Nordrhein-Westfalen f. Beamte und Richter v. 8. 12. 1953 (GVBl. S. 415)
DoppBestAbk.	Doppelbesteuerungsabkommen
DOZV, BayerDOZV	Bayern. Dienstordnung für die zusätzliche Alters- und Hinterbliebenenversorgung nichtbeamteter Gefolgschaftsmitglieder bei den Verwaltungen und Betrieben des Landes Bayern v. 15. 5. 1944 (GVBl. S. 89)
DP	Displaced person(s)
DPA	Deutsches Patentamt
DPfarrArch., PfarrArch.	Deutsches Pfarrarchiv (22. 1934—24. 1935; vorher: Preuß. Pfarrarchiv)
DPolArch.	Deutsches Polizei-Archiv (1. 1922—15. 1936; dann: Archiv f. Polizeiwesen)
DPostArch.	Deutsches Postarchiv ((1. 1873—3. 1875, 68. 1940—72. 1944; dazwischen: Archiv f. Post u. Telegraphie)
DR	Deutsches Recht (1. 1931—15. 1945) [ab 9. 1939: Ausg. A = Wochenausg. vereinigt m. Juristische Wochenschrift; Ausg. B* = Monatsausgabe vereinigt m. Deutsche Rechtspflege, erschien bis 12. 1942]
DRA	s. DRW, DR
DRAnz.	s. RAnz.
DRB	s. a. DRM
DRB	Deutsche Reichsbahn
DRBG	Deutsche Reichsbahn-Gesellschaft
DRechtsZtg., DRZtg.	Deutsche Rechtszeitung. (Zuletzt:) Hrsg. v. d. Reichsberufsgruppe Rechtsbeistände (bis 60. 1943)
DRentV, DRV	Deutsche Rentenversicherung. Zs. d. Reichsverbandes Dt. Rentenversicherungsträger (1939—1944; dann: Dt. Sozialversicherung; vorher: Dt. Invaliden-Versicherung)
DReZ	s. DRZ
DRG, DRGM	Deutsches Reichs-Gebrauchsmuster
DRiZ, DRZ	Deutsche Richterzeitung (1. 1909—27. 1935, 28. 1950ff.)
DRiZ Rspr.	Rechtsprechung. Beilage zur Deutschen Richterzeitung (17. 1925—27. 1935, 29. 1951ff.)
DRK	Deutsches Rotes Kreuz

* Vorübergehend erschien 1938 eine Ausgabe B für Österreich.

DRM, DRB	Deutsches Recht [Ausg. B* = Monatsausg.] vereinigt m.: Deutsche Rechtspflege (9. 1939—12. 1942; dann: Der Deutsche Rechtspfleger)
DRP	Deutsches Reichspatent
DRP	Deutsche Reichspost
DRpfl.	s. a. Rpfleger
DRpflege, DRpfl.	Deutsche Rechtspflege (1. 1936.—4. 1939; dann vereinigt mit: Dt. Recht, Ausg. B)
DRpflegeRspr., DRpflRspr.	Deutsche Rechtspflege, Rechtsprechungsbeilage
DRsp., DRspr.	Deutsche Rechtsprechung, hrsg. v. Feuerhake [LoseblSlg.] (1948ff.)
Drucks., Drs.	Drucksache
DRV	s. DRentV
DRW, DR	Deutsches Recht [Ausg. A = Wochenausg.] vereinigt m.: Juristische Wochenschrift (9. 1939—15. 1945)
DRW, DRWiss.	Deutsche Rechtswissenschaft (1. 1936—8. 1943)
DRWörtB, RWB	Deutsches Rechtswörterbuch (1912ff.)
DRZ	s. a. DRiZ
DRZ, DReZ	Deutsche Rechts-Zeitschrift (1. 1946—5. 1950; dann m.: Südd. Juristenzeitung vereinigt zu: Juristenzeitung)
DRZtg.	s. DRechtsZtg.
DSchulVerwArch., DSchVA	Deutsches Schulverwaltungsarchiv (N. F. des Volksschularchivs) (33. 1936—40. 1943; vorher: Volksschularchiv f. Reich u. Preußen)
DSozVers.	s. a. SozVers.
DSozVers., DSV	Deutsche Sozialversicherung. Kriegsgemeinschaft: Dt. Rentenversicherung u. Die Arbeiter-Versorgung (1944/45)
DStBl.	Deutsches Steuerblatt (1. 1917/18—27. 1944; dann: Finanz-Rundschau)
DStH	Dienststrafhof
DStK	Dienststrafkammer
DStO	Dienststrafordnung Bayern. I. d. F. d. Bek. v. 28. 9. 1955 (GVBl. S. 207) Berlin. ~ f. Richter und Staatsanwälte v. 14. 3. 1952 (GVBl. S. 149) Bremische ~ v. 25. 10. 1948 (GBl. S. 209) Schleswig-Holstein. ~ f. Beamte i. d. F. d. Bek. v. 12. 8. 1954 (GVBl. S. 121)

* Vorübergehend erschien 1938 eine Ausgabe B für Österreich.

DStO	Dienststrafordnung Württemberg-Baden. Ges. Nr. 153 ~ v. 16. 2. 1949 (RegBl. S. 19) Württemberg-Hohenzollern. Vom 16. 12. 1949 (RegBl. 1950 S. 19)
DStR, DStrR	Deutsches Strafrecht (N. F. 1. 1934—11. 1944; vorher: Archiv d. Strafrecht u. Strafprozeß)
DStR, DStRdsch.	Deutsche Steuer-Rundschau (1. 1951 ff.)
DStrZ, DStrZtg., DStZ	Deutsche Strafrechts-Zeitung (1. 1914—9. 1922)
DStTMitt., MittDStT	Mitteilungen des Deutschen Städtetages (bis 1927; dann: Der Städtetag)
DStZ	s. a. DStrZ
DStZ, DStZtg.	Deutsche Steuer-Zeitung (1. 1912—34. 1945, 35. 1947 ff.; ab 1948 geteilt in Ausg. A u. B)
DSV	s. DSozVers.
Dt., dt., D, d.	deutsch
DtAnwV	s. NachrDtAnwV
DtAuslG	s. DAG
DtJust., DJ	Deutsche Justiz, Rechtspflege u. Rechtspolitik (95. 1933—107. [=13.] 1945; vorher: Justiz-Ministerialblatt f. d. Preuß. Gesetzgebung u. Rechtspflege)
DtJust./Recht	Das Recht, begr. v. Soergel (ab 39. 1935 Beil. von: Deutsche Justiz)
DtKolonBl., DKolBl.	Deutsches Kolonialblatt. Amtsbl. f. d. Schutzgebiete d. Dt. Reichs (1. 1890—32. 1921)
DtÖffVers., ÖffVers., DÖV	Deutsche öffentlich-rechtliche Versicherung (67. 1935—74. 1942; vorher: Die öffentlich-rechtliche Versicherung)
DtOrtsKK, DOK	Die deutsche Ortskrankenkasse (20. 1933—30. 1943; vorher: Deutsche Krankenkasse; ab 1949: Die Ortskrankenkasse)
DtschZgerichtlMed., DZGerMed., GerMedZ	Deutsche Zeitschrift für die gesamte gerichtliche Medizin (1. 1922 ff.)
DtVerw., DVerw, DV	Deutsche Verwaltung (11. 1934—22. 1945; vorher: Mitteilungen d. Reichsverbandes d. akad. Finanz- u. Zollbeamten)
DtVerw., DVerw., DV	Deutsche Verwaltung (1. 1948—3. 1950; dann: Dt. Verwaltungsblatt)
DtWiss./ABlMinWEV, MBlWEV, RMinAmtsbl. Dtsch. Wiss.	Deutsche Wissenschaft, Erziehung und Volksbildung. Amtsbl. d. Reichs- u. Preußischen Ministeriums f. Wissenschaft, Erziehung u. Volksbildung (1. 1935—11. 1945)
DU	Dienstunfähigkeit

DUnfV	Bayern. VO ü. d. Verfahren in Dienstunfallsachen v. 24. 7. 1956 (GVBl. S. 148)
DurchfBest., DBest., DB	Durchführungsbestimmung(en)
DV, DVO, DurchfVO	Durchführungsverordnung
DV, DVerw., DtVerw.	Deutsche Verwaltung (11. 1934—22. 1945; vorher: Mitteilungen d. Reichsverbandes d. akad. Finanz- u. Zollbeamten)
DV, DVerw., DtVerw.	Deutsche Verwaltung (1. 1948—3. 1950; dann: Dt. Verwaltungsblatt)
DV-BEG, DV-BErgG	VO z. Durchf. d. Bundesergänzungsgesetzes zur Entschädigung f. Opfer d. nationalsozialistischen Verfolgung 1. DV v. 17. 9. 1954 (BGBl. I S. 271) 2. DV v. 24. 12. 1954 (BGBl. I S. 510) 3. DV v. 6. 4. 1955 (BGBl. I S. 157)
DV-BEG	VO z. Durchf. d. Bundesentschädigungsgesetzes 1. u. 2. DV v. 23. 11. 1956 (BGBl. I S. 865, 870)
DVBl., DVerwBl.	Deutsche Verwaltungsblätter (82. 1934—85. 1937; vorher u. später: Bayer. Verwaltungsblätter)
DVBl.	Deutsches Verwaltungsblatt (65. 1950ff.; vorher: Dt. Verwaltung; gleichzeitig Forts. von: Reichsverwaltungsblatt)
DVerkStRdsch., DVR	Deutsche Verkehrsteuer-Rundschau (bis 36. 1944, 37. 1951ff.)
DVerkZtg.	s. DVZ
DVersZ, DVZ	Deutsche Versicherungszeitschrift für Sozialversicherung u. Privatversicherung (5. 1951ff.; vorher: Versicherungswissenschaft, Versicherungspraxis, Versicherungsmedizin)
DVersZtg.	Deutsche Versicherungs-Zeitung (1. 1859—84. 1943; dann: Dt. Versicherung)
DVerw., DtVerw., DV	Deutsche Verwaltung (11. 1934—22. 1945; vorher: Mitteilungen d. Reichsverbandes d. akad. Finanz- u. Zollbeamten)
DVerw., DtVerw., DV	Deutsche Verwaltung (1. 1948—3. 1950; dann: Dt. Verwaltungsblatt)
DVerwBl.	s. DVBl.
DVerwPr.	s. VerwPr.
DVL eV.	Deutsche Versuchsanstalt für Luftfahrt e. V.
DVO, DV, DurchfVO	Durchführungsverordnung
DVorsch.	Dienstvorschrift
DVPr.	s. VerwPr.

DVR, DVerkStRdsch.	Deutsche Verkehrsteuer-Rundschau (bis 36. 1944, 37. 1951 ff.)
DVW	s. VolksW
DVZ, DVersZ	Deutsche Versicherungszeitschrift für Sozialversicherung u. Privatversicherung (5. 1951 ff.; vorher: Versicherungswissenschaft, Versicherungspraxis, Versicherungsmedizin)
DVZ, DVerkZtg.	Deutsche Verkehrs-Zeitung (1. 1947 ff.)
DWA	s. DWohnA
DWirtschZtg., DWiZtg.	Deutsche Wirtschafts-Zeitung (1. 1904—41. 1944)
DWK	Deutsche Wirtschaftskommission (Dt. Dem. Rep.)
DWohnA, DWohnArch., DWA	Deutsches Wohnungsarchiv (1. 1926—17. 1942)
DWV	Dienstwohnungsvorschriften v. 30. 1. 1937 (RBesBl. S. 9)
DWW, DWohngWi.	Deutsche Wohnungswirtschaft. Organ d. Zentralverbandes d. Dt. Haus- u. Grundbesitzer (1. 1949 ff.)
DZB	s. DZollBea.
DZfKirchR, ZKRD	Deutsche Zeitschrift für Kirchenrecht (bis N. F. 7. 1899: Zs. f. Kirchenrecht) (1. 1861—15. 1880, N. F. 1. 1881 bis 7. 1889, 3. F. 1891—25. (= 47. d. GesFolge) 1917
DZGerMed.	s. DtschZgerichtlMed.
DZollBea., DDZ, DZB	Der Deutsche Zollbeamte (1. 1948 ff.)
DZuWZ	Deutsche Zeitung und Wirtschafts-Zeitung (1949 ff.; vorher: Wirtschafts-Zeitung, seit 1946)
DZWohlfPfl.	Deutsche Zeitschrift für Wohlfahrtspflege (1. 1925/26—20. 1944)

E

E, Entsch.	Entscheidung
E, Entw.	Entwurf
EA	Einigungsamt
EA	Ernährungsamt
EA, EinA, EinigA	Einigungsamt und Mietschöffengericht (1. 1921—9. 1929; dann: Dt. Mietrecht)
EA, EurArch.	Europa-Archiv (1. 1946 ff.)
EAV	Einheits-Architektenvertrag
EB	Eröffnungsbilanz
EBAfH, BAH, BAHeimw.	Entscheidungen des Bundesamtes für das Heimatwesen (1. 1873—96. 1940)

EBBO, BO	Eisenbahn-Bau- und Betriebsordnung v. 17. 7. 1928 (RGBl. II S. 541)
EBekStVollstrO	Bayern. Einführung einer Neufassung d. Strafvollstreckungsordnung u. d. Anordnung ü. d. Einforderung u. Beitreibung v. Vermögensstrafen u. Verfahrenskosten. Bek. v. 15. 2. 1956 (JMBl. S. 67)
EBMG	s. BMG
EB-Stelle	Erziehungsberatungsstelle
ECA	Economic Co-operation Administration
ED	Einbruchsdiebstahl
ED	Eisenbahndirektion
Ed.	Edikt
EdelMetG	Gesetz über den Verkehr mit Edelmetallen, Edelsteinen u. Perlen i. d. F. v. 29. 6. 1926 (RGBl. I S. 321)
EE	s. Eger
EEG	Gesetz ü. d. Erhöhung d. Einkommensgrenzen in d. Sozialversicherung u. d. Arbeitslosenversicherung ... v. 13. 8. 1952 (BGBl. I S. 437)
EES	Eucom Exchange System
EFG, EntschFinGer.	Entscheidungen der Finanzgerichte (1. 1953ff.)
EG, EinfG	Einführungsgesetz
EG, EisenbG	Preußen. Gesetz über die Eisenbahnunternehmungen v. 3. 11. 1838 (GS S. 505)
EG, EntschG	Gesetz über d. Entschädigung d. Opfer d. Nationalsozialismus Baden. Vom 10. 1. 1950 (GVBl. S. 139) Berlin. Vom 10. 1. 1951 (VOBl. I S. 85) Rheinland-Pfalz. Vom 22. 5. 1950 (GVBl. S. 175) Württemberg-Hohenzollern. Vom 14. 2. 1950 (RegBl. S. 187)
EG, AmEG, US-EG	Gesetz z. Wiedergutmachung nationalsozialistischen Unrechts (Entschädigungsgesetz) [Für die Länder d. Amerik. Zone v. Länderrat beschlossen am 26. 4. 1949] Bayern. Vom 12. 8. 1949 (GVBl. S. 195) Bremen. Vom 16. 8. 1949 (GBl. S. 159) Hessen. Vom 10. 8. 1949 (GVBl. S. 101) Württemberg-Baden. Vom 16. 8. 1949 (RegBl. S. 187)
EGBGB	Einführungsgesetz zum Bürgerlichen Gesetzbuch v. 18. 8. 1896 (RGBl. S. 604)
Eger, Eger Entsch., EisenbE, EE	Eisenbahnrechtliche (ab 27. 1911: Eisenbahn- u. verkehrsrechtliche) Entscheidungen und Abhandlungen, hrsg. v. Eger (1. 1885—58. 1935)

EGG, EinglG	Schleswig-Holstein. Gesetz ü. d. Eingliederung d. Heimatvertriebenen u. d. ihnen gleichgestellten Personen (Eingliederungsgesetz) v. 30. 1. 1952 (GVBl. S. 5)
EGHfRA	Ehrengerichtshof für Rechtsanwälte
EGHfRA, EhrGerHfRA	Die Entscheidungen des Ehrengerichtshofs für deutsche Rechtsanwälte (ab 29. 1935: Entscheidungen d. Ehrengerichtshofs d. Reichs-Rechtsanwaltskammer) (1. 1880—32. 1938)
EGKS	Europäische Gemeinschaft für Kohle und Stahl
EGKSG	Gesetz betr. d. Vertrag v. 18. 4. 1951 ü. d. Gründung der Europäischen Gemeinschaft f. Kohle und Stahl v. 29. 4. 1952 (BGBl. II S. 445)
EGZPO	Einführungsgesetz z. Zivilprozeßordnung v. 30. 1. 1877 (RGBl. S. 244)
EHandSchG	Gesetz z. Schutze d. Einzelhandels [Einzelhandelsschutzgesetz] v. 12. 5. 1933 (RGBl. I S. 262)
EheAnerkG	Gesetz über die Anerkennung freier Ehen rassisch und politisch Verfolgter v. 23. 6. 1950 (BGBl. S. 226)
EheG	Ehegesetz v. 6. 7. 1938 (RGBl. I S. 807); v. 20. 2. 1946 (= KRG Nr. 16; ABlKR S. 77)
EheGesG	Gesetz z. Schutze d. Erbgesundheit d. dt. Volkes (Ehegesundheitsgesetz) v. 18. 10. 1935 (RGBl. I S. 1246)
EhemißbrG	Gesetz gegen Mißbräuche bei d. Eheschließung u. d. Annahme an Kindes Statt v. 23. 11. 1933 (RGBl. I S. 979)
EheWVO	s. HausratsVO
EHFV	VO z. Fortbildung d. Erbhofrechts (Erbhoffortbildungsverordnung) v. 30. 9. 1943 (RGBl. I S. 549)
EHG, ErbhGer.	Erbhofgericht
EHMietvBaug., EMV	Einheitsmietvertrag für Baugeräte i. d. F. d. Bek. v. 6. 6. 1940 (RAnz. Nr. 132)
EhrG	Ehrengericht
EhrGerHfRA	s. EGHfRA
EHRspr., ErbHRspr.	Rechtsprechung in Erbhofsachen, hrsg. v. Vogels u. Hopp [LoseblSlg.] (1934—1943)
EHRV, ERVO	Erbhofrechtsverordnung v. 21. 12. 1936 (RGBl. I S. 1069)
EHVfO, EHVerfO	Erbhofverfahrensordnung v. 21. 12. 1936 (RGBl. I S. 1082)
EichGebO	Eichgebührenordnung i. d. F. v. 3. 5. 1930 (RGBl. I S. 153)

EchiO	Eichordnung i. d. F. d. VO v. 24. 1. 1942 (RGBl. I S. 63)
EJF	s. EntschJugFamR
EigenbetrVO, EigBetrVO, EigVO, EBV	Eigenbetriebsverordnung v. 21. 11. 1938 (RGBl. I S. 1650)
EinA, EinigA, EA	Einigungsamt und Mietschöffengericht (1. 1921–9. 1929; dann: Dt. Mietrecht)
EinfG, EG	Einführungsgesetz
EinfGRealStG	Einführungsgesetz zu den Realsteuergesetzen v. 1. 12. 1936 (RGBl. I S. 961)
EinfhNV	VO über die Bemessung des Nutzungswerts der Wohnung im eigenen Einfamilienhaus v. 26. 1. 1937 (RGBl. I S. 99)
EinglG	s. EGG
EinheitsBO	Preußischer Entwurf zu einer Bauordnung für Städte und stadtähnliche Landgemeinden [sog. Einheitsbauordnung für Städte] v. 25. 4. 1919
EinlALR	Einleitung zum Allgemeinen Landrecht für die preußischen Staaten
Einspr.	Einspruch
EinwG, KWohnSchG	Gesetz ü. d. Einwirkung von Kriegssachschäden an Gebäuden auf Miet- und Pachtverhältnisse v. 4. 9. 1950 (BGBl. S. 447)
EinwVO, EinwirkVO	VO über die Einwirkung von Kriegssachschäden an Gebäuden auf Miet- und Pachtverhältnisse v. 28. 9. 1943 (RGBl. I S. 546)
EinziehgsVO	s. EV
EisbSchiffNachr., EuSchN	Eisenbahn- und Schiffahrts-Nachrichten (1. 1923–19. 1941)
EisenbE, EE, Eger Entsch.	Eisenbahnrechtliche (ab 27. 1911: Eisenbahn- und verkehrsrechtliche) Entscheidungen und Abhandlungen, hrsg. v. Eger (1. 1885–58. 1935)
EisenbG, EG	Preußen. Gesetz ü. d. Eisenbahnunternehmungen v. 3. 11. 1838 (GS S. 505)
EisenbG, AEBG	Eisenbahngesetz Bund. Allg. ~ v. 29. 3. 1951 (BGBl. I S. 225) Schleswig-Holstein. Landes~ v. 8. 12. 1956 (GVBl. S. 193)
EisenbNBl., ENBl.	Eisenbahn-Nachrichten-Blatt (bis 26. 1921)
EisenbPoG, EPG	Gesetz, betr. d. Abänderung d. § 4 d. Gesetzes ü. d. Postwesen d. Deutschen Reichs [Eisenbahnpostgesetz] v. 20. 12. 1875 (RGBl. S. 318)

EisenbVOBl., EVBl.	Eisenbahn-Verordnungsblatt (1. 1878—43. 1920; fortges. als: Reichs-Verkehrsblatt)
EK	s. Ersk.
EKD	Evangelische Kirche in Deutschland
ElektrEntzG	Gesetz betr. d. Bestrafung d. Entziehung elektrischer Arbeit v. 9. 4. 1900 (RGBl. S. 228)
ElsLothZ	Juristische Zeitschrift für (bis 36. 1911: das Reichsland) Elsaß-Lothringen, begr. v. Puchelt (1. 1876—44. 1919)
ElsLothNotZ	Notariats-Zeitschrift für Elsaß-Lothringen (1. 1881—38. 1918)
EMV	s. DEMV und EHMietvBaug.
ENBl.	s. EisenbNBl.
EnergNotG, EnNG	Gesetz ü. Notmaßnahmen auf d. Gebiet d. Elektrizitäts- und Gasversorgung (Energienotgesetz) v. 10. 6. 1949 (WiGBl. S. 87)
EnergWiG	s. EnWiG
EnteigG	Enteignungsgesetz Baden. ~ v. 26. 6. 1899 (GVBl. S. 359) Bremen. Gesetz ü. d. Enteignung v. Grundeigentum v. 18. 7. 1899 (GBl. S. 354) Hamburg. ~ i. d. F. d. Bek. v. 26. 4. 1920 (ABl. S. 605) Preußen. Ges. ü. d. Enteignung v. Grundeigentum v. 11. 6. 1874 (GS S. 221)
EntlG	Gesetz z. Entlastung d. Gerichte v. 11. 3. 1921 (RGBl. S. 229)
EntlVO, EntladVO	VO über die Entladung und Abfuhr von Waren v. 30. 12. 1940 (RGBl. 1941 I S. 15)
EntlVO, EntlBek., GerEntlVO	Bekanntmachung zur Entlastung d. Gerichte i. d. F. v. 13. 5. 1924 (RGBl. I S. 552)
Entsch., E.	Entscheidung
EntschAbwG, LwEntschG	Gesetz zur Abwicklung der landwirtschaftlichen Entschuldung v. 25. 3. 1952 (BGBl. I S. 203)
EntschAbwVO	VO z. Abwicklung d. landwirtschaftl. Schuldenregelung v. 5. 7. 1948 (VOBl.BrZ S. 199)
EntschFinGer., EFG	Entscheidungen der Finanzgerichte (1. 1953ff.)
EntschG	s. EG
EntschJugFamR, EJF	Entscheidungen aus dem Jugend- und Familienrecht (1. 1951—3. 1954; ab 4. 1956 LoseblSlg.)
Entsch.OVG Bln., OVGBln.	Entscheidungen des Oberverwaltungsgerichts Berlin (1. 1954ff.)

EnttrümmG	Enttrümmerungsgesetz Berlin. Ges. ü. d. Abräumung v. Trümmergrundstücken (~) v. 25. 11. 1954 (GVBl. S. 654) Hamburg. Ges. ü. d. Räumung von Trümmergrundstücken u. d. Verwertung v. Trümmern (~) v. 31. 7. 1948 (GVBl. S. 75) Niedersachsen. Ges. ü. d. Räumung v. Trümmergrundstücken v. 21. 3. 1949 (GVBl. S. 64) Schleswig-Holstein. Ges. ü. d. Aufräumung v. Trümmergrundstücken u. d. Verwertung v. Trümmern v. 2. 11. 1948 (GVBl. S. 209)
Entw., E.	Entwurf
EnWiG, EnergWiG, EnWiFG	Gesetz z. Förderung d. Energiewirtschaft (Energiewirtschaftsgesetz) v. 13. 12. 1935 (RGBl. I S. 1451)
EPG	s. EisenbPoG
EPl.	Einzelplan
ErbbauVO, ErbbRVO, ErbBRV	VO ü. d. Erbbaurecht v. 15. 1. 1919 (RGBl. S. 72)
ErbbeschrG	Gesetz ü. erbrechtliche Beschränkungen wegen gemeinschaftswidrigen Verhaltens v. 5. 11. 1937 (RGBl. I S. 1161)
ErbhGer., EHG	Erbhofgericht
ErbHRspr.	s. EHRspr.
ErbkrNachwG	Gesetz zur Verhütung erbkranken Nachwuchses v. 14. 7. 1933 (RGBl. I S. 529)
ErbRV	VO z. Regelung d. gesetzlichen Erbfolge in besonderen Fällen (Erbregelungsverordnung) v. 4. 10. 1944 (RGBl. I S. 242)
ErbStDV	Erbschaftsteuer-Durchführungsverordnung v. 1. 7. 1952 (BGBl. I S. 357)
ErbStG	Erbschaftsteuergesetz i. d. F. v. 30. 6. 1951 (BGBl. I S. 764)
ErfuVorschlW, EuV	Erfindungs- und Vorschlagswesen (1. 1952ff.)
ErfVO	VO ü. d. Behandlung von Erfindungen von Gefolgschaftsmitgliedern v. 12. 7. 1942 (RGBl. I S. 466)
Erg.	Ergänzung
ErgAnw.	Ergänzungsanweisung
ErgG	Ergänzungsgesetz
ErgRichtl.	Ergänzungsrichtlinien
Erk.	Erkenntnis
Erkl.	Erklärung
Erl.	Erlaß

ErluEntsch., EuE	Erlaß und Entscheidung. Steuer-Sammlung u. Steuer-Kartothek... (1. 1929–6. 1934; dann vereinigt m.: Dt. Steuerzeitung)
ErmG, ErmächtG	Ermächtigungsgesetz v. 13. 10. 1923 (RGBl. I S. 943); Gesetz z. Behebung d. Not von Volk und Reich [Ermächtigungsgesetz] v. 24. 3. 1933 (RGBl. I S. 141)
EröffnB	Eröffnungsbilanz
ERP	European Recovery Programme
ERP-SV	ERP-Sondervermögen
Ersk., ErsK, EK	Die Ersatzkasse (1. 1916/17ff.)
ErstG	Gesetz ü. d. Verfahren f. d. Erstattung v. Fehlbeständen an öffentlichem Vermögen (Erstattungsgesetz) v. 18. 4. 1937 (RGBl. I S. 461), i. d. F. d. Bek. v. 24. 1. 1951 BGBl. I S. 87, 109)
ERVO	s. EHRV
ErwZulG	Gesetz über die erweiterte Zulassung von Schadenersatzansprüchen bei Dienst- und Arbeitsunfällen v. 7. 12. 1943 (RGBl. I S. 674)
ES	Entscheidungssammlung
EStDV 1955	Einkommensteuer-Durchführungsverordnung v. 21. 12. 1955 (BGBl. I S. 756; BStBl. I S. 710)
EStER 1954	Verwaltungsanordnung über die Änderung und Ergänzung der Einkommensteuer-Richtlinien 1953 für die Veranlagung zur Einkommensteuer 1954 (Einkommensteuer-Ergänzungsrichtlinien) v. 6. 4. 1955. (BAnz. Nr. 69, Beil.; BStBl. I S. 139)
EStG 1955	Einkommensteuergesetz i. d. F. v. 21. 12. 1954 (BGBl. I S. 441; BStBl. I S. 668)
EStR 1955	Einkommensteuer-Richtlinien f. d. Kalenderjahr 1955. Verwaltungsanordnung v. 6. 4. 1956 (BStBl. I S. 75)
ESVGH	Entscheidungssammlung des Hessischen und des Württemberg-Badischen Verwaltungsgerichtshofes (1. 1952ff.)
ETB	Einheitliche technische Baubestimmungen
EuE	s. ErluEntsch.
EuM, EuMRVA	Entscheidungen und Mitteilungen des Reichsversicherungsamts (1. 1914–51. 1944)
EurArch., EA	Europa-Archiv (1. 1946ff.)
EuSchN	s. EisbSchiffNachr.
EuV	s. ErfuVorschlW
EUV	Bayern. VO ü. d. nichtstaatliche Erziehungs- u. Unterrichtswesen v. 26. 8. 1933 (GVBl. S. 231; KMBl. S. 219)

EV, EinziehgsVO	Bayern. VO ü. Einziehung, Verwaltung u. Verwertung v. Vermögen u. Vermögenswerten nach d. Gesetz z. Befreiung v. Nationalsozialismus u. Militarismus (Einziehungsverordnung) v. 23. 11. 1948 (GVBl. S. 268)
e.V.	eingetragener Verein
EVA	Einheitsvertrag für Architekten
EVBl.	s. EisenbVOBl.
EVG	Europäische Verteidigungsgemeinschaft
EVO	Eisenbahn-Verkehrsordnung v. 8. 9. 1938 (RGBl. II S. 663)
EW	Einheitswert
EWFVG	Fürsorge- und Versorgungsgesetz f. d. ehem. Angehörigen d. Wehrmacht bei besonderem Einsatz u. ihre Hinterbliebenen (Einsatzfürsorge- u. -versorgungsgesetz) v. 6. 7. 1939 (RGBl. I S. 1217), i. d. F. v. 7. 5. 1942 (RGBl. I S. 286)
EWGG	Gesetz ü. d. Besoldung, Verpflegung, Unterbringung, Bekleidung u. Heilfürsorge d. Angehörigen d. Wehrmacht bei besonderem Einsatz (Einsatz-Wehrmachtgebührnisgesetz) v. 28. 8. 1939 (RGBl. I S. 1531), i. d. F. v. 1. 11. 1944 (RGBl. I S. 290)
EZO	Eisenbahn-Zollordnung v. 21. 3. 1939 (RMBl. S. 511)
EZU	Europäische Zahlungsunion

F

F.	Folge
FA	s. FinArch.
FA, FinA	Finanzamt
FAG, FernmG, FernmAnlG	Gesetz über Fernmeldeanlagen i. d. F. v. 14. 1. 1928 (RGBl. I S. 8)
FAG, FinAusglG	Finanzausgleichsgesetz [Die einzelnen Gesetze des Bundes u. d. Länder sind nicht aufgeführt]
FAG, FrAuslRentG, FremdRG	Gesetz über Fremdrenten d. Sozialversicherung an Berechtigte im Bundesgebiet u. im Land Berlin, ü. Leistungen d. Sozialversicherung an Berechtigte im Ausland sowie ü. freiwillige Sozialversicherung (Fremdrenten- u. Auslandsrentengesetz) v. 7. 8. 1953 (BGBl. I S. 848)
FahrzTVO	VO ü. d. Prüfung u. Kennzeichnung bauartgenehmigungspflichtiger Fahrzeugteile (Fahrzeugteileverordnung) v. 30. 7. 1953 (BGBl. I S. 922)
FamFideiKG	s. FideikommG

FamNamÄndG, NÄG — Gesetz über die Änderung von Familiennamen und Vornamen v. 5. 1. 1938 (RGBl. I S. 9)

FamRÄndG — Gesetz über die Änderung und Ergänzung familienrechtl. Vorschriften u. ü. d. Rechtsstellung d. Staatenlosen v. 12. 4. 1938 (RGBl. I S. 380)

FamRZ — Ehe und Familie im privaten und öffentlichen Recht. Zs. f. d. gesamte Familienrecht (1. 1954ff.)

FAZ, FrankfZtg. — Frankfurter Allgemeine Zeitung für Deutschland (1949ff.)

FBG — s. FlBeschG

FBV, FBVO — Bayern. VO ü. d. Feuerbeschau v. 9. 12. 1936 (GVBl. S. 237)

FDO — Dienstordnung für Finanzämter

FE, FürsErz. — Fürsorgeerziehung

FEB — Fürsorgeerziehungsbehörde

FEH — Freiwillige Erziehungshilfe

FeiertG, FTG — Feiertagsgesetz
Reichsgesetz v. 27. 2. 1934 (RGBl. I S. 129)
[Die Landesgesetze sind nicht aufgeführt]

FeiertLohnzG — s. LohnzG

FeldForstdVO — VO ü. Feld- u. Forstdiebstähle v. 20. 9. 1942 (RGBl. I S. 558)

FeldForstStG — Hessen. Feld- und Forststrafgesetz v. 30. 3. 1954 (GVBl. S. 39)

FeldFPolG, FFPolG, FuFPGes. — Preußen. Feld- und Forstpolizeigesetz i. d. F. v. 21. 1. 1926 (GS S. 83)

FernmG, FernmAnlG, FAG, TelG — Gesetz ü. Fernmeldeanlagen i. d. F. v. 14. 1. 1928 (RGBl. I S. 8)

FernsprO — Fernsprechordnung v. 24. 11. 1939 (ABlRPM S. 859)

FerS — Feriensenat

FestKG, FestktoG — 4. Gesetz z. Neuordnung d. Geldwesens [Festkontogesetz], in Kraft seit d. 4. 10. 1948 (= AmMRG Nr. 65, ABl. Ausg. L S. 21; BrMRG Nr. 65, ABl. S. 1025; FrMRVO Nr. 175, JournOff. S. 1679; WiGBl. 1949 Beil. 1 S. 15)

FestStDV, FeststellungsDV — VO z. Durchf. d. Feststellungsgesetzes
1. DV v. 22. 12. 1952 (BGBl. I S. 845)
2. DV v. 24. 8. 1953 (BGBl. I S. 1026)
3. DV v. 24. 12. 1954 (BGBl. I S. 518)
4. DV v. 10. 5. 1955 (BGBl. I S. 213)
5. DV v. 17. 12. 1955 (BGBl. I S. 777)
6. DV v. 23. 3. 1956 (BGBl. I S. 133)

FestStG, FStG	Gesetz ü. d. Feststellung v. Vertreibungsschäden Bund. ~ u. Kriegssachschäden (Feststellungsgesetz) v. 21. 4. 1952 (BGBl. I S. 237), i. d. F. v. 14. 8. 1952 (BGBl. I S. 535) Schleswig-Holstein. ~ u. Kriegsschäden (Feststellungsgesetz) v. 18. 6. 1952 (GVBl. S. 107)
FeuerbestG	Gesetz über die Feuerbestattung v. 15. 5. 1934 (RGBl. I S. 380)
FeuerlWG, FLöG	Gesetz ü. d. Feuerlöschwesen Reich. Vom 23. 11. 1938 (RGBl. I S. 1662) Bayern. Vom 17. 5. 1946 (GVBl. S. 297)
FeuerschG	Gesetz über den Feuerschutz im Lande ... Bremen. Vom 18. 7. 1950 (GBl. S. 81) Niedersachsen. Vom 21. 3. 1949 (GVBl. S. 66) Nordrhein-Westfalen. Vom 2. 6. 1948 (GVBl. S. 205) Schleswig-Holstein. Vom 3. 2. 1948 (GVBl. S. 29)
FeuerschStG	Feuerschutzsteuergesetz v. 1. 2. 1939 (RGBl. I S. 113)
FeuerwG	Baden-Württemberg. Feuerwehrgesetz v. 6. 2. 1956 (GBl. S. 19)
FFPolG	s. FeldFPolG
FG	s. a. FestStG
FG, FinG	Finanzgericht
FGG, LFGG	Gesetz über die Angelegenheiten der freiwilligen Gerichtsbarkeit Reich. I. d. F. v. 20. 5. 1898 (RGBl. S. 771) Baden. Vom 13. 10. 1925 (GVBl. S. 287) Hamburg. Vom 29. 12. 1899 (ABl. S. 1168) Hessen. Vom 12. 4. 1954 (GVBl. S. 59) Preußen. Vom 21. 9. 1899 (GS S. 249)
FGO, FinGerO	Finanzgerichtsordnung v. 16. 12. 1932 (RGBl. I S. 552)
FideikommG, FidErlG, FamFideiKG	Gesetz über das Erlöschen der Familienfideikommisse u. sonst. gebundener Vermögen v. 6. 7. 1938 (RGBl. I S. 825)
FilmVG	Bayern. Gesetz ü. d. Prüfung d. Filmvorführer v. 3. 7. 1951 (GVBl. S. 102)
FinArch., FA	Finanzarchiv (1. 1884—48. 1931, N. F. 1. 1932—10. 1943, 11. 1948/49 ff.)
FinAusgGl, FAG	Finanzausgleichsgesetz [Die einzelnen Gesetze des Bundes u. d. Länder sind nicht aufgeführt]
FinG, FG	Finanzgericht
FinGerO, FGO	Finanzgerichtsordnung v. 16. 12. 1932 (RGBl. I S. 552)
FinK, FK	Finanzkasse
FinPräs.	s. FPräs.

FinRdsch., FR	Finanz-Rundschau. Dt. Steuerblatt (1. 1946ff.; vorher: Dt. Steuerblatt)
FinuSteuer, FuSt.	Finanz und Steuer, hrsg. v. Finanzministerium Württemberg-Baden (1/2. 1946/47; dann: Amtsbl. d. Finanzmin. Württemberg-Baden)
FinVerfG, FinVfG	Gesetz z. Änderung u. Ergänzung d. Finanzverfassung (Finanzverfassungsgesetz) v. 23. 12. 1955 (BGBl. I S. 817)
FinVerwG	s. FVG
FischersZ	Zeitschrift für Praxis und Gesetzgebung der Verwaltung ..., hrsg. v. Fischer (ab 21. 1900: Fischer's Zeitschrift ...; ab 56. 1924: Fischer's Zeitschr. f. Verwaltungsrecht) (1. 1880—78. 1941)
FischG	Gesetz über den Verkehr mit Fischen u. Fischwaren (Fischgesetz) v. 31. 8. 1955 (BGBl. I S. 567)
FischG, FischereiG, FiG	Fischereigesetz Bayern. Vom 15. 8. 1908 (GVBl. S. 527) Hessen. Vom 11. 11. 1950 (GVBl. S. 255) Preußen. Vom 11. 5. 1916 (GS S. 55)
FischO, FO	Fischereiordnung Bayern. Landes~ v. 23. 3. 1909 (GVBl. S. 294) Hessen. 3. AVO z. Fischereigesetz (~) v. 22. 11. 1951 (GVBl. S. 87) Niedersachsen. VO z. Preuß. Fischereigesetz (~) v. 13. 7. 1951 (GVBl. S. 150) Nordrhein-Westfalen. Landes~ v. 9. 12. 1952 (GVBl. 1953 S. 1) Preußen. Vom 29. 3. 1917 (LwMBl. S. 153) Schleswig-Holsteinische ~ v. 28. 4. 1950 (GVBl. S. 155)
FischScheinG	Gesetz über den Fischereischein v. 19. 4. 1939 (RGBl. I S. 795)
FK, FinK	Finanzkasse
FKV	s. FürstKostErsVO
FlaggRG	Gesetz ü. d. Flaggenrecht d. Seeschiffe u. d. Flaggenführung d. Binnenschiffe (Flaggenrechtsgesetz) v. 8. 2. 1951 (BGBl. I S. 79; II S. 6)
FlB	Flüchtlingsberater
FlBeschG, FleischBG, FBG, FlBG	Fleischbeschaugesetz v. 29. 10. 1940 (RGBl. I S. 1463)
FLG, FlLG, FluchtlG	Preußen. Ges., betr. d. Anlegung u. Veränderung v. Straßen und Plätzen in Städten u. ländl. Ortschaften [Fluchtliniengesetz] v. 2. 7. 1875 (GS S. 561)
FlG, FlößG	Gesetz betr. d. privatrechtl. Verhältnisse d. Flößerei [Flößereigesetz] v. 15. 6. 1895 (RGBl. S. 341)

FlNLG, FlüNoG, FlüNotLG	Ges. ü. Leistungen z. Unterbringung von Deutschen aus d. sowj. Besatzungszone oder dem sowj. besetzten Sektor von Berlin (Flüchtlings-Notleistungsgesetz) v. 9. 3. 1953 (BGBl. I S. 45)
FLöG	s. FeuerlWG
FLSt.	Finanzleitstelle
FlüchtlG, FlüG	Gesetz ü. d. Aufnahme u. Eingliederung deutscher Flüchtlinge (Flüchtlingsgesetz) Bayern. Ges. Nr. 59 ~ (~) v. 19. 2. 1947 (GVBl. S. 51) Hessen. ~ (~) v. 19. 2. 1947 (GVBl. S. 15) Nordrhein-Westfalen. Flüchtlingsgesetz v. 2. 6. 1948 (GVBl. S. 216) Württemberg-Baden. Ges. Nr. 303 ~ (~) v. 14. 2. 1947 (RegBl. S. 15)
FlüRG	Bayern. Gesetz Nr. 93 ü. d. Regelung d. Ansprüche d. Flüchtlinge aus d. Sozialversicherung (Flüchtlingsrentengesetz) v. 3. 12. 1947 (GVBl. S. 215)
FlüSG, FlüchtlSiedlG	Gesetz zur Förderung d. Eingliederung v. Heimatvertriebenen in die Landwirtschaft (Flüchtlingssiedlungsgesetz) v. 10. 8. 1949 (WiGBl. S. 231)
FlurbG, FlurBerG, FlurBG	Flurbereinigungsgesetz v. 14. 7. 1953 (BGBl. I S. 591)
FM	Finanzminister(ium)
FMB	Bekanntmachung des Bayer. Staatsministeriums der Finanzen
FMBl.(Bay.), BFMBl.	Amtsblatt des Bayerischen Staatsministeriums der Finanzen (1. 1946ff.)
FMBl.(Preuß.), PFMBl., PrFMBl.	Finanz-Ministerial-Blatt (ab 25. 1941: Preußisches Finanzministerialblatt u. Besoldungsblatt (1. 1917—28. 1944) [Seit 1923 zerfallend in Teil I und Teil II. Teil II u. d. T.: Preuß. Besoldungsblatt]
FME	Entschließung des Bayer. Staatsministeriums der Finanzen
FMG, FuttMG	Futtermittelgesetz v. 22. 12. 1926 (RGBl. I S. 525)
FO	s. FischO
fob	free on board
FOD, FOKD	Französisches Oberkommando in Deutschland
Forkel AR-Blattei	s. AR-Blattei
ForstdG, ForstdiebstG	Preußen. Gesetz betr. d. Forstdiebstahl v. 15. 4. 1878 (GS S. 222)
ForstG, FoG	Forstgesetz Bayern. I. d. F. d. Bek. v. 4. 7. 1896 (GVBl. S. 325) Hessisches ~ v. 10. 11. 1954 (GVBl. S. 211)

ForstG, FoG	Forstgesetz Rheinland-Pfalz. Landes ~ v. 16. 11. 1950 (GVBl. S. 299)
FPräs., FinPräs.	Finanzpräsident
FPräsSt., FinPräsSt.	Finanzpräsident der Abteilung Steuer
FPräsZ, FinPräsZ	Finanzpräsident der Abteilung Zoll
FR	s. FinRdsch.
FrABl.	s. JO
FrankfAK	Zeitschrift der Anwaltskammer im Oberlandesgerichtsbezirk Frankfurt a. M. (1. 1927/28—6. 1933)
FrankfRdsch.	Rundschau. Sammlung von Entscheidungen in Rechts- u. Verwaltungssachen aus dem Bezirke d. OLG Frankfurt a. M. [Untertit. wechselnd.] (ab 48. 1914: Frankfurter Rundschau) (1. 1868—51/52. 1917/18)
FrankfZtg.	s. FAZ
FrAuslRentG	s. FAG
FreigesprG	s. StHaftEntschG
FreihEntzG	Hessen. Gesetz ü. d. Entziehung d. Freiheit geisteskranker, geistesschwacher, rauschgift- oder alkoholsüchtiger Personen v. 19. 5. 1952 (GVBl. S. 111)
FreizügG	Gesetz ü. d. Freizügigkeit v. 1. 11. 1867 (BGBl. S. 55)
FremdRG	s. FAG
FriedreichsBl.	Blätter für gerichtliche Anthropologie (ab 14. 1863: Friedreichs Blätter f. gerichtl. Medizin; ab 24. 1873: ... u. Sanitätspolizei) (1. 1850—65. 1914)
FrMilReg.	Französische Militärregierung
FrMRG	Gesetz der Französischen Militärregierung
FrMRVO	Verordnung der Französischen Militärregierung
FrREVO	s. REVO
FRV	Fürsorgerechtsvereinbarung v. 18. 9. 1947, i. d. F. v. 3. 5. 1949
FrWarte	Die Friedenswarte (1. 1899ff.)
FrZ	Französische Besatzungszone
FSchVO	Berlin. VO ü. d. Schutz d. Sonn- und Feiertage (Feiertagsschutz-Verordnung) v. 10. 11. 1954 (GVBl. S. 643)
FStG	s. FestStG
FStrG, BFStrG	Bundesfernstraßengesetz v. 6. 8. 1953 (BGBl. I S. 903)
FTA	Finanztechnische Anweisung der Militärregierung
FTB	Frachten- und Tarifanzeiger der Binnenschiffahrt (Sonderumdruck zu: Binnenschiffahrts-Nachrichten)

FürsErz., FE	Fürsorgeerziehung
FürsG	Bayern. Fürsorgegesetz v. 23. 5. 1939 (GVBl. S. 185), i. d. F. v. 19. 1. 1953 (GVBl. S. 11)
FürsKostErsVO	VO ü. d. Ersatz von Fürsorgekosten v. 30. 1. 1951 (BGBl. I S. 154)
FürsPflVO, RFV	VO ü. d. Fürsorgepflicht [Fürsorgepflichtverordnung] v. 13. 2. 1924 (RGBl. I S. 100)
FürsRechtlE	Fürsorgerechtliche Entscheidungen der Verwaltungsgerichte (1. 1954ff.)
FuFPGes.	s. FeldFPolG
FunkArch.	s. ArchFunkR
FuRk.	Führer und Reichskanzler
FuSt.	s. FinuSteuer
FuttMG	s. FMG
FVG, FinVerwG	Gesetz ü. d. Finanzverwaltung v. 6. 9. 1950 (BGBl. S. 448); 2. Ges. v. 15. 5. 1952 (BGBl. I S. 293)

G

G, Ger.	Gericht
G, Ges.	Gesetz
G 131	Gesetz zur Regelung der Rechtsverhältnisse der unter Art. 131 des Grundgesetzes fallenden Personen v. 11. 5. 1951* (BGBl. I S. 307), i. d. F. v. 1. 9. 1953 (BGBl. I S. 1288) Bayerisches Gesetz zu Art. 131 GG i. d. F. v. 8. 11. 1954 (GVBl. S. 294) Berlin. Ges. z. Regelung d. Rechtsverhältnisse von Personen, die am 8. 5. 1945 im öff. Dienst standen oder versorgungsberechtigt waren v. 13. 12. 1951 (GVBl. S. 1149) Niedersachsen. Ges. z. Regelung d. Rechtsverhältnisse d. unter Art. 131 d. Grundgesetzes fallenden Angehörigen des öffentlichen Dienstes im Lande.... i. d. F. v. 17. 3. 1955 (GVBl. S. 149) Rheinland-Pfalz. Landesgesetz z. Erg. d. Bundesges. z. Regelung d. Rechtsverhältnisse der unter Art. 131 d. Grundgesetzes fallenden Personen (Landesergänzungsgesetz) v. 31.5.1952 (GVBl. S. 91) Württemberg-Hohenzollern. Ges. betr. d. unter Art. 131 d. Grundgesetzes fallenden Beamten d. Landes u. d. unter Aufsicht d. Staats stehenden Körperschaften, Anstalten u. Stiftungen d. öffentlichen Rechts v. 5. 2. 1952 (RegBl. S. 5)

* In der ursprüngl. Fassung früher häufig BRG abgekürzt.

GA, GArch.	s. GoltdA und GewArch.
GA, GAss., GerAss.	Gerichtsassessor
GAA; GAÄ	Gewerbeaufsichtsamt; Gewerbeaufsichtsämter
GAbgG, GAG	Bayerisches Gemeindeabgabengesetz v. 20. 7. 1938 (GVBl. S. 225)
GABl.	Gemeinsames Amtsblatt des Innenministeriums, des Finanzministeriums, des Ministeriums für Ernährung, Landwirtschaft und Forsten, des Ministeriums für Vertriebene, Flüchtlinge und Kriegsgeschädigte und der Regierungspräsidien des Landes Baden-Württemberg (1. 1953ff.)
GAK	Baden-Württemberg. Gesetz z. vorl. Angleichung d. Kommunalrechts v. 13. 7. 1953 (GBl. S. 97)
GARIOA	Government Appropriations for Relief in Occupied Areas (Regierungszuwendungen für die Unterstützung der besetzten Gebiete)
GastG, GstG	Gaststättengesetz v. 28. 4. 1930 (RGBl. I S. 146)
GATT	General Agreement on Tariffs and Trade
GazOffBade	Amtsblatt der Militärregierung Baden «Franz. Besatzungsgebiet». — Gazette officielle du Gouvernement militaire du pays de Bade (ab 1945, 9: Bulletin officiel du Gouvernement militaire de Bade) «Zone Française» (1945—46)
GB	Grundbuch
GBA	Grundbuchamt
GBBau	Generalbevollmächtigter für die Regelung der Bauwirtschaft
GBBerG, GrdBBerG	Ges. ü. d. Bereinigung der Grundbücher v. 18. 7. 1930 (RGBl. I S. 305)
GBFl.	Schleswig-Holstein. Gesetz z. Behebung d. Flüchtlingsnot v. 27. 11. 1947 (GVBl. 1948 S. 1)
GBG, GewLehrBesG	Preußen. Gewerbe- und Handelslehrer-Besoldungsgesetz v. 16. 4. 1928 (GS S. 89)
GBl.	Gesetzblatt [Die einzelnen Gesetzblätter siehe unten in der systematischen Übersicht der Gesetz- und Amtsblätter.]
GBldDEK, GBlDEK	Gesetzblatt der Deutschen Evangelischen Kirche (1933—1945)
GBl. WR	s. WiGBl.
GBO	Grundbuchordnung i.d.F. v. 5. 8. 1935 (RGBl. I S. 1073)
GBV	Generalbevollmächtigter für die Reichsverwaltung

GBVereinfVO, GBVV	VO zur Vereinfachung des Grundbuchverfahrens v. 5. 10. 1942 (RGBl. I S. 573)
GBVfg.	Allg. Verfügung ü. d. Einrichtung u. Führung d. Grundbuchs (Grundbuchverfügung) v. 8. 8. 1935 (RMBl. 637)
GBVO, GBilVO	s. GoldBilVO
GBVV, GBVVO	s. GBVereinfVO
GBW	Generalbevollmächtigter für die Wirtschaft
GDO, GemDO	Gemeinsame Dienstordnung zur ATO u. TO A für d. Reich v. 30. 4. 1938 (RBesBl. S. 169), für Preußen v. 30. 4. 1938 (PrBesBl. S. 143), für d. Gemeinden u. Gemeindeverbände sowie d. öffentl. Spar- u. Girokassen v. 3. 5. 1938 (MBliV S. 767, 769)
GDO-Reich Vers.	Gemeinsame Dienstordnung f. d. Verwaltungen u. Betriebe d. Reichs über die zusätzliche Alters- u. Hinterbliebenenversorgung der nichtbeamteten Arbeitnehmer v. 10. 12. 1943 (RBesBl. S. 218)
GE	s. GrundE
Geb.	Gebühr
GebBefrG	Gesetz über Gebührenbefreiungen beim Wohnungsbau v. 30. 5. 1953 (BGBl. I S. 273)
GebEntschStVO	VO über die Aufhebung der Gebäudeentschuldungsteuer v. 31. 7. 1942 (RGBl. I S. 501)
GebO	Gebührenordnung
GebOfGV, GVollzGebO, GVGebO	Gebührenordnung für Gerichtsvollzieher v. 14. 12. 1922 (RGBl. I S. 917)
GebORA	s. RAGebO
GebOZuS, GebOZeug., ZeugGebO, ZGebO	Gebührenordnung für Zeugen und Sachverständige v. 21. 12. 1925 (RGBl. I S. 471)
GebrMG, GMG	Gebrauchsmustergesetz v. 5. 5. 1936 (RGBl. II S. 130), i. d. F. v. 18. 7. 1953 (BGBl. I S. 637)
GebVO, GeboteVO	VO ü. d. Behandlung von Geboten in der Zwangsversteigerung [Geboteverordnung] v. 30. 6. 1941 (RGBl. I S. 354)
GefVerkPolVO	Polizeiverordnung über den Verkehr mit Gefangenen v. 20. 2. 1941 (RGBl. I S. 104)
GEG	Gesetz ü. d. Erhöhung d. Grundbeträge in d. Rentenversicherung d. Arbeiter u. d. Rentenversicherung d. Angestellten sowie ü. d. Erhöhung d. Renten in d. knappschaftl. Rentenversicherung (Grundbetragserhöhungsgesetz) v. 17. 4. 1953 (BGBl. I S. 125)
GEG	Bayern. Gesetz ü. d. Enteignung aus Gründen d. Gemeinwohls v. 1. 8. 1933 (GVBl. S. 217), i. d. F. v. 9. 12. 1943 (GVBl. 1944 S. 1)

GeldstrVO, VermStrVO	VO über Vermögensstrafen und Bußen v. 6. 2. 1924 (RGBl. I S. 44)
GELU	Gesellschaft zur Verwertung literarischer Urheberrechte
GEMA	Gesellschaft für musikalische Aufführungs- und mechanische Vervielfältigungsrechte
GEMA-Nachr., GEMAN	GEMA-Nachrichten (1. 1948ff.)
GemDO	s. GDO
GemFinG	Preußen. Gemeindefinanzgesetz v. 15. 12. 1933 (GS S. 442)
GemHaush., Gemhlt.	Der Gemeindehaushalt (N. F. d.: Preuß. Kommunalkassen-Zeitung (41. 1934—50. 1944, 50. 1949ff.)
GemHVO, GemHPlVO, GemHV	VO ü. d. Aufstellung u. Ausführung d. Haushaltsplans d. Gemeinden (Gemeindehaushaltsverordnung) Reich. Vom 4. 9. 1937 (RGBl. I S. 921) Hessen. Vom 27. 1. 1956 (GVBl. S. 5)
GemKasse	Die Gemeindekasse (1. 1949ff.)
GemNützVO, GemV	VO z. Durchf. d. §§ 17 bis 19 d. Steueranpassungsgesetzes (Gemeinnützigkeitsverordnung) v. 24. 12. 1953 (BGBl. I S. 1592)
GemO	s. GO
GemR	Gemeines Recht und Gemeinderecht
GemSchGH	Gemischter Schiedsgerichtshof
GemStuZAbt.	Gemeinsame Steuer- und Zollabteilung der Finanzminister der Britischen Zone
GemTag, GT	Der Gemeindetag (27. 1933—37. 1943, N. F. 1. 1948ff.; früher: Der Städtetag)
GemUmschG	Gesetz ü. d. Umwandlung kurzfristiger Inlandsschulden d. Gemeinden (Gemeindeumschuldungsgesetz) v. 21. 9. 1933 (RGBl. I S. 647)
GemUnfVers., GUV	Die Gemeinde-Unfallversicherung (1. 1949ff.)
GemV	s. GemNützVO
GemVerb., GV	Gemeindeverband
GemWahlG	s. GWG
GemWaisR	Gemeindewaisenrat
GemWohngsWi., GWWi.	Gemeinnützige Wohnungswirtschaft (1. 1948— 2. 1949) dann:
GemWohngsWes., GWWe., GW	Gemeinnütziges Wohnungswesen. Organ d. Gesamtverbandes gemeinnütziger Wohnungsunternehmen (3. 1950ff.)
GenAktVfg.	Anweisung f. d. Verwaltung d. Schriftguts in Justizverwaltungsangelegenheiten(Generalaktenverfügung) v. 4. 12. 1952

GenBl.	s. BlGenW
GenG	Gesetz, betr. d. Erwerbs- und Wirtschaftsgenossenschaften i. d. F. d. Bek. v. 20. 5. 1898 (RGBl. S. 810)
GenInspfWuE	Generalinspektor für Wasser und Energie
GenRegVO, VOGenReg.	VO ü. d. Genossenschaftsregister v. 22. 11. 1923 (RGBl. I S. 1123)
GenVers., GV	Generalversammlung
Ger.	Gericht
GerEntlVO	s. EntlVO
GerS	Der Gerichtssaal (1. 1849—116. 1942)
GerMedZ	s. DtschZgerichtlMed.
GerVollzGebO	s. GebOfGV
Ges.	Gesetz; Gesellschaft
GeschAnwGV	s. GVGA
GeschlKrG, GKrG	Gesetz z. Bekämpfung d. Geschlechtskrankheiten v. 23. 7. 1953 (BGBl. I S. 700)
GeschmMG, MustG	Gesetz, betr. d. Urheberrecht an Mustern u. Modellen [Geschmacksmustergesetz] v. 11. 1. 1876 (RGBl. S. 11)
GeschO, GO	Geschäftsordnung
GeschOBReg.	Geschäftsordnung d. Bundesregierung v. 11. 5. 1951 (GMBl. S. 137)
GeschOMin.	Gemeinsame Geschäftsordnung d. Niedersächsischen Ministerien v. 20. 9. 1955
GeschORReg.	Geschäftsordnung d. Reichsregierung v. 3. 5. 1924 (RMBl. S. 173)
GesEinhG	s. GWGE
GesuR	Gesetz und Recht (1. 1900—33. 1932)
GesVereinhG, GWG	Gesetz ü. d. Vereinheitlichung des Gesundheitswesens v. 3. 7. 1934 (RGBl. I S. 531)
GetrG	Gesetz ü. d. Verkehr mit Getreide u. Futtermitteln (Getreidegesetz) v. 4. 11. 1950 (BGBl. S. 721), i. d. F. v. 24. 11. 1951 (BGBl. I S. 901)
GetrPrG 1955/56	Getreidepreisgesetz 1955/56 v. 4. 7. 1955 (BGBl. I S. 373)
GewArch., GA	Gewerbearchiv für das Deutsche Reich (1. 1902—33. 1935; dann: Dt. Gewerbe-Archiv)
GewArch., GA	Gewerbearchiv. Zs. f. Verwaltungs- u. Gewerberecht (1. 1955ff.)
GewBinnSchVerkG	Gesetz über den gewerblichen Binnenschiffsverkehr v. 1. 10. 1953 (BGBl. I S. 1453)

GewerkArch.	Gewerkschaftsarchiv. Monatshefte (dann: Monatsschrift) f. Theorie und Praxis d. Gewerkschaftsbewegung (Jg. 1. [= Bd. 1/2] 1925 — 10. [= Bd. 18] 1933)
GewerkMH, GewMh.	Gewerkschaftliche Monatshefte (1. 1950ff.)
GewerkZtg.	Gewerkschaftszeitung. Organ d. allgemeinen Dt. Gewerkschaftsbundes (bis 43. 1933)
GewG, GewGer.	Gewerbegericht
GewGG, GGG	Gewerbegerichtsgesetz i. d. F. v. 29. 9. 1901 (RGBl. S. 353)
GewGer., GG	Das Gewerbegericht (1. 1896—10. 1905) dann:
GewKfmG	Das Gewerbe- und Kaufmannsgericht (11. 1905—31. 1925/26; dann: Arbeitsgericht)
GewLehrBesG	s. GBG
GewO, GO	Gewerbeordnung i. d. F. d. Bek. v. 26. 7. 1900 (RGBl. S. 871)
GewRSch.	s. GRUR
GewStAusglGes.	Gesetz über den Gewerbesteuerausgleich zwischen Betriebsgemeinden und Wohngemeinden Baden-Württemberg. 1. Gesetz v. 17. 12. 1954 (GBl. S. 178); 2. Gesetz v. 26. 11. 1956 (GBl. S. 170) Hessen. ~ zwischen Wohngemeinden u. Betriebsgemeinden v. 23. 4. 1956 (GVBl. S. 99) Niedersachsen. Vom 9. 5. 1956 (GVBl. S. 49) Nordrhein-Westfalen. I. d. F. v. 5. 4. 1955 (GVBl. S. 56) Rheinland-Pfalz. Landes~(Gewerbesteuerausgleichsgesetz) v. 24. 10. 1956 (GVBl. S. 119) Schleswig-Holstein. ~ v. 17. 10. 1955 (GVBl. S. 156)
GewStAusglV	Bayern. VO ü. d. Gewerbesteuerausgleich zwischen Betriebsgemeinden u. Wohngemeinden v. 28. 12. 1955 (GVBl. 1956 S. 2)
GewStDV 1955	Gewerbesteuer-Durchführungsverordnung v. 24. 3. 1956 (BGBl. I S. 152; BStBl. I S. 212)
GewStER 1955	Verwaltungsanordnung ü. d. Änderung u. Ergänzung d. Gewerbesteuer-Richtlinien 1951 (Gewerbesteuer-Ergänzungsrichtlinien 1955) v. 18. 5. 1956 (BAnz. Nr. 97; BStBl. I S. 232)
GewStG 1955	Gewerbesteuergesetz i. d. F. v. 21. 12. 1954 (BGBl. I S. 473; BStBl. I S. 694)
GewStR 1955	Gewerbesteuer-Richtlinien 1955 v. 13. 6. 1956 (BAnz. Nr. 118; BStBl. I S. 281)
GewUG	Berlin. Gesetz ü. d. Währungsumtausch f. Einkommen aus Gewerbebetrieb oder selbständiger Arbeit v. 24. 4. 1956 (GVBl. S. 412)

GewVerbrG	Gesetz gegen gefährl. Gewohnheitsverbrecher u. ü. Maßregeln d. Sicherung u. Besserung v. 24. 11. 1933 (RGBl. I S. 995)
GewVG	Niedersachsen. Gesetz z. vorläufigen Vereinfachung d. Verfahrens in Gewerbesachen v. 23. 12. 1955 (GVBl. S. 295)
GFÄG	s. GüFernVkÄG
GFernVerkG, GFVG, GFG, GüFernVkG	Gesetz ü. d. Güterfernverkehr mit Kraftfahrzeugen [Güterfernverkehrsgesetz] v. 26. 6. 1935 (RGBl. I S. 788)
GfV	Güterfernverkehr
GG	s. a. GewGer.
GG	Grundgesetz für die Bundesrepublik Deutschland v. 23. 5. 1949 (BGBl. S. 1)
GG	Generalgouverneur, Generalgouvernement
GGG	s. GewGG
GGO	Gemeinsame Geschäftsordnung der Reichs(Bundes)-ministerien
GGO I	Allg. Teil der Gemeinsamen Geschäftsordnung f. d. Reichsministerien, genehmigt durch Beschl. der Reichsreg. v. 2. 9. 1926; Bek. v. 21. 11. 1926 (RMBl. S. 997) — Die Gemeinsame Geschäftsordnung f. d. Bundesministerien ist vom Kabinett noch nicht genehmigt.
GGO II	Besonderer Teil der Gemeinsamen Geschäftsordnung der Reichsministerien, genehmigt durch Beschl. d. Reichsreg. v. 1. 5. 1924; Bek. v. 21. 11. 1926 (RMBl. S. 997). — Die Gemeinsame Geschäftsordnung f. d. Bundesministerien ist vom Kabinett noch nicht genehmigt.
GGZ	Geschäftsgangsbestimmungen für die Justizverwaltung
GI, GInsp.	Generalinspektor
Gierkes Unters.	Untersuchungen zur Deutschen Staats- und Rechtsgeschichte, hrsg. v. Otto Gierke u. a. (1. 1878—139. 1928)
GiftV, GiftVO	Bayern. VO, d. Verkehr mit Giften betr. v. 16. 6. 1895 (GVBl. S. 267)
GInspStraßenw.	Generalinspektor für das deutsche Straßenwesen
GjS, SchundLitG	Gesetz über die Verbreitung jugendgefährdender Schriften v. 9. 6. 1953 (BGBl. I S. 377)
GKAR	Gesetz über Kassenarztrecht v. 17. 8. 1955 (BGBl. I S. 513)
GKG, DGKG	Gerichtskostengesetz i. d. F. v. 5. 7. 1927 (RGBl. I S. 152)

GKrG	s. GeschlKrG
GKV	Gemeinkostenzuschläge bei Leistungen und Bauleistungen im Bereich der Bayer. Staatsbauverwaltung (Gemeinkostenvorschrift) v. 25. 4. 1955 (MABl. S. 207)
GKWG	Gemeinde- und Kreiswahlgesetz Hessisches ~ v. 25. 2. 1952 (GVBl. S. 48) Wahlgesetz für die Gemeinde- u. Kreisvertretungen in Schlewsig-Holstein (~) i. d. F. v. v. 29. 1. 1955 (GVBl. S. 10)
GKWO	s. GWO
Gl.	Gläubiger
gl. A.	gleicher Ansicht
Glaser	Entscheidungen aus dem Miet-, Wohnungs- und Grundstücksrecht, bearb. v. Glaser (1951 ff.)
GmbH	Gesellschaft mit beschränkter Haftung
GmbHG	Gesetz betr. die Gesellschaften mit beschränkter Haftung v. 20. 4. 1892 (RGBl. S. 477)
GmbH-Rdsch., RGmbH	Rundschau für GmbH (1. 1910—35. 1944, 41. 1950 ff.; 37. 1946—40. 1949 u. d. T.: Centrale-Rundschreiben)
GmbHRspr.	Die GmbH in der Rechtsprechung der deutschen Gerichte (1. 1892/1911—4. 1932 ff.)
GMBl.	Gemeinsames Ministerialblatt [Sachsen] (1. 1924—9. 1932)
GMBl.	Gemeinsames Ministerialblatt des Bundesministers des Innern, des Bundesministers für Angelegenheiten der Vertriebenen, des Bundesministers für den Wohnungsbau, des Bundesministers für gesamtdeutsche Fragen, des Bundesministers für Angelegenheiten des Bundesrates (1. 1950 ff.)
GMG	s. GebrMG
GnadO, GnO	Gnadenordnung Reich. ~ v. 6. 2. 1935 (DtJust. S. 203) Bayerische ~ v. 11. 11. 1954 (GVBl. 1955 S. 1) Hessen. ~ v. 18. 9. 1952 (Sonderdruck Nr. 5 zum JMBl.) Nordrhein-Westfalen. ~ v. 1. 1. 1952 (Sonderveröff. z. JMBl.) ~ für Rheinland-Pfalz v. 13. 10. 1948 (Amtl. Sonderveröff. Nr. 2 d. JBl.)
GO	s. a. GewO und GebO
GO, GeschO	Geschäftsordnung

GO, GemO	Gemeindeordnung Badische ~ v. 25. 3. 1947 (ABl. S. 53), 23. 9. 1948 (GVBl. S. 177) Baden-Württemberg. ~ für . . . v. 25. 7. 1955 (GBl. S. 129) Bayern. ~ v. 25. 1. 1952 (GVBl. S. 19) Hessische ~ v. 25. 2. 1952 (GVBl. S. 11) Niedersächsische ~ v. 4. 3. 1955 (GVBl. S. 55) Nordrhein-Westfalen. ~ f. d. Land . . . i. d. F. v. 28. 10. 1952 (GVBl. S. 283) Rheinland-Pfalz. ~ (= Teil A d. Selbstverwaltungsgesetzes) i. d. F. v. 5. 10. 1954 (GVBl. S. 117) Schleswig-Holstein. ~ für . . . v. 24. 1. 1950 (GVBl. S. 25)
GOA 1950	Gebührenordnung für Architekten v. 13. 10. 1950 (= Anl. z. Verordnung PR Nr. 66/50, BAnz. Nr. 216)
GOGA	Gebührenordnung für Garten- und Landschaftsarchitekten v. Sommer 1955
GOH	Gemeinsame Geschäftsordnung für die höheren Reichsbehörden v. 15. 5. 1928 (RMBl. S. 355)
GOI	Gebührenordnung der Ingenieure i. d. F. v. 6. 4. 1937/27. 2. 1950/3. 4. 1956
GoldBilVO, GBVO	VO über Goldbilanzen v. 28. 12. 1923 (RGBl. I S. 1253)
GoldschmidtsZ	s. ZfdgHR
GoltdA, GoltdArch.,	Archiv für Strafrecht und Strafprozeß, begr. v. Goltdammer (28. 1880—77. 1933; vorher: Arch. f. gemeines deutsches und preuß. Strafrecht; später: Dt. Strafrecht)
GoltdA, GoltdArch., GA	Goltdammer's Archiv für Strafrecht (N. F. 1. 1954ff.; vorher: Dt. Strafrecht)
GONW	s. GO
GOW	s. OWG
GrBilR	Grundsteuer-Billigkeits-Richtlinien
GrdBBerG, GBBerG	Gesetz über die Bereinigung der Grundbücher v. 18. 7. 1930 (RGBl. I S. 305)
GrdstArch.	Grundstücks-Archiv (1. 1906—13. 1918)
GrdstVerkBek., GVB	Bekanntmachung ü. d. Verkehr m. landwirtschaftl. oder forstwirtschaftl. Grundstücken (Grundstücksverkehrsbekanntmachung) i. d. F. v. 26. 1. 1937 (RGBl. I S. 35)
GrdstWi.	Die Grundstückswirtschaft (1949—1951)
GrdstZtg.	Grundstücks-Zeitung ⟨früher Grundstücks-Archiv⟩ (14. 1919—17. 1922)
GrErwStG, GrEStG	Grunderwerbsteuergesetz v. 29. 3. 1940 (RGBl. I S. 585)

GrEStDV	DurchfVO zum Grunderwerbsteuergesetz v. 30. 3. 1940 (RGBl. I S. 595)
GRMG	Gesetz z. Regelung d. Miet- u. Pachtverhältnisse ü. Geschäftsräume u. gewerblich genutzte unbebaute Grundstücke (Geschäftsraummietengesetz) v. 25. 6. 1952 (BGBl. I S. 338)
GrStDV	Grundsteuer-Durchführungsverordnung i. d. F. v. 29. 1. 1952 (BGBl. I S. 79)
GrStErlVO	Grundsteuererlaßverordnung v. 26. 3. 1952 (BGBl. I S. 209)
GrStG, GrundStG	Grundsteuergesetz v. 1. 12. 1936 (RGBl. I S. 986), i. d. F. v. 10. 8. 1951 (BGBl. I S. 519)
GrStR	Grundsteuer-Richtlinien i. d. F. v. 10. 4. 1954 (BAnz. Beil. zu Nr. 73; BStBl. I S. 184)
GrStS	Großer Senat in Strafsachen
GruchB, GruchBeitr., Gruchot	Beiträge zur Erläuterung des (bis 15. 1871: preußischen) Deutschen Rechts, begr. v. Gruchot (1. 1857—73. 1933)
GrünhutsZ	Zeitschrift für das Privat- und öffentliche Recht der Gegenwart, begr. v. Grünhut (1. 1874—42. 1916)
GrundE, GE	Das Grundeigentum. (Zuletzt m. d. Untert.:) Allg. Dt. Haus- u. Grundbesitzer-Zeitung (1. 1876—62. 1943)
GrundSchG	Schleswig-Holstein. Gesetz ü. d. Grundschule v. 3. 2. 1951 (GVBl. S. 77)
GrundStG	s. GrStG
GRUR, GewRSch.	Gewerblicher Rechtsschutz und Urheberrecht (1. 1896—49. 1944, 50. 1948 ff.)
GRUR Ausl.	Auslands- und internationaler Teil von: Gewerblicher Rechtsschutz und Urheberrecht
GRW 1952	Grundsätze und Richtlinien für Wettbewerbe auf dem Gebiete des Bauwesens und des Städtebaues v. Juli 1952
GrZS, GZS	Großer Senat in Zivilsachen
GS	Gesetzsammlung [Die einzelnen Gesetzsammlungen siehe unten in der systematischen Übersicht der Gesetz- und Amtsblätter]
GSB	s. BodRefG
GSBEG	s. BodRefEntschG
GStA	Generalstaatsanwalt
GstG	s. GastG

GSV, GSv., SozVersSVerwG	Gesetz über die Selbstverwaltung und über Änderungen von Vorschriften auf dem Gebiet der Sozialversicherung (Selbstverwaltungsgesetz) i. d. F. v. 13. 8. 1952 (BGBl. I S. 427)
GSW	Bayern. Gesetz ü. d. Grundsteuerfreiheit u. Gebührenfreiheit f. d. sozialen Wohnungsbau v. 28. 11. 1949 (GVBl. 1950 S. 30)
GT	Gebührentarif
GT	s. GemTag
GüFernVkÄG, GFÄG	Übergangsgesetz zur Änderung des Gesetzes über den Güterfernverkehr mit Kraftfahrzeugen v. 2. 9. 1949 (WiGBl. S. 306)
GüFernVkG, GFVG, GFG, GFernVerkG	Gesetz ü. d. Güterfernverkehr mit Kraftfahrzeugen [Güterfernverkehrsgesetz] v. 26. 6. 1935 (RGBl. I S. 788)
GüKG	Güterkraftverkehrsgesetz v. 17. 10. 1952 (RGBl. I S. 697)
GüteZVO	s. GZVO
GütVerk.	Der Güterverkehr (1. 1952ff.)
GUG	s. a. GemUmschG
GUG	Berlin. Gesetz ü. d. Umstellung von Grundpfandrechten u. ü. Aufbauschulden [Grundpfandrechtumstellungsgesetz] v. 9. 1. 1951 (VOBl. I S. 71)
GUV	s. GemUnfVers.
GUV, GUVV	Gemeinde-Unfallversicherungsverband
GuVS	Gesetz- und Verordnungssammlung für die Braunschweigischen Lande (ab 110. 1923: Braunschweigische Gesetz- und Verordnungssammlung) (20. 1833—132. 1945)
GV, GemVerb.	Gemeindeverband
GV, GenVers.	Generalversammlung
GV, GVollz.	Gerichtsvollzieher
GVB	s. GrdstVerkBek.
GVBl., GVOBl.	Gesetz- und Verordnungsblatt [Die einzelnen Gesetz- und Verordnungsblätter siehe unten in der systemat. Übersicht der Gesetz- und Amtsblätter]
GVBlEvRefK	Kirchliches Gesetz- und Verordnungsblatt für die Evangelisch-reformierte Kirche in Nordwestdeutschland (10. 1946/53ff.; vorher: ... f. d. Ev. ref. Kirche d. Prov. Hannover)
GVG	Gerichtsverfassungsgesetz v. 27. 1. 1877 (RGBl. S. 41), i. d. F. d. Bek. v. 12. 9. 1950 (BGBl. S. 513)
GVGA, GeschAnwGV	Geschäftsanweisung für Gerichtsvollzieher v. 1. 3. 1954

GVGA, GeschAnwGV	Geschäftsanweisung für die Gerichtsvollzieher [in Preußen] v. 24. 3. 1914, 16. 5. 1930 (JMBl. S. 142)
GVGebO	s. GebOfGV
GV NW, GVBl.NRW	Gesetz- und Verordnungsblatt für das Land Nordrhein-Westfalen (1. 1947ff.; vorher: Mitteilungs- und Verordnungsblatt f. d. Land Nordrhein-Westfalen)
GVO	Gerichtsvollzieherordnung v. 1. 4. 1954
GVOBl.	s. GVBl.
GVollzGebO, GebOfGV	Gebührenordnung für Gerichtsvollzieher v. 14. 12. 1922 (RGBl. I S. 917)
GVollzZ	s. DGVZ
GW, GWWe.	s. GemWohngsWes.
GWG	s. a. GesVereinhG
GWG, GemWahlG	Gemeindewahlgesetz Bayern. Ges. ü. d. Wahl der Gemeinderäte u. d. Bürgermeister (~) i. d. F. v. 12. 1. 1956 (GVBl. S. 13) Niedersächsisches ~ i. d. F. v. 26. 7. 1952 (GVBl. S. 77) Rheinland-Pfalz. Landesges. ü. d. Wahlen zu d. Gemeinde-, Amts-, Kreis- u. Bezirksvertretungen (~) i. d. F. v. 13. 9. 1952 (GVBl. S. 127)
GWGE, GesEinhG	Gesetz zur Wiederherstellung d. Gesetzeseinheit auf dem Gebiete d. bürgerlichen Rechts v. 5. 3. 1953 (BGBl. I S. 33)
GWO, GKWO, WahlO, WO	Gemeindewahlordnung, Gemeinde- und Kreiswahlordnung Bayern. Wahlordnung f. d. Gemeinde- u. Landkreiswahlen i. d. F. d. Bek. v. 12. 1. 1956 (GVBl. S. 20) Niedersächsische Gemeindewahlordnung v. 23. 8. 1952 (GVBl. S. 91) Rheinland-Pfalz. LandesVO z. Durchf. d. Gemeindewahlgesetzes (Gemeindewahlordnung) v. 3. 7. 1956 (GVBl. S. 77) Schleswig-Holstein. DurchfVO z. Wahlgesetz f. d. Gemeinde- u. Kreisvertretungen in . . . (Gemeinde- und Kreiswahlordnung) v. 31. 1. 1955 (GVBl. S. 23)
GWWe.	s. GemWohngsWes.
GWWi.	s. GemWohngsWi.
GZahlgsBest.	Bestimmungen ü. d. Festsetzung, d. Auszahlung u. d. rechnungsmäßigen Nachweis v. Dienstbezügen d. Beamten u. v. Versorgungsbezügen in d. Reichsjustizverwaltung (Gehaltszahlungsbestimmungen) v. 4. 3. 1936 (SonderveröffDtJust. Nr. 26)
GZS, GrZS	Großer Senat in Zivilsachen

GZT	Deutscher Gebrauchs-Zolltarif
GZVO, GüteZVO	VO ü. Güte-, Prüf-, Gewähr- und ähnliche Zeichen (Gütezeichenverordnung) v. 9. 4. 1942 (RGBl. I S. 273)

H

HA	Hauptausschuß des Parlamentarischen Rates
HaagEhescheidAbk., HaagScheidAbk.	[Haager] Abkommen z. Regelung d. Geltungsbereichs d. Gesetze u. d. Gerichtsbarkeit auf dem Gebiete d. Ehescheidung u. d. Trennung von Tisch und Bett v. 12. 6. 1902 (RGBl. 1904 S. 231)
HaagEheschlAbk.	[Haager] Abkommen z. Regelung d. Geltungsbereichs d. Gesetze auf d. Gebiete d. Eheschließung v. 12. 6. 1902 (RGBl. 1904 S. 221)
HaagEhewirkAbk.	[Haager] Abkommen betr. d. Geltungsbereich d. Gesetze in Ansehung d. Wirkungen d. Ehe auf die Rechte und Pflichten d. Ehegatten in ihren persönlichen Beziehungen u. auf das Vermögen d. Ehegatten v. 17. 7. 1905 (RGBl. 1912 S. 453)
HaagEntmündAbk.	[Haager] Abkommen ü. d. Entmündigung u. gleichartige Fürsorgemaßregeln v. 17. 7. 1905 (RGBl. 1912 S. 463)
HaagIPRAbk.	Gesetz ü. d. Beitritt von Staaten zu d. Haager Abkommen ü. internationales Privatrecht v. 16. 9. 1924 (RGBl. II S. 363)
HaagLKO, HLKO	[Haager] Abkommen, betr. d. Gesetze u. Gebräuche d. Landkriegs v. 18. 10. 1907 (RGBl. 1910 S. 107)
HaagNeutrAbk.	[Haager] Abkommen, betr. die Rechte u. Pflichten d. neutralen Mächte und Personen im Falle eines Landkriegs v. 18. 10. 1907 (RGBl. 1910 S. 151)
HaagVormAbk.	[Haager] Abkommen z. Regelung d. Vormundschaft ü. Minderjährige v. 12. 6. 1902 (RGBl. 1904 S. 240)
HaagZPAbk.	[Haager] Abkommen ü. d. Zivilprozeß v. 17. 7. 1905 (RGBl. 1909 S. 410)
HaftentschG	Haftentschädigungsgesetz Hamburg. Ges. ü. d. Entschädigung f. Freiheitsentziehung aus politischen, weltanschaul., religiösen oder rassischen Gründen (~) v. 16. 8. 1949 (GVBl. S. 165) Niedersachsen. Ges. ü. Entschädigung f. Freiheitsentziehung durch Maßnahmen d. nationalsoz. Gewaltherrschaft (~) i. d. F. v. 16. 5. 1952 (GVBl. S. 33) Schleswig-Holstein. ~ f. d. Land ... v. 4. 7. 1949 (GVBl. S. 161)
HaftpflG, HpflG	Ges. betr. d. Verbindlichkeit zum Schadenersatz f. d. bei dem Betriebe von Eisenbahnen, Bergwerken usw. herbeigeführten Tötungen u. Körperverletzungen [Reichshaftpflichtgesetz] v. 7. 6. 1871 (RGBl. S. 207)

HAG, HArbG	Heimarbeitsgesetz v. 14. 3. 1951 (BGBl. I S. 191)
HAG, HeimatlAuslG, HeimatlG	Gesetz ü. d. Rechtsstellung heimatloser Ausländer im Bundesgebiet v. 25. 4. 1951 (BGBl. I S. 269)
HAK, AHK	Alliierte Hohe Kommission
Hamb., Hbg.	Hamburg, hamburgisch
HambJVerwBl.	Hamburgisches Justizverwaltungsblatt (10. 1921 — 23. 1943; ab 24. 1946: Hanseatisches Justizverwaltungsblatt; vorher: Veröffentlichungen d. Senatskommission f. d. Justizverwaltung)
HambStuZNachr.	Hamburger Steuer- und Zoll-Nachrichten (1. 1951 ff.)
HambVerwG	Entscheidungen der Hamburgischen Verwaltungsgerichte (1. 1927— 4. 1934/36)
HammAK	Zeitschrift der Anwaltskammer Hamm (1912—1930; dann: Rhein.-Westf. Anwaltsblatt)
HandArch.	s. DHandArch.
Handb. . .	s. Hdb. . .
HandBl., HBl.	Handelsblatt. Westdeutsche Wirtschaftszeitung (1. 1946 ff.)
HandelsBeschrVO	s. HdlBeschrVO
HandwKWahlO, Hdwk-WO	Wahlordnung für die Wahlen der Mitglieder der Handwerkskammern (= Anl. B z. Handwerksordnung) v. 17. 9. 1953 (BGBl. I S. 1432)
HandwO, HdwO, HwO, HO	Handwerksordnung Bund. Ges. z. Ordnung des Handwerks (~) v. 17. 9. 1953 (BGBl. I S. 1411) Rheinland-Pfalz. Landesges. ü. d. Neufassg. d. Handwerksrechts (~) v. 2. 9. 1949 (GVBl. S. 379) Württemberg-Hohenzollern. RAO z. Ordnung d. Handwerks (~) v. 5. 11. 1946 (ABl. 1947 S. 1)
HandwVersG, HVG	Gesetz ü. d. Altersversorgung f. d. Deutsche Handwerk v. 21. 12. 1938 (RGBl. I S. 1900)
HannRpfl.	Hannoversche Rechtspflege (1. 1945—3. 1947; dann: Nieders. Rechtspflege)
Hansa	Hansa. [Jetziger Untertit.:] Zentralorgan f. Schiffahrt, Schiffsbau, Hafen (1864—1943, [85.] 1948 ff.)
HanseatOLG Strafs., HansOLGSt.	Entscheidungen des Hanseatischen Oberlandesgerichts in Strafsachen (1879—1932/33)
HansGZ, HGZ	Hanseatische Gerichtszeitung (1. 1880—48. 1927; dann fortges. als: Hanseat. Rechts- u. Gerichtszeitschrift; vorher: Hamb. Handelsgerichts-Zeitung, ab 1868) [Hauptblatt: Handelsrechtl. Fälle; Beiblatt: Zivilrechtl. Fälle, Arbeitsrecht]
HansJVBl.	Hanseatisches Justizverwaltungsblatt (24/25. 1946/47; vorher: Hamburgisches Justizverwaltungsblatt)

HansRGZ	Hanseatische Rechts- und Gerichtszeitschrift (11. 1928—26. 1943; entstanden durch Zusammenlegung von: Hanseat. Gerichtszeitung u. Hanseat. Rechtszeitschrift)
HansRZ	Hanseatische Rechtszeitschrift für Handel, Schiffahrt und Versicherung, Kolonial- und Auslandsbeziehungen sowie für Hansestädtisches Recht (1. 1918—10. 1927; dann fortges. als: Hanseatische Rechts- u. Gerichtszeitschrift)
HArbG, HAG	Heimarbeitsgesetz v. 14. 3. 1951 (BGBl. I S. 191)
HausratsVO, EheWVO	6. DV zum Ehegesetz [Hausratsverordnung] v. 21. 10. 1944 (RGBl. I S. 256)
HauszSt.	Hauszinssteuer
HB	Handelsbilanz
HB, Hdb.	Handbuch
HBBl. BrZ	Haushalts- und Besoldungsblatt für das Britische Besatzungsgebiet (1. 1947—2. 1948)
HBesG	Hamburgisches Besoldungsgesetz v. 6. 7. 1954 (GVBl. 1955 S. 41)
HBG	Gesetz ü. d. Rechtsstellung der Beamten u. Angestellten im öffentl. Dienste des Landes Hessen i. d. F. v. 11. 11. 1954 (GVBl. S. 239)
Hbg.	Hamburg, hamburgisch
HBl.	s. HandBl.
Hdb.	Handbuch
HdbGrdstR, HGBR	Handbuch des Grundstücks- und Baurechts, hrsg. v. Hans Fischer [LoseblSlg.] (1948ff.)
HdbMietR, HMR	Handbuch des gesamten Miet- und Raumrechts, hrsg. v. Hans Fischer [LoseblSlg.] (1948—1951; dann: Zs. f. Miet- u. Raumrecht)
HdlAbk.	Handelsabkommen
HdlBeschrVO, HandelsBeschrVO	VO ü. Handelsbeschränkungen v. 13. 7. 1923 (RGBl. I S. 706)
Hdlgh.	Handlungsgehilfe
HdlVertrG, HVG	Gesetz zur Änderung d. Handelsgesetzbuchs (Recht d. Handelsvertreter) v. 6. 8. 1953 (BGBl. I S. 771)
HDStR	Handbuch des Deutschen Staatsrechts, hrsg. v. Gerh. Anschütz u. Richard Thoma. Bd. 1. 2. 1930/32.
HdStWS	Handwörterbuch des Städtebaues, Wohnungs- u. Siedlungswesens, hrsg. v. Wandersleb
HDV, HDv.	Heeres-Druckvorschrift(en)
Hdw. . .	s. Handw. . .

HebG, HebammG	Hebammengesetz v. 21. 12. 1938 (RGBl. I S. 1893)
HeilprG	Gesetz ü. d. berufsmäßige Ausübung d. Heilkunde ohne Bestallung (Heilpraktikergesetz) v. 17. 2. 1939 (RGBl. I S. 251)
HeilwWerbVO	Polizeiverordnung über die Werbung auf dem Gebiete des Heilwesens v. 29. 9. 1941 (RGBl. I S. 587)
HeimatlG, HeimatlAuslG, HAG	Gesetz über die Rechtsstellung heimatloser Ausländer im Bundesgebiet v. 25. 4. 1951 (BGBl. I S. 269)
HeimkG	s. HkG
HeimtG	Gesetz gegen heimtückische Angriffe auf Staat und Partei u. z. Schutz d. Parteiuniformen [Heimtückegesetz] v. 20. 12. 1934 (RGBl. I S. 1269)
Hess.	Hessen, hessisch
HessRAO	s. RAO
HessRspr.	Hessische Rechtsprechung (1. 1900/01—35. 1935)
HessVerwG	Entscheidungen des Hessischen Verwaltungsgerichtshofs (1. 1913/14—8. 1929/32)
HESt., HEST	Höchstrichterliche Entscheidungen. Sammlung v. Entscheidungen d. Oberlandesgerichte u. d. Obersten Gerichte in Strafsachen. (1. 1948—3. 1949, 1)
HEZ	Höchstrichterliche Entscheidungen. Sammlung v. Entscheidungen d. Oberlandesgerichte u. d. Obersten Gerichte in Zivilsachen (1. 1948—3. 1950, 1)
HFBl.	Amtsblatt des Hessischen Finanzministeriums (1. 1949—2. 1950)
HFSt., HFürsSt.	Hauptfürsorgestelle
HGA	Hypothekengewinnabgabe (nach dem Lastenausgleichsgesetz)
HGA-ErlDV, 17. AbgabenDV-LA	17. DurchfVO ü. Ausgleichsabgaben nach dem Lastenausgleichsgesetz v. 3. 11. 1955 (BGBl. I S. 704)
HGA-ErstDV, 15. AbgabenDV-LA	15. DurchfVO ü. Ausgleichsabgaben nach d. Lastenausgleichsgesetz v. 2. 6. 1955 (BGBl. I S. 267)
HGA-WAufbDV 18. AbgabenDV-LA	18. DurchfVO ü. Ausgleichsabgaben nach d. Lastenausgleichsgesetz v. 30. 11. 1955 (BGBl. I S. 745)
HGB	Handelsgesetzbuch v. 10. 5. 1897 (RGBl. S. 219)
HGBR	s. HdbGrdstR
HGO	Hessische Gemeindeordnung v. 25. 2. 1952 (GVBl. S. 11)
HGZ	s. HansGZ
HHG, HäftlHilfeG	Gesetz ü. Hilfsmaßnahmen f. Personen, die aus politischen Gründen in Gebieten außerhalb d. Bundesrep. Deutschland u. Berlins (West) in Gewahrsam genommen wurden [Häftlingshilfegesetz] v. 6. 8. 1955 (BGBl. I S. 498)

HHV	Bayern. VO z. Vollzug d. Reichsgesetzes ü. d. Herkunftsbezeichnung d. Hopfens [Hopfenherkunftsverordnung] v. 11. 6. 1930 (GVBl. S. 185)
HICOG	High Commissioner of the United States in Germany
HintO, HO	Hinterlegungsordnung v. 10. 3. 1937 (RGBl. I S. 285)
HirthsAnn.	s. AnnDR
HK	Hohe Kommission
HK	Handelskammer
HK, HwK	Handwerkskammer
HKFRD	Hoher Kommissar der Französischen Republik in Deutschland
HkG, HKG, HeimkG	Gesetz ü. Hilfsmaßnahmen f. Heimkehrer (Heimkehrergesetz) v. 19. 6. 1950 (BGBl. S. 221)
HKO	Hessische Landkreisordnung v. 25. 2. 1952 (GVBl. S. 37)
HKRO	Bayern. Bek. ü. d. Haushalts-, Kassen- u. Rechnungswesen d. Gemeinden u. Bezirke (Haushalts-, Kassen- u. Rechnungsordnung) v. 9. 10. 1933 (GVBl. S. 329)
h. L.	herrschende Lehre
HLKO	s. HaagLKO
h. M.	herrschende Meinung
HMBl., MBlHuG PHMBl., PrHMBl.	Ministerial-Blatt der Handels- u. Gewerbe-Verwaltung (1. 1901—32. 1932; dann: Ministerialblatt f. Wirtschaft u. Arbeit)
HMR	s. HdbMietR
HO	1. Haushaltsordnung s. RHO 2. Hinterlegungsordnung s. HintO 3. Handwerksordnung s. HandwO 4. Höfeordnung s. HöfeO
HöchstRR	s. HRR u. HRRStr.
HöfeO	Höfeordnung Brit. Zone. Vom 24. 4. 1947 (VOBl. BrZ S. 33) Rheinland-Pfalz. Landesges. ü. d. Einf. einer ∼ in . . . v. 7. 10. 1953 (GVBl. S. 101)
HöVG	Gesetz ü. d. Höherversicherung in d. Rentenversicherungen d. Arbeiter u. d. Angestellten v. 14. 3. 1951 (BGBl. I S. 188)
HOG, StHO, PrStHO	Preußen. Gesetz über die Staatshaushaltsordnung v. 15. 12. 1933 (GS S. 475)
Holdheim, HoldheimsWschr.	Wochenschrift für Aktienrecht und Bankwesen, Steuer- und Stempelfragen, hrsg. v. Holdheim (1. 1892—3. 1894) dann:

Holdheim, HoldhMSchr.	Monatsschrift für Handelsrecht (bis 5. 1896: für Aktienrecht. . .) und Bankwesen, Steuer- und Stempelfragen, begr. v. Holdheim (4. 1895—28. 1919)
HpflG	s. HaftpflG
HR, HReg.	Handelsregister
HRBG	Gesetz ü. d. Aufhebung von Vorschriften auf d. Gebiet d. Handelsrechts, des Genossenschaftsrechts u. d. Wechsel- u. Scheckrechts (Handelsrechtliches Bereinigungsgesetz) v. 18. 4. 1950 (BGBl. S. 90)
HRegVfg.	AV ü. d. Einrichtung und Führung des Handelsregisters (Handelsregisterverfügung) v. 12. 8. 1937 (DtJust. S. 1251)
HRR, HöchstRR, JR [folgt Jg. u. Nr. d. Entscheidung]	Die Rechtsprechung (= Beil. d. Jurist. Rundschau) (1. 1925—3. 1927) dann:
HRR, HöchstRR	Höchstrichterliche Rechtsprechung (4. 1928—18. 1942; entstanden durch Zusammenlegung von: Jurist. Rundschau, [Beil.:] Die Rechtsprechung u. Höchstrichterl. Rechtsprechung auf d. Gebiete d. Strafrechts)
HRRStr., HöchstRR	Höchstrichterliche Rechtsprechung auf dem Gebiete des Strafrechts (=Sonderbeil. d. Zs. f. d. gesamte Strafrechtswissenschaft) (1. 1925—3. 1927)
HRZ	Haushaltsrechtliche Bestimmungen für die Justizverwaltung gemäß AV v. 1. 4. 1940 (DtJust. S. 392)
HRZ Nachtr.	Nachtrag zu den Haushaltsrechtlichen Bestimmungen für die Justizverwaltung gemäß AV v. 28. 10. 1941 (DtJust. S. 1038)
HRZ Vollz.	Haushaltsrechtliche Bestimmungen für die Justizverwaltung. Sonderbestimmungen für die Strafvollzugsverwaltung (Amtl. zusammengestellt n. d. Stande v. 1. 1. 1941)
HSchLG	Hochschullehrergesetz Reich. Gesetz ü. d. besonderen Rechtsverhältnisse d. beamteten Lehrer an den wissenschaftl. Hochschulen v. 9. 4. 1938 (RGBl. I S. 377) Bayern. Gesetz ü. d. Verhältnisse d. Lehrer an wissenschaftl. Hochschulen v. 15. 11. 1948 (GVBl. S. 254) Hessen. Gesetz ü. d. besonderen Rechtsverhältnisse d. Lehrer an den wissenschaftl. Hochschulen v. 10. 11. 1950 (GVBl. S. 251)
HSchulG	Baden-Württemberg. Hilfsschulgesetz v. 27. 6. 1955 (GBl. S. 101)
HStG	s. HeimstG
HÜL	Haushaltsüberwachungsliste

HUK	Haftpflicht-, Unfall- u. Kraftverkehrsversicherung
HundAbgG	Bayern. Hundeabgabengesetz v. 5. 3. 1937 (GVBl. S. 71)
HuW, HW	Haus und Wohnung. Zs. f. Grundstücks- u. Wohnungswesen [Untertitel später gewechselt] (1. 1946ff.)
HV	Handwerkerversorgung
HV, HVerw.	Hauptverwaltung
HV	Verfassung des Landes Hessen v. 1. 12. 1946 (GVBl. S. 229)
HVA	Hauptversorgungsamt
HVB	Hauptverwaltung der Deutschen Bundesbahn
HVBl.	Heeres-Verordnungsblatt (1. 1919–27. 1945; vorher: Armee-Verordnungsblatt)
HVG	1. Handelsvertretergesetz s. HdlVertrG 2. Handwerkerversorgungsgesetz s. HandwVersG
HVPF	Hauptverwaltung für Post- und Fernmeldewesen
HW	s. a. HuW
HW, Hwb.	Handwörterbuch
hwG-Person	Person mit häufig wechselndem Geschlechtsverkehr
HwK, HK	Handwerkskammer
HwO	s. HandwO
HypBG	Hypothekenbankgesetz v. 13. 7. 1899 (RGBl. S. 375)
HypFälligkVO	VO zur Regelung der Fälligkeit alter Hypotheken v. 22. 12. 1938 (RGBl. I S. 1905)
HypSG, HypSichG, SichG, LASG	Gesetz z. Sicherung v. Forderungen f. d. Lastenausgleich [Hypothekensicherungsgesetz] v. 2. 9. 1948 (WiGBl. S. 87)
HZA	Hauptzollamt
HZVO	Hessische Zuständigkeits- u. Verfahrensordnung z. Bundesergänzungsgesetz z. Entschädigung f. Opfer d. nationalsoz. Verfolgung v. 1. 10. 1953 (GVBl. S. 160)

I, J

J, Jb., Jahrb.	Jahrbuch, Jahrbücher
JA, JugA	Jugendamt
JÄ, JugÄ	Jugendämter
IAA, IArbA, IntArbA	Internationales Arbeitsamt
JagdG, JG	s. a. LJagdG

JagdG, JG	Jagdgesetz Bayerisches ~ v. 15. 12. 1949 (GVBl. 1950 S. 33) Bremen. AusfG z. Bundesjagdgesetz (Bremisches ~) v. 14. 7. 1953 (GBl. S. 73) Hessisches AusfG z. Bundesjagdgesetz v. 24. 3. 1953 (GVBl. S. 27)
JAGO	Jugendarrestgeschäftsordnung. AV d. RJM v. 15. 5. 1944 (SonderveröffDtJust. Nr. 31)
Jahrb. . . .	s. Jb. . . .
JAmtG, JAG	Bayern. Ges. z. Ausführung d. Reichsgesetzes f. Jugendwohlfahrt (Jugendamtsgesetz) v. 20. 7. 1925 (GVBl. S. 211)
IAO	Internationale Arbeitsorganisation
JAO	Justizausbildungsordnung Reich. VO ü. d. Befähigung z. Richteramt, z. Staatsanwaltschaft, z. Notariat u. z. Rechtsanwaltschaft (~) v. 4. 1. 1939 (RGBl. I S. 5) Brit. Zone. ~ v. 15. 1. 1949 (VOBl. BrZ S. 21) Baden-Württemberg. VO ü. d. Ausbildung d. Juristen v. 12. 9. 1955 (GBl. S. 187) Berlin. Ausbildungsordnung f. Juristen v. 24. 1. 1953 (GVBl. S. 77)
JAR	s. JbArbR
IARA	Inter-Allied Reparations Agency
JArbSchG	Niedersachsen. Arbeitsschutzgesetz für Jugendliche v. 9. 12. 1948 (GVBl. S. 179)
JASchG	s. JSchG
JAV	Jahresarbeitsverdienst
Jb., Jahrb., J	Jahrbuch
JbAkDR	Jahrbuch der Akademie für Deutsches Recht (1. 1933/34—6/7. 1939/40)
JbArbR, JahrbArbR, JAR	Jahrbuch des Arbeitsrechts . . . (1. 1918/20—12. 1931)
JbBaurechtlE	Jahrbuch baurechtlicher Entscheidungen der Gerichts- und Verwaltungsbehörden Deutschlands (1. 1904—10. 1913)
JbdöR	s. JbÖffR
JbDR, JDR	Jahrbuch des Deutschen Rechts, begr. v. H. Neumann (1. 1904—40. 1942)
JbEntschKG	s. KGJ
JBeitrO	Justizbeitreibungsordnung v. 11. 3. 1937 (RGBl. I S. 298)
JBer., Jahrber.	Jahresberichte
JbIntR, JfIR	Jahrbuch für internationales und ausländisches öffentliches Recht (ab 3. 1954 nur: f. internat. Recht) (1. 1948 ff.)

JbJugR, JJugR	Jahrbuch des Jugendrechts (1. 1928–13/14. 1940/41)
JBl.	Justizblatt
JBl. Brschwg.	Justizblatt für den Oberlandesgerichtsbezirk Braunschweig (1./2. 1946/47)
JBl. Düss.	Justizblatt für den Oberlandesgerichtsbezirk Düsseldorf (1/2. 1946/47)
JBl. Hamm	Justizblatt für den Oberlandesgerichtsbezirk Hamm (2. 1946, 7–3. 1947; vorher: Justizblatt f. Westfalen und Lippe)
JBl. Köln	Justizblatt für den Oberlandesgerichtsbezirk Köln (1/2. 1946/47)
JBl. Old.	Justizblatt für Aurich, Oldenburg und Osnabrück (1. 1945/46–2. 1947)
JBl. Rh-Pf.	Justizblatt Rheinland-Pfalz (1. 1947ff.)
JBl. Westf.	Justizblatt für Westfalen und Lippe (1. 1945–2. 1946, 6; dann: Justizblatt f. d. OLG-Bezirk Hamm)
JbÖffR, JbdöR	Jahrbuch des öffentlichen Rechts der Gegenwart (1. 1907–25. 1938; N. F. 1. 1951ff.)
JbPostW	Jahrbuch des Postwesens (1. 1937–5. 1941/42)
JbSächsOVG	s. SächsOVG
JbStR, JbSteuerR	Jahrbuch des Steuerrechts, hrsg. v. Koppe (1. 1921–12. 1930/31, 13. 1952; dann: Aktuelle Nachr. f. Steuer- und Zollrecht)
JbThürOVG	s. ThürOVG
JbTreuhR	Jahrbuch des Treuhandrechts (1/2. 1929/30)
JbVölkR	Jahrbuch des Völkerrechts (1. 1911/12–9. 1926)
ICAO	International Civil Aviation Organization
i. d. F. v.	in der Fassung vom
JDR	s. JbDR
IdW	Institut der Wirtschaftsprüfer
JEIA	Joint Export/Import Agency
i. e. S.	im engeren Sinne
JFG	Jahrbuch für Entscheidungen in Angelegenheiten der freiwilligen Gerichtsbarkeit und des Grundbuchrechts, begr. v. Ring (1. 1924–23. 1943)
JFG Erg.	Entscheidungen des Kammergerichts (ab 15. 1937:) und des Oberlandesgerichts München in Kosten-, Straf-, Miet- und Pachtschutzsachen (= Jb. f. Entsch. in Angel. d. freiw. Gerichtsbark. u. d. Grundbuchrechts. ErgBd.) (1. 1924–23. 1944)

JfIR, JbIntR	Jahrbuch für internationales und ausländisches öffentliches Recht (ab 3. 1954 nur: f. internat. Recht) (1. 1948 ff.)
JG	s. JagdG
Jg., Jahrg.	Jahrgang
JGG	Jugendgerichtsgesetz Reichs ∼ v. 6. 11. 1943 (RGBl. I S. 637) Bund. ∼ v. 4. 8. 1953 (BGBl. I S. 751)
IHDV	VO z. Durchf. d. Gesetzes ü. d. Investitionshilfe d. gewerblichen Wirtschaft 1. DV v. 5. 4. 1952 (BGBl. I S. 232) 2. DV v. 23. 8. 1952 (BGBl. I S. 587)
JherJb., DogmJb.	Jahrbücher für die Dogmatik d. heutigen röm. Rechts u. deutschen Privatrechts (ab Folge II, 1 ⟨= 37 d. Gesamtreihe⟩ 1897: Jherings Jahrbücher d. Dogmatik des bürgerl. Rechts) (1. 1857—90. ⟨= Folge II, 54⟩ 1942)
IHG	Gesetz ü. d. Investitionshilfe d. gewerblichen Wirtschaft [Investitionshilfegesetz] v. 7. 1. 1952 (BGBl. I S. 7)
IHK	Industrie- und Handelskammer
IHSchlußG	Gesetz ü. d. Abschluß d. Investitionshilfe d. gewerbl. Wirtschaft (Investitionshilfe-Schlußgesetz) v. 24. 2. 1955 (BGBl. I S. 69)
JJugR, JbJugR	Jahrbuch des Jugendrechts (1. 1928—13/14. 1940/41)
JKassO	Justizkassenordnung Reich. Vom 30. 1. 1937 (SonderveröffDtJust. Nr. 13) Bayern. I. d. F. d. Bek. v. 19. 12. 1956 (JMBl. S. 369)
IKK, IKrK, IKrk.	Innungskrankenkasse
JKMO, JKostMarkO	Justiz-Kostenmarkenordnung v. 25. 3. 1938 (SonderveröffDtJust. Nr. 2)
IKRK	Internationales Komitee des Roten Kreuzes
IKrK, IKrk., IKK	Innungskrankenkasse
IKV	Internationale Kriminalistische Vereinigung
i. L.	in Liquidation
JLBl., JLitBl.	Juristisches Literaturblatt (1. 1889—29. 1917/18)
ILR	Interlokales Recht
IM	Innenminister(ium)
JM, JustM	Justizminister(ium), Minister(ium) der Justiz
IMA	Interministerieller Ausschuß
JMBl.	Justizministerialblatt [Die einzelnen Justizministerialblätter siehe unten bei der systematischen Übersicht der Gesetz- und Amtsblätter.]

JME	Justizministerialerlaß (Bayern)
ImpfG	Impfgesetz v. 8. 4. 1874 (RGBl. S. 31)
IMT	Internationales Militärtribunal
Incoterms	International Commercial Terms [1953 neu gefaßt]
INDETA	Interessengemeinschaft Deutscher Tanzmusikverbraucher
IndSt.	Industrie und Steuer (15. 1933–26. 1944; vorher: Mitteilungen d. Steuerstelle d. Reichsverbandes d. Dt. Industrie)
InduHKBerlMitt.	s. MittIHKBln.
Inf.	Die Information der Steuer und Wirtschaft für Industrie, Handel, Handwerk und Gewerbe (1. 1947 ff.)
Inkrafttr.	Inkrafttreten
IntArbA, IAA, IArbA	Internationales Arbeitsamt
IntArchWerkW	Internationales Archiv für Verkehrswesen (1. 1949 ff.)
IntJbPol.	Internationales Jahrbuch der Politik (1. 1954 ff.)
IntJbSchiedsgW	Internationales Jahrbuch für Schiedsgerichtswesen in Zivil- und Handelssachen (1. 1926–4. 1934)
IntSArbRspr., ISAR	Internationale Sammlung der Arbeitsrechtsprechung (1. 1925–13. 1937/38)
IntVGRSchutz, IntVGewRSch.	Jahrbuch der Internationalen Vereinigung für gewerblichen Rechtsschutz (1. 1897–16. 1912) [Daneben bestand eine Ausg. in franz. Sprache]
IntVVglRW	Jahrbuch der Internationalen Vereinigung für vergleichende Rechtswissenschaft und Volkswirtschaftslehre (1. 1895–9. 1914)
IntZHandVO, IZHVO	VO ü. d. Warenverkehr mit d. Währungsgebieten d. Deutschen Mark d. Deutschen Notenbank (Interzonenhandelsverordnung) v. 18. 7. 1951 (BGBl. I S. 463)
InvV, IV	Invalidenversicherung
JO, JournOff.	Journal Officiel du Commandement en Chef français en Allemagne. Amtsblatt des französischen Oberkommandos in Deutschland (1. 1945/46–4. 1948/49)
JP, JurPrax.	Juristische Praxis (3. 1954 ff.; vorher: Rechtsanwalt u. Notar)
IPR	Internationales Privatrecht
IPRspr.	Die deutsche Rechtsprechung auf dem Gebiete des internationalen Privatrechts im Jahre (in den Jahren)... (Sonderh. d. Zs. f. ausl. u. intern. Privatrecht) (1926/27—1934, 1945/1949 ff.)
JR	Justizrat

JR, JRdsch., JurRdsch.	Juristische Rundschau (1. 1925–11. 1935, 12. 1947 ff.)
IRO	International Refugee Organization
JRPrBest.	Justizrechnungsprüfungsbestimmungen. AV v. 24. 11. 1937 (DtJust. S. 1836)
JRPV	s. JurRdschPrVers.
JRSO	Jewish Restitution Successor Organization (Jüdische Rückerstattungs-Nachfolgeorganisation)
i. S.	im Sinne
i. S.	in Sachen
ISAR	s. IntSArbRspr.
JSchG, JugSchG, JASchG	Gesetz über Kinderarbeit u. über d. Arbeitszeit d. Jugendlichen (Jugendschutzgesetz) v. 30. 4. 1938 (RGBl. I S. 437) Württemberg-Hohenzollern. ~ i. d. F. d. Bek. v. 15. 11. 1948 (RegBl. S. 175)
JSchG, JSchÖG	Gesetz z. Schutze d. Jugend in der Öffentlichkeit v. 4. 12. 1951 (BGBl. I S. 936)
JSchVO	Polizeiverordnung zum Schutze der Jugend [Jugendschutzverordnung] v. 10. 6. 1943 (RGBl. I S. 349)
JSteuerR, JStR	Jahrbuch des Steuerrechts, hrsg. v. Koppe (1. 1921–12. 1930/31, 13. 1952; dann: Aktuelle Nachr. f. Steuer- u. Zollrecht)
JTC	Jewish Trust Corporation for Germany
Jud.	Judicium. Vierteljahresschrift f. d. gesamte Zivilrechtspflege (1. 1928–5. 1933)
IÜG, BernFrachtÜb., VÜG	Internationales Übereinkommen über den Eisenbahnfrachtverkehr v. 23. 11. 1933 (gültig ab 1. 10. 1938), (RGBl. 1935 II S. 523; 1938 II S. 101)
IÜP, VÜP	Internationales Übereinkommen über den Eisenbahn-Personen- und Gepäckverkehr v. 23. 11. 1933 (gültig ab 1. 10. 1938), (RGBl. 1935 II S. 523, 599; 1938 II S. 101)
JugA, JA	Jugendamt
JugGerG	s. JGG
JugW	s. JugWo.
JurPrax.	s. JP
JurRdsch.	s. JR
JurRdschPrVers., JRPV, JRfPrV	Juristische Rundschau für die Privatversicherung (1. 1924–20. 1943; bis 7. 1930 = Beil. zur Zeitschrift f. Versicherungswesen)
JurW	s. JW
Just., Justiz, DJ	Die Justiz (1. 1925/26–8. 1932/33)

Just., Justiz, DJ	Die Justiz. Zs. f. Demokratie in Staat u. Recht (1952ff.)
Just., Just.ABl.BW	Die Justiz. Amtsblatt d. Justizministeriums Baden-Württemberg (1. 1952ff.)
JustuVerw., JuV	Justiz und Verwaltung (1. 1950; dann Dt. Richterzeitung)
JuVAPO	Bayern. Ausbildungs- und Prüfungsordnung f. d. höheren Justiz- u. Verwaltungsdienst v. 12. 3. 1952 (GVBl. S. 103)
JuWo., JugW	Jugendwohl. Kath. Zs. f. Kinder- u. Jugendfürsorge (13. 1923ff.; vorher: Jahrb d. Jugendwohlfahrt)
i. V.	in Verbindung mit
IV, InvV	Invalidenversicherung
JVB z. d. RWB	Justizvollzugsbestimmungen zu den Reichswirtschaftsbestimmungen. AV v. 15. 3. 1938 (DtJust. S. 400)
IVBl.	Ministerialblatt für die Sächsische innere Verwaltung (1. 1921—12. 1932)
JVerwBl., JVBl.	Justizverwaltungsblatt. Zs. f. d. gerichtl. Kosten-, Kassen-, Haushalts- u. Rechnungswesen (81. 1933—92. 1944; vorher: Büro-Blatt f. gerichtl. Beamte)
JVG z. VPO Schl-H	Justizvollzugsbestimmungen z. Vorprüfungsordnung f. d. Land Schleswig-Holstein. AV d. JM v. 30. 4. 1956 (ABl. S. 199)
IVG	Invalidenversicherungsgesetz
JVKostO	VO ü. Kosten im Bereich d. Justizverwaltung v. 14. 2. 1940 (RGBl. I S. 357)
JVollzO	Jugendstrafvollzugsordnung. AV d. RJM v. 1. 9. 1944 (= SonderveröffDtJust. Nr. 32)
JW, JurW	Juristische Wochenschrift (1. 1872—68. 1939; dann: Deutsches Recht, vereinigt mit Jur. Wochenschrift)
IWA	Internationales Weizenabkommen v. 23. 3. 1949 (BGBl. 1950 S. 231)
JWA	Jugendwohlfahrtsausschuß
JWG, RJWG	Jugendwohlfahrtsgesetz v. 9. 7. 1922 (RGBl. I S. 633)
JWGÄndG	Gesetz z. Änd. v. Vorschriften d. Reichsjugendwohlfahrtsgesetzes v. 28. 8. 1953 (BGBl. I S. 1035)
i. w. S.	im weiteren Sinne
JZ	Juristen-Zeitung (6. 1951ff.; Forts. von: Dt. Rechts-Zs. u. Süddt. Juristen-Ztg.)
IZHVO	s. IntZHandVO
IzRspr.	Sammlung der deutschen Entscheidungen zum interzonalen Privatrecht. Bd. 1: 1945—1953 (1956)

IZÜVO, JZÜVO	VO ü. d. Überwachung d. Verkehrs m. Vermögenswerten zwischen d. Gebiet d. Bundesrep. Deutschland u. d. sowjet. besetzten Zone Deutschlands sowie d. Ostsektor von Berlin (Interzonenüberwachungsverordnung) v. 9. 7. 1951 (BGBl. I S. 439)

K

K.	Kammer
KA	Konzessionsabgabe
KAbgG, KAG, KommAbgG	Kommunalabgabengesetz Preußen. ~ v. 14. 7. 1893 (GS S. 152) Rheinland-Pfalz. Landesges. ü. d. Erhebung kommunaler Abgaben (~) v. 8. 11. 1954 (GVBl. S. 139)
KABl.	Kirchliches Amtsblatt
KabPfG	Kabelpfandgesetz v. 31. 3. 1925 (RGBl. I S. 37)
KAE, KAO	Anordnung des Reichskommissars für die Preisbildung über die Zulässigkeit von Konzessionsabgaben der Unternehmen und Betriebe zur Versorgung mit Elektrizität, Gas und Wasser an Gemeinden und Gemeindeverbände [Konzessionsabgabenanordnung — Energie] v. 4. 3. 1941 (RAnz. Nr. 57)
KaffeeStG	Kaffeesteuergesetz v. 30. 7. 1953 (BGBl. I S. 708)
KAG	s. KAbgG
KaisVO, KVO	Kaiserliche Verordnung
KaliWiG	Kaliwirtschaftsgesetz v. 18. 12. 1933 (RGBl. II S. 1027)
Kallee	s. ArbRKart.
KAO	s. KAE
Kap.	Kapitel
KapAnlG	Gesetz ü. d. Bildung eines Anleihestocks bei Kapitalgesellschaften (Kapitalanlagegesetz) v. 29. 3. 1934 (RGBl. I S. 295)
KapStDV	VO z. Durchführung d. Steuerabzugs vom Kapitalertrag (Kapitalertragsteuer-Durchführungsverordnung) i. d. F. v. 25. 2. 1956 (BGBl. I S. 59; BStBl. I S. 43)
KapVersorgG	s. KVG
KapVG, KapVerkG	Gesetz über den Kapitalverkehr v. 15. 12. 1952 (BGBl. I S. 801)
KartG	Kartellgericht
KartG	Sammlung von Entscheidungen und Gutachten des Kartellgerichts (1. 1924—14. 1938)
KartRdsch.	Kartell-Rundschau. Monatsschrift f. Kartell- u. Konzernwesen (1. 1903—42. 1944)

KartStV	VO ü. Körperschaftsteuer, Vermögensteuer u. Gewerbesteuer d. Kartelle u. Syndikate v. 20. 12. 1941 (RGBl. I S. 791)
KartV, KartVO	VO gegen Mißbrauch wirtschaftlicher Machtstellungen v. 2. 11. 1923 (RGBl. I S. 1067)
KatA	Katasteramt
KatG	Hessen. Katastergesetz v. 9. 7. 1956 (GVBl. S. 121)
KB	Kriegsbeschädigter
KBA	Kraftfahrt-Bundesamt
KBLG	Bayern. Gesetz Nr. 64 ü. Leistungen an Körperbeschädigte (KB-Leistungsgesetz) v. 26. 3. 1947 (GVBl. S. 107)
KDB	Kriegsdienstbeschädigung
KdR	Kommissar des Reiches
KDVO, DBG-KomBDV	DurchfVO zum Deutschen Beamtengesetz f. d. Kommunalbeamten (Beamten d. Gemeinden, d. Gemeindeverbände u. d. gemeindl. Zweckverbände) v. 2. 7. 1937 (RGBl. I S. 729)
KE	Kommissionsentwurf
KFG, KfzG	Gesetz über den Verkehr mit Kraftfahrzeugen v. 3. 5. 1909 (RGBl. S. 437)
KfH	Kammer für Handelssachen
KfH, KfzH	Kraftfahrzeug-Haftpflicht
Kfm.	Kaufmann
KfmG	Kaufmannsgericht
KfmGG	s. KGG
KfmWiuR	Der Kaufmann in Wirtschaft und Recht. Monatsschrift (1. 1922—10. 1931)
KFSG	Kriegsfolgenschlußgesetz
KFStG	s. KraftStG
KFZ, Kfz.	Kraftfahrzeug
KfzBG, KfzBerG	Bayern. Gesetz ü. d. Bereinigung von Kraftfahrzeugzuweisungen v. 28. 1. 1950 (GVBl. S. 43)
KfzG	s. KFG
KfzMißbrG	Gesetz z. Verhinderung d. volkswirtschaftlich mißbräuchlichen Benutzung von Kraftfahrzeugen (Kraftfahrzeugmißbrauch-Gesetz) v. 21. 11. 1947 (WiGBl. S. 9)
KfzPflVersG, PflVersG	Gesetz ü. d. Einführung d. Pflichtversicherung f. Kraftfahrzeughalter u. z. Änd. d. Gesetzes ü. d. Verkehr m. Kraftfahrzeugen sowie d. Gesetzes ü. d. Versicherungsvertrag v. 7. 11. 1939 (RGBl. I S. 2223)

KfzStG, KFStG	s. KraftStG
KfzVersVertrVO	VO über die Kraftfahrzeug-Kasko- und Haftplichtversicherungsverträge v. 3. 10. 1939 (RGBl. I S. 1985)
KG	Kammergericht
KG, KirchG	Kirchengesetz
KG, KfmG	Kaufmannsgericht
KG, KommG	Kommanditgesellschaft
KG	Bayern. Kostengesetz v. 17. 12. 1956 (GVBl. S. 361)
KGA	Kreditgewinnabgabe
KGAG	Kindergeldanpassungsgesetz v. 7. 1. 1955 (BGBl. I S. 17)
KGaA, KommGaA	Kommanditgesellschaft auf Aktien
KGA-Verordnung, 8. AbgabenDV-LA	8. DurchfVO ü. Ausgleichsabgaben nach dem Lastenausgleichsgesetz v. 28. 6. 1954 (BGBl. I S. 151)
KGBl.	Blätter für Rechtspflege im Bezirk des Kammergerichts (1. 1890—44. 1934)
KGEG	Gesetz z. Ergänzung d. Kindergeldgesetzes (Kindergeldergänzungsgesetz) v. 23. 12. 1955 (BGBl. I S. 841)
KgfEG	Gesetz ü. d. Entschädigung ehemaliger deutscher Kriegsgefangener (Kriegsgefangenenentschädigungsgesetz) i. d. F. v. 8. 12. 1956 (BGBl. I S. 908)
KGG, KfmGG	Ges. betr. Kaufmannsgerichte v. 6. 7. 1904 (RGBl. S. 266)
KGG, KindGG	Gesetz ü. d. Gewährung von Kindergeld u. d. Errichtung von Familienausgleichskassen (Kindergeldgesetz) v. 13. 11. 1954 (BGBl. I S. 333)
KGJ, JbEntschKG	Jahrbuch für Entscheidungen des Kammergerichts in Sachen der freiwilligen Gerichtsbarkeit, in Kosten-, Stempel- und Strafsachen (bis 19. 1899: in Sachen d. nichtstreitigen Gerichtsbarkeit) (1. 1881—53. 1922)
KGl., KonkGl.	Konkursgläubiger
KGR	Kammergerichtsrat
KGVBl.	Kirchliches Gesetz- und Verordnungsblatt, hrsg. v. Bureau des evangelischen Ober-Kirchenrats (1. 1876/77—58. 1934)
KindGG	s. KGG
KirchArch., ArchEvKR	Archiv für evangelisches Kirchenrecht (1. 1937—5. 1941)
KirchG, KG	Kirchengesetz
KirchGO	Kirchengemeindeordnung
KirchSt.	Kirchensteuer
KirchStG	Bayern. Gesetz ü. d. Erhebung v. Kirchensteuer v. 1. 12. 1941 (GVBl. S. 169)

Kj.	Kalenderjahr
KJA	Kreisjugendamt
KKZ	s. a. PrKommKassZtg.
KKZ, KommKassZ	Kommunal-Kassen-Zeitschrift (1. 1949ff.)
Kl.	Kläger
KlAVO	Arbeitsverwaltungsordnung für die kleineren Justizvollzugsanstalten v. 14. 3. 1942
KlBahnG	Preußen. Gesetz über Kleinbahnen und Privatanschlußbahnen v. 28. 7. 1892 (GS S. 225)
KlGG	Schleswig-Holstein. Kleingartengesetz v. 3. 2. 1948 (GVBl. S. 59)
KlGPachtO	Kleingarten- und Kleinpachtlandordnung v. 31. 7. 1919 (RGBl. S. 1371)
KlSiedl.	Kleinsiedlung
KlWohngGebBefrVO	VO ü. d. Gebührenbefreiung beim Kleinwohnungsbau v. 27. 8. 1936 (RGBl. I S. 702)
KM	Kindesmutter
KM	Kult(us)minister, Kult(us)ministerium
KMBl.	Amtsblatt des Bayerischen Staatsministeriums für Unterricht und Kultus (60. 1926—73. 1939, 1946ff.; vorher: Ministerialblatt f. Kirchen- u. Schulangelegenheiten in Bayern, seit 1865)
KME	Entschließung des Kultusministeriums
KMG, KostMaßnG	Gesetz ü. Maßnahmen auf dem Gebiete des Kostenrechts Bundesgesetz v. 7. 8. 1952 (BGBl. I S. 401) Bayern. ~ (Kostenzuschlagsgesetz) v. 28. 4. 1953 (GVBl. S. 49) Bremen. Vom 14. 7. 1953 (GBl. S. 78) Hamburg. Vom 22. 5. 1953 (GVBl. S. 84) Hessen. Vom 23. 2. 1953 (GVBl. S. 15) Niedersachsen. Vom 11. 12. 1952 (GVBl. S. 184) Nordrhein-Westfalen. Vom 12. 5. 1953 (GVBl. S. 276) Rheinland-Pfalz. Landesges. v. 28. 3. 1953 (GVBl. S. 27) Schleswig-Holstein. Vom 12. 5. 1953 (GVBl. S. 52)
knRV	knappschaftliche Rentenversicherung
KnV	Knappschaftsversicherung
KnVersAnpG	s. KVAG
KO	s. a. PrKO, KostO, LKrO
KO	Konkursordnung v. 10. 2. 1877 (RGBl. S. 351), v. 20. 5. 1898 (RGBl. S. 369, 612)

KO, KrO	Kreisordnung für Schleswig-Holstein v. 27. 2. 1950 (GVBl. S. 49)
KölnSozPolVjschr.	Kölner sozialpolitische Vierteljahresschrift (3. 1924—12. 1933/34, vorher: Kölner Vierteljahreshefte f. Sozialwiss.; später: Kölner Zs. f. Soziologie)
KörpStG	s. KStG
KOH	Kanzleiordnung für die höheren Reichsbehörden v. 15. 5. 1928
KohlersArch.	s. ArchBürgR
KolBl.	s. DtKolonBl.
KommAbgG	s. KAbgG
KommBer.	Kommissionsbericht
KommG	Kommanditgesellschaft
KommGaA, KGaA	Kommanditgesellschaft auf Aktien
KommKassZ	s. KKZ
KommStZ	s. KStZ
Komp.	Der Kompaß. Mitteilungsbl. d. Bergbau-Berufsgenossenschaft (1. 1886—59. 1944, 60. 1950ff.)
KompKonflGH	Kompetenzkonfliktgerichtshof
KomStZ, KommStZ	s. KStZ
KomWG, KWG	Kommunalwahlgesetz Baden-Württemberg. Gesetz ü. d. Gemeinde- und Kreiswahlen (∼) i. d. F. v. 23.7.1956 (GBl. S. 115) Nordrhein-Westfalen. Gesetz ü. d. Kommunalwahlen im Lande ... (∼) i. d. F. v. 12. 6. 1954 (GVBl. S. 226)
Konk.	Konkordat und Konkurs
KonkTrW, KonkTreuh., KuT, KTW	Konkurs- und Treuhandwesen. Monatsschrift f. Wirtschaft u. Recht (1. 1927—15. 1941) dann:
KonkTrW, KTS	Konkurs-, Treuhand- und Schiedsgerichtswesen (1. ⟨=16.⟩ 1955ff.)
KonsG, KonsOrgG	Gesetz, betr. d. Organisation d. Bundeskonsulate sowie die Amtsrechte u. Pflichten d. Bundeskonsuln [Konsulargesetz] v. 8. 11. 1867 (BGBl. S. 137)
KonsGerG, KonsGG	Gesetz ü. d. Konsulargerichtsbarkeit v. 4. 7. 1900 (RGBl. S. 213)
Konv.	Konvention
KostMaßnG	s. KMG
KostO	VO ü. d. Kosten in Angelegenheiten d. freiwilligen Gerichtsbarkeit u. d. Zwangsvollstreckung i. d. unbewegliche Vermögen (Kostenordnung) v. 25. 11. 1935 (RGBl. I S. 1371)

KostVfg., KostVg.	Kostenverfügung. AV zu den Kostengesetzen i. d. F. v. 20. 11. 1940 (DtJust. S. 1361 i. V. m. Sonderveröff-DtJust. Nr. 22)
KOV	Die Kriegsopferversorgung. (Untert. jetzt:) Versorgungsrecht, Versorgungspraxis, Versorgungsmedizin (1. 1952ff.)
KPSG, KrPersSchG	Gesetz ü. d. Ersatz der durch den Krieg verursachten Personenschäden (Kriegspersonenschädengesetz) i. d. F. v. 30. 6. 1923 (RGBl. I S. 545)
KR	Kontrollrat
KRABl.	s. ABlKR
KraftStDV 1955	DurchfVO zum Kraftfahrzeugsteuergesetz i. d. F. v. 12. 7. 1955 (BGBl. I S. 423)
KraftStG 1955, KfzStG, KFStG	Kraftfahrzeugsteuergesetz i. d. F. v. 30. 6. 1955 (BGBl. I S. 418)
KRBef.	Kontrollratsbefehl
KrBF	Kreisbauernführer
KrBV, KrkhBekVO	VO z. Bekämpfung übertragbarer Krankheiten v. 1. 12. 1938 (RGBl. I. S. 1721)
KRDir.	Kontrollratsdirektive
KredWesG, KWG	Gesetz über das Kreditwesen i. d. F. v. 25. 9. 1939 (RGBl. I S. 1955)
KreuzG	Gesetz über Kreuzungen von Eisenbahnen und Straßen v. 4. 7. 1939 (RGBl. I S. 1211)
KRG	Kontrollratsgesetz
KrGG	Kreisgewerbegericht
KrGymnG	Bayern. Gesetz ü. Krankengymnasten v. 30. 4. 1952 (GVBl. S. 165)
KriGrG	Gesetz ü. d. Sorge für d. Kriegsgräber (Kriegsgräbergesetz) v. 27. 5. 1952 (BGBl. I S. 320)
Krim., Kriminal.	Kriminalistik. Monatshefte f. d. gesamte kriminal. Wissenschaft u. Praxis (12. 1938—19. 1945; vorher Kriminalistische Monatshefte)
Krim., Kriminal.	Kriminalistik. Zs. f. d. gesamte kriminalistische Wissenschaft u. Praxis (3. 1949ff.; vorher: Kriminalistische Rundschau, ab 1. 1947)
KrimAbh.	Kriminalistische Abhandlungen, hrsg. v. Exner (1. 1926-bis 47. 1941)
KrimMh., KrimM	Kriminalistische Monatshefte. Zs. f. d. ges. kriminalist. Wissenschaft u. Praxis (1. 1927—11. 1937; dann Kriminalistik)

KrimStat.	Kriminalstatistik für das Jahr . . ., bearb. im Reichsjustizamt und im Kaiserl. Statistischen Amt (später: im Reichsjustizministerium und im Statistischen Reichsamt) (1882ff.) (= Teil d. Statistik d. Dt. Reichs)
KrisU	Krisenunterstützung
KritVjschr.	s. KrVjschr.
KrK	Krankenkasse
KrKO	Preußen. Vollzugsbestimmungen zur PrKO f. d. Kreiskassenverwaltung (Kreiskassenordnung) v. 27. 2. 1937 (FMBl. S. 23)
KrkVers., KV, DKV, KrV	Die Krankenversicherung (1. 1949ff.)
KrMaßnVO	VO ü. Kriegsmaßnahmen auf dem Gebiete der bürgerlichen Rechtspflege (Kriegsmaßnahmenverordnung) v. 12. 5. 1943 (RGBl. I S. 290)
KrO	s. a. LKrO Kreisordnung für Schleswig-Holstein v. 27. 2. 1950 (GVBl. S. 49)
KrPersSchG	s. KPSG
KrPflV	1. VO ü. d. berufsmäßige Ausübung d. Krankenpflege u. d. Errichtung v. Krankenpflegeschulen (Krankenpflegeverordnung) v. 28. 9. 1938 (RGBl. I S. 1310)
KRProkl.	Proklamation des Kontrollrats
KrProvAbgG	Preußen. Kreis- und Provinzialabgabengesetz v. 23. 4. 1906 (GS S. 159)
KrT	Tarifordnung für Gefolgschaftsmitglieder in den Kranken-, Heil- und Pflegeanstalten des Reichs, d. Reichsgaue, d. Länder, d. Gemeinden (Gemeindeverbände) u. d. Träger der Reichsversicherung v. 2. 12. 1939 (RArbBl. 1940 IV S. 73)
KrV	s. KrkVers.
KrVjschr., KritVjschr.	Kritische Vierteljahresschrift für Gesetzgebung und Rechtswissenschaft (1. 1859 —68. 1944)
KRZ	Bestimmungen ü. d. Kassen- und Rechnungswesen d. Justizverwaltung. Amtl. zusammengest. nach d. Stande v. 1. 12. 1939
KSB	Bestimmungen über die Förderung der Kleinsiedlung vom 14. 9. 1937 (RAnz. Nr. 214)
KSchG	Kündigungsschutzgesetz v. 10. 8. 1951 (BGBl. I S. 499)
KSchVO, KündSchVO	VO ü. Kündigungsschutz u. andere kleingartenrechtliche Vorschriften i. d. F. v. 15. 12. 1944 (RGBl. I S. 347)
KSSchVO	Kriegssachschädenverordnung v. 30. 11. 1940 (RGBl. I S. 1547)

KSSVO	VO ü. d. Sonderstrafrecht im Kriege u. bei besonderem Einsatz (Kriegssonderstrafrechtsverordnung) v. 17. 8. 1938 (RGBl. 1939 I S. 1455)
KStDV 1955	Körperschaftsteuer-Durchführungsverordnung v. 23. 12. 1955 (BGBl. I S. 853; BStBl. I S. 733)
KStG 1955, KörpStG	Körperschaftsteuergesetz i. d. F. v. 21. 12. 1954 (BGBl. I S. 467)
KStR 1955	Verwaltungsanordnung betr. Körperschaftsteuer-Richtlinien f. d. Kalenderjahr 1955 v. 11. 5. 1956 (BStBl. I S. 243)
KStVO	VO ü. d. militärische Strafverfahren im Kriege u. bei besonderem Einsatz (Kriegsstrafverfahrensordnung) v. 17. 8. 1938 (RGBl. I 1939 S. 1457)
KStZ, KomStZ, KommStZ	Kommunale Steuer-Zeitschrift (1. 1952ff.)
KTS	s. KonkTrW
KTW	s. KonkTrW
KU	Kurzarbeiterunterstützung
KündAuflG	Gesetz über die Auflockerung der Kündigungstermine bei Mietverhältnissen über Wohnräume v. 24. 3. 1938 (RGBl. I S. 306)
KündSchVO	s. KSchVO
KUG	Gesetz, betr. das Urheberrecht an Werken d. bildenden Künste u. d. Photographie [Kunsturhebergesetz] v. 9. 1. 1907 (RGBl. S. 7)
KurhessMitt.	Mitteilungen aus der Rechtspflege im Gebiete des vormaligen Kurfürstentums Hessen (1. 1890—4. 1896)
KuRVO	VO ü. d. Kassen- u. Rechnungswesen d. Gemeinden Reich. Vom 2. 11. 1938 (RGBl. I S. 1583) Baden. Vom 5. 3. 1950 (GVBl. S. 223) Hessen. Vom 27. 1. 1956 (GVBl. S. 55) Nordrhein-Westfalen. Vom 1. 3. 1955 (GVBl. S. 29)
ku-Stelle	künftig umzuwandelnde Stelle
KuT	s. KonkTrW
KV	1. Kirchenverfassung 2. Krankenversicherung s. a. KrkVers. 3. Kassenärztliche Vereinigung
KVAG, KnVersAnpG	Gesetz ü. d. Anpassung von Leistungen d. knappschaftlichen Rentenversicherung an d. veränderte Lohn- und Preisgefüge u. über ihre finanzielle Sicherstellung (Knappschaftsversicherungs-Anpassungsgesetz) v. 30. 7. 1949 (WiGBl. S. 202)
KVD	Kassenärztliche Vereinigung Deutschlands

KVdR	3. Gesetz ü. Änderungen u. Ergänzungen von Vorschriften d. Zweiten Buches d. Reichsversicherungsordnung (Gesetz über Krankenversicherung der Rentner) v. 12. 6. 1956 (BGBl. I S. 500)
KVerwO	Verwaltungsordnung für Kosten u. Geldstrafen in Bayern v. 25. 4. 1939 (GVBl. S. 123)
KVG	s. a. KVStG
KVG, KapVersorgG	Gesetz ü. d. Versorgung der Kapitulanten d. früheren Wehrmacht u. ihrer Hinterbliebenen (Kapitulantenversorgungsgesetz) v. 27. 9. 1938 (RGBl. I S. 1222)
KVO, KaisVO	Kaiserliche Verordnung
KVO	Kraftverkehrsordnung für den Güterfernverkehr mit Kraftfahrzeugen (Beförderungsbedingungen) v. 30. 3. 1936 (RVkBl. B S. 151)
KVO RB, KVO der Rb.	Kraftverkehrsordnung in der für den Güterfernverkehr mit Kraftfahrzeugen der Deutschen Reichsbahn gültigen Fassung v. 30. 3. 1936 (RVkBl. B S. 169)
KVStDV 1955	Kapitalverkehrsteuer-Durchführungsverordnung i. d. F. v. 22. 9. 1955 (BGBl. I S. 598; BStBl. I S. 566)
KVStG 1955, KVG	Kapitalverkehrsteuergesetz i. d. F. v. 22. 9. 1955 (BGBl. I S. 590; BStBl. I S. 558)
KWahlG	s. KomWG
KWahlO	s. KWO
KWBG	Bayern. Gesetz ü. d. beamten- u. dienststrafrechtl. Stellung, Besoldung u. Versorgung d. kommunalen Wahlbeamten (Gesetz über kommunale Wahlbeamte) v. 10. 7. 1952 (GVBl. S. 223)
KWG	s. a. KomWG
KWG, KredWesG	Reichsgesetz über das Kreditwesen i. d. F. v. 25. 9. 1939 (RGBl. I S. 1955)
KWO, KWahlO, WahlO, WO	Kommunalwahlordnung Baden-Württemberg. VO z. Durchf. d. Gesetzes ü. d. Gemeinde- u. Kreiswahlen (∼) v. 17. 8. 1953 (GBl. S. 121), i. d. F. v. 3. 8. 1956 (GBl. S. 123) DurchfVO z. Hessischen Gemeinde- u. Kreiswahlgesetz (∼) v. 7. 3. 1952 (GVBl. S. 55) Nordrhein-Westfalen. ∼ v. 1. 12. 1955 (GVBl. 1956 S. 1)
KWohnSchG	s. EinwG
kw-Stelle	künftig wegfallende Stelle
KWVO	Kriegswirtschaftsverordnung v. 4. 9. 1939 (RGBl. I S. 1609)
KZuschl.	Kriegszuschlag

KZuschlG	Bayern. Gesetz ü. Maßnahmen auf dem Gebiete des Kostenrechts (Kostenzuschlagsgesetz) v. 28. 4. 1953 (GVBl. S. 49)
KZVD	Kassenzahnärztliche Vereinigung Deutschlands

L

LA	s. a. LondSchAbk.
LA	Landesamt
LA	Lastenausgleich
LA	Der Lastenausgleich [Zeitschrift] (1. 1952/53ff.)
LAA, LArbA	Landesarbeitsamt
LAA	Landesausgleichsamt
LADV	Durchführungsverordnung zum Lastenausgleichsgesetz
LAG, LArbG	Landesarbeitsgericht
LAG	Gesetz ü. d. Lastenausgleich (Lastenausgleichsgesetz) v. 14. 8. 1952 (BGBl. I S. 446)
LAK	s. LondSchAbk.
Landgem., DLandG	Die Landgemeinde (bis 52. 1943) [Ab 1934 ersch. mehrere Ausg., die zu zitieren sind]
LandVerordn. (Sch-Lipp.)	Schaumburg-Lippische Landesverordnungen (1. 1804—33. 1939)
Landw.	s. Lw.
LAO, vorlLAO	Vorläufige Landarbeitsordnung v. 24. 1. 1919 (RGBl. S. 111)
LArbA, LAA	Landesarbeitsamt
LArbG, LAG	Landesarbeitsgericht
LASG	s. HypSG
LaufbVO	s. LBV, BVorbVO
LAV	Verordnung über die Vereinfachung des Lohnabzugs 1. VO v. 1. 7. 1941 (RGBl. I S. 362) 2. VO v. 24. 4. 1942 (RGBl. I S. 252)
LaVO	Landesverordnung [Rheinland-Pfalz]
LAVorbG	Berlin. Gesetz ü. Abgaben in Vorbereitung eines Lastenausgleichs v. 20. 12. 1951 (GVBl. S. 1187)
LBÄG	Berlin. Gesetz zur Änderung d. Landesbeamtenrechts (Landesbeamtenrechtsänderungsgesetz) v. 2. 12. 1954 (GVBl. S. 729)
LBesG	s. BesG
LBF	Landesbauernführer

LBG	s. a. BG Landesbeamtengesetz Hessen s. HBG Berlin. ~ i. d. F. v. 10. 12. 1954 (GVBl. S. 747) Nordrhein-Westfalen. Beamtengesetz f. d. Land... (~) v. 15. 6. 1954 (GVBl. S. 237) Rheinland-Pfalz. ~ i. d. F. v. 28. 4. 1951 (GVBl. S. 114) Schleswig-Holstein. Beamtengesetz f. d. Land ... v. 19. 3. 1956 (GVBl. S. 268)
LBKAG	Gesetz ü. d. Bayerische Landesbodenkreditanstalt v. 19. 4. 1949 (GVBl. S. 85)
LBO, LBauO	VO ü. d. Errichtung, Veränderung u. d. Abbruch von Bauten f. d. Land Schleswig-Holstein (Landesbauordnung) v. 1. 8. 1950 (GVBl. S. 225)
LBO, LBewO	Landbewirtschaftungsordnung Brit. Zone. In Kraft seit d. 24. 4. 1947 (= Anl. C zur BrMRVO Nr. 84; VOBl. BrZ S. 38) Hessen. Vom 11. 7. 1947 (GVBl. S. 52) Württemberg-Baden. Vom 1. 10. 1947 (RegBl. S. 105)
LBV	Baden-Württemberg. Lehrerbesoldungsverordnung v. 28. 8. 1954 (GBl. S. 121)
LBV, LaufbVO	Laufbahnverordnung Bund. VO z. vorläufigen Regelung des Laufbahnwesens im Bundesdienst v. 30. 11. 1953 (BGBl. I S. 1543) Bayern. VO ü. d. Vorbildung, Ernennung u. d. Laufbahnen der Bayer. Beamten (~) v. 23. 6. 1952 (GVBl. S. 199)
LdR, LdRat, LRat	Landrat
LDV, LDv.	Luftwaffen-Druckvorschrift
LEA	Landesentschädigungsamt
LebMG, LMG	Gesetz ü. d. Verkehr mit Lebensmitteln u. Bedarfsgegenständen (Lebensmittelgesetz) i. d. F. v. 17. 1. 1936 (RGBl. I S. 17)
LegPer.	Legislaturperiode
LEHG, LErbHG	Landeserbhofgericht
LeipzZ, LZ	Leipziger Zeitschrift für Deutsches Recht (bis 7. 1913: für Handels-, Konkurs- und Versicherungsrecht) (1. 1907—27. 1933)
LeistungsDV-LA	VO ü. Ausgleichsleistungen nach d. Lastenausgleichsgesetz 1. VO v. 24. 11. 1952 (BGBl. I S. 741) 2. VO v. 24. 3. 1953 (BGBl. I S. 74) 3. VO v. 12. 6. 1953 (BGBl. I S. 384) 5. VO v. 17. 12. 1953 (BGBl. I S. 1551)

LeistungsDV-LA	VO ü. Ausgleichsleistungen nach d. Lastenausgleichsgesetz 6. VO v. 2. 3. 1954 (BGBl. I S. 34) 7. VO v. 14. 4. 1954 (BGBl. I S. 109) 9. VO v. 22. 10. 1954 (BGBl. I S. 287)
4. LeistungsDV-LA	VO ü. d. Vertretung vor den Ausgleichsbehörden u. Feststellungsbehörden v. 24. 8. 1953 (BGBl. I S. 1026)
8. LeistungsDV-LA	VO ü. d. haushalts-, kassen- u. rechnungsmäßige Verwaltung d. Ausgleichsfonds v. 22. 10. 1954 (BGBl. I S. 285)
LFA, LFinA	Landesfinanzamt
LfAFG	Bayern. Gesetz ü. d. Bayer. Landesanstalt für Aufbaufinanzierung i. d. F. v. 20. 2. 1952 (GVBl. S. 79)
LFGG	s. FGG
LFinA, LFA	Landesfinanzamt
LFLG	Rheinland-Pfalz. Landesges. ü. d. Betreuung der Flüchtlinge (Landesflüchtlingsgesetz) v. 17. 8. 1949 (GVBl. S. 341)
Lfm.	Landesforstmeister
LFO	Bayern. Landfahrerordnung v. 22. 12. 1953 (GVBl. S. 197)
LFV, Lfv.	Landesforstverwaltung
LFV, LFürsVerb.	Landesfürsorgeverband
LG	Landgericht
LG	Landesgesetz
LGD, LGDir.	Landgerichtsdirektor
LGO	Preußen. Landgemeindeordnung [Die einzelnen ~ en sind nicht aufgeführt]
LGO, LGebO, LRAGebO	Landesgebührenordnung Baden. ~ f. Gerichtsvollzieher v. 1. 1. 1925 (GVBl. S. 2) Bayern. ~ f. Gerichtsvollzieher v. 18. 2. 1924 (GVBl. S. 58) Braunschweigische ~ f. Rechtsanwälte u. Gerichtsvollzieher v. 28. 2. 1923 (GuVS S. 91) Bremische ~ f. Rechtsanwälte u. Gerichtsvollzieher v. 31. 1. 1929 (GBl. S. 15) Hessische ~ f. Gerichtsvollzieher v. 19. 10. 1951 (GVBl. S. 72) Preußen. ~ f. Rechtsanwälte u. Gerichtsvollzieher i. d. F. v. 28. 10. 1922 (GS S. 410) Württemberg. ~ v. 22. 12. 1930 (RegBl. S. 393)
LGPräs.	Landgerichtspräsident
LGR	Landgerichtsrat

LGütO	Hessische Landgüterordnung v. 1. 12. 1947 (GVBl. 1948 S. 12)
LHFürsSt.	Landeshauptfürsorgestelle für Kriegsbeschädigte und Kriegshinterbliebene
LichtspG	Lichtspielgesetz v. 16. 2. 1934 (RGBl. I S. 95)
LisztsZ	s. ZStrW
LitUG, LitUrhG	s. LUG
LiV, LichtspielVO	VO ü. d. Anlage u. Einrichtung von Lichtspieltheatern u. ü. Sicherheitsvorschriften bei Lichtspielvorführungen Bayern. ~ v. 11. 3. 1938 (GVBl. S. 125) Preußen. Polizei ~ v. 18. 3. 1937 (GS S. 41)
LJA, LJugA	Landesjugendamt
LJagdG, LJG	s. a. JagdG Landesjagdgesetz Baden-Württemberg. ~ v. 15. 3. 1954 (GBl. S. 35) Hamburg. ~ v. 28. 6. 1955 (GVBl. S. 233) Niedersächs.AusfGes. z. Bundesjagdgesetz (Niedersächsisches ~) v. 31. 3. 1953 (GVBl. S. 23) ~ Nordrhein-Westfalen v. 31. 3. 1953 (GVBl. S. 229) Rheinland-Pfalz. Landesges. z. Ausführung d. Bundesjagdgesetzes v. 16. 11. 1954 (GVBl. S. 143) Schleswig-Holstein. Jagdges. d. Landes ... v. 13. 7. 1953 (GVBl. S. 77)
LJKG	Baden. Landesjustizkostengesetz v. 26. 4. 1928 (GVBl. S. 139)
Lind./Möhr.	s. L/M
LK, LwK	Landwirtschaftskammer
LKO	s. LKrO
LKP	Landeskriminalpolizei
LKPA	Landeskriminalpolizeiamt
LKR	Landeskirchenrat
LKrK	Landkrankenkasse
LKrK, LKK	Die Landkrankenkasse (bis 16. 1929; dann: Zentralbl. f. Reichsversicherung u. Reichsversorgung)
LKrO, LKO, KrO	Landkreisordnung ~ f. Baden-Württemberg v. 10. 10. 1955 (GBl. S. 207) Bayern. ~ v. 16. 2. 1952 (GVBl. S. 39) Hessische ~ v. 25. 2. 1952 (GVBl. S. 37) ~ f. d. Land Nordrhein-Westfalen v. 21. 7. 1953 (GVBl. S. 305) Rheinland-Pfalz. ~ i. d. F. v. 5. 10. 1954 (= Teil C d. Selbstverwaltungsgesetzes) (GVBl. S. 132)

LKrWG	Bayern. Gesetz ü. d. Wahl d. Kreistage u. Landräte (Landkreiswahlgesetz) i. d. F. d. Bek. v. 12. 1. 1956 (GVBl. S. 19)
L/M, Lind./Möhr.	Nachschlagewerk des Bundesgerichtshofs [LoseblSlg.], hrsg. v. Lindenmaier, Möhring u. a. (1951 ff.)
LM	Landwirtschaftsminister(ium)
LMFrG	Lernmittelfreiheitsgesetz Bayern. Gesetz ü. d. Lernmittelfreiheit v. 5. 3. 1949 (GVBl. S. 59) Hessen. Gesetz z. Durchf. d. Lernmittelfreiheit v. 12. 7. 1949 (GVBl. S. 96)
LMG	s. LebMG
LöschG	Gesetz ü. d. Auflösung u. Löschung von Gesellschaften u. Genossenschaften [Löschungsgesetz] v. 9. 10. 1934 (RGBl. I S. 914)
LohnpfVO, LoPfVO, LPfVO	VO z. einheitlichen Regelung des Pfändungsschutzes für Arbeitseinkommen [Lohnpfändungsverordnung] v. 30. 10. 1940 (RGBl. I S. 1451)
LohnSt ...	s. LSt. ...
LohnzG, FeiertLohnzG	Gesetz z. Regelung d. Lohnzahlung an Feiertagen v. 2. 8. 1951 (BGBl. I S. 479)
LondSchAbk., LAK, LA	Abkommen über deutsche Auslandsschulden [Londoner Schuldenabkommen] v. 27. 2. 1953 (BGBl. II S. 333)
LoSt.	Die Lohnsteuer. Die aktuelle Fachzeitschrift für den Steuerabzug vom Arbeitslohn (1. 1954 ff.)
LottG	s. a. RennwG
LottG, LottSpG	Bayern. Gesetz ü. d. Lotteriespiel i. d. F. d. Bek. v. 26. 5. 1928 (GVBl. S. 333)
LottVO, LottV	Verordnung über die Genehmigung öffentlicher Lotterien und Ausspielungen (Lotterieverordnung) v. 6. 3. 1937 (RGBl. I S. 283)
LPA	Landespersonalamt
LPD	Landespostdirektion (Berlin)
LPflG	Hessen. Leistungspflichtgesetz i. d. F. v. 31. 7. 1947 (GVBl. S. 58)
LPfVO	s. LohnpfVO
LPG, LPaG, LPachtG	Gesetz ü. d. landwirtschaftliche Pachtwesen (Landpachtgesetz) v. 25. 6. 1952 (BGBl. I S. 343)
LPI	Landespolizeiinspektion(en)
LPlanG	Nordrhein-Westfalen. Landesplanungsgesetz v. 11. 3. 1950 (GVBl. S. 41)

LPolBG	Polizeibeamtengesetz f. d. Land Rheinland-Pfalz v. 26. 3. 1954 (GVBl. S. 25)
LPolVO	Landespolizeiverordnung
LRAGebO	s. LGO
LRat, LdR, LdRat	Landrat
LRGS	Sammlung der Länderratsgesetze (1949)
LRH	Landesrechnungshof
LSBÖ	Leitsätze f. d. Preisermittlung auf Grund d. Selbstkosten bei Bauleistungen f. öffentl. Auftraggeber v. 25. 5. 1940 (RGBl. I S. 851), 12. 2. 1942 (RGBl. I S. 89)
LSE	Lexikon straßenverkehrsrechtlicher Entscheidungen, hrsg. v. Günther Xanke (1955 ff.)
LSG	s. a. LuftSchG
LSG	Landessozialgericht
LSÖ	Leitsätze für die Preisermittlung auf Grund der Selbstkosten bei Leistungen für öffentliche Auftraggeber v. 15. 11. 1938 (RGBl. I S. 1623), 12. 2. 1942 (RGBl. I S. 89)
LSP	Leitsätze f. d. Preisermittlung auf Grund v. Selbstkosten (= Anl. z. Verordnung PR Nr. 30/53 v. 21. 11. 1953; BAnz. Nr. 244, BWMBl. S. 474)
LSt.	Lohnsteuer
L StDV 1955	Lohnsteuer-Durchführungsverordnung i. d. F. v. 27. 8. 1955 (BGBl. I S. 542)
LStER 1955	Verwaltungsanordnung ü. d. Änd. u. Erg. der Lohnsteuer-Richtlinien 1954 v. 27. 8. 1955 (BAnz., Beil. zu Nr. 168; BStBl. I S. 419)
LStG	Landessteuergesetz
LStJAVO, LStJahrAusglVO	VO ü. d. Lohnsteuer-Jahresausgleich v. 24. 12. 1953 (BGBl. I S. 1579)
LStR 1955	Lohnsteuer-Richtlinien i. d. F. v. 20. 9. 1955 (BAnz. Nr. 184; BStBl. I S. 489)
LStVG	Bayern. Gesetz ü. d. Landesstrafrecht u. d. Verordnungsrecht auf dem Gebiet d. öffentl. Sicherheit u. Ordnung (Landesstraf- und Verordnungsgesetz) v. 17. 11. 1956 (GVBl. S. 261)
LT	Landtag
LTWahlG, WahlG	Landtagswahlgesetz Baden-Württemberg. Gesetz ü. d. Landtagswahlen (~) v. 9. 5. 1955 (GBl. S. 71) Hessen. Gesetz ü. d. Wahlen z. Landtag des Landes . . (~) i. d. F. v. 15. 7. 1954 (GVBl. S. 133)

LuftSchG, LSG	Luftschutzgesetz v. 26. 6. 1935 (RGBl. I S. 827)
LuftVG, LVG	Luftverkehrsgesetz i. d. F. v. 21. 8. 1936 (RGBl. I S. 653)
LUG, LitUG, LitUrhG	Gesetz, betr. d. Urheberrecht an Werken der Literatur und der Tonkunst v. 19. 6. 1901 (RGBl. S. 227)
LV, LVerf.	Landesverfassung
LV, LVOenLippe	Landes-Verordnungen der Grafschaft (ab 1810: des Fürstentums) Lippe (Bd. 1. 1779—8. 1842; dann vereinigt mit der neu begründeten: Gesetzessammlung f. d. Fstm. Lippe) [Zählung d. Landes-Verordnungen läuft daneben weiter.]
LV	Landesverfügung
LV	Lebensversicherung
LVA	Landesversicherungsanstalt
LVAmt	Landesversicherungsamt
LVBl.	Luftwaffen-Verordnungsblatt (1. 1935—11. 1945)
LVersA	Landesversorgungsamt
LVfg., LVf.	Landesverfügung
LVG	Landesverwaltungsgericht
LVG	Landesverwaltungsgesetz Baden-Württemberg. ~ v. 7. 11. 1955 (GBl. S. 225) Preußen. Gesetz ü. d. allg. Landesverwaltung v. 30. 7. 1883 (GS S. 195)
LVG, LuftVG	Luftverkehrsgesetz i. d. F. v. 21. 8. 1936 (RGBl. I S. 653)
LVO	Landesverordnung
LVO, LVO BrZ	Brit. Zone. Verfahrenordnung für Landwirtschaftssachen v. 2. 12. 1947 (VOBl. BrZ S. 157)
LVOPol., PolLVO	VO ü. d. Ernennung u. d. Laufbahn d. Polizeivollzugsbeamten d. Landes Nordrhein-Westfalen (Laufbahnverordnung der Polizeibeamten) v. 1. 6. 1955 (GVBl. S. 131)
LVR	Brit. Zone. VO ü. d. Rechtsbeschwerde in Landwirtschaftssachen v. 15. 10. 1948 (VOBl. BrZ S. 313)
LwA	Landwirtschaftsamt
LwEntschG, EntschAbwG	Gesetz z. Abwicklung d. landwirtschaftl. Entschuldung v. 25. 3. 1952 (BGBl. I S. 203)
LWG, LWoG	Landeswohnungsgesetz Baden. Vom 28. 4. 1949 (GVBl. S. 247) Nordrhein-Westfalen. Vom 9. 6. 1954 (GVBl. S. 205)
LWG, LWahlG, WahlG	Landeswahlgesetz Bayern. Gesetz ü. Landtagswahl, Volksbegehren u. Volksentscheid (~) v. 11. 8. 1954 (GVBl. S. 177) Niedersächsisches ~ i. d. F. v. 13. 12. 1954 (GVBl. S. 157)

LWG, LWahlG, WahlG	Landeswahlgesetz Nordrhein-Westfalen. Gesetz ü. d. Wahl z. Landtag d. Landes ... (~) v. 26. 3. 1954 (GVBl. S. 88) Rheinland-Pfalz. ~ v. 7. 12. 1950 (GVBl. S. 317) Schleswig-Holstein. Wahlgesetz f. d. Landtag von ... (~) v. 22. 10. 1951 (GVBl. S. 180)
LwG	Landwirtschaftsgericht
LwG, LandwG	Landwirtschaftsgesetz v. 5. 9. 1955 (BGBl. I S. 565)
LwK, LK	Landwirtschaftskammer
LwKammerG	Landwirtschaftskammergesetz Bremen. Gesetz ü. d. Landwirtschaftskammer .... v. 20. 3. 1956 (GBl. S. 13) Niedersachsen. Ges. ü. Landwirtschaftskammern v. 5. 7. 1954 (GVBl. S. 55) Nordrhein-Westfalen. Gesetz ü. d. Errichtung von Landwirtschaftskammern im Lande ... v. 11. 2. 1949 (GVBl. S. 53) Rheinland-Pfalz. Landesges. ü. Landwirtschaftskammern v. 6. 9. 1948 (GVBl. S. 325) Schleswig-Holstein. Gesetz ü. d. Landwirtschaftskammern ... v. 19. 5. 1953 (GVBl. S. 53)
LwM	Landwirtschaftsminister(ium)
LwMBl., MBlLDuF	Ministerialblatt der (bis 1918: Kgl.) Preußischen Verwaltung für Landwirtschaft, Domänen und Forsten (ab 1933: Ministerialblatt d. Preuß. Landwirtschaftsministeriums u. d. Landesforstverwaltung) (1. 1905—32. 1936; fortges. als: Reichsministerialbl. d. Landwirtschaftl. Verw.)
LWO	s. a. LWoO
LWO, LWahlO, WahlO, WO	Landeswahlordnung Baden-Württemberg. VO d. InnMin. z. Durchf. d. Landtagswahlgesetzes (~) v. 14. 8. 1955 (GBl. S. 161) Bayern. Wahlordnung für Landtagswahlen, Volksbegehren u. Volksentscheide (~) v. 15. 8. 1954 (GVBl. S. 189) Bremische ~ v. 7. 8. 1951 (GBl. S. 79) Hamburg. ~ f. d. Wahl zur hamburgischen Bürgerschaft u. f. d. Wahl d. Bezirksverordneten zu d. Bezirksausschüssen v. 29. 9. 1953 (GVBl. S. 247) Hessen. ~ v. 11. 8. 1954 (GVBl. S. 141) Niedersächsische ~ v. 12. 3. 1951 (GVBl. S. 31) Nordrhein-Westfalen. ~ v. 8. 4. 1954 (GVBl. S. 95) Rheinland-Pfalz. ~ v. 20. 2. 1951 (GVBl. S. 23) Schleswig-Holstein. ~ v. 4. 3. 1952 (GVBl. S. 35)
LWoG	s. LWG
LWoO, LWO	Bayern. Gesetz ü. d. Wohnungsaufsicht (Landeswohnungsordnung) v. 8. 2. 1937 (GVBl. S. 33)

LwPachtBetr., PachtZ	Der Landwirtschaftliche Pachtbetrieb. Zs. d. Reichsarbeitsgemeinschaft landwirtschaftl. Pachtbetriebe (bis 12. 1932)
LwRMBl., RMBlLwV	Reichsministerialblatt der Landwirtschaftlichen Verwaltung (1. 1936—10. 1945)
LwSiedlG, LwSiedlFördG	Gesetz zur Förderung der landwirtschaftlichen Siedlung v. 15. 5. 1953 (BGBl. I S. 224)
LwUVG	Unfallversicherungsgesetz für Land- u. Forstwirtschaft i. d. F. d. Bek. v. 5. 7. 1900 (RGBl. S. 641)
LwVG	Gesetz ü. d. gerichtliche Verfahren in Landwirtschaftssachen v. 21. 7. 1953 (RGBl. I S. 667)
LZ, LeipzZ	Leipziger Zeitschrift für Deutsches Recht (bis 7. 1913: f. Handels-, Konkurs- u. Versicherungsrecht) (1. 1907 bis 27. 1933)
LZB	Landeszentralbank
LZO	Luftverkehrs-Zollordnung v. 5. 5. 1941 (RMBl. S. 111)

M

MA, MarkArt.	Der Markenartikel (1. 1934—11. 1944, 12. 1950ff.)
MABl., BayMABl.	Ministerialamtsblatt der bayerischen inneren Verwaltung (51. 1923—67. 1939, N. F. 1 (= 68). 1949ff.; vorher: Amtsbl. d. Staatsmin. d. Äußeren, d. Inn. . .)
MABlDtschWiss.	s. DtWiss./ABlMinWEV
MAM	s. Mitteilungen d. AM und ArbuSozR
MannVersG, MVG	Mannschaftsversorgungsgesetz v. 31. 5. 1906 (RGB . S. 593)
MarineVBl.	s. MVBl.
MarkArt.	s. MA
MarkSchO	Preußen. Markscheiderordnung v. 23. 3. 1923 (RAnz. 1924 Nr. 105)
MarkSchWettb.	s. MuW
MassG	Bayern. Gesetz ü. Masseure u. medizinische Bademeister v. 28. 9. 1950 (GVBl. S. 209)
MaßGewG, MGG, MuGG	Maß- und Gewichtsgesetz v. 13. 12. 1935 (RGBl. I S. 1499)
MaßnG	Maßnahmengesetz Vereinigtes Wirtschaftsgebiet. Gesetz ü. Maßnahmen auf besoldungsrechtlichem u. versorgungsrechtlichem Gebiet v. 22. 8. 1949 (WiGBl. S. 259) Bayern. Gesetz ü. Maßnahmen auf dem Gebiet d. Besoldungs- u. Versorgungsrechts v. 19. 12. 1956 (GVBl. S. 393)

MaßnVO — VO ü. Maßnahmen auf dem Gebiet des Beamtenrechts
Reich. 1. VO ~ v. 1. 9. 1939 (RGBl. I S. 1603)
2. VO ~ i. d. F. v. 9. 10. 1942 (RGBl. I S. 580)
Bremen. VO ü. Maßnahmen auf dem Gebiete des Beamten-, Besoldungs- u. Versorgungsrechts i. d. F. v. 13. 6. 1952 (GBl. S. 54)
Niedersachsen. 1. VO ü. Maßnahmen auf d. Gebiete d. Beamten-, Besoldungs- u. Versorgungsrechts v. 15. 1. 1949 (GVBl. S. 19)
2. VO v. 15. 3. 1949 (GVBl. S. 57)
3. VO v. 29. 3. 1949 (GVBl. S. 63)
Schleswig-Holstein. ~ 6. 5. 1947 (GVBl. S. 9)

MAV — VO ü. d. Anstellung d. Militäranwärter u. d. Anwärter d. Reichsarbeitsdienstes im Beamtenverhältnis (Militäranwärteranstellungsverordnung) v. 20. 5. 1943 (RGBl. I S. 322)

MAVDB — Durchführungsbestimmungen zur Militäranwärteranstellungsverordnung v. 2. 8. 1943 (RGBl. I S. 455)

MBdL — s. MittBdL

MBG — s. MitbG

MBl., MinBl. — Ministerialblatt
[Die einzelnen Ministerialblätter, soweit sie nicht nachstehend aufgeführt sind, siehe bei der systematischen Übersicht der Gesetz- u. Amtsblätter]

MBlBLVW, MBlBLW — s. MtblBayLAfVermVerw.

MBlELF — s. MinBlELF

MBlFin. — s. MinBlFin.

MBlHuG — s. HMBl.

MBliV — Ministerial-Blatt für die gesamte innere Verwaltung in den Kgl. Preußischen Staaten (ab 69. 1908: für die Preuß. innere Verwaltung) (1. 1840—96. 1935) dann:

MBliV, RMBliV — Ministerialblatt des Reichs- und Preußischen Ministeriums des Innern (1. [= 97.] 1936—10. [= 106.] 1945)

MBlLDuF — s. LwMBl.

MBlMedAngel., MedMBl. — Ministerialblatt für Medizinal- und medizinische Unterrichts-Angelegenheiten (ab 11. 1911: Ministerial-Blatt für Medizinal-Angelegenheiten) (1. 1901—20. 1920; dann fortges. als: Volkswohlfahrt)

MBlRfP — s. Mtbl. d. RfP

MBlSpeer — Ministerialblatt des Generalbevollmächtigten für die Regelung der Bauwirtschaft, des Generalinspektors für d. deutsche Straßenwesen u. d. Generalinspektors f. Wasser u. Energie (1. 1943—3. 1945)

MBlWEV — s. DtWiss./ABlMinWEV

MBlWi.	Ministerialblatt für Wirtschaft (36. 1936—38. 1938; dann: Ministerialblatt d. Reichswirtschaftsministeriums; vorher: Ministerialblatt f. Wirtschaft u. Arbeit)
MBlWiA, MBl. f. Wi. u. A.	Ministerialblatt für Wirtschaft und Arbeit (33. 1933—35. 1935; dann: Ministerialblatt f. Wirtschaft; vorher: Ministerialblatt d. Handels- u. Gewerbeverwaltung)
MBO, MünchBauO	Bayern. VO, d. Bauordnung f. d. Haupt- u. Residenzstadt München [Münchener Bauordnung] betr. v. 29. 7. 1895 (GVBl. S. 333)
MdB	Mitglied des Bundestags
MdE	Minderung der Erwerbsfähigkeit
MdI	Minister(ium) des Innern
MDR	Monatsschrift für Deutsches Recht (1. 1947 ff.)
MdR	Mitglied des Reichstags
M. d. RRAK, MRRAK, MittRRAnwK	Mitteilungen der Reichs-Rechtsanwaltskammer (1936—1944; vorher: Kammer-Zeitung f. d. Bezirke d. Oberlandesgerichte Breslau, Dresden u. Naumburg/Saale)
MdS	Mitglied des Senats
MDV, MDv.	Marine-Druckvorschrift
ME	Ministerialerlaß, Ministerialentschließung
MEA	Mieteinigungsamt
MecklZ	Mecklenburgische Zeitschrift für Rechtspflege und Rechtswissenschaft (41. 1925: und Verwaltung; ab 42. 1926: f. Rechtspflege, Rechtswissenschaft, Verwaltung) (1. 1881—55. 1939)
MedMBl.	s. MBlMedAngel.
MedStatN	s. MStN
MeldeG	Nordrhein-Westfalen. Gesetz ü. d. Meldewesen im Lande . . . (Meldegesetz) v. 28. 4. 1950 (GVBl. S. 117)
MeldeO, MO	VO ü. d. Meldewesen (Meldeordnung) Bremen. Vom 24. 6. 1949 (GBl. S. 129) Hamburg. Vom 26. 4. 1949 (GVBl. S. 71) Hessen. Vom 21. 6. 1950 (GVBl. S. 123) Niedersachsen. Vom 1. 4. 1949 (GVBl. S. 80) Rheinland-Pfalz. Vom 2. 9. 1949 (GVBl. S. 441) Schleswig-Holstein. Vom 1. 2. 1949 (GVBl. S. 10) Württemberg-Baden. VO Nr. 366 v. 5. 7. 1949 (RegBl S. 156)
MenschRKonvG	Gesetz ü. d. Konvention zum Schutze der Menschenrechte u. Grundfreiheiten v. 7. 8. 1952 (RGBl. II S. 685)

MessGebVO	Bayern. VO ü. d. Messungsgebühren v. 13. 12. 1956 (GVBl. S. 364)
MfAAV	s. MschrArbVers.
MfELuF, MELF	Minister für Ernährung, Landwirtschaft und Forsten
MFG, MilchFettG	Gesetz ü. d. Verkehr mit Milch, Milcherzeugnissen u. Fetten (Milch- und Fettgesetz) i. d. F. v. 10. 12. 1952 (BGBl. I S. 811)
MfHuG, MHuG	Minister(ium) für Handel und Gewerbe
MfHuK	Minister(ium) für Heimatvertriebene und Kriegsbeschädigte
MfLDuF, MLDuF	Minister(ium) für Landwirtschaft, Domänen und Forsten
MfS	s. MtblSozV
MfV	Minister(ium) für Volkswohlfahrt
MfVFuK	Minister(ium) für Vertriebene, Flüchtlinge und Kriegssachgeschädigte
MfWKuV	Minister(ium) für Wissenschaft, Kunst und Volksbildung
MfWuA	Minister(ium) für Wirtschaft und Arbeit
MfWuV	Minister(ium) für Wirtschaft und Verkehr
MG, MilchG	Milchgesetz v. 31. 7. 1930 (RGBl. I S. 421)
MG/BE	s. MitbG
MGG	s. MaßGewG
MHG, MilHinterblG	Militärhinterbliebenengesetz v. 17. 5. 1907 (RGBl. S. 214)
MietGer.	Mietgericht. Zs. d. Reichsverbandes dt. Einigungsämter f. Miete, Pacht u. Hypotheken (1. 1926–8. 1933)
MietMittBl.	s. MtblDMieterV
MietSchG	s. MSchG
MietVO, MietenVO	VO ü. d. Miethöhe f. neugeschaffenen Wohnraum (Mietenverordnung) v. 20. 11. 1950 (BGBl. S. 759)
MilchG, MG	Milchgesetz v. 31. 7. 1930 (RGBl. I S. 421)
MilchuFettG	s. MFG
MilGovReg.Titel [folgt röm. Ziffer d. Titels]	Military Government Regulations. Title I–XXVII. Hrsg. v. Office of Military Government for Germany (U. S.) (1946–1949)
MilHinterblG, MHG	Militärhinterbliebenengesetz v. 17. 5. 1907 (RGBl. S. 214)
MilStGB	s. MStGB
MilStGO	s. MStGO

MinBl., MBl.	Ministerialblatt [Die einzelnen Ministerialblätter, soweit sie nicht nachfolgend oder bei MBl. . . . erwähnt sind, siehe unten bei der systematischen Aufstellung unter: Gesetz- und Amtsblätter]
MinBlELF	Ministerialblatt des Bundesministers für Ernährung, Landwirtschaft und Forsten (1/2. 1949/50 ff.)
MinBlFin., BFMBl.	Ministerialblatt des Bundesministers der Finanzen (1. 1949/50 ff.)
MindArbBedG	Gesetz über die Festsetzung von Mindestarbeitsbedingungen v. 11. 1. 1952 (BGBl. I S. 17)
MinDir.	Ministerialdirektor
MinDirig., MinDgt.	Ministerialdirigent
MinErl.	Ministerialerlaß
MinG	Ministergesetz Baden. Gesetz ü. Zahl u. Geschäftsbereich d. Minister (~) v. 6. 8. 1947 (GVBl. S. 174) Baden-Württemberg. Gesetz ü. d. Rechtsverhältnisse d. Mitglieder d. Regierung (~) v. 13. 12. 1954 (GBl. S. 163) Niedersachsen. Gesetz ü. d. Rechtsverhältnisse d. Mitglieder d. Länderregierung (~) v. 1. 4. 1953 (GVBl. S. 27) Rheinland-Pfalz. Landesges. ü. d. Rechtsverhältnisse d. Mitglieder d. Landesregierung . . . (~) v. 17. 7. 1954 (GVBl. S. 91)
MinöStG	Mineralölsteuergesetz i. d. F. d. Bek. v. 21. 5. 1953 (BGBl. I S. 234)
MinR	Ministerialrat
MitbG, MBG, MG/BE, AN-MitbG	Gesetz ü. d. Mitbestimmung d. Arbeitnehmer in d. Aufsichtsräten u. Vorständen d. Unternehmen d. Bergbaus u. d. Eisen u. Stahl erzeugenden Industrie v. 21. 5. 1951 (BGBl. I S. 347)
Mitt.	Mitteilungen
MittArb.Baden	s. MittDirArb.Bad.
MittArbMin. Schl-H	Mitteilungen des Arbeitsministeriums Schleswig-Holstein
MittBdL, MBdL	Mitteilungen der Bank deutscher Länder (1. 1948 ff.)
MittBfA, AngVers.	Die Angestelltenversicherung. (Jetzt m. d. Untertit.:) Zs. d. Bundesversicherungsanstalt f. Angestellte. Amtl. Veröffentlichungsblatt (1. 1954 ff.)
MittBl., Mtbl.	Mitteilungsblatt
MittDirArbBad.	Mitteilungen der Direktion Arbeit im badischen Ministerium der Wirtschaft und Arbeit (1. 1947—6. 1952)

MittDStT, DStTMitt.	Mitteilungen des Deutschen Städtetages (bis 1927; dann: Der Städtetag)
MittDtschPatAnw., MittPat.	Mitteilungen vom Verband Deutscher Patentanwälte (ab 34. 1934: ... der deutschen Patentanwälte) (1. 1901 ff.)
Mitteilungen d. AM., MittArbM	Mitteilungen des Arbeitsministeriums Württemberg-Baden (1. 1946—3. 1948,6; dann: Arbeits- und Sozialrecht)
MittIHKBerl., InduHKBerlMitt.	Mitteilungen der Industrie- und Handelskammer zu Berlin (22. 1924—31. 1933; vorher: Mitteilungen d. Handelskammer zu Berlin; später: Wirtschaftsblatt d. Ind. u. Handelskammer zu Bln.)
MittIKV	Mitteilungen der Internationalen Kriminalistischen Vereinigung (1. 1889—22. 1914; N. F. 1. 1926—6. 1933)
MittNR	s. MittuVOBl. Nord-Rh.
MittÖffFeuerVers.	Mitteilungen für die öffentlichen Feuerversicherungsanstalten (1. 1868/69—56. 1924; dann: Versicherung u. Geldwirtschaft)
MittPat.	s. MittDtschPatAnw.
MittRRAnwK	s. M. d. RRAK
MittRWiRat	Mitteilungen des vorläufigen Reichswirtschaftsrats (1. 1920—13. 1933)
MittSteuerSt.	Mitteilungen der Steuerstelle (anfangs: Steuerauskunftsstelle) des Reichsverbandes der Deutschen Industrie (1. 1918—15. 1932; dann: Industrie u. Steuer)
MittStrafs.	Mitteilungen in Strafsachen. AV d. RJM v. 21. 5. 1935 (= SonderveröffDtJust. Nr. 8)
MittStrafs. (BrZ)	Mitteilungen in Strafsachen i. d. F. d. AV d. Präs. d. Zentraljustizamts f. d. Brit. Zone v. 31. 5. 1949 (= Sonderveröff. d. Zentraljustizblatts Nr. 2/1949)
MittuVOBl.Nord-Rh., MittNR	Mitteilungs- und Verordnungsblatt des Oberpräsidenten der Nord-Rheinprovinz (1. 1945/46) dann:
MittuVOBl.NRW	Mitteilungs- und Verordnungsblatt für das Land Nordrhein-Westfalen (1. 1946; fortges. als: Gesetz- u. Verordnungsblatt f. d. Land Nordrhein-Westfalen)
MittuVOBl.Westf., MittWestf.	Mitteilungs- und Verordnungsblatt des Oberpräsidenten der Provinz Westfalen (1. 1945/46; fortges. als: Mitteilungs- u. Verordnungsbl. f. d. Land Nordrhein-Westfalen)
MittWWI, WWI-Mitt.	Mitteilungen des wirtschaftswissenschaftlichen Instituts der Gewerkschaften (1. 1948—5. 1952; dann: WWI-Mitteilungen)
Mj.	Minderjähriger, minderjährig

MO	s. MeldeO
Möbelsped.	Der Möbelspediteur (1. 1946ff.)
MoorSchG	Preußen. Moorschutzgesetz v. 20. 8. 1923 (GS S. 400)
Mot.	Motive
MP, MPr., MPräs.	Ministerpräsident
MP — StK	Ministerpräsident — Staatskanzlei
MR, MilReg.	Militärregierung
MRABl.	s. ABlMR
MRBef.	Militärregierungsbefehl
MRG	Militärregierungsgesetz
Mrozek, StRK	Mrozek-Kartei. Steuerrechtsprechung in Karteiform [LoseblAusg.] (1922—1944, 1951ff.)
MRRAK	s. M. d. RRAK
MRVerwAnw.	Militärregierungsverwaltungsanweisung
MRVO	Militärregierungsverordnung
MSchAusnVO	VO ü. Ausnahmen vom Mieterschutz v. 27. 11. 1951 (BGBl. I S. 926)
MSchG, MietSchG	Mieterschutzgesetz i. d. F. v. 15. 12. 1942 (RGBl. I S. 712)
MSchr., Mschr.	Monatsschrift
MschrArbVers., MfAAV	Monatsschrift für Arbeiter- und Angestelltenversicherung (1. 1913—31. 1943)
MschrKrim.	Monatsschrift für Kriminologie und Strafrechtsreform (36. 1953ff.; vorher: Monatsschrift f. Kriminalbiologie u. Strafrechtsreform)
MschrKrimBiol.	Monatsschrift für Kriminalbiologie und Strafrechtsreform (28. 1937—35. 1944; vorher: f. Kriminalpsychologie u. Strafrechtsreform; fortges. als: Monatsschrift für Kriminologie u. Strafrechtsreform)
MschrKrimPsych., AschaffenburgsMschr.	Monatsschrift für Kriminalpsychologie und Strafrechtsreform, begr. v. Aschaffenburg (1. 1904/05—27. 1936; dann: f. Kriminalbiologie u. Strafrechtsreform)
MStGB, MilStGB	Militärstrafgesetzbuch i. d. F. d. VO v. 10. 10. 1940 (RGBl. I S. 1347)
MStGO, MilStGO	Militärstrafgerichtsordnung i. d. F. v. d. Bek. v. 29. 9. 1936 (RGBl. I S. 755)
MStN, MedStatN	Medizinalstatistische Nachrichten (1. 1909ff.)
Mtbl., MittBl.	Mitteilungsblatt
MtblBAA	Amtliches Mitteilungsblatt des Bundesausgleichamtes (3. 1953ff.; vorher: Amtl. Mitteilungsblatt d. Hauptamtes f. Soforthilfe)

MtblBayLAfVermVerw., MBlBLVW	Mitteilungsblatt des Bayer. Landesamtes für Vermögensverwaltung und Wiedergutmachung (1949 nur: für Vermögensverwaltung) (1. 1947—6. 1952)
MtblDMieterV, MietMittBl.	Mitteilungsblatt des Reichsbundes Deutscher Mieter (ab 6. 1926: d. Bundes Dt. Mietervereine) (1. 1921 ff.)
Mtbl. d. RfP, MBlRfP	Mitteilungsblatt des Reichskommissars für die Preisbildung (1937—1945)
MtblGewRSchutz	Mitteilungsblatt. Bezirksgruppe West der Deutschen Arbeitsgemeinschaft für gewerblichen Rechtsschutz und Urheberrecht (ab 1950: Dt. Vereinigung f. gewerbl. Rechtsschutz u. Urheberr.) (1947 ff.)
MtblHfS	Amtliches Mitteilungsblatt des Hauptamtes für Soforthilfe (1. 1951—3. 1953; dann: Amtl. Mitteilungsblatt d. Bundesausgleichamtes)
MtblRAKHamm	Mitteilungsblatt der Rechtsanwaltskammer Hamm/Westf. (1. 1948 ff.)
MtblRKPA	Mitteilungsblatt des Reichskriminalpolizeiamts (= Amtl. Beil. zu: Kriminalistik) (1938—1945)
MtblSozV, MfS	Mitteilungsblatt für die Sozialversicherung. Im Auftrag d. Min. f. Arbeit, Wohlfahrt u. Gesundheitswesen d. Landesreg. Schleswig-Holstein (1. 1947—4. 1950; dann: Wege zur Sozialversicherung)
MtblVAfWi.	s. VAWMBl.
MtblVfWi.	s. VfWMBl.
MTV	Manteltarifvertrag
MuA	Mensch und Arbeit (1. 1949 ff.)
MuD	Musik und Dichtung (1954/55)
MünchBO	s. MBO
MuGG	s. MaßGewG
MuSa., Musa.	Mustersatzung
MuSchG, MuttSchG	Gesetz z. Schutze d. erwerbstätigen Mutter (Mutterschutzgesetz) v. 24. 1. 1952 (BGBl. I S. 69)
MuSchVO f. B.	VO ü. d. Mutterschutz f. Beamtinnen Bund. Vom 19. 7. 1954 (BGBl. I S. 214) Schleswig-Holstein. Vom 4. 7. 1956 (GVBl. S. 115)
MustG	s. GeschmMG
MuVBl.	s. MittuVOBl.Nord-Rh.
MuW, MarkSchWettb.	Markenschutz und Wettbewerb. Monatsschrift f. Marken-, Patent-, Muster-, Urheber- u. Verlagsrecht (6. 1906—41. 1941; vorher: Unlauterer Wettbewerb, ab 1. 1901)
MV	s. a. MietVO

MV	Bayern. VO z. Vollzug d. Milchgesetzes v. 14. 12. 1956 (GVBl. S. 369)
MVBl., MarineVBl.	Marine-Verordnungsblatt (1. 1870–76. 1945)
MVG	Militärversorgungsgericht
MVG, MannVersG	Mannschaftsversorgungsgesetz v. 31. 5 1906 (RGBl. S. 593)
MWV	Vorschriften ü. Reichsmietwohnungen (Mietwohnungsvorschriften) v. 30. 1. 1937 (RBesBl. S. 25)

N

NachlG	Bayern. Gesetz, d. Nachlaßwesen betreffend [Nachlaßgesetz] v. 9. 8. 1902 (GVBl. S. 463)
NachlO	Bayern. Bekanntmachung ü. d. Nachlaßwesen (Nachlaßordnung) v. 20. 3. 1903 (JMBl. N. F. Bd. I S. 459)
Nachr. d. PreisV, NdP, NdPrV	Nachrichten der Preisverwaltung (1947; ab 1948 fortges. als: Mitteilungsbl. d. Verw. f. Wirtschaft, Teil B [später II])
NachrDtAnwV, DtAnwV	Nachrichten für die Mitglieder des Deutschen Anwaltsvereins (1. 1914–12. 1925; dann: Anwaltsblatt)
Nachr. f. Luftf., NfL	Nachrichten für Luftfahrer (1. 1920–20. 1939; 10. 1929 bis 14. 1933 = Reichs-Verkehrsblatt T. II)
Nachr. f. privatr. Ausl. Int.	Nachrichten der Studiengesellschaft für privatrechtliche Auslandsinteressen (1. 1949–16. 1954)
NÄG	s. FamNamÄndG
NAG, NdsAufbG	Niedersachsen. Gesetz z. Durchf. d. Ortsplanung u. d. Aufbaues in d. Gemeinden (Aufbaugesetz) i. d. F. v. 17. 5. 1955 (GVBl. S. 195)
NAG, NotaufnG	Gesetz ü. d. Notaufnahme v. Deutschen in das Bundesgebiet v. 22. 8. 1950 (BGBl. S. 367)
NATO	North Atlantic Treaty Organization
NatSchG	s. RNatSchG
NatSchVO	VO zum Schutze der wildwachsenden Pflanzen u. d. nichtjagdbaren wildlebenden Tiere (Naturschutzverordnung) v. 18. 3. 1936 (RGBl. I S. 181)
NaumbKZtg., NKZ	Naumburger Kammer-Zeitung. Zs. d. Anwaltskammer d. OLG-Bezirks Naumburg (später: Kammerzeitung f. d. Bezirke d. OLGerichte Breslau, Dresden u. Naumburg/Saale) (1. 1929–8. 1936) vorher:
NaumbKZtg., NKZ	Zeitung der Anwaltskammer im Oberlandesgerichtsbezirk Naumburg a. S. (1880–1928; dann Naumburger Kammerzeitung)
NB, NBetrWi., BB/NBW	Neue Betriebswirtschaft (1. 1948ff.) (= Beilage zum Betriebsberater)

NBB	Nordrhein-Westfalen. Bestimmungen ü. d. Förderung des Wohnungsneubaues (Kleinwohnungen u. Kleinsiedlungen). RdErl. v. 25. 1. 1951 (MBl. S. 181)
NBl. Schl-H. Schulw.	Nachrichtenblatt für das Schleswig-Holsteinische Schulwesen (1949ff.)
NDBZ	Neue Deutsche Beamtenzeitung (1. 1951ff.)
NdP, NdPrV	s. Nachr. d. PreisV
Nds., Nd., Ns., NS	Niedersachsen, niedersächsisch
NdsAufbG	s. NAG
NdsBesG	Besoldungsgesetz f. d. Land Niedersachsen (Niedersächsisches Besoldungsgesetz) i. d. F. v. 22. 3. 1955 (GVBl. S. 113)
Nds. G 131	Gesetz zur Regelung d. Rechtsverhältnisse d. unter Art. 131 d. Grundgesetzes fallenden Angehörigen des öffentlichen Dienstes im Lande Niedersachsen v. 24. 12. 1951 (GVBl. S. 233)
NdsGOF	Niedersachsen. Gebührenordnung für den Güterfernverkehr mit Kraftfahrzeugen v. 26. 6. 1951 (GVBl. S. 143)
NdsRpfl.	Niedersächsische Rechtspflege (1. 1947ff.)
NebTätVO, BeamtNebTätVO	VO ü. d. Nebentätigkeit d. Beamten v. 6. 7. 1937 (RGBl. I S. 753), i. d. F. v. 24. 1. 1951 (BGBl. I S. 87, 94)
NeuaufbG	Gesetz ü. d. Neuaufbau des Reichs v. 30. 1. 1934 (RGBl. I S. 75)
Neuf.	Neufassung
NeuglG	Neugliederungsgesetz 1. Ges. z. Durchf. d. Neugliederung in dem die Länder Baden, Württemberg-Baden und Württemberg-Hohenzollern umfassenden Gebiete gemäß Art. 118 Satz 2 d. Grundgesetzes v. 4. 5. 1951 (BGBl. I S. 283) 2. Ges. ü. d. Neugliederung in d. Ländern Baden, Württemberg-Baden u. Württemberg-Hohenzollern v. 4. 5. 1951 (BGBl. I S. 284)
NeumannsJb.	s. a. JbDR
NeumannsJb.	Neumanns Jahrbuch der Privatversicherung im Deutschen Reich (ab 12. 1936: d. privaten u. öffentlichrechtl. Versicherung im Dt. Reich) (1. 1925—18. 1942)
NeumannsZ, ZVersWes., NZ	Zeitschrift für Versicherungswesen (ab 50. 1927: Neumanns Zs. . . .) (1. 1879—66. 1943; dann: Dt. Versicherung)
n. F.	neue Folge
n. F.	neue Fassung

Nfg.	Neufassung
NfL	s. Nachr. f. Luftf.
NiemeyersZ	Zeitschrift für internationales Privat- u. Strafrecht (ab 12. 1903: f. intern. Privat- u. Öffentl. Recht; ab 20. 1910: f. internationales Recht; ab 25. 1915: Niemeyers Zs. . . .), begr. v. Böhm, hrsg. ab 11. 1901 allein v. Niemeyer (1. 1891—52. 1938)
NießbrVeräußG	Gesetz ü. d. Veräußerung von Nießbrauchsrechten und beschränkten persönlichen Dienstbarkeiten v. 13. 12. 1935 (RGBl. I S. 1468)
NJ	Neue Justiz (1. 1947ff.)
NJW	Neue Juristische Wochenschrift (1. 1947/48ff.)
NJWF	NJW-Fundhefte
NJW/RzW, RzW	Rechtsprechung zum Wiedergutmachungsrecht (= Beil. zur Neuen Jur. Wochenschrift) (1. 1949/50ff.)
NKO	Württemberg. Notariatskostenordnung v. 20. 12. 1926 (RegBl. S. 302)
NKWG	Niedersächsisches Gemeinde- u. Kreiswahlgesetz (Nieders. Kommunalwahlgesetz) v. 18. 7. 1956 (GVBl. S. 81)
NKWO	Niedersächsische Gemeinde- u. Kreiswahlordnung (Nieders. Kommunalwahlordnung) v. 21. 7. 1956 (GVBl. S. 103)
NKZ	s. NaumbKZtg.
NOG 1955	Gesetz zur Erhebung einer Abgabe „Notopfer Berlin“ v. 16. 12. 1954 (BGBl. I S. 422)
Not.	Notar
NotaufnG, NAG	Gesetz ü. d. Notaufnahme v. Deutschen in das Bundesgebiet v. 22. 8. 1950 (BGBl. S. 367)
NotG	Bayern. Notariatsgesetz v. 9. 6. 1899 (GVBl. Beil. IV z. Landtagsabschied S. 137)
NotO	s. a. RNotO Notarordnung für Rheinland-Pfalz v. 3. 9. 1949 (GVBl. S. 391)
NotVO	Notverordnung
Nov.	Novelle
NR, NRW, NW	Nordrhein-Westfalen, nordrhein-westfälisch
NStR, NStRdsch.	Neue Steuerrundschau (1. 1919—6. 1925)
NV, NVerw., DNV	Die Neue Verwaltung (1. 1948—2. 1949; vorher: Rheinisch-pfälzisches Verwaltungsblatt; später; Der Öffentliche Dienst, Ausg. B)

NVP	VO ü. Höchstpreise f. Fuhrleistungen mit Kraftfahrzeugen im Nahverkehr [Nahverkehrspreisordnung] 1. VO v. 15. 1. 1940 (RGBl.I S. 115) 2. VO PR Nr. 45/51 v. 14. 9. 1951 (BAnz. Nr. 185; BWMBl. S. 314)
NWB, NWiBriefe	Neue Wirtschafts-Briefe für Steuer- und Wirtschaftsrecht (LoseblAusg. Lfg. 1. 1947ff.)
NW PR	Nordrhein-Westfälische Verordnung preisrechtlichen Inhalts
NZ	s. NeumannsZ
NZArbR, NZfA	Neue Zeitschrift für Arbeitsrecht (1. 1921—13. 1933)

O

O	Ordnung (in zusammengesetzten Wörtern)
OAG	s. ObArbG, ObLArbG
OAR	Oberamtsrichter
OB, OBA	Oberbundesanwalt
OB, OBgm.	Oberbürgermeister
OBA	Oberbergamt
OBA	Oberbundesanwalt
ObArbG	Oberstes Arbeitsgericht für Rheinland-Pfalz (Neustadt a. d. Weinstr.)
ObdH, OBH	Oberbefehlshaber des Heeres
Oberpräs., OPräs., OP	Oberpräsident
OBG	Oberstes Bundesgericht
OBG	Nordrhein-Westfalen. Gesetz ü. Aufbau u. Befugnisse d. Ordnungsbehörden v. 16. 10. 1956 (GVBl. S. 289)
OBH, ObdH	Oberbefehlshaber des Heeres
ObLArbG, OAG	Oberstes Landesarbeitsgericht
ObLehrG	Bayern. Gesetz z. Änderung von Vorschriften ü. d. Besoldung u. Versorgung d. Volksschullehrer (Oberlehrergesetz) v. 20. 11. 1951 (GVBl. S. 223)
ObLG, BayObLG	Bayerisches Oberstes Landesgericht
ObLGR	Rat am Bayer. Obersten Landesgericht
ObREG, ORG	Oberstes Rückerstattungsgericht
ObREG Bln., ORG Bln.	Entscheidungen des Obersten Rückerstattungsgerichts für Berlin. Decisions of the Supreme Restitution Court for Berlin. Décisions de la Cour Suprême des Restitutions pour Berlin (1. 1954ff.)

ObREG BrZ, ORG BrZ	Entscheidungen des Obersten Rückerstattungsgerichts für die Britische Zone. Decisions of the Supreme Restitution Court for the British Zone of Germany (1. 1954ff.)
ObSeeA	Entscheidungen des (ab 22. 1925/26: Reichs-)Oberseeamtes und der Seeämter des Deutschen Reichs (1. 1878–28. 1937/40)
ObTrib.	Obertribunal
ObTrib.	Entscheidungen des Kgl. (bis 16. 1848: Geheimen) Ober-Tribunals (1. 1837–83. 1879)
OBWG	Bayern. Gesetz Nr. 112 ü. d. behördliche Organisation des Bauwesens u. d. Wohnungswesens v. 9. 4. 1948 (GVBl. S. 56)
OdF	Opfer des Faschismus
ÖbVermIng.	Öffentlich bestellter Vermessungsingenieur
OEEC	Organization for European Economic Cooperation
ÖffAnz.	Öffentlicher Anzeiger für das Vereinigte Wirtschaftsgebiet (1. 1948–2. 1949; dann: Bundesanzeiger)
ÖffArbNachw.	Der öffentliche Arbeitsnachweis (1. 1924/25–10. 1933)
ÖffD, DöD	Der öffentliche Dienst (3. 1950,7–4. 1951,6: Ausg. A). Fachzs. f. Beamte u. Angestellte d. Verwaltung (1. 1948ff.)
ÖffD B, DöD B	Der öffentliche Dienst. Ausg. B. Zs. f. d. Ausbildung u. Fortbildung d. Dienstkräfte d. öffentl. Verwaltung . . . (1. 1950–5. 1954; dann fortges. in: Staats- u. Kommunalverwaltung; hervorgeg. aus: Neue Verwaltung)
ÖffFürs.	Öffentliche Fürsorge, einschl. Familienunterhalt u. soziale Versicherung (= Kriegsgemeinschaft d. Zs. f. d. Heimatwesen u. d. Blätter f. öff. Fürsorge) (1943–1944)
ÖffHaush.	Der öffentliche Haushalt. Archiv f. Finanzkontrolle (1. 1954/55ff.)
ÖffVers., DÖV	Die öffentlichrechtliche Versicherung (ab 67. 1935: Deutsche öffentlich-rechtliche Versicherung) (61. 1929–75. 1943; vorher: Versicherung u. Geldwirtschaft)
ÖffVerw.	s. ÖV
OEG, OffEntschG	Gesetz ü. d. Entschädigung der infolge der Verminderung der Wehrmacht aus dem Heere, der Marine u. d. Schutztruppen ausscheidenden Offiziere u. Deckoffiziere (Offiziersentschädigungsgesetz) v. 13. 9. 1919 (RGBl. S. 1654)
ÖTV	Öffentliche Dienste, Transport und Verkehr

OEuropaR	Osteuropa-Recht (1. 1955 ff.)
ÖV, ÖffVerw., DÖV	Die Öffentliche Verwaltung (1. 1948 ff.)
OFD	Oberfinanzdirektion
OffEntschG	s. OEG
Officomex	Office du Commerce Extérieur (Baden-Baden)
OffPensG	s. OPG
OFH	Oberster Finanzgerichtshof
OFK, OFinK	Oberfinanzkasse
OFKO	Oberfinanzkassenordnung v. 22. 3. 1929 (RFBl. S. 29)
OFP, PFPräs.	Oberfinanzpräsident
OG	s. OpiumG
OGerG	Hessen. Ortsgerichtsgesetz v. 6. 7. 1952 (GVBl. S. 124)
OGerGebO	Gebührenordnung für die Ortsgerichte im Lande Hessen v. 24. 10. 1952 (GVBl. S. 161)
OGH	Ordnung f. d. Gefängniswesen in Hessen v. 23. 5. 1949
OGH BrZ	Oberster Gerichtshof für die Britische Zone
OGHSt.	Entscheidungen des Obersten Gerichtshofes für die Britische Zone in Strafsachen (1. 1949—3. 1950)
OGHZ	Entscheidungen des Obersten Gerichtshofes für die Britische Zone in Zivilsachen (1. 1949—4. 1950)
OGSt.	Entscheidungen des Obersten Gerichts der Deutschen Demokratischen Republik in Strafsachen (1. 1951 ff.)
OGV	Proklamation Nr. 8 d. amerik. Militärregierung, VO Nr. 127 d. brit. Militärregierung v. 9. 2. 1948 (WiGBl. Nr. 4, Beil. 2 S. 8; VOBl. BrZ S. 55)
OGZ	Entscheidungen des Obersten Gerichts der Deutschen Demokratischen Republik in Zivilsachen (1. 1951 ff.)
OHG	Offene Handelsgesellschaft
OJR	Oberjustizrat
OKD, OKrDir.	Oberkreisdirektor
OKK	s. OrtsKK
OKR	Oberkirchenrat
OKrG	Oberkriegsgericht
OKW	Oberkommando der Wehrmacht
OldZ	Zeitschrift für Verwaltung und Rechtspflege (bis 1918: im Großhztm.) in Oldenburg (1. 1874—65. 1939)
OLG	Oberlandesgericht
OLGMünchenSt.	Sammlung von Entscheidungen des kgl. Oberlandesgerichts München in Gegenständen des Strafrechtes und Strafprozesses (1. 1882—10. 1901)
OLGPr., OLGPräs.	Oberlandesgerichtspräsident

OLGR	Oberlandesgerichtsrat
OLGRspr.	Die Rechtsprechung des Oberlandesgerichts auf dem Gebiete des Zivilrechts, hrsg. v. Mugdan u. Falkmann (1. 1900—46. 1928)
OMGB	Office of Military Government for Bavaria
OMGUS	Office of Military Government for the US-Zone
OP, OPräs.	Oberpräsident
OP, OPol.	Ordnungspolizei
O-P	s. a. OstProbl.
OPD	Oberpostdirektion
OPG, OffPensG	Gesetz ü. d. Pensionierung d. Offiziere einschl. Sanitätsoffiziere d. Reichsheeres, d. Kaiserl. Marine u. d. Kaiserl. Schutztruppen v. 31. 5. 1906 (RGBl. S. 565)
OpiumG, OG, BetäubMVerkG	Gesetz ü. d. Verkehr m. Betäubungsmitteln (Opiumgesetz) v. 10. 12. 1929 (RGBl. I S. 215)
ORA	Oberreichsanwalt
Ord. 120	s. REVO
OrderlagSchVO	VO ü. Orderlagerscheine v. 16. 12. 1931 (RGBl. I S. 763)
ORG	s. ObREG
ORH	Oberster Rechnungshof
ORK, ORechK	Oberrechnungskammer
ORR, ORegR	Oberregierungsrat
OrtsKK, DOK, OKK	Die Ortskrankenkasse (31. 1949ff.; vorher: Die deutsche Ortskrankenkasse)
OrtsstrG, OStrG	Baden. Ortsstraßengesetz i. d. F. v. 30. 10. 1936 (GVBl. S. 179)
OSB	Obere Siedlungsbehörde
OSchG	Oberschiedsgericht
OStA	Oberstaatsanwalt
OStD, OStDir.	Oberstadtdirektor
Ostm.	Ostmark
OstProbl., O-P	Ost-Probleme (1. 1949ff.)
OstR	s. a. ZfOstR
OstR	Ostrecht. Monatsschrift f. d. Recht d. osteurop. Staaten (1. 1925—3. 1927)
OVA	Oberversicherungsamt
OVAO	VO ü. Geschäftsgang und Verfahren der Oberversicherungsämter v. 24. 12. 1911 (RGBl. S. 1095)

OVG	Oberverwaltungsgericht
OVG, PrOVG	Entscheidungen des (bis 1918: Kgl.) Preußischen Oberverwaltungsgerichts (1. 1877—106. 1941)
OVG Bln., Entsch. OVG Bln.	Entscheidungen des Oberverwaltungsgerichts Berlin (1. 1954ff.)
OVG Mü/Lü.	Entscheidungen der Oberverwaltungsgerichte für das Land Nordrhein-Westfalen in Münster sowie für die Länder Niedersachsen und Schleswig-Holstein in Lüneburg (1. 1950ff.)
OVGR	Oberverwaltungsgerichtsrat
OVGSt. ,OVGSteuer.	s. PrOVGSt.
OVO-BEG	Bayern. VO ü. d. Organisation u. Zuständigkeit d. Entschädigungsorgane u. ü. d. Verwaltungsverfahren vor d. Entschädigungsbehörden (Organisationsverordnung) v. 28. 12. 1953 (GVBl. S. 207)
OWG, OWiG, GOW	Gesetz ü. Ordnungswidrigkeiten Bund. ~ v. 25. 3. 1952 (BGBl. I S. 177) Hamburg. Landes ~ v. 6. 12. 1954 (GVBl. S. 137)

P

PA, PatAnw.	Patentanwalt
PAB	Allgemeine Bedingungen für Privatgleisanschlüsse v. 1. 1. 1955
PABl.	s. PoABl.
PachtKrG, PKrG	Pachtkreditgesetz i. d. F. v. 5. 8. 1951 (BGBl. I S. 494)
PachtZ	s. LwPachtBetr.
PAG	s. a. PersAG
PAG, PolAufgG	Bayern. Gesetz ü. d. Aufgaben d. Befugnisse d. Polizei in Bayern (Polizeiaufgabengesetz) v. 16. 10. 1954 (GVBl. S. 237)
PArch.	s. DPostArch.
Parl.	Das Parlament (1. 1951 ff.)
ParUn., ParVÜ	s. PVÜ
PaßG	Gesetz ü. d. Paßwesen v. 4. 3. 1952 (BGBl. I S. 290)
PaßGebVO	VO ü. Gebühren f. d. Ausfertigung v. Pässen, sonstigen Reisepapieren u. Sichtvermerken (Paßgebührenverordnung) v. 6. 7. 1953 (BGBl. I S. 493)
PaßVO	VO ü. Reiseausweise als Paßersatz und über die Befreiung vom Paß- und Sichtvermerkszwang (Paßverordnung) i. d. F. v. 14. 2. 1955 (BGBl. I S. 75, 77)
PAT	Preußischer Angestellten-Tarifvertrag v. 30. 6. 1924 (PrBesBl. Sondernr. v. 19. 7. 1924)

PatAnw., PA	Patentanwalt
PatAnwG	Patentanwaltsgesetz v. 28. 9. 1933 (RGBl. I S. 669)
PatArmAnwG	Gesetz ü. d. Erstattung v. Gebühren für im Armenrecht beigeordnete Vertreter in Patent- und Gebrauchsmustersachen v. 18. 7. 1953 (BGBl. I S. 654)
PatBl., PBl.	Patentblatt (1. 1877–69. 1945, 70. 1950ff.)
PatG	Patentgesetz v. 5. 5. 1936 (RGBl. II S. 117), i. d. F. v. 18. 7. 1953 (BGBl. I S. 623)
PatGebG	Gesetz ü. d. patentamtl. Gebühren v. 22. 2. 1955 (BGBl. I S. 62)
PatVerlG	Gesetz ü. d. Verlängerung d. Dauer bestimmter Patente v. 15. 7. 1951 (BGBl. I S. 449)
PBG, PersBefG	Gesetz ü. d. Beförderung von Personen zu Lande i. d. F. v. 6. 12. 1937 (RGBl. I S. 1320)
PBG, PolBG	Polizeibeamtengesetz s. a. LPolBG Deutsches ~ v. 24. 6. 1937 (RGBl. I S. 653) Bayern. ~ v. 12. 4. 1928 (GVBl. S. 193) Berlin. ~ i. d. F. v. 10. 12. 1954 (GVBl. S. 773) Preußen. ~ v. 31. 7. 1927 (GS S. 151) Rheinland-Pfalz. ~ f. d. Land ... v. 26. 3. 1954 (GVBl. S. 42) Schleswig-Holstein. ~ f. d. Land ... v. 17. 8. 1953 (GVBl. S. 93)
PBl.	s. PatBl.
PBV	AusfBest. z. Preußischen Besoldungsgesetz v. 17. 12. 1927 (Preuß. Besoldungsvorschriften) v. 19. 5. 1928 (PrBesBl. S. 155)
PDV, PDv.	Polizei-Druckvorschrift; Polizei-Dienstvorschrift
PEA	Pachteinigungsamt
PEG, PensErgG	Gesetz, betr. Erg. u. Regelung von Bezügen der Ruhegehalts- u. Wartegeldempfänger sowie der Hinterbliebenen (Pensionsergänzungsgesetz) v. 21. 12. 1920 (RGBl. S. 2109)
PersAG, PersAuswG, PAG	Gesetz über Personalausweise Bund. Vom 19. 12. 1950 (BGBl. S. 807) Baden-Württemberg. ~ v. 14. 11. 1955 (GBl. S. 243) Hamburg. Personalausweisgesetz f. d. Hansestadt ... v. 23. 7. 1951 (GVBl. S. 117) Niedersächsisches ~ v. 20. 4. 1951 (GVBl. S. 120) Rheinland-Pfalz. Landes ~ v. 4. 4. 1951 (GVBl. S. 95)
PersBefG	s. PBG
PersBl.	Personalblatt. Amtl. Mitteilungsblatt d. Personalrats d. Verwaltung d. Vereinigten Wirtschaftsgebietes (1948–1950)

PersVG, PVG	Personalvertretungsgesetz v. 5. 8. 1955 (BGBl. I S. 477)
PfarrArch., PrPfarrArch.	Preußisches Pfarrarchiv (1. 1909—22. 1934) dann:
PfarrArch., DPfarrArch.	Deutsches Pfarrarchiv (23/24. 1935)
PflVersG	s. KfzPflVersG
PFMBl.	s. FMBl. (Preuß.)
FG	s. PolG
PG, PostG, RPG	Gesetz über das Postwesen des Deutschen Reichs v. 28. 10. 1871 (RGBl. S. 347)
PHMBl.	s. HMBl.
PKrG	s. PachtKrG
PKV	Private Krankenversicherung
PKzl.	Partei - Kanzlei
PlakV	Bayern. VO ü. d. öffentliche Verbreitung von Plakaten, Flugblättern u. Flugschriften v. 7. 11. 1951 (GVBl. S. 214)
PlanG	Berlin. Gesetz ü. d. städtebauliche Planung f. Groß-Berlin (Planungsgesetz) v. 22. 8. 1949 (VOBl. I S. 301), i. d. F. v. Bek. v. 22. 3. 1956 (GVBl. S. 272)
PMZBl.	s. Bl. f. PMZ
PO	s. PostO und PrisO
PoABl., PABl., ABlRPM, RPMBl.	Amtsblatt des Reichspostministeriums (1919—1945)
POG, PolOrgG	Polizeiorganisationsgesetz Bayern. Gesetz ü. d. Organisation d. Polizei in . . . (∼) i. d. F. d. Bek. v. 20. 10. 1945 (GVBl. S. 245) Nordrhein-Westfalen. Gesetz ü. d. Organisation u. d. Zuständigkeit der Polizei im Lande . . . v. 11. 8. 1953 (GVBl. S. 330) Schleswig-Holstein. Gesetz ü. d. Organisation der Polizei in . . . (∼) v. 22. 12. 1952 (GVBl. S. 185)
Pol.	s. Polizei
PolAufgG	s. PAG
PolBG	s. PBG und LPolBG
PolDir.	Polizeidirektion
PolG, PG	Polizeigesetz Baden-Württemberg. ∼ v. 21. 11. 1955 (GBl. S. 249) Hessisches ∼ v. 10. 11. 1954 (GVBl. S. 203) ∼ f. d. Land Schleswig-Holstein i. d. F. v. 31. 3. 1951 (GVBl. S. 92)
Polizei, Pol.	Die Polizei (ab 1955: Die Polizei — Polizeipraxis) (1. 1948ff., 46. ⟨9.⟩ 1955ff.)

PolLVO, LVOPol.	VO ü. d. Laufbahn der Polizeivollzugsbeamten Bremen. Vom 19. 9. 1952 (GBl. S. 89) Hessen. Vom 10. 11. 1953 (GVBl. S. 196) Nordrhein-Westfalen. VO ü. d. Ernennung u. d. Laufbahn d. Polizeivollzugsbeamten d. Landes ... v. 1. 6. 1955 (GVBl. S. 131)
PolNBl. Nds.	Polizei-Nachrichtenblatt für das Land Niedersachsen
PolOrgG	s. POG
PolPr., PolPräs.	Polizeipräsident
PolSt.	Polizeistunde
PolVerwG	s. 1. PVG 2. PVerwG
PolVO	Polizeiverordnung
PolZustVO	VO ü. d. Zuständigkeit der Polizei Hamburg. ~ in der Hansestadt ... v. 29. 11. 1945 (GVBl. 1946 S. 5) Rheinland-Pfalz. LandesVO ü. d. Zuständigkeit d. ordentlichen Polizeibehörden v. 28. 9. 1954 (GVBl. S. 113)
PolZwG, PZwG	Gesetz ü. d. Anwendung unmittelbaren Zwanges Bayern. ~ durch die Polizei v. 22. 11. 1950 (GVBl. S. 239) Bremen. ~ v. 19. 2. 1954 (GBl. S. 25) Hessen. ~ bei Ausübung öffentlicher Gewalt v. 11. 11. 1950 (GVBl. S. 247)
PolZwVO, UZwVO	VO ü. d. Anwendung unmittelbaren Zwanges Niedersachsen. ~ durch d. Verwaltungs- u. Polizeibehörden v. 15. 11. 1951 (GVBl. S. 221) Rheinland-Pfalz. Landes ~ durch die Polizei v. 10. 4. 1954 (GVBl. S. 61)
PosMschr.	Juristische Monatsschrift für Posen, West- und Ostpreußen und Pommern (1. 1898—21. 1918)
PostArch.	s. ArchPostTel,, DPostArch.
PostG, PG	Gesetz über das Postwesen d. Dt. Reichs v. 28. 10. 1871 (RGBl. S. 347)
PostO, PO	Postordnung v. 30. 1. 1929 (RGBl. I S. 33)
PostschG	Postscheckgesetz i. d. F. v. 22. 3. 1921 (RGBl. S. 247)
PostschO	Postscheckordnung i. d. Bek. v. 16. 12. 1927 (ABlRPM S. 519)
PostspkO	s. PSpO
PostVerwG, PVwG, BPVwG	Gesetz über die Verwaltung der Deutschen Bundespost (Postverwaltungsgesetz) v. 24. 7. 1953 (BGBl. I S. 676)

PostZustVO	VO ü. Postzustellung in der öffentlichen Verwaltung (Postzustellungsverordnung) v. 23. 8. 1943 (RGBl. I S. 527)
PR, ParlR	Parlamentarischer Rat
PR [folgen durch Bruchstrich getrennte Zahlen]	Verordnung auf dem Gebiete des Preisrechts Nr. ... des Jahres ...
Pr.	Präsident
Pr.	Preußen, preußisch
PragJZ	Prager Juristische Zeitschrift (1. 1921—18. 1938)
PrArch., WeißlersArch.	Preußisches Archiv, hrsg. v. Weißler (1. 1894—41. 1934; dann: Reichsarchiv)
PrAuszVO, PreisauszVO	VO ü. Preisauszeichnung i. d. F. v. 6. 4. 1944 (RGBl. I S. 98)
PrBB, PrBesBl.	Preußisches Besoldungsblatt (= Finanz-Ministerial-Blatt. Teil II) (1. 1923—18. 1940; dann: zusammengel. zu: Preuß. Finanzministerialblatt u. Besoldungsblatt)
PrBindVO, PreisbindVO	VO ü. Preisbindungen v. 23. 11. 1940 (RGBl. I S. 1573)
PreisG	Übergangsgesetz ü. Preisbildung und Preisüberwachung (Preisgesetz) v. 10. 4. 1948 (WiGBl. S. 27)
PreisstopVO, PStopV	VO ü. d. Verbot v. Preiserhöhungen [Preisstopverordnung] v. 26. 11. 1936 (RGBl. I S. 955)
Preugo	Preußen. Gebührenordnung für approbierte Ärzte und Zahnärzte. Erl. v. 1. 9. 1924 (VMBl. S. 371)
PrFMBl.	s. FMBl. (Preuß.)
PrFreigAO, PreisfreigAO	Anordnung über Preisbildung u. Preisüberwachung nach d. Währungsreform [Preisfreigabeanordnung] v. 25. 6. 1948 (WiGBl. S. 61)
PrG, PreßG, PresseG	Pressegesetz Reich. Gesetz ü. d. Presse v. 7. 5. 1874 (RGBl. S. 65) Bayern. Gesetz ü. d. Presse v. 3. 10. 1949 (GVBl. S. 243) Hessen. Gesetz ü. Freiheit u. Recht der Presse v. 23. 6. 1949 (GVBl. S. 75) Schleswig-Holstein. Gesetz z. vorläufigen Regelung des Pressewesens v. 27. 9. 1949 (GVBl. S. 199) Württemberg-Baden. Gesetz Nr. 1032 ü. d. Freiheit d. Presse v. 1. 4. 1949 (RegBl. S. 59)
PrGS	Gesetz-Sammlung für die Kgl. Preußischen Staaten (ab 1907: Preußische Gesetzsammlung) (1810—1945)
PrHMBl.	s. HMBl.
PrisGO	Prisengerichtsordnung v. 28. 8. 1939 (RGBl. I S. 1593)

PrisO, PO	Prisenordnung v. 28. 8. 1939 (RGBl. I S. 1585)
PrivSchulG	Privatschulgesetz Baden-Württemberg. ~ v. 15. 2. 1956 (GBl. S. 28) Berlin. Gesetz ü. d. Privatschulen u. d. Privatunterricht (~) v. 13. 5. 1954 (GVBl. S. 286) Bremen. Gesetz ü. d. Privatschulwesen u. d. Privatunterricht (~) v. 2. 7. 1956 (GBl. S. 77) Hessen. ~ v. 27. 4. 1953 (GVBl. S. 57)
PrivVUntG	Gesetz über die privaten Versicherungsunternehmungen v. 12. 5. 1901 (RGBl. S. 139)
PrKO	Preußische Kassenordnung v. 14. 11. 1932 (FMBl. S. 205; PrBesBl. S. 223)
PrKommKassZtg., KKZ	Preußische Kommunalkassen-Zeitung (34. 1928—40. 1933; dann: Der Gemeindehaushalt; vorher: Preuß. Verwaltungs- u. Finanz-Ztg.)
Prot.	Protokoll
PrOVG, OVG	Entscheidungen des (bis 1918: Kgl.) Preußischen Oberverwaltungsgerichts (1. 1877—106. 1941)
PrOVGSt., PrOVGSteuer., OVGSt., OVGSteuer.	Entscheidungen des (bis 1918: Kgl.) Preußischen Oberverwaltungsgerichts in Staatssteuersachen (1. 1893—19. 1922)
ProzBev.	Prozeßbevollmächtigter
PrPfarrArch.	s. PfarrArch.
PrRKBest., RKBest.	Reisekostenbestimmungen f. d. preuß. unmittelbaren Staatsbeamten v. 23. 3. 1934 (PrBesBl. S. 114)
PrStHO	s. HOG
PrStrVO	VO ü. Strafen u. Strafverfahren b. Zuwiderhandlungen gegen Preisvorschriften (PreisstrafrechtsVO) i. d. F. v. 26. 10. 1944 (RGBl. I S. 264)
PrÜberwachVO	VO ü. d. Preisüberwachung u. die Rechtsfolgen von Preisverstößen im Grundstücksverkehr v. 7. 7. 1942 (RGBl. I S. 451)
PrVB	Preuß. Versteigererbestimmungen v. 3. 12. 1934 (GS S. 30)
PrVBl., PrVerwBl.	Preußisches Verwaltungsblatt (1. 1879—48. 1926/27; dann: Reichverwaltungsblatt u. Preuß. Verwaltungsblatt)
PrVG	Berlin. Gesetz ü. d. Anerkennung u. Versorgung d. politisch, rassisch oder religiös Verfolgten des Nationalsozialismus v. 13. 4. 1956 (GVBl. S. 388)
PrVschulArch.	s. VschulArch.
PSA	Postsparkassenamt
PSchA	Postscheckamt

PSchVO	VO ü. d. Entschädigung von Personenschäden (Personenschädenverordnung) v. 10. 11. 1940 (RGBl. I S. 1482)
PSpO, PostspkO	Postsparkassenordnung v. 11. 11. 1938 (RGBl. I S. 1645)
PStErgG	Gesetz zur Ergänzung d. Personenstandsgesetzes Bayern. ~ v. 23. 6. 1949 (GVBl. S. 141) Bremen. ~ v. 25. 8. 1949 (GBl. S. 175) Hessen. ~ v. 25. 6. 1949 (GVBl. S. 55) Württemberg-Baden. Gesetz Nr. 947 ~ v. 5. 7. 1949 (RegBl. S. 165) Bund. Gesetz z. Änderung u. Ergänzung d. Personenstandsgesetzes v. 15. 1. 1951 (BGBl. I S. 57)
PStG	Personenstandsgesetz v. 3. 11. 1937 (RGBl. I S. 1146)
PStGB	Polizeistrafgesetzbuch für Bayern v. 26. 12. 1871 (GBl. 1871/72 S. 9)
PrStHO, HOG	Preußen. Gesetz über die Staatshaushaltsordnung v. 15. 12. 1933 (GS S. 475)
PStopV	s. PreisstopVO
PStVO	Brit. Zone. VO über Personenstandsangelegenheiten v. 12. 5. 1947 (VOBl. BrZ S. 53)
PU	s. PVÜ
PucheltsZ	Zeitschrift für französisches Zivilrecht (ab 31. 1900: Zeitschrift für deutsches bürgerliches Recht und französisches Zivilrecht), begr. v. Puchelt (1. 1870–38. 1907)
PUV	Privatunfallversicherung
PV, PVO	Polizeiverordnung
PVerwG, PolVerwendG	Bayern. Gesetz ü. d. Verwendung der Polizei im Falle eines öffentlichen Notstandes v. 24. 11. 1950 (GVBl. S. 240)
PVG, PersVG	Personalvertretungsgesetz v. 5. 8. 1955 (BGBl. I S. 477)
PVG, PolVerwG	Polizeiverwaltungsgesetz Preußen. Vom 1. 7. 1931 (GS S. 77) Rheinland-Pfalz. Vom 26. 3. 1954 (GVBl. S. 31)
PVÜ, ParVÜ, ParUn., PU	Pariser Verbandsübereinkunft v. 20. 3. 1883 zum Schutze des gewerblichen Eigentums i. d. Londoner Fassung v. 2. 6. 1934 (RGBl. 1937 II S. 584)
PVwG	s. PostVerwG
PZO	Post-Zollordnung v. 31. 1. 1940 (RMBl. S. 45)
PZwG	s. PolZwG

R

R	Rat
RA	Rechtsanwalt
RA u. Not., RuN	Rechtsanwalt und Notar (1. 1952ff.)
RAA, RAPV, RAufsAPrivVers.	Reichsaufsichtsamt für die Privatversicherung
RAAVAV, RAArbVerm., RAfA	Reichsamt für Arbeitsvermittlung und Arbeitslosenversicherung
RAB, RAutoB	Reichsautobahn
RABDV	s. RAutobDV
RabelsZ, ZAuslIPR, ZAIP, AuslRZ	Zeitschrift für ausländisches und internationales Privatrecht, begr. v. Rabel (1. 1927ff.)
RABG	s. RAutobG
RabG	Gesetz ü. Preisnachlässe (Rabattgesetz) v. 25. 11. 1933 (RGBl. I S. 1011)
RAbgO	s. AO
RAbgVerw.	Reichsabgabenverwaltung
RABl., RArbBl.	Reichsarbeitsblatt (1903/04ff., N. F. 1. 1920—25. 1945)
RAD	Reichsarbeitsdienst
RADG	Reichsarbeitsdienstgesetz i. d. F. v. 9. 9. 1939 (RGBl. I S. 1747)
RADwJ	Reichsarbeitsdienst für die weibliche Jugend
RÄ	Rechtsanwälte
RÄO	Reichsärzteordnung v. 13. 12. 1935 (RGBl. I S. 1433)
RAF	Reichsarbeitsführer
RAfA, RAfAuA, RAfAVAV, RAfArbVerm.	Reichsanstalt für Arbeitsvermittlung und Arbeitslosenversicherung
RAfP	s. RAPV
RAG	s. a. RentAufbG
RAG	Saarland. Gesetz Nr. 555 z. Angleichung d. saarl. Rechts an das in d. Bundesrep. Deutschland geltende Recht auf d. Gebiete d. Gerichtsverfassung, d. Zivil- u. Strafverfahrens u. d. bürgerlichen Rechts (Rechtsangleichungsgesetz) v. 22. 12. 1956 (ABl. S. 1667)
RAG, RArbG	Reichsarbeitsgericht
RAG, RArbG	Entscheidungen des Reichsarbeitsgerichts, hrsg. v. d. Mitgliedern des Gerichtshofes (1. 1928—27. 1944)
RAGBensh.	s. ArbRSamml.

RAGebO, RAGO, GebORA	Gebührenordnung für Rechtsanwälte v. 7. 7. 1879 i. d. F. v. 5. 7. 1927 (RGBl. I S. 162)
RAI	Reichsamt des Innern
RAL	Reichsausschuß für Lieferbedingungen
RAM	Reichsarbeitsminister(ium)
RAnz., Ranz., DRAnz., RAZ, RuStAnz.	Deutscher Reichs-Anzeiger und (bis 1918: Kgl.) Preußischer Staatsanzeiger (1871—1945)
RAO	s. a. AO
RAO	Rechtsanordnung
RAO, RAnwO	Rechtsanwaltsordnung Reichs- ~ i. d. F. v. 21. 2. 1936 (RGBl. I S. 107) Britische Zone. ~ f. d. . . . v. 10. 3. 1949 (VOBl. BrZ S. 80) Bayern. ~ v. 6. 11. 1946 (GVBl. S. 371) Hessen. ~ v. 18. 10. 1948 (GVBl. S. 126)
RAO BrZ	Rechtsanwaltsordnung f. d. Britische Zone v. 10. 3. 1949 (VOBl. BrZ S. 80)
RApothO	Reichsapothekerordnung v. 18. 4. 1937 (RGBl. I S. 457)
RAPV, RAfP, RAufsAPrivVers.	Reichsaufsichtsamt für die Privatversicherung
RAPVV	s. VerAfP
RArbBl.	s. RABl.
RArbG, RArbGer.	s. RAG
RAT	Reichsangestellten-Tarifvertrag v. 2. 5. 1924 (RBesBl. S. 113)
RAufsAPrivVers., RAPV, RAfP	Reichsaufsichtsamt für die Privatversicherung
RAusglA	Reichsausgleichsamt
RAutobDV	VO z. Durchf. d. Reichsautobahngesetzes v. 29. 9. 1941 (RGBl. I S. 315)
RAutobG, RABG	Reichsautobahngesetz v. 29. 5. 1941 (RGBl. I S. 313)
RAZ	s. RAnz.
RBahn	Die Reichsbahn (1. 1925—23. 1949; dann: Die Bundesbahn)
RBahnG	Gesetz über die Deutsche Reichsbahn (Reichsbahngesetz) v. 4. 7. 1939 (RGBl. I S. 1205)
RBB, RBBl., RBesBl.	Reichsbesoldungsblatt (ab 16. 1937: Reichshaushalts- u. Besoldungsblatt) (1. 1922— 24. 1945)
RBDir., RBahnDir.	Reichsbahndirektion
RBeaG	s. RBG

RBerG, RBeratG, RBMG	Gesetz zur Verhütung v. Mißbräuchen auf dem Gebiete d. Rechtsberatung [Rechtsberatungsmißbrauchgesetz] v. 13. 12. 1935 (RGBl. I S. 1478)
1. RBerG	Erstes Gesetz z. Bereinigung d. bayerischen Landesrechts (1. Rechtsbereinigungsgesetz) v. 12. 5. 1956 (GVBl. S. 91)
RBesBl.	s. RBB
RBesG, RBesoldG	Reich. Besoldungsgesetz v. 16. 12. 1927 (RGBl. I S. 349)
RBewDB 1935	DurchfBest. z. Reichsbewertungsgesetz für die Bewertung des Vermögens nach d. Stand v. 1. 1. 1935 v. 2. 2. 1935 (RGBl. I S. 81)
RBewG, RBG	Reichsbewertungsgesetz v. 16. 10. 1934 (RGBl. I S. 1035)
RBF	Reichsbauernführer
RBG	s. a. RBewG
RBG, RBahnG	Gesetz ü. d. Deutsche Reichsbahn (Reichsbahngesetz) v. 4. 7. 1939 (RGBl. I S. 1205)
RBG, RBeaG	Reichsbeamtengesetz i. d. F. v. 18. 5. 1907 (RGBl. S. 245)
RBHaftG	Gesetz ü. d. Haftung des Reichs für seine Beamten v. 22. 5. 1910 (RGBl. S. 798)
RBK	Richtlinien d. Bausparkassenaufsichtsbehörden z. Erstellung d. Reichsmarkabschlusses u. d. Umstellungsrechnung d. Bausparkassen v. 25. 11. 1949 (BAnz. 1950 Nr. 4)
Rbk.	Reichsbank
RBMG	s. RBerG
RBO	Besoldungsordnung [Reichsbesoldungsordnung] = Anl. z. Besoldungsgesetz v. 16. 12. 1927 (RGBl. I S. 349) [Besoldungsordnung A = aufsteigende Gehälter; Besoldungsordnung B = feste Gehälter]
RBUe, RBÜ	s. RevBernÜ
RBürgG	Reichsbürgergesetz v. 15. 9. 1935 (RGBl. I S. 1146)
RBV, BV	Ausführungsbestimmungen zum Besoldungsgesetz v. 16. 12. 1927 (Besoldungsvorschriften) (RBesBl. S. 33)
RdA, RdArb.	Recht der Arbeit (1. 1948 ff.)
RdbfADB	Rundbrief des Archivs Deutscher Berufsvormünder, Frankfurt a. M. (9. 1933/34: Berlin) (1. 1925—9. 1933/34) dann:
RdbfDJA	Rundbrief des Deutschen Jugendarchivs, Berlin (10. 1934/35—12. 1936/37) dann:

RdbfJugI	Rundbrief des Deutschen Instituts für Jugendhilfe (13. 1937/38ff.; später: Der Amtsvormund)
RdErl.	Runderlaß
RDH	Reichsdisziplinarhof, Reichsdienststrafhof
RdI	Reichsminister(ium) des Innern
RdIntWi.	s. RiW
RDiszH	Reichsdisziplinarhof
RDiszH	Die Rechtsprechung des Reichsdisziplinarhofs ([1.] 1926–[8.] 1937)
RdJ	Recht der Jugend (1. 1953ff.)
RdK, RKraftf.	Das Recht des Kraftfahrers (1. 1926–18. 1943, 19. 1949–25. 1954; 21/22. 1951/52 u. d. T.: Deutsches Autorecht)
RdL	Recht der Landwirtschaft (1. 1949ff.)
RdRN, RdRNährst.	Recht des Reichsnährstandes (2. 1934–10. 1942; vorher: Steuer und Recht d. Landwirts; später: Dt. Agrarrecht)
Rdsch., Rundsch.	Rundschau
RdschLA	s. RLA
RdSchr.	Rundschreiben
RDStH	Reichsdienststrafhof
RDStH	Entscheidungen des Reichsdienststrafhofs (1. 1939–3. 1941)
RDStO	Reichsdienststrafordnung v. 26. 1. 1937 (RGBl. I S. 71)
RdVfg., RdVf.	Rundverfügung
RE	Referentenentwurf; Rechtsentscheid; Rückerstattung
REAO	Berlin. Anordnung d. AllKdtr. betr. Rückerstattung feststellbarer Vermögensgegenstände an Opfer der nationalsozialistischen Unterdrückungsmaßnahmen v. 26. 7. 1949 (BK/O [49] 180) (VOBl. I S. 221)
REBerG	Rückerstattungsberufungsgericht
Rec. d. textes	Recueil des textes législatifs publiés par ou sous l'autorité du Commandant Suprême interallié. Baden-Baden (1945)
RechnHG, RHG	Rechnungshofgesetz Bayern. Gesetz ü. d. staatl. Rechnungs-, Verwaltungs- u. Wirtschaftsprüfung (∼) v. 6. 10. 1951 (GVBl S. 189) Berlin. Gesetz ü. d. Rechnungshof von . . . v. 25. 10. 1951 (GVBl. S. 983) Bremen. Gesetz, betr. d. Rechnungshof d. Freien Hansestadt . . . v. 15. 11. 1949 (GBl. S. 229)

RechnHG, RHG	Rechnungshofgesetz Hamburg. Gesetz ü. d. Errichtung eines Rechnungshofs der Hansestadt ... v. 16. 12. 1948 (GVBl. S. 147) Niedersachsen. Gesetz ü. d. Errichtung eines Rechnungshofes u. d. Rechnungsprüfung f. d. Land ... v. 25. 6. 1948 (GVBl. S. 65)
Recht, DtJust./Recht	Das Recht, begr. v. Soergel (1. 1897—48. 1944; 32. 1928—37. 1933 = Beil. zu: Zentralbl. f. Handelsrecht; ab 39. 1935 = Beil. zu: Deutsche Justiz)
REG	s. a. REinhG
REG, RErbhG	Reichserbhofgesetz v. 29. 9. 1933 (RGBl. I S. 685)
REG	Rückerstattungsgesetz Amerik. Zone. Gesetz Nr. 59: Rückerstattung feststellbarer Vermögensgegenstände, in Kraft getreten am 10. 11. 1947 (ABlMR Ausg. G S. 1) Brit. Zone. Gesetz Nr. 59: Rückerstattung feststellbarer Vermögensgegenstände an Opfer der nationalsozialistischen Unterdrückungsmaßnahmen, in Kraft getreten am 12. 5. 1949 (ABlMR Nr. 28 S. 1169; VOBl. BrZ S. 152)
Reg.	Regierung
RegBl., RgBl.	Regierungsblatt [Die einzelnen Regierungsblätter siehe unten bei der systematischen Übersicht der Gesetz- und Amtsblätter]
RegDir.	Regierungsdirektor
Reger, RegerE	Entscheidungen der Gerichte und Verwaltungsbehörden aus dem Gebiete des auf reichsgesetzlichen und gemeinrechtlichen Bestimmungen beruhenden Verwaltungs- und Polizeistrafrechtes (ab 54. 1934: aus dem Rechtsgebiete d. inneren Verwaltung), begr. v. Reger (1. 1881—61. 1943/44) [nebst ErgBd. 1. 1891 bis 6. 1931]
Regl., Rgl.	Reglement; Regulativ
RegPr., RegPräs.	Regierungspräsident
RegR	Regierungsrat
REHG, RErbHG	Reichserbhofgericht
REHG, RErbHG	Entscheidungen des Reichserbhofgerichts (1. 1934/35 bis 9. 1942/43)
Reich u. L.	Reich und Länder (1. 1927—11. 1937; dann: Dt. Verwaltung)
Reichsvers., RVers., RV	Die Reichsversicherung. Zs. f. d. ges. Sozialversicherung (1. 1926—13. 1939)

REinhG, REWG, REG, VereinhG	Gesetz zur Wiederherstellung der Rechtseinheit auf dem Gebiete der Gerichtsverfassung, der bürgerlichen Rechtspflege, des Strafverfahrens und des Kostenrechts v. 12. 9. 1950 (BGBl. S. 455)
ReiseKG	s. RKG
RekE	Rekursentscheidung
RelKEG, RKEG	Gesetz über die religiöse Kindererziehung v. 15. 7. 1921 (RGBl. S. 939)
REM	Reichsminister(ium) für Ernährung und Landwirtschaft
RembG	Gesetz über die innerdeutsche Regelung von Vorkriegsrembourverbindlichkeiten v. 20. 8. 1953 (BGBl. I S. 999)
RennwG, LottG	Rennwett- und Lotteriegesetz v. 8. 4. 1922 (RGBl. I S. 393)
RentAufbG, RAG	Gesetz ü. Leistungen aus vor der Währungsreform eingegangenen Renten- u. Pensionsversicherungen (Rentenaufbesserungsgesetz) i. d. F. v. 15. 2. 1952 (BGBl. I S. 118)
Rentbk.	Rentenbank
RentnKrVersVO	VO ü. d. Krankenversicherung der Rentner v. 4. 11. 1941 (RGBl. I S. 689)
REntV, REntlVfg.	Entlastung der Richter durch Beamte d. gehobenen Justizdienstes (Reichs-Entlastungsverfügung). AV d. RJM v. 3. 7. 1943 (DtJust. S. 339)
RepSchG	Ges. z. Schutze der Republik v. 25. 3. 1930 (RGBl. I S. 91)
RErbHG	s. a. REHG
RErbhG, REG	Reichserbhofgesetz v. 29. 9. 1933 (RGBl. I S. 685)
Rest.	Die Restitution (1. 1950/51—5. 1954/55)
RestAbgAO	Anordnung über die Abwicklung widerrufener Rüstungsaufträge (Restabgeltungsanordnung) v. 14. 7. 1944 (RAnz. Nr. 160)
Rev.	Revision
RevBegr.	Revisionsbegründung
RevBernÜ, RBÜ, RBUe	Revidierte Berner Übereinkunft zum Schutze von Werken der Literatur und Kunst v. 13. 11. 1908 (RGBl. 1910 S. 965), 2. Revision [Romfassung] v. 2. 6. 1928 (RGBl. 1933 II S. 890), 3. Revision [Brüsseler Fassung] v. 26. 6. 1948 [gilt nicht für Deutschland]
RevDGO	Brit. Zone. MRVO Nr. 21: Abänderung der Deutschen Gemeindeordnung [Revidierte Deutsche Gemeindeordnung] v. 1. 4. 1946 (ABlMR S. 127)

REVO, FrREVO, FrMRVO 120, Ord. 120	Franz. Zone. MilRegVO Nr. 120 über die Rückerstattung geraubter Vermögensobjekte v. 10. 11. 1947 (JournOff. S. 1219)
REWG	s. REinhG
RfA, RVAAng.	Reichsversicherungsanstalt für Angestellte
RFAG, RFinAusglG	Gesetz ü. d. Finanzausgleich zwischen Reich, Ländern und Gemeinden (Finanzausgleichsgesetz) i. d. F. v. 27. 4. 1926 (RGBl. I S. 203)
RfAuA	Reichsanstalt für Arbeitsvermittlung und Arbeitslosenversicherung
RFBl., RFABl., RFinBl.	Amtsblatt der Reichsfinanzverwaltung (1/2. 1919/20 bis 27. 1945)
RFGG, FGG	Gesetz über die Angelegenheiten der freiwilligen Gerichtsbarkeit i. d. F. v. 20. 5. 1898 (RGBl. S. 771)
RFH, RFinH	Reichsfinanzhof
RFH, RFHE, RFinH	Sammlung der Entscheidungen und Gutachten des Reichsfinanzhofs (54. 1952: u. d. Obersten Finanzgerichtshofs) (1. 1920—54. 1952)
RflSt.	Reichsfluchtsteuer
RFM	Reichsminister(ium) der Finanzen
Rfm., RForstm.	Reichsforstmeister
RFMBl.	s. RFBl.
RForstm., Rfm.	Reichsforstmeister
RfPr., RfdP	Reichskommissar für die Preisbildung
RFSSuChdDtPol.	Reichsführer SS und Chef der Deutschen Polizei
RFV, FürsPflVO	VO ü. d. Fürsorgepflicht [Fürsorgepflichtverordnung] v. 13. 2. 1924 (RGBl. I S. 100)
RFV, RFinVerw.	Reichsfinanzverwaltung
RFZA	Reichsfinanzzeugamt
RG	Reichsgericht, Reichsgesetz; s. a. RGSt., RGZ
RGA, RGesA, RGsuA	Reichsgesundheitsamt
RGaO	VO ü. Garagen und Einstellplätze (Reichsgaragenordnung) v. 17. 2. 1939 (RGBl. I S. 219)
RGAV, RGesAV	s. VeröffRGesA
RgBl.	s. RegBl.
RGBl.	Reichsgesetzblatt (1871—1921) dann:
RGBl. I	Reichsgesetzblatt, Teil I (1922—1945)
RGBl. II	Reichsgesetzblatt, Teil II (1922—1945)
RGesAV	s. VeröffRGesA
RGesundhBl.	s. RGsuBl.

RGF	s. RGr.
RGG	Saarland. Gesetz Nr. 421 ü. d. Revisionsgericht v. 7. 7. 1954 (ABl. S. 991)
Rgl., Regl.	Reglement, Regulativ
RGmbH	s. GmbH-Rdsch.
RG RAnz.	Entscheidungen des Reichsgerichts, abgedruckt in einer Beilage zum Deutschen Reichs- und Preußischen Staatsanzeiger
RGR	Reichsgerichtsrat
RGR Komm. z. BGB	Das Bürgerliche Gesetzbuch ... Kommentar, hrsg. v. Reichsgerichtsräten und Bundesrichtern. 10. Aufl. 1953 ff.
RGr., RGF	Reichsgrundsätze über Voraussetzung, Art und Maß der öffentlichen Fürsorge v. 4. 12. 1924 (RGBl. I S. 765)
RGr. ü. Einst.	Reichsgrundsätze über Einstellung, Anstellung und Beförderung v. 14. 10. 1936 (RGBl. I S. 893), i. d. F. v. 24. 1. 1951 (RGBl. I S. 87, 88)
RGRspr.	Rechtsprechung des deutschen Reichsgerichts in Strafsachen (1. 1879—10. 1888)
RGSt.	Entscheidungen des Reichsgerichts in Strafsachen (1. 1880—77. 1944)
RGsuA, RGesA, RGA	Reichsgesundheitsamt
RGsuBl., RGesundhBl.	Reichs-Gesundheitsblatt (1. 1926—19. 1944; vorher: Veröff. d. Reichsgesundheitsamts)
RGWarn.	s. WarnRspr.
RGZ	Entscheidungen des Reichsgerichts in Zivilsachen (1. 1880—172. 1945)
RH, RechnH, RRH	Rechnungshof des Deutschen Reichs
RHBl., RHuBBl.	s. RBB
RHeimstG, RHG, HStG	Reichsheimstättengesetz v. 25. 11. 1937 (RGBl. I S. 1291)
RheinArch.	Archiv für Zivil- und Strafrecht d. kgl. preuß. Rheinprovinz (bis 102. 1906: Arch. f. d. Civil- u. Criminalrecht d. kgl. preuß. Rheinprovinz[en]) (1. 1820 — 111. 1914)
RheinARV	Zeitschrift des Rheinpreußischen Amtsrichtervereins (4. 1886—31. 1913; vorher: Mittheilungen aus d. gerichtlichen Praxis, ab 1883)
RheinNotZ	Zeitschrift für das Notariat, hrsg. v. d. Verein f. d. Notariat in Rheinpreußen (1. 1856—78. 1933)
RheinSchA	Revidierte Rheinschiffahrtsakte [Mannheimer Akte] v. 17. 10. 1868 (PrGS 1869 S. 798)

RheinSchPolVO, RSchPVO	Schiffahrtpolizeiverordnung für das deutsche Rheinstromgebiet v. 18. 1. 1939 (RGBl. II S. 41)
RheinZ	Rheinische Zeitschrift für Zivil- und Prozeßrecht (1. 1909—14. 1925/26)
RHG	= 1. Reichsheimstättengesetz s. RHeimstG 2. Reichshaftpflichtgesetz s. RHpflG 3. Rechtshilfegesetz s. RHilfeG 4. Rechnungshofgesetz s. RechnHG
RHilfeG, RHG	Gesetz über die innerdeutsche Rechts- und Amtshilfe in Strafsachen v. 2. 5. 1953 (BGBl. I S. 161)
RHK	Reichshauptkasse
Rhld-Pf., Rh-Pf.	Rheinland-Pfalz, rheinland-pfälzisch
RHO, RHaushO, HO	Reichshaushaltsordnung v. 31. 12. 1922 (RGBl. 1923 II S. 17), i. d. F. v. 14. 4. 1930 (RGBl. II S. 693)
RHpflG, RHG, HaftpflG, HpflG	Gesetz, betr. d. Verbindlichkeiten z. Schadenersatz f. die bei dem Betriebe v. Eisenbahnen, Bergwerken usw. herbeigeführten Tötungen und Körperverletzungen [Reichshaftpflichtgesetz] v. 7. 6. 1871 (RGBl. S. 207)
Rh-PfVerwBl.	Rheinisch-Pfälzisches Verwaltungsblatt (1947/48; dann: Die Neue Verwaltung)
RHuBBl.	s. RBB
Rh-WestfAnwBl.	Rheinisch-Westfälisches Anwaltsblatt (1. 1931—3. 1933)
RiA	Das Recht im Amt (1. 1954ff.)
RiBesG	Gesetz über besoldungsrechtliche Rahmenvorschriften für Richter und Staatsanwälte v. 25. 7. 1953 (BGBl. I S. 691)
Richtl.	Richtlinien
RID	Rechtswissenschaftlicher Informationsdienst (1. 1952ff.)
RiG	Berlin. Gesetz ü. d. Rechtsstellung der Richter und Staatsanwälte v. 9. 1. 1951 (VOBl. I S. 235)
RiJGG	Richtlinien der Landesjustizverwaltungen zum Jugendgerichtsgesetz v. 4. 8. 1953 (BGBl. I S. 751) v. 15. 2. 1955
RingAufwRspr.	s. RsprAufw.
RiStV	Richtlinien für das Strafverfahren v. 1. 8. 1953. (Alte Fassung v. 13. 4. 1935, SonderveröffDtJust. Nr. 7)
RiW, RdIntWi.	Recht der internationalen Wirtschaft (1. 1954ff.)
RiWG, RWG	Richterwahlgesetz Bund. Vom 25. 8. 1950 (BGBl. S. 368) Berlin. Gesetz ü. d. Wahl d. höchsten Richter u. Generalstaatsanwälte (~) v. 26. 7. 1951 (GVBl. S. 546)

RiWG, RWG	Richterwahlgesetz Bremen. ∼ v. 18. 12. 1953 (GBl. S. 119) Hamburg. ∼ v. 8. 7. 1952 (GVBl. S. 137) Hessen. ∼ i. d. F. v. 6. 3. 1954 (GVBl. S. 25)
RiWO	Berlin. Richterwahlordnung v. 9. 1. 1951 (VOBl. I S. 240)
Rj.	Rechnungsjahr
RJA	Reichsjustizamt
RJA	Entscheidungen in Angelegenheiten der freiwilligen Gerichtsbarkeit und des Grundbuchrechts, zusammengest. im Reichsjustizamt (1. 1900–17. 1922)
RJäM, Rjm.	Reichsjägermeister
RJAO	s. JAO
RJG, RJagdG	Reichsjagdgesetz v. 3. 7. 1934 (RGBl. I S. 549)
RJGG	Reichsjugendgerichtsgesetz v. 6. 11. 1943 (RGBl. I S. 637)
RJM	Reichsminister(ium) der Justiz
RJWG, JWG	Jugendwohlfahrtsgesetz v. 9. 7. 1922 (RGBl. I S. 633)
RK	Reichskanzler; Reichskommissar; Restitutionskammer
RKA	Reichskriegsschädenamt
RKassO	s. RKO
RKB	Reichskraftwagenbetriebsverband
RKBest.(Pr.)	s. PrRKBest.
RKEG	s. RelKindErzG
RKG	s. a. RKnG
RKG, RkG, ReiseKG	Gesetz über Reisekostenvergütung d. Beamten [Reisekostengesetz] v. 15. 12. 1933 (RGBl. I S. 1067)
RKG, RKriegsG	Reichskriegsgericht
RKG, RKriegsG	Entscheidungen des Reichskriegsgerichts und des Wehrmachtdienststrafhofs (1. 1938/40–2. 1940/43)
RKM	Reichskriegsminister(ium)
RKMuObdW	Reichskriegsminister u. Oberbefehlshaber der Wehrmacht
RKnG, RKG	Reichsknappschaftsgesetz i. d. F. v. 1. 7. 1926 (RGBl. I S. 369)
RKO, RKassO	Reichskassenordnung v. 6. 8. 1927 (RMBl. S. 357)
RKPA	Reichskriminalpolizeiamt
RKraftf.	s. RdK
RKT	Reichskraftwagentarif v. 30. 3. 1936 (RVkBl. B S. 71)
RKW	Rationalisierungskuratorium der deutschen Wirtschaft

RL	Richtlinien
RLA, RdschLA	Rundschau für den Lastenausgleich (Ersch. auch als Beil. zu: Dt. Steuer-Rundschau; 1. 1952ff.)
RLG	Gesetz ü. Sachleistungen f. Reichsaufgaben (Reichsleistungsgesetz) v. 1. 9. 1939 (RGBl. I S. 1645)
RLM	Reichsminister(ium) der Luftfahrt
RLMuObdL	Reichsminister der Luftfahrt u. Oberbefehlshaber der Luftwaffe
RM	Reichsminister(ium)
RMBl., RMinBl.	Reichsministerialblatt. Zentralblatt f. d. Dt. Reich (51. 1923—73. 1945; vorher: Zentralblatt f. d. Dt. Reich)
RMBlFo., RMBlFv.	Reichsministerialblatt der Forstverwaltung (1. 1937 bis 7. 1944)
RMBliV	s. MBliV
RMBlLwV	s. LwRMBl.
RMdA	Reichsminister(ium) des Auswärtigen
RMdI	Reichsminister(ium) des Innern
RMdJ, RMdJu.	Reichsminister(ium) der Justiz
RMdL	Reichsminister(ium) der Luftfahrt
RMdLuObL	Reichsminister der Luftfahrt und Oberbefehlshaber der Luftwaffe
RMfdbO	Reichsminister für die besetzten Ostgebiete
RMfEuL	Reichsminister(ium) für Ernährung und Landwirtschaft
RMfkirchlAngel.	Reichsminister(ium) für kirchliche Angelegenheiten
RMfVuP, RPropM	Reichsminister(ium) für Volksaufklärung und Propaganda
RMfWEV, RMfWiEuV	Reichsminister(ium) für Wissenschaft, Erziehung und Volksbildung
RMG	s. a. RMietG
RMG, RMilG	Reichsmilitärgericht
RMG, RMilG	Entscheidungen des Reichsmilitärgerichts (1. 1902 bis 22. 1919)
RMG	Gesetz z. Gewährung v. Mehrbeträgen in d. gesetzlichen Rentenversicherungen u. z. Neufestsetzung d. Beitrages in d. Rentenversicherung d. Arbeiter, d. Rentenvers. d. Angestellten u. d. Arbeitslosenversicherung (Renten-Mehrbetrags-Gesetz) v. 23. 11. 1954 (BGBl. I S. 345)
RMietG, RMG	Reichsmietengesetz i. d. F. v. 20. 4. 1936 (RGBl. I S. 380)

RMinAmtsbl. DtschWiss.	s. DtWiss./ABlMinWEV
RMinBl.	s. RMBl.
RMJ, RJM	Reichsminister(ium) der Justiz
RMLuObdL	Reichsminister der Luftfahrt und Oberbefehlshaber der Luftwaffe
RMO, RMeldO	VO ü. d. Meldewesen (Reichsmeldeordnung) v. 6. 1. 1938 (RGBl. I S. 13)
RMonA, RMonAmt	Reichsmonopolamt für Branntwein
RMonV	Reichsmonopolverwaltung für Branntwein
RMSB	Reichsmarkschlußbilanz
RMuChefdRK	Reichsminister und Chef der Reichskanzlei
RNährstAuflG	Gesetz ü. d. Auflösung d. Reichsnährstandes im Vereinigten Wirtschaftsgebiet v. 21. 1. 1948 (WiGBl. S. 21)
RNährstG, RNStG	Ges. ü. d. vorläufigen Aufbau d. Reichsnährstandes u. Maßnahmen z. Markt- und Preisregelung f. landwirtschaftliche Erzeugnisse v. 13. 9. 1933 (RGBl. I S. 626)
RNatSchG, NatSchG, RNG	Reichsnaturschutzgesetz v. 26. 6. 1935 (RGBl. I S. 821)
RNotO, NotO	Reichsnotarordnung v. 13. 2. 1937 (RGBl. I S. 191)
RNStG	s. RNährstG
RNVBl., VkblRNährst.	Verkündungsblatt des Reichsnährstandes (1935—1945)
RöRUG, RöntgRUG	Gesetz über Röntgenreihenuntersuchungen Baden-Württemberg. ~ u. Tuberkulinproben v. 19. 10. 1953 (GBl. S. 157) Bayern. ~ v. 6. 7. 1953 (GVBl. S. 103) Bremen. ~ v. 2. 3. 1948 (GBl. S. 40) Hamburg. ~ v. 22. 10. 1946 (GVBl. S. 111) Niedersachsen. ~ v. 27. 9. 1948 (GVBl. S. 82) Schleswig-Holstein. ~ v. 16. 6. 1947 (GVBl. S. 13)
ROHG	Reichsoberhandelsgericht
ROHG, BOHG	Entscheidungen des (bis 2. 1871: Bundes-) Reichsoberhandelsgerichts (1. 1871—25. 1880)
RPA, RPatA	Reichspatentamt
RPA, RPoA	Reichspostamt
RPachtO, RPachtSchO, RPSchO, RPO	VO zur Vereinheitlichung des Pachtnotrechts (Reichspachtschutzordnung) v. 30. 7. 1940 (RGBl. I S. 1065)
RpflBl.	Rechtspflegerblatt (1. 1953ff.)
Rpfleger, DRpfl.	Der deutsche Rechtspfleger (vorher: Zs. d. Bundes Dt. Justizamtmänner; 42. 1931—46. 1935; dann aufgeg. in: Dt. Rechtspflege; 54. 1943—55. 1944, 56/57. 1948/49ff.)

RPG	s. PG
RPM	Reichspostminister(ium)
RPMBl., ABlRPM, PoABl., PABl.	Amtsblatt des Reichspostministeriums (1919–1945)
RPO	s. RPachtO
RPÖ	Richtlinien f. d. Preisbildung b. öffentlichen Aufträgen v. 15. 11. 1938 i. d. F. v. 24. 3. 1941 (RAnz. Nr. 73), 12. 2. 1942 (RAnz. Nr. 51)
RPolKostG	Reichspolizeikostengesetz v. 29. 4. 1940 (RGBl. I S. 688)
RPr., RPräs.	Reichspräsident
RPresseG	s. PresseG
RProtBM	Reichsprotektorat Böhmen und Mähren
RR, RegR	Regierungsrat
RR, RRat	Reichsrat
RReg.	Reichsregierung
RRH, RH, RechnH	Rechnungshof des Deutschen Reiches
RRichter	Reichsrichter
RRO	Rechnungslegungsordnung für das Reich [Reichsrechnungslegungsordnung] v. 3. 7. 1929 (RMBl. S. 439)
RSchA	Reichsschatzamt
RSchA, RSchiedsA	Reichsschiedsamt
RSchG, RSchiedsG	Reichsschiedsgericht
RSchPVO	s. RheinSchPolVO
RSchuldO	Reichsschuldenordnung v. 13. 2. 1924 (RGBl. I S. 95)
RSchulpflG	Gesetz ü. d. Schulpflicht im Deutschen Reich (Reichsschulpflichtgesetz) v. 6. 7. 1938 (RGBl. I S. 799)
RSG	s. RSiedlG
RSHA	Reichssicherheitshauptamt
RSiedlG, RSG	Reichssiedlungsgesetz v. 11. 8. 1919 (RGBl. S. 1429)
RSpK	Reichssparkommissar
Rspr.	Rechtsprechung
RsprArb.	s. ArbRspr.
RsprAufw., AufwRspr., RingAufwRspr.	Rechtsprechung in Aufwertungssachen, hrsg. v. Ring und Harmening (1. 1926–6. 1931/32)
RStatth.	Reichsstatthalter
RStBl.	Reichssteuerblatt (10. 1920–35. 1945; vorher: Amtl. Mitteilungen ü. d. Zuwachssteuer usw.)

RStfRaumO	Reichsstelle für Raumordnung
RStGB	s. StGB
RStVO	s. StVO
RStWi.	Recht, Staat, Wirtschaft (1. 1949ff.)
RT	Reichstag
RTG	s. TumSchG
RTierÄO, RTÄO, RTO	Reichstierärzteordnung v. 3. 4. 1936 (RGBl. I S. 347)
RTO	Reichstarifordnung
RTrhdA	Reichstreuhänder der Arbeit
RTrhföD	Reichstreuhänder für den öffentlichen Dienst
RTV	Rahmentarifvertrag
RücklV, RücklVO	Rücklagenverordnung Reich. Vom 5. 5. 1936 (RGBl. I S. 435) Hessen. ~ f. d. Gemeinden v. 27. 1. 1956 (GVBl. S. 52)
RuFuG	s. RundfG
RUKZ	Reise- und Umzugskostenbestimmungen f. d. Justizverwaltung (= SonderveröffDtJust. Nr. 24)
RuN	s. RA u. Not.
RundfArch.	Rundfunkarchiv (11. 1938—17. 1944; vorher: Archiv f. Funkrecht)
RundfG, RuFuG	Rundfunkgesetz Bayern. Gesetz ü. d. Errichtung u. d. Aufgaben einer Anstalt des öffentl. Rechts „Der Bayerische Rundfunk" v. 10. 8. 1948 (GVBl. S. 135) Hessen. Gesetz ü. d. Hessischen Rundfunk v. 2. 10. 1948 (GVBl. S. 123)
RUO, RUmlO, RUmlegO	Reichsumlegungsordnung v. 16. 6. 1937 (RGBl. I S. 629)
RuPrAM	Reichs- u. Preuß. Arbeitsminister(ium)
RuPrJM	Reichs- und Preuß. Justizminister(ium)
RuPrLFM	Reichsforstmeister und Preuß. Landesforstmeister
RuPrMfdkirchlA	Reichs- und Preuß. Minister(ium) für die kirchl. Angelegenheiten
RuPrMfEuL	Reichs- und Preuß. Minister(ium) f. Ernährung und Landwirtschaft
RuPrMfWEuV	Reichs- u. Preuß. Minister(ium) f. Wissenschaft, Erziehung und Volksbildung
RuPrVBl.	Reichsverwaltungsblatt und Preußisches Verwaltungsblatt (49. 1927/28—54. 1933; dann: Reichsverwaltungsblatt; vorher: Preuß. Verwaltungsblatt)
RuPrWiM	Reichs- und Preuß. Wirtschaftsminister(ium)

RuSt.	Recht und Staat in Geschichte und Gegenwart (1. 1913ff.)
RuStAG, StAngG	Reichs- und Staatsangehörigkeitsgesetz v. 22. 7. 1913 (RGBl. S. 583)
RuStAnz.	s. RAnz.
RuW, RuWi.	Recht und Wirtschaft (1. 1912—11. 1922)
RV, RVerf.	s. a. WRV
RV, RVers.	s. Reichsvers.
RV	Rentenversicherung
RVA	Richtlinien für alle Versicherungszweige
RVA, RVersA	Reichsversicherungsamt
RVAAng.	Reichsversicherungsanstalt für Angestellte
RVANachr.	s. ANRVA
RVAO	VO ü. Geschäftsgang u. Verfahren des Reichsversicherungsamts v. 24. 12. 1911 (RGBl. S. 1083)
RVB	Ergänzungsrichtlinien für die Lebensversicherung
RVBl.	s. RVkBl. und RVersorgBl.
RVC	Ergänzungsrichtlinien für die Schadens- und Unfallversicherung
RVD	Ergänzungsrichtlinien für die Krankenversicherung
RVermVerw.	Reichsvermögensverwaltung
RVers., RV	s. Reichsvers.
RVersA, RVA	Reichsversicherungsamt
RVersBl.	s. RVersorgBl.
RVersG, RVersorgG	s. RVG
RVersNachr.	s. ANRVA
RVersorgBl., RVBl., RVersBl.	Reichsversorgungsblatt (1919—1945; 1928—1939 ersch. als Teil V d. Reichsarbeitsblatts, 1940—1945 als Beil. z. Reichsarbeitsblatt)
RVersorgG	s. RVG
RVerwBl.	Reichsverwaltungsblatt (55. 1934—64. 1943; dann: Dt. Verwaltungsblatt)
RVerwG	s. RVG
RVG	s. a. RVOVerkG
RVG, RVersorgGer., RVGer.	Reichsversorgungsgericht
RVG, RVersorgG	Entscheidungen des Reichsversorgungsgerichts (1. 1921 bis 14. 1940)
RVG, RVerwG	Reichsverwaltungsgericht

RVG, RVerwG	Entscheidungen des Reichsverwaltungsgerichts (1. 1942 bis 2. 1944)
RVG	Gesetz ü. d. Versorgung d. Militärpersonen u. ihrer Hinterbliebenen bei Dienstbeschädigung (Reichsversorgungsgesetz) v. 12. 5. 1920 (RGBl. S. 989), i. d. F. v. 1. 4. 1939 (RGBl. I S. 663)
RvglHWB	Rechtsvergleichendes Handwörterbuch für das Zivil- und Handelsrecht des In- und Auslandes (Bd. 1—6. 1929—1938, nebst ErgBd. 1 (= 7.) 1931 u. 2. (= 8.) 1937)
RVkBl., RVBl.	Reichs-Verkehrs-Blatt (1. 1920/21—25. 1945) [Ab 1929 geteilt in Teil I u. II. Teil II = Nachrichten f. Luftfahrer. Seit 1934 geteilt in A: Reichswasserstraßen u. B: Kraftfahrwesen]
RVkM	Reichsverkehrsminister(ium)
RVO	Reichsversicherungsordnung v. 19. 7. 1911 (RGBl. S. 509), i. d. F. v. 15. 12. 1924 (RGBl. I S. 779)
RVOVerkG, RVG	Gesetz ü. d. Verkündung von Rechtsverordnungen v. 30. 1. 1950 (BGBl. S. 23)
RVS	Rollfuhrversicherungsschein betr. Warenschäden aus Rollfuhraufträgen im Orts- und Nahverkehr
RVZG	Gesetz ü. d. Gewährung einer Vorschußzahlung in den gesetzl. Rentenversicherungen (Rentenvorschußzahlungsgesetz) v. 23. 12. 1956 (BGBl. I S. 1072)
RWB	s. a. DRWörtB
RWB	Wirtschaftsbestimmungen für die Reichsbehörden v. 11. 2. 1929 (RMBl. S. 49)
RWeM, RWM	Reichswehrminister(ium)
RWG	s. RiWG
RWiG, RWG	Reichswirtschaftsgericht
RWiG, RWG	Entscheidungen des Reichswirtschaftsgerichts (2. 1924: und des Kartellgerichts) (1/2. 1923/4; 1/2. 1941/2)
RWiM, RWM	Reichswirtschaftsminister(ium)
RWiM. u. PrMfWuA	Reichswirtschaftsminister(ium) u. Preuß. Minister(ium) für Wirtschaft und Arbeit
RWMBl.	Ministerialblatt des Reichswirtschaftsministeriums (39. 1939—44/45. 1945; vorher: Ministerialblatt f. Wirtschaft)
RWP, RWP-Bl.	Rechts- und Wirtschaftspraxis [Verlag Forkel. LoseblattAusg.] (1947 ff.)
RWR, RWiR	Reichswirtschaftsrat
RZBl.	s. a. ZBl.

RZBl., RZollBl., RZllBl.	Reichszollblatt (15. 1920—40. 1945; vorher: Nachrichtenblatt f. d. Zollstellen)
RZG	Gesetz ü. d. Gewährung von Zulagen in den gesetzlichen Rentenversicherungen und über Änderungen des Gemeinlastverfahrens (Rentenzulagengesetz) v. 10. 8. 1951 (BGBl. I S. 505)
RzW, NJW/RzW	Rechtsprechung zum Wiedergutmachungsrecht (= Beilage zur NJW) (1. 1949/50 ff.)

S

S.	Seite
S., Sen.	Senat
SA, SchlichtA	Schlichtungsausschuß
SA	s. SeuffArch.
s. a.	siehe auch
SaarlRuStZ, SRZ	Saarländische Rechts-Zeitschrift (ab 2. 1950: Saarl. Rechts- und Steuerzeitschrift) (1. 1948/49 ff.)
SaatgAnerkVO	VO ü. d. Anerkennung von Saatgut (Anerkennungsverordnung) v. 29. 3. 1954 (BGBl. I S. 48)
SaatgG	Gesetz über Sortenschutz und Saatgut von Kulturpflanzen (Saatgutgesetz) v. 27. 6. 1953 (BGBl. I S. 450)
SaBl., SBl.	Sammelblatt für Rechtsvorschriften des Bundes und der Länder (bis 6. 1955,17: f. Gesetze, Verordnungen u. Bekanntmachungen d. Bundes, d. Länder u. d. Besatzungsmächte) (1. 1949/50 ff.)
SachHpflG, SHG	Gesetz über die Haftpflicht der Eisenbahnen und Straßenbahnen für Sachschaden v. 29. 4. 1940 (RGBl. I S. 691)
SachvG	Bayern. Gesetz ü. öffentlich bestellte u. beeidigte Sachverständige v. 11. 10. 1950 (GVBl. S. 219)
SAE	s. SammlgArbE
SächsArch.	Sächsisches Archiv für Bürgerliches Recht und Prozeß (ab 14. 1904: f. Dt. Bgl. Recht) (1. 1891—15. 1905)
SächsArch., SächsRpflArch.	Sächsisches Archiv für Rechtspflege (1. 1906—15. 1920, N. F. 1. 1921—3. 1923)
SächsArch., SächsRpflArch.	Archiv für Rechtspflege in Sachsen, Thüringen und Anhalt (1. 1924—18. 1941/42)
SächsNotV	Mitteilungen des Sächsischen Notarvereins (1924—1933)
SächsOLG, AnnSächsOLG	Annalen des (bis 1918: Kgl.) Sächsischen Oberlandesgerichts zu Dresden (1. 1880—40. 1920)
SächsOVG, JbSächsOVG	Jahrbücher des (bis 1918: Kgl.) Sächsischen Oberverwaltungsgerichts (1. 1902—42. 1941)

SächsRpflArch.	s. SächsArch.
SächsVBl.	Sächsisches Verwaltungsblatt vom Jahre ... (1932 — 1943)
Samml. d. Lüb. VOen, Samml. d. Lüb. Ges.	Sammlung der Lübeckischen Verordnungen und Bekanntmachungen (später: der Lübeckischen Gesetze und Verordnungen) (1. 1813—95. 1928)
SammlG	Gesetz z. Regelung d. öff. Sammlungen u. sammlungsähnl. Veranstaltungen (Sammlungsgesetz) v. 5. 11. 1934 (RGBl. I S. 1086)
SammlgArbE, SAE, Sammlung Arbeitgeber	Sammlung arbeitsrechtlicher Entscheidungen (1. 1928 bis 6. 1933, N. F. 1. 1948ff.)
SavZ	s. ZRG
SB	Sammelbezeichnung
SBG	s. SchwBG
SBl.	s. SaBl.
SBZ	Sowjetische Besatzungszone
Sch.	Schuldner
SchaffVolk	Schaffendes Volk. Monatsschrift d. Sozial-Ministeriums in Rheinland-Pfalz (2. 1949—3. 1950)
SchAG	Bayern. Gesetz ü. d. Schulverwaltung, Schulleitung und Schulaufsicht an den öffentlichen Volksschulen (Schulaufsichtsgesetz) v. 14. 3. 1938 (GVBl. S. 141)
SchaumWStG	Schaumweinsteuergesetz v. 1. 11. 1952 (BGBl. I S. 730)
SchBG	Bayern. Schulbedarfsgesetz v. 11. 1. 1939 (GVBl. S. 12)
SchbG	Gesetz ü. d. Beschränkung von Grundeigentum f. d. militärische Verteidigung (Schutzbereichgesetz) v. 7. 12. 1956 (BGBl. I S. 899)
ScheckG, SchG	Scheckgesetz v. 14. 8. 1933 (RGBl. I S. 597)
SchenkSt.	Schenkungssteuer
SchFO	Bayern. VO ü. d. Schiffahrt auf allen bayerischen Seen (Schiffahrtsordnung) i. d. F. d. Bek. v. 25. 6. 1956 (GVBl. S. 118)
SchG	s. a. ScheckG
SchG, SchiedsG	Schiedsgericht
SchG, SchmG, SchiedsmG	Gesetz ü. d. Schiedsmannswesen im Lande Hessen [Schiedsmannsgesetz] v. 12. 10. 1953 (GVBl. S. 163)
SchiedsmO, SchmO	Preußen. Schiedsmannsordnung i. d. F. v. 3. 12. 1924 (GS S. 751)
SchiedsmZtg., SCHS-ZTG, SchsZtg.	Schiedsmannszeitung (1. 1926—19. 1945, 20. 1949ff.)

SchiffsG	Gesetz ü. Rechte an eingetragenen Schiffen u. Schiffsbauwerken [Schiffsgesetz] v. 15. 11. 1940 (RGBl. I S. 1499)
SchiffsRegO	Schiffsregisterordnung v. 19. 12. 1940 (RGBl. I S. 1591), i. d. F. v. 26. 5. 1951 (BGBl. I S. 360)
SchiRegVfg., SchiffsRegVfg.	Einrichtung und Führung des Schiffsregisters u. des Schiffsbauregisters (Schiffsregisterverfügung) v. 23. 12. 1940 (DtJust. 1941 S. 42)
SchlA, SA	Schlichtungsausschuß
SchlBil.	Schlußbilanz
SchlHA	Schleswig-Holsteinische Anzeigen (N. F. 1. 1837ff.)
SchlichtG	Rheinland-Pfalz. Landesges. ü. d. Ausgleichs- u. Schiedsverfahren in Arbeitsstreitigkeiten v. 30. 3. 1949 (GVBl. S. 98)
SchlichtO	Baden. Landesgesetz ü. d. Schlichtungswesen bei Arbeitsstreitigkeiten (Landesschlichtungsordnung) v. 19. 10. 1949 (GVBl. 1950 S. 60)
SchlichtW, SchlW	Das Schlichtungswesen (ab 10. 1928: Arbeitsrecht und Schlichtung) (1. 1919—17. 1935)
Schm., Schiedsm.	Schiedsmann
SchmO	s. SchiedsmO
SchmollersJ, SchmollersJb.	Jahrbuch für Gesetzgebung, Verwaltung und Volkswirtschaft im Deutschen Reich, hrsg. von Schmoller (ab 37. 1913: Schmollers Jahrb. . . .; ab 69. 1949 ohne Zusatz: im Deutschen Reich) (1. 1877—68. 1944, 69. 1949ff.)
SchöffG	Schöffengericht
SchOG, SchulOG	Bayern. Gesetz ü. d. Organisation d. Volksschulen (Schulorganisationsgesetz) v. 8. 8. 1950 (GVBl. S. 159)
SchornstFG	Gesetz z. Ordnung d. Schornsteinfegerwesens v. 22. 1. 1952 (BGBl. I S. 75)
SchP, SchuPo.	Schutzpolizei
SchPfleG, VSchulG	Bayern. Gesetz ü. Schulpflege an d. Volksschulen v. 27. 7. 1948 (GVBl. S. 157)
SchRegG	s. SchuldRegelG
SCHS-ZTG, SchsZtg.	s. SchiedsmZtg.
SchuldBerG	Gesetz ü. eine Bereinigung alter Schulden v. 17. 8. 1938 (RGBl. I S. 1033), i. d. F. v. 3. 9. 1940 (RGBl. I S. 1209)
SchuldRegelG, SchRegG	Gesetz zur Regelung der landwirtschaftlichen Schuldverhältnisse [Schuldenregelungsgesetz] v. 1. 6. 1933 (RGBl. I S. 331)

SchulG, SchulWG — Schulgesetz
Berlin. ~ f. ... i. d. F. v. 5. 8. 1952 (GVBl. S. 957)
Bremen. Gesetz ü. d. Schulwesen d. Freien Hansestadt ... v. 4. 4. 1949 (GBl. S. 59)
Hamburg. Gesetz ü. d. Schulwesen d. Hansestadt ... v. 25. 10. 1949 (GVBl. S. 257)
Niedersachsen. Gesetz ü. d. öffentl. Schulwesen in ... v. 14. 9. 1954 (GVBl. S. 89)
Nordrhein-Westfalen. 1. Gesetz z. Ordnung d. Schulwesens im Lande ... v. 8. 4. 1952 (GVBl. S. 61)

SchulgeldFrG, SchGFG — Gesetz ü. d. Schulgeldfreiheit
Baden-Württemberg. Gesetz ü. Schulgeld- u. Lernmittelfreiheit u. Erziehungsbeihilfen v. 31. 1. 1955 (GBl. S. 38)
Niedersachsen. ~ an d. öffentl. Schulen in ... v. 20. 2. 1955 (GVBl. S. 53)
Nordrhein-Westfalen. Gesetz ü. d. Einf. u. Durchf. d. Schulgeldfreiheit im Lande ... v. 31. 1. 1956 (GVBl. S. 95)
Schleswig-Holstein. Gesetz ü. Schulgeldfreiheit, Lernmittelfreiheit u. Erziehungsbeihilfen i. d. F. v. 21. 6. 1952 (GVBl. S. 116)

SchulKostG — Hessen. Schulkostengesetz v. 10. 7. 1953 (GVBl. S. 126)

SchulOG, SchOG — Bayern. Gesetz ü. d. Organisation d. Volksschulen (Schulorganisationsgesetz) v. 8. 8. 1950 (GVBl. S. 159)

SchulpflG, SchPfliG — Gesetz ü. d. Schulpflicht
Reich. ~ im Deutschen Reich (Reichsschulpflichtgesetz) v. 6. 7. 1938 (RGBl. I S. 799)
Baden-Württemberg. Gesetz ü. Schuljahr u. Schulpflicht v. 9. 3. 1953 (GBl. S. 17)
Bayern. ~ v. 15. 1. 1952 (GVBl. S. 11)
Hessen. ~ im Lande ... (Schulpflichtgesetz) i. d. F. v. 27. 5. 1950 (GVBl. S. 68)
Nordrhein-Westfalen. ~ im Deutschen Reich (Reichsschulpflichtgesetz) i. d. F. d. Änderungsgesetzes v. 27. 7. 1949 (GVBl. S. 245)
Rheinland-Pfalz. Vom 22. 12. 1955 (GVBl. S. 115)

SchulVwBlNds., SVBl. — Schulverwaltungsblatt für Niedersachsen (1. 1949ff.)

SchulVwG, SchVG — Schulverwaltungsgesetz
Bremen. ~ f. d. Freie Hansestadt ... v. 31. 1. 1950 (GBl. S. 21)
Hamburg. ~ v. 3. 7. 1956 (GVBl. S. 125)
Hessen. ~ v. 10. 7. 1953 (GVBl. S. 131)
Niedersachsen. Gesetz ü. d. Verwaltung öffentl. Schulen (~) v. 19. 5. 1954 (GVBl. S. 29)

SchulVOBl.Bad. — Schulverordnungsblatt für das Großherzogtum Baden (56. 1918—57. 1919: Badisches Schulverordnungsblatt) (49. 1911—57. 1919; dann Amtsbl. d. Bad. Ministeriums d. Kultus u. Unterrichts)

SchulWG	s. SchulG
SchundLitG	s. GjS
SchutzVO	VO ü. Maßnahmen auf d. Gebiete d. bürgerl. Streitverfahrens u. d. Zwangsvollstreckung (Schutzverordnung) v. 4. 12. 1943 (RGBl. I S. 666)
SchVAG	Bayern. Gesetz ü. Ahndung d. Schulversäumnisse v. 3. 9. 1949 (GVBl. S. 228)
SchVG	s. SchulVwG
SchwbG, SchwBG, BSchwBG	Gesetz ü. d. Beschäftigung Schwerbeschädigter (Schwerbeschädigtengesetz) v. 16. 6. 1953 (BGBl. I. S. 389) [Altes Gesetz v. 12. 1. 1923 (RGBl. I S. 57)]
SchwG	Schwurgericht
SeeA	Seeamt
SeefrachtO	VO ü. d. Beförderung gefährlicher Gegenstände mit Kauffahrteischiffen (Seefrachtordnung) v. 1. 12. 1930 (RAnz. 1931 Nr. 69)
SeelotG, SLG	Gesetz ü. d. Seelotswesen v. 13. 10. 1954 (BGBl. II S. 1035)
SeemO, SeeO, SO	Seemannsordnung v. 2. 6. 1902 (RGBl. S. 175)
SeeunfUG	s. SUG
SelbstV, SV	Die Selbstverwaltung. Organ d. Dt. Landkreistages (1. 1947ff.)
SenG	Senatsgetz Bayern. Gesetz Nr. 74 ü. d. Senat v. 31. 7. 1948 (GVBl. S. 162) Bremen. ~ v. 29. 11. 1946 (GBl. S. 107) Hamburg. ~ v. 11. 1. 1951 (GVBl. S. 1)
SeßhG	Bayern. Gesetz z. Förderung d. Übernahme landwirtschaftlicher Betriebe (Seßhaftmachungsgesetz) v. 26. 11. 1954 (GVBl. S. 308)
SeuffArch., SA	Seufferts Archiv für Entscheidungen der obersten Gerichte in den deutschen Staaten (1. 1847—98. 1944)
SeuffBl., BlfRA	Seufferts Blätter für Rechtsanwendung (bis 71. 1906: Blätter f. Rechtsanwendung, zunächst in Bayern) (1. 1836—78. 1913; dann: Zs. f. Rechtspflege in Bayern)
SF	s. SozFort.
SFrRG	Gesetz z. Änderung von Vorschriften d. Handelsgesetzbuchs über das Seefrachtrecht v. 10. 8. 1937 (RGBl. I S. 891)
SG	Sozialgericht
SG	Gesetz ü. d. Rechtsstellung der Soldaten (Soldatengesetz) v. 19. 3. 1956 (BGBl. I S. 114)

SGb., Sgbkt.	Die Sozialgerichtsbarkeit (1. 1954ff.)
SGG, SozGG	Sozialgerichtsgesetz v. 3. 9. 1953 (BGBl. I S. 1239)
SHA	Sonderhilfsausschuß
SHA	Soforthilfeabgabe
SHAEF	Supreme Headquarters of the Allied Expeditionary Forces (Oberstes Hauptquartier der verbündeten Expeditionsstreitkräfte)
SHAnpG	Gesetz ü. d. Stundung v. Soforthilfeabgaben u. über Teuerungszuschläge zur Unterhaltshilfe (Soforthilfeanpassungsgesetz) 1. Gesetz v. 4. 12. 1951 (BGBl. I S. 934) 2. Gesetz v. 14. 2. 1952 (BGBl. I S. 93)
SHG	s. a. SachHpflG
SHG	Gesetz zur Milderung dringender sozialer Notstände (Soforthilfegesetz) v. 8. 8. 1949 (WiGBl. S. 205)
SHSA	Soforthilfesonderabgabe
SHZO	Seehafen-Zollordnung v. 3. 11. 1937 (RMBl. S. 651; RZBl. S. 637)
SichG	s. HypSG
SJZ	Süddeutsche Juristenzeitung (1. 1946—5. 1950; dann: Juristenzeitung)
SJZ	Schweizerische Juristenzeitung (1. 1904ff.)
SKV	s. StuKommV
SLG, SeelotG	Gesetz ü. d. Seelotswesen v. 13. 10. 1954 (BGBl. II S. 1035)
SMA, SMAD	Sowjetische Militäradministration in Deutschland
SO	s. SeemO
SoergelsJ, SoergelsJb.	Jahrbuch des Strafrechts und Strafprozesses, hrsg. v. Soergel u. Krause (= Beil. zu: Das Recht) (1. 1906 bis 15. 1920)
SoergelsRspr.	Rechtsprechung zum BGB, EGzBGB, CPO, KO, GBO und RFG (ab. 7. 1906: zum ges. Zivil-, Handels- u. Prozeßrecht; 19. 1918: Jahrb. d. Rechtsprechung u. Rechtslehre z. ges. Zivil-, Handels- u. Prozeßrecht; 20. 1919: Jahrb. d. Zivilrechts; 33. 1932: Jahrb. d. Zivil-, Handels- u. Prozeßrechts), bearb. v. Soergel (1/2. 1900—42. 1941)
SOG	Niedersachsen. Gesetz ü. d. öffentliche Sicherheit und Ordnung v. 21. 3. 1951 (GVBl. S. 79)
SondergerVO	VO ü. eine Sondergerichtsbarkeit in Strafsachen für Angehörige der SS u. für d. Angehörigen d. Polizeiverbände bei besonderem Einsatz v. 17. 10. 1939 (RGBl. I S. 2107)

SonderveröffDtJust., SV DJ	Amtliche Sonderveröffentlichungen der Deutschen Justiz (Nr. 1. 1933—32. 1944)
SozArb.	Soziale Arbeit (1. 1951/52ff.)
SozFort., SF	Sozialer Fortschritt (1. 1952ff.)
SozGG	s. SGG
SozM	Sozialminister(ium)
SozPr., SozPrax.	Soziale Praxis (4. 1895—52. 1943; 1944: Die Dt. Sozialpolitik; anfangs: Sozialpolitisches Centralblatt, ab 1. 1892)
SozR	Sozialrecht. Rechtsprechung u. Schrifttum, bearb. v. d. Richtern d. Bundessozialgerichts [LoseblSlg.] (1955ff.)
SozSelbstV	Soziale Selbstverwaltung (1. 1953ff.)
SozSich.	Soziale Sicherheit. Zs. f. Sozialpolitik (1. 1952ff.)
SozSichKart.	Kartei der Zeitschrift „Soziale Sicherheit“
SozV, SozVers.	Sozialversicherung
SozV, SozVers., DSozVers., SV	Die Sozialversicherung. Zs. f. alle Angelegenheiten d. Kranken-, Renten- u. Unfallversicherung (1. 1946ff.)
SozVersAnpG	s. SVAG
SozVersSVerwG	s. GSv.
SozVersSWO	s. WO-Sozialvers.
Sp.	Spalte
Spark.	Sparkasse (1. 1881—63. 1943,3, [67.] 1950ff.; 1947—1949 u. d. T.: Sparkassen-Mitteilungen)
SparkG, SpkG, SpKG	Sparkassengesetz Bayern. Gesetz ü. d. öffentlichen Sparkassen i. d. F. d. Bek. v. 1. 10. 1956 (GVBl. S. 187) Hessisches Sparkassengesetz v. 10. 11. 1954 (GVBl. S. 197)
SparkO	s. SpKO
SparVO	s. SpVO
SpBG	s. SpielbG
Spediteur	Der Spediteur (1. 1953ff.)
SpedSchiffZtg., SSZ	Speditions- und Schiffahrtszeitung (1. 1893—42. 1934; dann: Tarif-Beobachter)
SpEisVO	VO ü. d. Herstellung von u. d. Verkehr mit Speiseeis Reich. VO ü. Speiseeis v. 15. 7. 1933 (RGBl. I S. 510) Bayern. ~ v. 2. 6. 1950 (GVBl. S. 89) Niedersachsen. ~ v. 29. 9. 1950 (GVBl. S. 56) Rheinland-Pfalz. Landespol ~ v. 6. 8. 1951 (GVBl. S. 168) Schleswig-Holstein. VO ü. d. Verkehr mit Speiseeis (Speiseeisverordnung) v. 27. 5. 1952 (GVBl. S. 85)

SpielbG, SpBG, SpG	Gesetz ü. d. Zulassung öffentlicher Spielbanken v. 14. 7. 1933 (RGBl. I S. 480)
SpKG, SpkG	s. SparkG
SpKO, SpkO	Bayern. VO ü. d. Verwaltung u. d. Betrieb d. Sparkassen (Sparkassenordnung) i. d. F. v. 6. 12. 1956 (GVBl. S. 321)
SportWG	Gesetz über Sportwetten Baden. Landesgesetz ü. d. Sportwette v. 17. 12. 1948 (GVBl. 1949 S. 13) Berlin. ~ v. 21. 9. 1949 (VOBl. I S. 334) Bremen. Gesetz ü. d. Zulassung von Sportwetten im Lande ... v. 25. 10. 1948 (GBl. S. 205) Hessen. Gesetz ü. d. Zulassung von Sportwetten im Lande ... v. 16. 2. 1949 (GVBl. S. 17) Niedersachsen. ~ v. 31. 3. 1955 (GVBl. S. 145) Nordrhein-Westfalen. Gesetz ü. d. Genehmigung von Spielwett- u. Losgeschäften sowie Geschicklichkeitsspielen v. 11. 7. 1949 (GVBl. S. 243) Rheinland-Pfalz. Landes~ (Sportwettgesetz) v. 11. 8. 1949 (GVBl. S. 337) Schleswig-Holstein. ~ v. 2. 11. 1948 (GVBl. S. 207) Württemberg-Baden. ~ v. 18. 8. 1948 (RegBl. S. 133) Württemberg-Hohenzollern. ~ v. 3. 12. 1948 (RegBl. S. 181)
SprengstG	Gesetz gegen den verbrecherischen u. gemeingefährlichen Gebrauch von Sprengstoffen v. 9. 6. 1884 (RGBl. S. 61)
Spruchger.	Die Spruchgerichte (= Beilage zum Zentral-Justizblatt für die Britische Zone) (1. 1947—2. 1948)
SpStV	Bayern. VO ü. d. Sperrstunde v. 12. 12. 1952 (GVBl. S. 313)
SpVO, SparVO	Nordrhein-Westfalen. VO z. Sicherung d. Währung u. öffentl. Finanzen [Sparverordnung] 1. bis 3. VO v. 19. 3. 1949 (GVBl. S. 25, 28, 29)
SRZ	s. SaarlRuStZ
SSA	s. BlStSozArbR
SSchVO	5. Durchf.- u. ErgVO z. Kriegssachschädenverordnung (Schäden der Seeschiffahrt) v. 13. 11. 1942 (RGBl. I S. 645)
SSV	VO über Sicherheitseinrichtungen für Fahrgast- und Frachtschiffe (Schiffssicherheitsverordnung) v. 31. 5. 1955 (BGBl. II S. 645)
SSZ	s. SpedSchiffZtg.
St ... [in Zusammensetzungen:]	1. Staat-, Staats- 2. Straf- 3. Steuer-

St.	s. a. Steuer
StA	Staatsanwaltschaft
Staat u. R.	Staat und Recht (1. 1952ff.)
StaatsuSVerw., Stusev.	Staats- und Selbstverwaltung (1. 1919—22. 1941, 23. 1950—27. 1954; dann aufgeg. in: Staats- u. Kommunalverwaltung)
StädteO, StO	Städteordnung
StädteT, StT	Der Städtetag. (Ab N. F. 1. 1948ff. m. d. Untertit.:) Zs. f. kommunale Praxis u. Wissenschaft (bis 27. 1933; dann vereinigt m.: Der Gemeindetag; N. F. 1. 1948ff.)
StÄV	VO ü. d. Änderung von Steuergesetzen (Steueränderungs-Verordnung) v. 20. 8. 1941 (RGBl. I S. 510)
STAGMA	Staatlich genehmigte Gesellschaft zur Verwertung musikalischer Urheberrechte
StandA	s. a. StAZ
StandA	Das Standesamt (1. 1902—20. 1921; dann: Zs. f. Standesamtswesen)
StandBea.	Der Standesbeamte (1. 1874—46. 1920; dann Zs. f. Standesamtswesen)
StAngRegG, StARegG, StaRegG	Gesetz z. Regelung v. Fragen d. Staatsangehörigkeit v. 22. 2. 1955 (BGBl. I S. 65)
StAngG	s. RuStAG
StAnpG	Steueranpassungsgesetz v. 16. 10. 1934 (RGBl. I S. 925)
StAnz. (Bay.)	s. BayStAnz.
StAnz. (BadWürtt.)	Staatsanzeiger für Baden-Württemberg (1952 Nr. 1—3: f. d. südwestdt. Bundesland) (1. 1952ff.)
StAnz. (Hess.)	Staats-Anzeiger für das Land Hessen (1. 1946ff.)
StAnz. (RhPf.)	Staats-Zeitung und Staatsanzeiger für Rheinland-Pfalz (1. 1950ff.)
StAnz. (WürttBad.)	Staatsanzeiger für Württemberg-Baden (1. 1947—6. 1952)
StAnz. (WürttHhz.)	Staatsanzeiger für das Land Württemberg-Hohenzollern (1950—1952)
StArch.	Steuer-Archiv. Zs. f. d. gesamte Steuerwesen (vor 24. 1921: f. d. ges. Gebiet d. direkten Steuern) (1. 1898—38. 1935)
StatBRD	s. StBRD
StatDReich	Statistik des Deutschen Reichs (1. 1873—63. 1883; N. F. 1. 1884—599. 1944)
StatDReich Vjh.	Vierteljahreshefte zur Statistik des Deutschen Reichs (1. 1892—52. 1943)

StatG, StatGes.	Gesetz über die Statistik für Bundeszwecke v. 3. 9. 1953 (BGBl. I S. 1314)
StatKorr.	Statistische Korrespondenz (bis 60. 1934)
StatRA	Statistisches Reichsamt
StAZ, ZStandA	Zeitschrift für Standesamtswesen (1. 1921–24. 1944, N. F. 1. 1948; dann: Das Standesamt)
StAZ, StandA	Das Standesamt. Zs f. Standesamtswesen, Personenstandsrecht, Ehe- u. Kindschaftsrecht, Staatsangehörigkeitsrecht (1/2. 1948/49ff.)
Stb., StB	Steuerberater
Stb., StBerater	Der Steuerberater (1. 1931–12. 1944, 13. 1951ff.)
Stb., StBerater	Der Steuerberater (1. 1946–2. 1947; dann: Steuer- u. Wirtschaftsberater)
StBeitrAO	Anordnung ü. d. Einforderung u. Beitreibung v. Vermögensstrafen u. Verfahrenskosten v. 15. 2. 1956
StBG	Bayern. Gesetz ü. d. Bayer. Staatsbank v. 25. 10. 1950 (GVBl. S. 221)
StbJb., StBeraterJb.	Steuerberater-Jahrbuch (1. 1949ff.)
StBK	Staatssekretär des Bundeskanzleramtes
StBl.Hamb.	Steuerblatt für die Hansestadt Hamburg (1950; dann: Hamburger Steuer- u. Zoll-Nachrichten)
StBl.Nds.	Steuerblatt für das Land Niedersachsen (5. 1950; vorher: Steuer- und Zollblatt)
StBl.NRW, StBl.NW	Steuerblatt für das Land Nordrhein-Westfalen (1. 1950)
StBl.Schl-H	Steuerblatt für das Land Schleswig-Holstein (1. 1950)
StBRD, StatBRD	Statistik der Bundesrepublik Deutschland (1. 1950ff.)
StdF	Stellvertreter des Führers
STEELCO	Vereinigte Stahl-Kontrollgruppe
StEG, STEG	Staatliche Erfassungs-Gesellschaft für öffentliches Gut
StenBer.	Stenographischer Bericht
StengleinsZ	Zeitschrift für Gerichtspraxis und Rechtswissenschaft in Bayern (ab N. F. 1. (= 11.) 1872: in Deutschland), begr. v. Stenglein (1. 1862—N. F. 7. (= 11.) 1879) [Erschien ab 1872 mit Beil., d. den ursprüngl. Titel fortführte]
Steuer, St.	Die Steuer (1. 1948–2. 1949)
StGB, RStGB, StrGB	Strafgesetzbuch für d. Deutsche Reich v. 15. 5. 1871 (RGBl. S. 127), neu bekanntgemacht am 25. 8. 1953 (BGBl. I S. 1083)
StGH	Staatsgerichtshof

StGHG, StGG	Gesetz ü. d. Staatsgerichtshof Baden-Württemberg. ~ v. 13. 12. 1954 (GBl. S. 171) Bremen. ~ i. d. F. v. 20. 3. 1956 (GBl. S. 30) Hessen. ~ v. 12. 12. 1947 (GVBl. 1948 S. 3) Niedersachsen. ~ v. 31. 3. 1955 (GVBl. S. 141)
StGSchG	Bayern. Gesetz ü. Steuergutscheine i. d. F. v. 12. 3. 1952 (GVBl. S. 100)
StHaftEntschG, FreigesprG	Gesetz, betr. d. Entschädigung d. im Wiederaufnahmeverfahren freigesprochenen Personen v. 20. 5. 1898 (RGBl. S. 345)
StHO	s. HOG
StIGH	Ständiger Internationaler Gerichtshof
StK, StrK	Strafkammer
StK	Sterbekasse
StK	s. StRKurzf.
StM	Staatsminister(ium)
StMuChefPräsK	Staatsminister und Chef der Präsidialkanzlei
StNOG	Gesetz z. Neuordnung von Steuern v. 16. 12. 1954 (BGBl. I S. 373)
StO, StädteO	Städteordnung
StO	Steuerordnung
Stpfl.	Steuerpflichtiger
StPO, StrPO	Strafprozeßordnung i. d. F. v. 22. 3. 1924 (RGBl. I S. 299, 322)
StPrakt.	Der Steuerpraktiker (1. (= 23.) 1949ff.; vorher: Die Steuerpraxis)
StPrax.	Die Steuerpraxis (1. 1923—22. 1944; dann: Der Steuerpraktiker)
StRÄndG	Strafrechtsänderungsgesetz 1. ~ v. 30. 8. 1951 (BGBl. I S. 739) 2. ~ v. 6. 3. 1953 (BGBl. I S. 42) 3. ~ v. 4. 8. 1953 (BGBl. I S. 735)
StraKO	Buchführungsordnung für Strafen u. Kosten f. d. Hauptzollämter u. Zollämter v. 20. 3. 1935 (RZBl. S. 159)
StrandO	Strandungsordnung v. 17. 5. 1874 (RGBl. S. 73)
StraßbBauBetrO	s. BOStrab.
Straße	Die Straße. Amtl. Blatt d. Generalinspektors f. d. dt. Straßenwesen (1. 1934—10. 1943)
StraßVerwG	s. StrRegG
StRegVO	Strafregisterverordnung v. 17. 2. 1934 (RGBl. I S. 140)

StrFG 1949	Gesetz ü. d. Gewährung v. Straffreiheit [Straffreiheitsgesetz] v. 31. 12. 1949 (BGBl. S. 37)
StrFG 1954	Gesetz ü. d. Erlaß von Strafen u. Geldbußen u. d. Niederschlagung v. Strafverfahren u. Bußgeldverfahren (Straffreiheitsgesetz 1954) v. 17. 7. 1954 (BGBl. I S. 203)
STrhdHeimarb.	Sondertreuhänder der Heimarbeit
StriethArch., Striethorst	Archiv für Rechtsfälle aus der Praxis der Rechtsanwälte des Kgl. Ober-Tribunals (ab 23. 1857: Archiv f. Rechtsfälle, die zur Entscheidung d. Kgl. Ober-Tribunals gelangt sind), hrsg. v. Striethorst (1/2. 1851—99/100. 1879/80)
StRK, Mrozek	Steuerrechtsprechung in Karteiform. Mrozek-Kartei [LoseblAusg.] (1922—1944, 1951 ff.)
StrK, StK	Strafkammer
StRKurzf., StK	Steuerrecht in Kurzform [LoseblAusg.] (1. 1946ff., anfangs: Steuerkurzbriefe)
StrPO	s. StPO
StrRegDV	VO z. Durchf. d. Gesetzes ü. d. einstweilige Neuregelung d. Straßenwesens u. d. Straßenverwaltung v. 7. 12. 1934 (RGBl. I S. 1237)
StrRegG, StraßVerwG	Gesetz ü. d. einstweilige Neuregelung des Straßenwesens u. d. Straßenverwaltung v. 26. 3. 1934 (RGBl. I S. 243)
StrVerzVO	VO ü. d. Straßenverzeichnisse v. 27. 9. 1935 (RGBl. I S. 1193)
StSäumG	Steuersäumnisgesetz v. 24. 12. 1934 (RGBl. I S. 1271)
StSch.	Steuerschuldner
StSen.	Strafsenat
StT	s. StädteT
StTilgG	Gesetz ü. beschränkte Auskunft aus dem Strafregister u. d. Tilgung von Strafvermerken v. 9. 4. 1920 (RGBl. S. 507)
StTK	Ständige Tarifkommission der Deutschen Eisenbahnverwaltungen
StÜB	Steuerüberleitungsbilanz
StuKommV, SKV	Staats- und Kommunal-Verwaltung (1955 ff.)
StundO	Stundungsordnung v. 29. 1. 1923 (RGBl. I S. 75)
Stusev.	s. StaatsuSVerw.
StuWB, StuWiBer.	Steuer- und Wirtschaftsberater (2. 1947—4. 1949; vorher: Der Steuerberater)
StuWi.	s. StW

StuZBl.BrZ	Steuer- und Zollblatt, hrsg. v. d. Leitstelle d. Finanzverwaltung f. d. Britische Zone (1. 1946–4. 1949)
StvBK	Stellvertreter des Bundeskanzlers
StVerfG	Bayern. Gesetz z. Ausf. d. § 412 StPO (amtsrichterl. Strafverfügungen) v. 31. 5. 1951 (GVBl. S. 85)
StVerkG, StVG	Straßenverkehrsgesetz v. 19. 12. 1952 (BGBl. I S. 837)
StVerkSichG, StVSichG, StVG	Gesetz z. Sicherung d. Straßenverkehrs v. 19. 12. 1952 (BGBl. I S. 832)
StVF	Stellvertreter des Führers
StVG	s. StVerkG
StVO	s. a. StVollstrO
StVO, RStVO	VO ü. d. Verhalten im Straßenverkehr (Straßenverkehrsordnung) v. 13. 11. 1937 (RGBl. I S. 1179)
StVO	Straßenverkehrs-Ordnung i. d. F. v. 29. 3. 1956 (BGBl. I S. 327)
StVollstrO, StVO	Strafvollstreckungsordnung v. 7. 12. 1935 (DtJust. S. 1800); [jetzt] v. 15. 2. 1956
StVSichG	s. StVerkSichG
StVZO	Straßenverkehrs-Zulassungs-Ordnung v. 13. 11. 1937 (RGBl. I S. 1215), i. d. F. v. 24. 8. 1953 (BGBl. I S. 1166); [jetzt] v. 29. 3. 1956 (BGBl. I S. 271)
StW, StWarte	Steuer-Warte (1. 1922 ff., 23. 1950 ff.)
StW, StuWi.	Steuer und Wirtschaft (1. 1922—23. 1944, 24. 1947 ff.)
StZ, StZahler	Der Steuerzahler (1. 1950 ff.)
StZA, StZtrArch.	Steuer-Zentralarchiv (1. 1949 ff.)
StZBl.Bln.	Steuer- und Zollblatt für Berlin. Amtsbl. f. d. Steuer- u. Zollverwaltung (1. 1951 ff.)
StZinsV	Steuerzinsverordnung
StZtg.Rh-Pf.	Staats-Zeitung und Staatsanzeiger für Rheinland-Pfalz (1. 1950 ff.)
SUG, SeeunfUG	Gesetz ü. d. Untersuchung von Seeunfällen v. 28. 9. 1935 (RGBl. I S. 1183)
SV	s. a. SozVers. und SelbstV
SV	Sicherungsverwahrung
SV DJ	s. SonderveröffDtJust.
SVA	Sozialversicherungsanordnung
SVA, SVkA	Straßenverkehrsamt
SVAG, SozVersAnpG	Gesetz ü. d. Anpassung von Leistungen d. Sozialversicherung an das veränderte Lohn- u. Preisgefüge u. über ihre finanziell Sicherstellung (Sozialversicherungs-Anpassungsgesetz) v. 17. 6. 1949 (WiGBl. S. 99)

SVBl.	s. SchulVwBlNds.
SVD	Sozialversicherungsdirektive
SVD, SVkD	Straßenverkehrsdirektion, Straßenbau- und Verkehrsdirektion
SVG	Selbstverwaltungsgesetz für Rheinland-Pfalz i. d. F. v. 5. 10. 1954 (GVBl. S. 117)
SVG	Soldatenversorgungsgesetz
SVS	Speditions-Versicherungsschein
SWO	PolVO z. Regelung des Verkehrs auf d. deutschen Seewasserstraßen (Seewasserstraßenordnung) v. 31. 3. 1927 (RGBl. II S. 157)
SZG	Sonderzulagen-Gesetz [1.] Gesetz ü. d. Gewährung v. Sonderzulagen in den gesetzl. Rentenversicherungen (∼) v. 2. 12. 1955 (BGBl. I S. 733) 2. Gesetz z. Gewährung einer Sonderzulage f. d. Monat Dezember 1956 in den gesetzl. Rentenversicherungen v. 16. 11. 1956 (BGBl. I S. 854)

T

T.	Teil
TabStG	Tabaksteuergesetz v. 6. 5. 1953 (BGBl. I S. 169)
TanzV, TanzVO	Bayern. VO ü. Tanzlustbarkeiten v. 31. 10. 1921 (GVBl. S. 541)
TAR	Tarifvertrag f. d. Arbeiter bei d. Reichsverwaltungen v. 20. 6. 1930 (RBesBl. S. 63)
TarNr.	Tarifnummer
TarO, TO	Tarifordnung
TarReg.	Tarifregister
TarVO	s. TVO
Tbc-HilfeVO, TbcV, Tbc-VO	VO ü. Tuberkulosehilfe v. 8. 9. 1942 (RGBl. I S. 549)
TeeStG	Teesteuergesetz v. 30. 7. 1953 (BGBl. I S. 710)
TelG	s. FernmG
TelO, TelegrO	Telegraphenordnung i. d. F. v. 22. 12. 1938 (ABlRPM S. 849/Anl.)
TelWG, TWG	Telegraphenwegegesetz v. 18. 12. 1899 (RGBl. S. 705)
TestG	Gesetz ü. d. Errichtung von Testamenten u. Erbverträgen [Testamentsgesetz] v. 31. 7. 1938 (RGBl. I S. 973)
TG	1. = Tumultschadengesetz s. TumSchG 2. = Tarifvertragsgesetz s. TVG

ThürBl.	s. BlRpflThür.
ThürOVG, JbThürOVG	Jahrbuch der Entscheidungen des Thüringischen Oberverwaltungsgerichts (1. 1913—18. 1946/47)
ThürStGB	Strafgesetzbuch f. d. Deutsche Reich i. d. auf Grund d. Thüringischen Anwendungsgesetzes v. 1. 11. 1945 (GesSlg. 1946 S. 11) geltenden Fassung
TierkBesG	s. TKBG
TierschG	Tierschutzgesetz v. 24. 11. 1933 (RGBl. I S. 987)
TierzG, TZG	Gesetz ü. Maßnahmen auf d. Gebiete d. tierischen Erzeugung (Tierzuchtgesetz) v. 7. 7. 1949 (WiGBl. S. 181)
Tit.	Titel
Tit., Titel	s. MilGovReg.Titel
TitelG	Gesetz ü. Titel, Orden u. Ehrenzeichen v. 1. 7. 1937 (RGBl. I S. 725)
TKBG, TierkBesG	Tierkörperbeseitigungsgesetz v. 1. 2. 1939 (RGBl. I S. 187)
TO	Tagesordnung
TO	Tara-Ordnung v. 21. 3. 1939 (RMBl. S. 545)
TO, TarO	Tarifordnung
TO.A, TO A	Tarifordnung A für Gefolgschaftsmitglieder [Angestellte] im öffentlichen Dienst v. 1. 4. 1938 (RArbBl. VI S. 475), i. d. F. v. 1. 11. 1943 (RArbBl. IV S. 838)
TO.B, TO B	Tarifordnung B für Gefolgschaftsmitglieder [Arbeiter] im öffentlichen Dienst v. 1. 4. 1938 (RArbBl. VI S. 489), i. d. F. v. 15. 4. 1942 (RArbBl. IV S. 615)
Transpat.	Transpatent. Auslandsdienst f. Patent-, Muster-, Warenzeichen-, Wettbewerbs-Recht u. -Wirtschaft. (1. 1949ff.)
TrE	Trennungsentschädigung
TRIFCOG	Dreimächte-Kontrollgruppe der I. G. Farbenindustrie AG i. L.
TrümmBesG	Hessen. Ges. ü. d. Beseitigung der Trümmer (Trümmerbeseitigungsgesetz) v. 21. 12. 1949 (GVBl. 1950 S. 1)
TrümmG, TrG	Bayern. Gesetz ü. d. Räumung v. Trümmergrundstücken, die Verwertung der Trümmer u. d. Beseitigung gefahrdrohender Zustände (Trümmergesetz) v. 30. 5. 1949 (GVBl. S. 117)
TruppVtg., TV	Vertrag ü. d. Rechte u. Pflichten ausländ. Streitkräfte u. ihrer Mitglieder i. d. Bundesrep. Deutschland i. d. F. d. Bek. v. 30. 3. 1955 (BGBl. II S. 321)
TSD	Truppensonderdienst

TumSchG, AufrSchG TG, RTG	Gesetz ü. d. durch innere Unruhen verursachten Schäden [Tumultschadengesetz] v. 12. 5. 1920 (RGBl. S. 941)
TV	s. a. TruppVtg.
TV	Tarifvertrag
TVA	Tarif- und Verkehrs-Anzeiger für den Güter- und Tierverkehr der Eisenbahnen des öffentl. Verkehrs (bis 1945)
TVA	Tarif- und Verkehrs-Anzeiger für den Personen-, Gepäck, Expreßgut-, Güter- und Tierverkehr d. Eisenbahnen d. öffentl. Verkehrs im Gebiet der Bundesrepublik Deutschland (1946: in d. brit. Zone, 1947/49: im amer. u. brit. Besatzungsgebiet) (1946ff.)
TVG, TG	Tarifvertragsgesetz v. 9. 4. 1949 (WiGBl. S. 55)
TVO, TVVO, TarVO	VO ü. Tarifverträge, Arbeiter- u. Angestelltenausschüsse u. Schlichtung von Arbeitsstreitigkeiten v. 23. 12. 1918 (RGBl. S. 1456), i. d. F. v. 1. 3. 1928 (RGBl. I S. 47)
TWG	s. TelWG
TZÄndG	Gesetz z. Änd. u. Erg. d. Gesetzes ü. d. einstw. Gewährung einer Teuerungszulage z. Abgeltung v. Preiserhöhungen bei Grundnahrungsmitteln (Teuerungszulagenänderungsgesetz) v. 25. 6. 1952 (BGBl. I S. 350)
TZG	s. a. TierzG
TZG	Gesetz ü. d. einstweilige Gewährung einer Teuerungszulage zur Abgeltung von Preiserhöhungen bei Grundnahrungsmitteln (Teuerungszulagengesetz) v. 10. 8. 1951 (BGBl. I S. 507)

U

u. a.	und andere
UdG, UrkBdG	Urkundsbeamter der Geschäftsstelle
u. dgl.	und dergleichen
ue.	unehelich
Üb.	Übereinkommen
ÜG, ÜberlG, ÜblF	Überleitungsgesetz 1. Gesetz z. Überleitung von Lasten u. Deckungsmitteln auf den Bund (1. ~) v. 28. 11. 1950 (BGBl. S. 773), i. d. F. v. 28. 4. 1955 (BGBl. I S. 193) 2. Gesetz z. Überleitung von Lasten u. Deckungsmitteln auf den Bund (2. ~) v. 21. 8. 1951 (BGBl. I S. 774)

ÜG, ÜberlG, ÜblG	Überleitungsgesetz Gesetz ü. d. Stellung des Landes Berlin im Finanzsystem des Bundes (3. ~) v. 4. 1. 1952 (BGBl. I S. 1) Gesetz z. Regelung finanzieller Beziehungen zwischen d. Bund u. d. Ländern (4. ~) v. 27. 4. 1955 (BGBl. I S. 189)
UEG, UmstEG	Gesetz ü. d. Ergänzung von Vorschriften d. Umstellungsrechts u. ü. d. Ausstattung d. Berliner Altbanken m. Ausgleichsforderungen (Umstellungsergänzungsgesetz) v. 21. 9. 1953 (BGBl. I S. 1439)
1. ÜG-OWG	Hamburg. 1. Überleitungsgesetz z. Landesgesetz ü. Ordnungswidrigkeiten v. 20. 12. 1954 (GVBl. S. 155)
ÜV	Übertragungsverordnung
UFG, UnfFürsG	Gesetz, betr. d. Unfallfürsorge für Gefangene v. 30. 6. 1900 (RGBl. S. 536)
UFITA, Ufita	Archiv für Urheber-, Film- (ab 18. 1954:) Funk- und Theaterrecht (1. 1928—17. 1944, 18. 1954ff.)
UG, UmlG	Umlegungsgesetz v. 26. 6. 1936 (RGBl. I S. 518)
UG, UmstG	3. Gesetz z. Neuordnung d. Geldwesens (Umstellungsgesetz) v. 20. 6. 1948 (= Gesetz Nr. 63 d. Am. u. d. BrMilReg., VO Nr. 160 d. FrMilReg.) (WiGBl. Beil. 5 S. 13)
UGDV	Durchführungsverordnungen zum Umstellungsgesetz
UGr.	Unterstützungsgrundsätze Reich. Vom 27. 2. 1943 (RBesBl. S. 46) Berlin. ~ f. d. Verwaltung u. d. Betriebe des Landes . . . v. 13. 7. 1953 (ABl. S. 830)
UHaftEntschG	Gesetz, betr. d. Entschädigung für unschuldig erlittene Untersuchungshaft v. 14. 7. 1904 (RGBl. S. 321)
UHG, UntBeihG	Gesetz ü. d. Unterhaltsbeihilfe f. Angehörige von Kriegsgefangenen i. d. F. v. 30. 4. 1952 (BGBl. I S. 262)
UHVollzO	s. UVollzO
UJ, UnsJug.	Unsere Jugend. Zs. f. Jugendhilfe in Wissenschaft u. Praxis (1. 1949ff.)
UKG, UkG	Ges. ü. Umzugskostenvergütung der Beamten v. 3. 5. 1935 (RGBl. I S. 566), i. d. F. d. VO v. 30. 4. 1953 (BGBl. I S. 191)
Umdr.	Umdruck
UMG, UnedelMetG	Gesetz ü. d. Verkehr mit unedlen Metallen v. 23. 7. 1926 (RGBl. I S. 415)
UmlG	s. UG
UmspBV	Bayern. VO ü. d. Errichtung von Bauten f. Umspanner (Transformatoren) v. 5. 5. 1922 (GVBl. S. 277)

UmsStG	s. UStG
UmstEG	s. UEG
UmstG	s. UG
umstpfl.	umsatzsteuerpflichtig
UmstVO	Berlin. 2. VO z. Neuordnung d. Geldwesens (Umstellungsverordnung) v. 4. 7. 1948 (VOBl. I S. 374)
UmwG	Gesetz über die Umwandlung von Kapitalgesellschaften v. 5. 7. 1934 (RGBl. I S. 569)
UN, UNO	United Nations (Vereinte Nationen)
UnedelMetG, UMG	Gesetz ü. d. Verkehr mit unedlen Metallen v. 23. 7. 1926 (RGBl. I S. 415)
UnfFürsG	s. UFG
UnfRentZG	s. UZG
UnlWG	s. UWG
UnsJug.	s. UJ
UntBeihG	s. UHG
UnterbrG	Unterbringungsgesetz Baden-Württemberg. Gesetz ü. d. Unterbringung von Geisteskranken u. Suchtkranken v. 16. 5. 1955 (GBl. S. 87) Berlin. Gesetz ü. d. Unterbringung v. Geisteskranken u. Süchtigen (∼) v. 24. 7. 1952 (GVBl. S. 630) Niedersachsen. Gesetz ü. d. Anstaltsunterbringung gemeingefährlicher Geisteskranker, Rauschgift- u. Alkoholsüchtiger v. 23. 5. 1950 (GVBl. S. 27)
UnterstWohnG	s. UWG
UraltkBest.	Berlin. Uraltkontenbestimmung v. 23. 12. 1949 (VOBl. I S. 509)
Urk.	Urkunde
UrkBdG, UdG	Urkundsbeamter der Geschäftsstelle
UrkErsVO	VO ü. d. Ersetzung zerstörter oder abhanden gekommener gerichtlicher oder notarischer Urkunden v. 18. 6. 1942 (RGBl. I S. 395)
UrkStG	Urkundensteuergesetz v. 5. 5. 1936 (RGBl. I S. 407)
UrlG	Urlaubsgesetz Bayern. Vom 11. 5. 1950 (GVBl. S. 81) Berlin. Gesetz ü. d. Gewährung von Urlaub in ... (∼) v. 24. 4. 1952 (GVBl. S. 297) Bremen. Vom 4. 5. 1948 (GBl. S. 67) Hamburg. Vom 27. 1. 1951 (GVBl. S. 11) Hessen. Gesetz gemäß Art. 34 der Verfassung des Landes ... v. 29. 5. 1947 (GVBl. S. 33) Niedersachsen. Vom 10. 12. 1948 (GVBl. S. 179)

	Rheinland-Pfalz. Landesgesetz z. Regelung des Urlaubs v. 8. 10. 1948 (GVBl. S. 370) Schleswig-Holstein. Vom 29. 11. 1949 (GVBl. 1950 S. 1)
UrlVO	Rheinland-Pfalz. LandesVO ü. d. Erholungsurlaub der Beamten und Richter des Landes . . . (Urlaubsverordnung) v. 14. 4. 1956 (GVBl. S. 45)
URO	United Restitution Organization (jetzt: United Restitution Office)
Urt.	Urteil
USREG	s. AmREG
UStDB	Durchführungsbestimmungen zum Umsatzsteuergesetz i. d. F. v. 1. 9. 1951 (BGBl. I S. 796)
UStG 1951, UmsStG	Umsatzsteuergesetz i. d. F. v. 1. 9. 1951 (BGBl. I S. 791)
UStKart.	Umsatzsteuerkartei, hrsg. v. Bundesmin. d. Finanzen (1. 1951 ff.)
UStR	Umsatzsteuer-Rundschau (= Beilage zur Finanz-Rundschau) (1. 1952 ff.)
UV	Unfallversicherung
UVollzO	Untersuchungshaftvollzugsordnung v. 12. 2. 1953
UVV	Unfallverhütungsvorschrift
UVVG	Gesetz ü. Verbesserungen d. gesetzlichen Unfallversicherung v. 10. 8. 1949 (WiGBl. S. 251)
UWG, UnlWG	Gesetz gegen den unlauteren Wettbewerb v. 7. 6. 1909 (RGBl. S. 499)
UWG, UnterstWohnG	Gesetz ü. d. Unterstützungswohnsitz i. d. F. v. 30. 5. 1908 (RGBl. S. 381)
UZG	Gesetz ü. d. Gewährung von Zulagen zur Unterhaltshilfe nach dem Lastenausgleichsgesetz (Unterhaltshilfezulagen-Gesetz) 1. Gesetz v. 21. 2. 1956 (BGBl. I S. 85) 2. Gesetz v. 28. 11. 1956 (BGBl. I S. 883)
UZG, UnfRentZG	Gesetz ü. Zulagen u. Mindestleistungen in d. gesetzlichen Unfallversicherung u. zur Überleitung d. Unfallversicherungsrechtes im Lande Berlin [Unfallrentenzulagegesetz] v. 29. 4. 1952 (BGBl. I S. 253)
UZwVO	s. PolZwVO

V

V., Verf., Vfg.	Verfügung
V., Verf.	Verfassung
V., Vers.	Versicherung
V., VO	Verordnung

V 73	Bayern. VO Nr. 73 z. Schutz d. heimatlosen Jugendlichen v. 15. 4. 1946 (GVBl. S. 218)
VA	Vermögensabgabe
VA	Viehseuchenpolizeiliche Anordnung
VA, VersA	Versicherungsamt
VA, VersAnst.	Versicherungsanstalt
VA, VersorgA	Versorgungsamt
VA, VwA	Verwaltungsakt
vABVO	s. AutoBBO
VAE	Verkehrsrechtliche Abhandlungen und Entscheidungen (1/2. 1936/37—16. 1944)
VAG, VersAufsG	Gesetz ü. d. Baufsichtigung d. privaten Versicherungsunternehmungen u. Bausparkassen [Versicherungsaufsichtsgesetz] i. d. F. v. 6. 6. 1931 (RGBl. I S. 315)
1. VAHL	Erste Anweisung zum Vollzug d. Reichshaushaltsrechts in d. Ländern v. 5. 5. 1939 (RBesBl. S. 135)
VAO	Verwaltungsanordnung
VAO	VO ü. Geschäftsgang u. Verfahren d. Versicherungsämter v. 24. 12. 1911 (RGBl. S. 1107)
VA-VeranlDV, 10. AbgabenDV-LA	10. DurchfVO ü. Ausgleichsabgaben nach d. Lastenausgleichsgesetz v. 28. 6. 1954 (BGBl. I S. 161)
VAWMBl., MtblVAfWi.	Mitteilungsblatt des Verwaltungsamts für Wirtschaft des amerikanischen und britischen Besatzungsgebietes (1947; dann: Mitteilungsblatt d. Verw. f. Wirtschaft d. Vereinigten Wirtschaftsgebiets)
VB	Vollzugsbestimmungen
Vbd.	Verband
Vbem.	Vorbemerkung
VBl.	s. a. VkBl.
VBl.	s. a. SächsVBl.
VBl., VOBl.	Verordnungsblatt
VBL	Versorgungsanstalt des Bundes und der Länder
vBO	Vereinfachte Eisenbahn-Bau- und Betriebsordnung v. 10. 2. 1943 (RGBl. II S. 31)
vBOS	Vereinfachte Eisenbahn-Bau- und Betriebsordnung für Schmalspurbahnen v. 25. 6. 1943 (RGBl. II S. 321)
vBP	vereidigter Buchprüfer
VBRO	Entwurf der Buchführungs- u. Rechnungslegungsordnung f. d. Vermögen des Bundes v. 16. 3. 1953 (MinBlFin. S. 166)

VBV	35. Erg. d. Besoldungsgesetzes (Volksschullehrerbesoldungsverordnung) v. 29. 9. 1940 (RGBl. I S. 1313)
VBW	Bayern. Verwaltungsanordnung ü. d. Buchführung d. staatlichen Wirtschaftsbetriebe mit Bruttohaushalt v. 12. 3. 1956 (GVBl. S. 58)
VD	Vergleichende Darstellung des deutschen und ausländischen Strafrechts. Vorarbeiten zur deutschen Strafrechtsreform. Hrsg. auf Anregung d. Reichs-Justizamtes von Karl Birkmeyer, Fritz van Calker u. a. (1905/08) [Bestehend aus:]
VDA	Vergleichende Darstellung des Strafrechts Allgemeiner Teil, Bd. 1—6
VDB	Vergleichende Darstellung des Strafrechts Besonderer Teil, Bd. 1—9
VdöI	Vertreter des öffentlichen Interesses
VELF	Verwaltung für Ernährung, Landwirtschaft und Forsten
VELKD	Vereinigte Evangelisch-Lutherische Kirche Deutschlands
VerABln., VeröffBerlAufsA	Veröffentlichungen des Aufsichtsamtes für das Versicherungswesen, (bis 3. 1950 Groß-)Berlin (1. 1948 bis 5. 1952)
VerAfP, VeröffRAAfPrV, RAPVV, VPVA	Veröffentlichungen des Reichsaufsichtsamtes (bis 17. 1918: Kaiserlichen Aufsichtsamtes) für die Privatversicherung (1. 1902—38. 1939)
Veranl.	Veranlagung
VeranlR	Veranlagungsrichtlinien
VerBAV	Veröffentlichungen des Bundesaufsichtsamtes für das Versicherungs- und Bausparwesen (1. 1952ff.)
Verbg.	Vereinbarung
Verbr., Verbraucher	Der Verbraucher. Konsumgenossenschaftl. Rundschau (1. 1946ff.)
VereinfEG	Preußen. Gesetz ü. ein vereinfachtes Enteignungsverfahren v. 26. 7. 1922 (GS S. 211)
VereinhG	s. REinhG
VereinsG, VerG, VG	Vereinsgesetz v. 19. 4. 1908 (RGBl. S. 151)
Verf., Vfg., V.	Verfügung
Verf., V.	Verfassung Baden-Württemberg. ∼ d. Landes . . . v. 11. 11. 1953 (GBl. S. 173) Bayern. ∼ d. Freistaates . . . v. 2. 12. 1946 (GVBl. S. 333) Berlin. ∼ von . . . v. 1. 9. 1950 (VOBl. I S. 433) Bremen. Landes ∼ d. Freien Hansestadt . . . v. 21. 10. 1947 (GBl. S. 251)

Verf., V.	Verfassung Hamburg. ~ d. Freien u. Hansestadt ... v. 6. 6. 1952 (GVBl. S. 117) Hessen. Verfassung d. Landes ... v. 1. 12. 1946 (GVBl. S. 229) Niedersachsen. Vorläufige Niedersächsische ~ v. 13. 4. 1951 (GVBl. S. 103) Nordrhein-Westfalen. ~ f. d. Land ... v. 6. 6. 1950 (GVBl. S. 127) Rheinland-Pfalz. ~ f. ... v. 18. 5. 1947 (VOBl. S. 209)
VerfGG	s. VfGG
VerfGHG	s. VfGHG
VerG, VereinsG, VG	Vereinsgesetz v. 19. 4. 1908 (RGBl. S. 151)
VergGr.	Vergütungsgruppe
VerglO, VglO, VO	Vergleichsordnung v. 26. 2. 1935 (RGBl. I S. 321)
VergnAusnV	Bayern. LandesVO ü. Ausnahmen von d. Erlaubnispflicht f. d. Veranstaltung öffentl. Vergnügungen (Vergnügungsausnahmeverordnung) v. 20. 11. 1956 (GVBl. S. 261)
Verh., Vhdlg.	Verhandlung
VerhDJT, DJT	Verhandlungen des Deutschen Juristentages (1. 1860ff.)
VerkFinG 1955	Verkehrsfinanzgesetz v. 6. 4. 1955 (BGBl. I S. 166)
VerkMitt.	Verkehrsrechtliche Mitteilungen (1. 1954ff.)
VerkRdsch.	Verkehrs-Rundschau (1. 1946ff.)
VerkRR, VerkehrsR, VR	Verkehrsrechtliche Rundschau (1. 1921/22.—23. 1944)
VerkZustG	Bayern. Gesetz ü. d. Zuständigkeiten auf d. Gebiete d. Verkehrswesens v. 17. 10. 1952 (GVBl. S. 277)
VerlG	Gesetz ü. d. Verlagsrecht v. 19. 6. 1901 (RGBl. S. 217)
VermÄDA	Dienstanweisung f. d. Vermessungsämter in Bayern. Bek. d. MdF v. 12. 10. 1956 (FMBl. S. 869)
VermBewG	Gesetz z. Bewertung d. Vermögens f. d. Kalenderjahre 1949 bis 1951 [Vermögensbewertungsgesetz] v. 16. 1. 1952 (BGBl. I S. 22)
VermStDV	s. VStDV
VermStG	s. VStG
VermStR	s. VStR
VermStrVO, GeldstrVO	VO ü. Vermögensstrafen u. Bußen v. 6. 2. 1924 (RGBl. I S. 44)
VeröffBerlAufsA, VerABln.	Veröffentlichungen des Berliner Aufsichtsamtes (1. 1948—5. 1952)

VeröffRAAfPrV	s. VerAfP
VeröffRGesA, RGesAV, RGAV, VRGA	Veröffentlichungen des Reichsgesundheitsamts (43. 1919—49. 1925; dann: Reichsgesundheitsblatt; anfangs: Veröff. d. Kaiserl. Gesundheitsamt, ab 1. 1877)
VeröffSenKommJust.-Hamb.	Veröffentlichungen der Senatskommission für die Justizverwaltung (1/2. 1912/13—9. 1920; dann: Hamburgisches Justizverwaltungsblatt)
VeröffVw., VerZ	Veröffentlichungen des Zonenamtes des Reichsversicherungsamtes (ab 1949: in Abwicklung) für das Versicherungswesen (1. 1947—6. 1952; dann: Veröffentlichungen d. Bundesaufsichtsamtes ...)
Verp.	Der Verpächter. Zs. f. Land u. Recht (1. 1923 — 9. 1931)
Vers., V.	Versicherung
Vers., Versorg.	Versorgung
VersA, VA	Versicherungsamt
VersA, VersorgA	Versorgungsamt
VersAnst., VA	Versicherungsanstalt
VersAufsG	s. VAG
VersAußD	Der Versicherungs-Außendienst (39. 1934—44. 1939; dann: Wallmann's Versicherungszeitschrift; vorher: Versicherungspost)
VerschÄndG	Gesetz z. Änderung von Vorschriften d. Verschollenheitsrechts v. 15. 1. 1951 (BGBl. I S. 59)
VerschG	Verschollenheitsgesetz v. 15. 1. 1951 (BGBl. I S. 63)
VersG	Versorgungsgericht
VersG	Gesetz ü. Versammlungen und Aufzüge (Versammlungsgesetz) v. 24. 7. 1953 (BGBl. I S. 684)
VersG	Bayern. Gesetz ü. d. öffentliche Versicherungswesen v. 7. 12. 1933 (GVBl. S. 467)
VersNehm., VN	Der Versicherungsnehmer. Zs. f. d. Versicherung nehmende Wirtschaft u. d. Straßenverkehr (1. 1949ff.)
VersorgA, VA	Versorgungsamt
VersorgVerfG	s. VersVerfG
VersPost, WallmannsZ	Versicherungs-Post (ab 1922: vereinigt m.: Wallmann's Versicherungs-Zeitschrift u. d. T.: Versicherungs-Post. Wallmann's Versicherungs-Zeitschrift (1. 1896—38. 1933; dann: Der Versicherungs-Außendienst)
VersPrax., VP	Die Versicherungs-Praxis. Organ d. Versicherungsnehmer. Zs. f. Versicherungswirtschaft u. Versicherungsrecht, f. Feuerschutz, Feuerlöschwesen u. Unfallverhütung (1. 1903—41. 1943, 42. 1950ff.)

VersR	Versicherungsrecht. Juristische Rundschau f. d. Individualversicherung (1. 1950ff.)
VersStDB	Durchführungsbestimmungen zum Versicherungsteuergesetz v. 13. 7. 1937 (RGBl. I S. 797)
VersStG	Versicherungsteuergesetz i. d. F. v. 9. 7. 1937 (RGBl. I S. 793)
VerstG, VersteigG	Gesetz ü. d. Versteigerergewerbe i. d. F. v. 12. 2. 1938 (RGBl. I S. 202)
VersU, VersUrt.	Versäumnisurteil
VersuGeldw., VuG	Versicherung und Geldwirtschaft (57. 1925—60. 1928; dann: Die öffentlichrechtl. Versicherung; vorher: Mitteilungen f. d. öffentl. Feuerversicherungsanstalten)
VersVerfG, VersorgVerfG, VVG	Gesetz ü. d. Verfahren in Versorgungssachen i. d. F. v. 2. 11. 1934 (RGBl. I S. 1113)
VersVG	s. VVG
VersWi., VW	Versicherungswirtschaft. Halbmonatsschrift d. dt. Individualversicherung (1. 1946ff.)
VersWiuR	s. WiuRdVers.
VersWiss., VVV	Versicherungswissenschaft und Versicherungspraxis (ab 3. 1949: Versicherungswissenschaft, Versicherungspraxis, Versicherungsmedizin) (1. 1947—4. 1950; dann: Dt. Versicherungszeitschrift f. Sozialvers. u. Privatvers.)
Vertr.	Vertrag; Vertreter
Vertretungsordnung BMI	Anordnung ü. d. Vertretung d. Bundes in bürgerlichrechtlichen Angelegenheiten im Geschäftsbereich d. Bundesministers d. Innern vom 29. 1. 1955 (BAnz. Nr. 29)
VertrV	Bayern. VO ü. d. Vertretung d. Bayerischen Staates in bürgerlichen Rechtsstreitigkeiten u. in Parteistreitigkeiten d. Verwaltungsgerichtsbarkeit sowie ü. d. Abhilfeverfahren v. 8. 8. 1950 (GVBl. S. 115)
VerunstG	Preußen. Gesetz gegen die Verunstaltung v. Ortschaften und landschaftlich hervorragenden Gegenden v. 15. 7. 1907 (GS S. 260)
Verw., Vw.	Verwaltung
VerwAnord.	Verwaltungsanordnung
VerwArch.	Verwaltungsarchiv (1. 1893—47. 1942, 48. 1957)
VerwG, VG	Verwaltungsgericht
VerwG, VerwahrG	Bayern. Gesetz ü. d. Verwahrung geisteskranker, geistesschwacher, rauschgift- oder alkoholsüchtiger Personen (Verwahrungsgesetz) v. 30. 4. 1952 (GVBl. S. 163)

VerwG	Bayern. Gesetz ü. gebührenpflichtige Verwarnungen durch die Polizei (Verwarnungsgesetz) v. 7. 3. 1952 (GVBl. S. 99)
VerwGebG	Verwaltungsgebührengesetz Hessisches ~ v. 14. 10. 1954 (GVBl. S. 163) Preußen. Gesetz ü. staatl. Verwaltungsgebühren v. 29. 9. 1923 (GS S. 455)
VerwGebO, VGO	Preußen. Verwaltungsgebührenordnung v. 30. 12. 1926 (GS S. 327)
VerwGerG	s. VGG
VerwKZuschVO	Niedersachsen. VO ü. d. Verteilung d. Verwaltungs kosten-Pauschbeträge d. Bundespost u. d. Bundesbahn v. 29. 3. 1955 (GVBl. S. 108)
VerwPr., DVerwPr., DVPr.	Die Verwaltungspraxis (1. 1927ff.; ab 1938 vorübergehend aufgeg. in: Württ. Verwaltungs-Zeitschrift; 16. 1950ff.) [Es gab noch weitere Zs. dieses Titels]
VerwRspr.,VRspr.	Verwaltungsrechtsprechung in Deutschland. Sammlung oberstrichterl. Entscheidungen aus d. Verfassungs- u. Verwaltungsrecht (1. 1948ff.)
VerwV	Verwaltungsvorschriften
VerwVereinfG	Gesetz z. Vereinfachung u. Verbilligung d. Verwaltung v. 27. 2. 1934 (RGBl. I S. 130)
VerwVerfG KOV, VfG (KOV)	Gesetz ü. d. Verwaltungsverfahren der Kriegsopferversorgung v. 2. 5. 1955 (BGBl. I S. 202)
VerwZwVO, VZVO	Preußen. VO betr. d. Verwaltungszwangsverfahren wegen Beitreibung von Geldbeträgen v. 15. 11. 1899 (GS S. 545)
VerZ	s. VeröffVw.
Vf., Vfg.	Verfügung
VFG	s. a. VSchulFinG
VFG, ViehFlG	Gesetz ü. d. Verkehr mit Vieh u. Fleisch (Vieh- und Fleischgesetz) v. 25. 4. 1951 (BGBl. I S. 272)
VfG (KOV)	s. VerwVerfG KOV
Vfg., Verf., V.	Verfügung
VfGG, VerfGG	Gesetz ü. d. Hamburgische Verfassungsgericht v. 2. 10. 1953 (GVBl. S. 231)
VfGH, VGH	s. a. BayVfGH
VfGH, VGH	Verfassungsgerichtshof
VfGHG, VGHG, VerfGHG	Gesetz ü. d. Verfassungsgerichtshof Bayern. Gesetz Nr. 72 v. 22. 7. 1947 (GVBl. S. 147) Nordrhein-Westfalen. ~ f. d. Land . . . v. 4. 3. 1952 (GVBl. S. 35) Rheinland-Pfalz. Landes~ v. 23. 7. 1949 (GVBl. S. 285)
VfSchutzG	s. VSchG

VfW	Verwaltung für Wirtschaft des Vereinigten Wirtschaftsgebietes
VfWMBl., MtblVfWi.	Mitteilungsblatt der Verwaltung für Wirtschaft des Vereinigten Wirtschaftsgebiets [Bestehend aus Teil A (später: I) und B (später: II) = enthaltend Preisvorvorschriften] (2. 1948—3. 1949; fortges. als: Ministerialblatt d. Bundesmin. f. Wirtschaft; vorher Mitteilungsblatt d. Verwaltungsamts f. Wirtschaft ...)
VG	s. VereinsG
VG, VerwG	Verwaltungsgericht
VG, ViehseuchG	Viehseuchengesetz v. 26. 6. 1909 (RGBl. S. 519)
VGA	s. AVG
VG Bln.	Verwaltungsgericht Berlin
VGG, VerwGerG	Gesetz ü. d. Verwaltungsgerichtsbarkeit Bayern. Ges. Nr. 39 ~ v. 25. 9. 1946 (GVBl. S. 281) Hessen. ~ v. 31. 10. 1946 (GVBl S. 194) Württemberg-Baden. Ges. Nr. 110 ~ v. 16. 10. 1946 (RegBl. S. 221) [Die für die vorstehenden Länder erlassenen Gesetze werden wegen ihres im wesentlichen übereinstimmenden Textes auch als: Süddeutsches Verwaltungsgerichtsgesetz bezeichnet.] Berlin. ~ v. 8. 1. 1951 (VOBl. I S. 46) Bremen. ~ v. 5. 8. 1947 (GBl. S. 171) Brit. Zone. MRVO Nr. 165: Verwaltungsgerichtsbarkeit in der ..., in Kraft seit d. 15. 9. 1948 (VOBl. BrZ S. 263) Rheinland-Pfalz. Landes~ v. 14. 4. 1950 (GVBl. S. 103)
VGH	s. a. BayVGH
VGH, VerwGH	Verwaltungsgerichtshof
VGH, VfGH	Verfassungsgerichtshof
VGHG	s. VfGHG
VGKO	Hessen. Verwaltungsgerichtskostenordnung v. 7. 11. 1955 (GVBl. S. 57)
VglBlRW	s. BlVglRW
VglO	s. VerglO
VGO	s. VerwGebO
Vhdlg., Verh.	Verhandlung
VHG	Gesetz ü. d. richterliche Vertragshilfe (Vertragshilfegesetz) v. 26. 3. 1952 (BGBl. I S. 198)
VHV	VO ü. d. Vertragshilfe d. Richters aus Anlaß d. Krieges (Vertragshilfeverordnung) v. 30. 11. 1939 (RGBl. I S. 2329)

ViehFlG	s. VFG
ViehmängelVO	VO, betr. d. Hauptmängel um Gewährfristen beim Viehhandel v. 27. 3. 1899 (RGBl. S. 219)
ViehsG, VG	Viehseuchengesetz v. 26. 6. 1909 (RGBl. S. 519)
VJSchr., Vjschr.	Vierteljahresschrift
VjschrGerMed.	Vierteljahresschrift für gerichtliche Medizin und öffentliches Sanitätswesen (N. F. 26. 1877—3. Folge 62. 1921; vorher: Zs. f. gerichtl. u. öff. Medizin)
VK	Vermögenskontrolle
VKA	Vereinigung der kommunalen Arbeitgeberverbände
VkBl.	Verkehrsblatt (anfangs: des amerik. u. brit. Besatzungsgebietes; ab 1947, 21: des Vereinigten Wirtschaftsgebietes) (1. 1947—1949, 23) dann:
VkBl.	Verkehrsblatt. Amtsblatt d. Bundesministers f. Verkehr (3. 1949ff.; vorher: Verkehrsblatt d. Vereinigten Wirtschaftsgebietes)
VkblRNährst.	s. RNVBl.
VMBl., ABlMfV	Volkswohlfahrt. Amtsblatt d. Preußischen Ministeriums f. Volkswohlfahrt (1. 1920—13. 1932; Forts. v. Ministerialblatt f. Medizinalangelegenheiten)
VMBl.	Ministerialblatt des Bundesministers für Verteidigung (1. 1956ff.)
VMBl.-T.	Ministerialblatt des Bundesministers für Verteidigung. Technischer Teil (1. 1956ff.)
VMG, VollstrMißbrG	Gesetz z. Verhütung mißbräuchlicher Ausnutzung von Vollstreckungsmöglichkeiten [Vollstreckungsmißbrauchgesetz] v. 13. 12. 1934 (RGBl. I S. 1234)
VN	s. VersNehm.
VN, Vn.	Versicherungsnehmer
VNdsVerf.	Vorläufige Niedersächsische Verfassung v. 13. 4. 1951 (GVBl. S. 103)
VO	s. a. VglO
VO, V.	Verordnung
VO Nr. 165	s. VGG
VOB	Verdingungsordnung für Bauleistungen. Eingef. durch gemeins. Erlaß d. Bundesmin. d. Finanzen, für Verkehr und f. d. Post- u. Fernmeldewesen v. 23. 4. 1953
VOBl., VBl.	Verordnungsblatt [Die einzelnen Verordnungsblätter siehe unten bei der systematischen Zusammenstellung der Gesetz- und Amtsblätter]
VOBl. BZ, VOBl.BrZ	Verordnungsblatt für die Britische Zone (1947—1949)

VOen	Verordnungen
VOGenReg.	s. GenRegVO
VOL	Verdingungsordnung für Leistungen, ausgenommen Bauleistungen. Für d. Geschäftsbereich d. RFM mit Erlaß v. 25. 3. 1936 angeordnet.
VolksSch . . .	s. VSchul. . .
VolkstZ	s. VZ
VolksW, Vw., DVW	Der Volkswirt (3. 1949ff., vorher: Wirtschaft- u. Finanz-Zeitung)
Vollstr.	Vollstreckung
VollstrBef.	Vollstreckungsbefehl
VollstrbUrk.	Vollstreckbare Urkunde
VollstrGkl.	Vollstreckungsgegenklage
VollstrKl.	Vollstreckungsklausel
VollstrMißbrG	s. VMG
VollzA	Geschäftsanweisung für die Vollziehungsbeamten d. Reichsfinanzverwaltung (Vollziehungsanweisung) v. 31. 10. 1932 (RMBl. S. 690)
2. VollzBeaVO SOG	Niedersachsen. 2. VO ü. eigene Vollzugsbeamte d. Verwaltungsbehörden v. 27. 3. 1952 (GVBl. S. 20)
VOLRV	VO ü. d. Lebens- u. Rentenversicherung aus Anlaß d. Neuordnung d. Geldwesens 1. VO v. 5. 7. 1948 (VOBl. BrZ S. 249) 2. VO v. 27. 7. 1948 (VOBl. BrZ S. 257) 3. VO v. 24. 9. 1948 (VOBl. BrZ S. 287) [Diese VOen sind ebenso wie die weiteren hier nicht aufgeführten auch in den Ländern d. amerik. u. franz. Besatzungszone veröffentlicht worden]
vorl.	vorläufig
vorlAutoBetrVerkO	s. AutoBBO
vorlBPG	s. BPG
vorlBPolBG, BPolBG	Gesetz z. vorläufigen Regelung der Rechtsverhältnisse der Polizeivollzugsbeamten des Bundes v. 6. 8. 1953 (BGBl. I S. 899)
vorlFlüchtlUnterbrVO	VO ü. d. vorläufige Unterbringung von Flüchtlingen aus der sowjetisch besetzten Zone und dem sowjetisch besetzten Sektor von Berlin v. 12. 8. 1952 (BGBl. I S. 413)
vorlLAO	s. LAO
vorlPolBG	Gesetz z. vorläufigen Regelung d. Rechtsverhältnisse d. Polizeibeamten Baden-Württemberg. Vom 21. 11. 1955 (GBl. S. 245) Hessen. Vom 17. 3. 1952 (GVBl. S. 77)

VormG	Vormundschaftsgericht
VormO	Bayern. Bekanntmachung, das Vormundschaftswesen betreffend [Vormundschaftsordnung] v. 19. 1. 1900 (JMBl. S. 181)
Vors.	Vorsitzender
VorsBPersA	Der Vorsitzende des Bundespersonalausschusses
VorschaltG	Gesetz z. vorläufigen Regelung d. Rechtsverhältnisse d. Reichsvermögens u. d. preußischen Beteiligungen [Vorschaltgesetz] v. 21. 7. 1951 (BGBl. I S. 467)
VorschG LAG	Gesetz ü. d. Gewährung v. Vorschußzahlungen an Empfänger von Unterhaltshilfe nach d. Lastenausgleichsgesetz v. 13. 11. 1954 (BGBl. I S. 341)
Vorschr.	Vorschrift
VorsdMdRV	Vorsitzender des Ministerrats für die Reichsverteidigung
VOSch.	VO ü. d. Schornsteinfegerwesen v. 28. 7. 1937 (RGBl. I S. 831)
VoV	Vollzugsvorschriften
VP	s. VersPrax.
VPO Baden-Württemberg	Vorprüfungsordnung f. d. Verwaltung d. Landes Baden-Württemberg v. 17. 1. 1955 (GBl. S. 13)
VPOB	Vorprüfungsordnung f. d. Bundesverwaltung v. 12. 2. 1953 (MinBlFin. S. 114)
VPÖ	VO ü. d. Preise b. öffentlichen Aufträgen v. 11. 8. 1943 (RGBl. I S. 482)
VPöA, VPÖA	Verordnung PR 30/53 über die Preise bei öffentlichen Aufträgen v. 21. 11. 1953 (BAnz. Nr. 244; BWMBl. S. 474)
VPVA	s. VerAfP
VR	s. a. VerkRR
VR	Richtlinien f. d. Gewährung von Vorschüssen in besonderen Fällen v. 8. 6. 1935 (RBesBl. S. 59)
VRG	Bayern. Gesetz ü. d. Gewährung v. vorläufigen Renten an Personen, die durch Beseitigung von Versorgungseinrichtungen einen Versorgungsschaden erlitten haben (Versorgungsschadenrentengesetz) v. 27. 7. 1953 (GVBl. S. 118)
VRGA	s. VeröffRGesA
VRS	Verkehrsrechts-Sammlung (1. 1949ff.)
VRspr.	s. VerwRspr.
VS	Verschlußsache
VSchG, VfSchutzG	Gesetz ü. d. Zusammenarbeit d. Bundes u. d. Länder in Angelegenheiten d. Verfassungsschutzes v. 27. 9. 1950 (BGBl. S. 682)

VschulArch., PrVschulArch.	Preußisches Volksschularchiv (1. 1902—30. 1932) dann:
VschulArch.	Volksschularchiv für Reich und Preußen (31. 1933/34 —33. 1935; fortg. als: Dt. Schul-Verwaltungs-Archiv)
VSchulFinG, VFG	Preußen. Volksschulfinanzgesetz v. 2. 12. 1936 (GS S. 161)
VSchulG	Volksschulgesetz Bayern. Gesetz ü. Schulpflege an d. Volksschulen v. 27. 7. 1948 (GVBl. S. 157) Rheinland-Pfalz. Landesgesetz ü. d. Volksschule (∼) v. 4. 2. 1955 (GVBl. S. 1) Württemberg. I. d. Bek. v. 17. 8. 1909 (RegBl. S. 177)
VSchulUG	Preußen. Gesetz, betr. d. Unterhaltung d. öffentl. Volksschulen v. 28. 7. 1906 (GS S. 335)
VStDV, VermDV	Vermögensteuer-Durchführungsverordnung v. 4.7.1952 (BGBl. I S. 382)
VStG, VermStG	Vermögensteuergesetz i. d. F. v. 10. 6. 1954 (BGBl. I S. 137)
VStO	Vergnügungsteuerordnung
VStR 1953, VermStR	Vermögensteuer-Richtlinien f. d. Vermögensteuer-Hauptveranlagung 1953 v. 21. 9. 1954 (BAnz. Beil. z. Nr. 185; BStBl. I S. 439)
VStr. VollzO	Vorläufige Strafvollzugsordnung f. d. Land ... Niedersachsen. AV d. MdJ v. 12. 7. 1948 (NdsRpfl. S. 162) Nordrhein-Westfalen. AV d. MdJ v. 11. 8. 1948 Schleswig-Holstein. AV d. MdJ v. 18. 8. 1948
VTr.	Versicherungsträger
VU	Versicherungsunternehmer, Versicherungsunternehmung
VÜG	s. IÜG
VÜP	s. IÜP
VuG	s. VersuGeldw.
VuNBl. EKD	Verordnungs- und Nachrichtenblatt. Amtl. Organ d. Evangelischen Kirche in Deutschland (1946; dann: Amtsbl. d. Ev. Kirche in Deutschland)
VV	Versailler Vertrag
VV	Verwaltungsvorschrift
VV, VersWiss.	Versicherungswissenschaft und Versicherungspraxis (1. 1947 — 2. 1948; dann: Versicherungswissenschaft, Versicherungspraxis, Versicherungsmedizin)
VVaG	Versicherungsverein auf Gegenseitigkeit

VVB-Bay. zur RKO-Kosten	Bayerische Vollzugsbestimmungen zur Reichskassenordnung für die Behandlung von Kosten u. Geldstrafen v. 25. 4. 1939 (GVBl. S. 148)
VVDStRL	Veröffentlichungen der Vereinigung der Deutschen Staatsrechtslehrer (1. 1924ff.)
VVG	s. a. VersVerfG
VVG, VersVG	Gesetz ü. d. Versicherungsvertrag v. 30. 5. 1908 (RGBl. S. 263)
VVO	Vereinfachungsverordnung
VVO	3. DurchfVO (Versicherungsverordnung) zum Dritten Gesetz z. Neuordnung d. Geldwesens (Umstellungsgesetz) v. 27. 6. 1948 (WiGBl. Beil. 5 S. 26)
VVV, VersWiss.	Versicherungswissenschaft, Versicherungspraxis, Versicherungsmedizin (3. 1949—4. 1950; dann: Dt. Versicherungszs. f. Sozialvers. u. Privatvers.)
VW	s. VersWi.
Vw.	s. VolksW
Vw.	Verwaltung, s. a. Verw.
VwA, VA	Verwaltungsakt
VWG	Vereinigtes Wirtschaftsgebiet
VWGBl.	s. WiGBl.
VwGO	Verwaltungsgerichtsordnung [noch nicht erlassen]
VwO	s. BranntwVwO
VWt.	Verkehrswacht
VwVG	Verwaltungs-Vollstreckungsgesetz v. 27. 4. 1953 (BGBl. I S. 157)
VwZG	Verwaltungszustellungsgesetz Bund. Vom 3. 7. 1952 (BGBl. I S. 379) Bremisches ~ v. 14. 9. 1954 (GBl. S. 103) Hamburgisches ~ v. 21. 6. 1954 (GVBl. S. 33) Niedersächsisches ~ v. 20. 11. 1953 (GVBl. S. 86) Schleswig-Holstein. ~ v. 15. 2. 1954 (GVBl. S. 31)
VZ, VZSozVers., VolkstZ	Volkstümliche Zeitschrift für die gesamte Sozialverrung (27. 1921—50. 1944) vorher:
VZ, VZPraktArbVers., VolkstZ	Volkstümliche Zeitschrift für praktische Arbeiterversicherung (7. 1901—26. 1920; dann: Volkstüml. Zs. f. d. ges. Sozialversicherung; vorher: Mitteilungen d. Verbandes d. Verwaltungsbeamten d. Ortskrankenkassen u. Berufsgenossenschaften Deutschlands, seit 1900)
VZG, VZollG	Vereinszollgesetz v. 1. 7. 1869 (BGBl. S. 317)
VZVO	s. VerwZwVO

W

W	Wochenblatt, Wochenschrift
WA	s. WestdArbRspr. und WarschAbk.
WA, WGA	Wiedergutmachungsamt
WA, WohnA	Wohnungsamt
WAB	Bestimmungen ü. d. Förderung d. Schaffung v. Wohnraum durch Wiederaufbau u. Wiederherstellung sowie durch Um- und Ausbau im Lande Nordrhein-Westfalen. RdErl. v. 27. 1. 1951 (MBl. S. 222)
WAbk.	s. WarschAbk.
WährG, WG	Erstes Gesetz zur Neuordnung des Geldwesens (Währungsgesetz) v. 20. 6. 1948 (= Gesetz Nr. 61 d. Am. u. d. BrMilReg.; VO Nr. 158 d. FrMilReg.) (WiGBl. Beil. 5 S. 1)
WaffG	Waffengesetz v. 18. 3. 1938 (RGBl. I S. 265)
WAG	Gesetz ü. einen Währungsausgleich f. Sparguthaben Vertriebener v. 27. 3. 1952 (BGBl. I S. 213), i. d. F. v. 14. 8. 1952 (BGBl. I S. 547)
WAG-DV	VO z. Durchf. d. Gesetzes ü. einen Währungsausgleich f. Sparguthaben Vertriebener 1. DV v. 23. 8. 1952 (BAnz. Nr. 165) 2. DV v. 19. 2. 1953 (BGBl. I S. 24) 3. DV v. 28. 4. 1953 (BGBl. I S. 167) 4. DV v. 24. 12. 1953 (BGBl. I S. 1599) 5. DV v. 22. 2. 1954 (BGBl. I S. 13)
WahlG	s. a. BTWahlG, LTWahlG, LWG
WahlG, WG	Wahlgesetz Berlin. Gesetz ü. d. Wahlen z. Abgeordnetenhaus u. z. d. Bezirksverordnetenversammlungen 1954 v. 4. 8. 1954 (GVBl. S. 471) Bremen. ~ f. d. Bürgerschaft v. 22. 4. 1955 (GBl. S. 63) Hamburg. Gesetz ü. d. Wahl zur hamburgischen Bürgerschaft i. d. F. v. 6. 12. 1956 (GVBl. S. 497)
WahlO	s. a. GWO, KWO, LWO
WahlO, WO	Berlin. Wahlordnung f. d. Wahlen zum Abgeordnetenhaus u. zu d. Bezirksverordnetenversammlungen 1954 v. 3. 9. 1954 (GVBl. S. 545)
WahlprüfG	Wahlprüfungsgesetz Bund. Vom 12. 3. 1951 (BGBl. I S. 166) Hessen. Vom 5. 8. 1948 (GVBl. S. 93) Niedersachsen. Ges. ü. d. Prüfung d. Wahl z. Nieders. Landtag (~) v. 6. 3. 1955 (GVBl. S. 87)
WAK	Wildschadenausgleichskasse

WallmannsZ	Wallmann's Versicherungs-Zeitschrift (8. 1874—56. 1922) dann:
WallmannsZ, VersPost	Versicherungs-Post. Wallmann's Versicherungs-Zeitschrift (27. 1922—38. 1933; dann: Der Versicherungs-Außendienst)
WallmannsZ	Wallmann's Versicherungs-Zeitschrift (74. 1940—77. 1944,3; dann m. Versicherungsvermittlung zsgel. zu: Die Versicherung Ausg. A; vorher: Versicherungs-Außendienst)
WarnJ, WarnJb.	Jahrbuch der Entscheidungen zum bürgerlichen Gesetzbuch und den Nebengesetzen (ab 2. 1903: auf dem Gebiet d. Zivil-, Handels- u. Prozeßrechts; 5. 1906—16. 1917: Abt. A Zivil-, Handels- u. Prozeßrecht; dann: auf d. Gebiete d. Zivil-, Handels- u. Prozeßrechts), begr. v. Warneyer (1. 1900/02—37. 1938) [ErgBd. u. d. T.: Rechtsprechung des Reichsgerichts]
WarnRspr., RGWarn.	Rechtsprechung des Reichsgerichts, soweit sie nicht in der amtlichen Sammlung der Entscheidungen des RG abgedruckt ist, hrsg. v. Warneyer (1. 1908—33. 1941) [ErgBd. zu: Jahrb. d. Entscheidungen]
WarnRspr.	Sammlung zivilrechtlicher Entscheidungen des Reichsgerichts, hrsg. v. Buchwald (1. 1941—2. 1943)
WarschAbk., WAbk., WA	Abkommen z. Vereinheitlichung von Regeln ü. d. Beförderung im internat. Luftverkehr [Warschauer Abkommen] v. 12. 10. 1929 (RGBl. 1933 II S. 1039)
WassG	s. WG
WassVerbG	s. WVG
WassVerbVO, WaVbVO	s. WVO
WB, Wü-Ba., WürttBad.	Württemberg-Baden
WB	Wiedergutmachungsbehörde
WBEG, WBErgG	Gesetz z. Änderung u. Ergänzung d. Wertpapierbereinigungsgesetz 1. Gesetz v. 29. 3. 1951 (BGBl. I S. 211) 2. Gesetz v. 20. 8. 1953 (BGBl. I S. 940)
WBewG, WoBewG	Wohnraumbewirtschaftungsgesetz v. 31. 3. 1953 (BGBl. I S. 97)
WBFBl., ABlFin. Wü-Ba.	Amtsblatt des Finanzministeriums Württemberg-Baden (1948—1950)
WBG, WPBG	Gesetz z. Bereinigung d. Wertpapierwesens (Wertpapierbereinigungsgesetz) v. 19. 8. 1949 (WiGBl. S. 295)
WBO	Wehrbeschwerdeordnung v. 23. 12. 1956 (BGBl. I S. 1066)
WdA, Welt d. Arb.	Welt der Arbeit (1. 1950ff.)

WDB	Wehrdienstbeschädigung
WDG, WettDieG	Gesetz ü. d. Deutschen Wetterdienst v. 11. 11. 1952 (BGBl. I S. 738)
Wdg.	Wiedergutmachung
WDStO	Wehrmachtdisziplinarstrafordnung v. 6. 6. 1942 (HDv. 3/9, MDv. Nr. 130, LDv. 3/9)
WechsStG	Wechselsteuergesetz v. 2. 9. 1935 (RGBl. I S. 1127)
WEG, WohnEigG	Gesetz ü. d. Wohnungseigentum u. d. Dauerwohnrecht (Wohnungseigentumsgesetz) v. 15. 3. 1951 (BGBl. I S. 175)
WegereinG	Preußen. Gesetz ü. d. Reinigung öffentlicher Wege v. 1. 7. 1912 (GS S. 187)
WehrG, WG	Wehrgesetz v. 21. 5. 1935 (RGBl. I S. 609)
WehrlG	Gesetz ü. Leistungen f. Wehrzwecke (Wehrleistungsgesetz) v. 13. 7. 1938 (RGBl. I S. 887)
WehrmPStVO	s. WPstVO
WehrmVersG	s. WVG
WehrpflG	Wehrpflichtgesetz v. 21. 7. 1956 (BGBl. I. S. 651)
WeimVerf.	s. WRV
WeinG, WG	Weingesetz v. 25. 7. 1930 (RGBl. I S. 356)
WeißlersArch.	s. PrArch.
WErbbR	Wohnungserbbaurecht
Wertpap.	Das Wertpapier (1. 1953ff.)
WertpMitt., WM, WPM	Wertpapier-Mitteilungen [Besteht aus T. I—IV] (1. 1947ff.)
WertZO	VO z. Durchf. d. Artikels II d. Zolltarifgesetzes (Wertzollordnung) v. 21. 9. 1951 (BGBl. I S. 835)
WestdArbRspr., WA	Westdeutsche Arbeitsrechtsprechung (1. 1948ff.)
WesteurKfzR, WKR	Westeuropäisches Kraftfahrzeug-Recht, hrsg. v. Werner Wussow (1. 1955ff.)
WestfGütGemG	[Preußisches] Gesetz betr. das eheliche Güterrecht in der Provinz Westfalen und den Kreisen Rees, Essen und Duisburg v. 16. 4. 1860 (GS S. 165)
Wettbew.	Der Wettbewerb. Mitteilungen d. Zentrale z. Bekämpfung unlauteren Wettbewerbs (1949—1955; dann Beil. z.: Wettbewerb in Recht und Praxis)
WettbRuPr., WRP	Wettbewerb in Recht und Praxis (1. 1955ff.)
WettbVO	VO ü. Wettbewerb v. 21. 12. 1934 (RGBl. I S. 1280)
WEU	Westeuropäische Union

WEVO	Berlin. 3. MRVO z. Neuordnung d. Geldwesens (Währungsergänzungsverordnung) v. 20. 3. 1949 (VOBl. I S. 86)
WFB	Wohnungsbauförderungsbestimmungen
WFVG	Fürsorge- u. Versorgungsgesetz f. d. ehemaligen Angehörigen d. Wehrmacht u. ihre Hinterbliebenen (Wehrmachtfürsorge- u. -versorgungsgesetz) v. 26. 8. 1938 (RGBl. I S. 1077)
WG	s. a. WehrG, WahlG, WeinG, WährG
WG	Wassergesetz Baden. Vom 12. 4. 1913 (GVBl. S. 250) Bayern. Vom 23. 3. 1907 (GVBl. S. 157) Preußen. Vom 7. 4. 1913 (GS S. 53)
WG	Wechselgesetz v. 21. 6. 1933 (RGBl. I S. 399)
WGA, WA	Wiedergutmachungsamt
WGewStG	Gesetz ü. d. Besteuerung d. Wandergewerbes v. 10. 12. 1937 (RGBl. I S. 1348)
WGG	s. a. WGöD, BWGöD
WGG	Gesetz ü. d. Gemeinnützigkeit im Wohnungswesen v. 29. 2. 1940 (RGBl. I S. 438)
WGK, WK	Wiedergutmachungskammer
WGöD, WGG, WiedergG	Schleswig-Holstein. Gesetz z. Wiedergutmachung d. den Beamten, Angestellten und Arbeitern d. öffentlichen Dienstes durch d. Nationalsozialismus zugefügten Unrechts (Wiedergutmachungsgesetz) v. 4. 7. 1949 (GVBl. S. 162)
WGZ	Wohnungsgeldzuschuß
WH, Wü-Hhz.	Württemberg-Hohenzollern
WI	s. WohnWiInf.
WI, WJ, WussowI	Wussow [Hrsg.], Informationen zum Versicherungs- und Haftpflichtrecht (1953 ff.)
Wi.	Wirtschaft
WIB	s. WiRechtlInfBl.
WiedergG	s. BWGöD, WGöD
WiGBl., GBl. WR, VWGBl.	Gesetzblatt der Verwaltung des Vereinigten Wirtschaftsgebietes (1947 1: Gesetz- u. Verordnungsblatt d. Zweizonen-Wirtschaftsrates; bis 1948, 18: Gesetz- u. Verordnungsblatt d. Wirtschaftsrates d. Vereinigten Wirtschaftsgebietes) (1. 1947—3. 1949)
WildVerkO	s. WVO
WiPrüfer, WPr., WP	Der Wirtschaftsprüfer (1. 1932—2. 1933; dann: Der Wirtschaftstreuhänder; 1. 1948—7. 1954 wieder unter dem alten Namen)

WiPrüfg., WPg.	Die Wirtschaftsprüfung (1. 1948ff.)
WiR	Wirtschaftsrecht
WiRechtlInfBl., WIB	Wirtschaftsrechtliche Informations-Blätter (1. 1945ff.)
WiSpieg., WSp.	Wirtschafts-Spiegel (1. 1946—3. 1948)
WiSta.	s. WiuStat.
WiStG 1949	Gesetz z. Vereinfachung des Wirtschaftsstrafrechts (Wirtschaftsstrafgesetz) v. 26. 7. 1949 (WiGBl. S. 193)
WiStG 1954	Gesetz z. weiteren Vereinfachung d. Wirtschaftsstrafrechts (Wirtschaftsstrafgesetz 1954) v. 9. 7. 1954 (BGBl. I S. 175)
WiTrh., WT	Der Wirtschaftstreuhänder. Zs. f. Dt. Prüfungs- u. Treuhandwesen (3. 1934—14. 1945, vorher u. später: Der Wirtschaftsprüfer)
WiTrh., WT	Der Wirtschaftstreuhänder (1. 1952ff.)
WiuRdVers., WuRdV,	Wirtschaft und Recht der Versicherung (= Beih. zu: Mitt. f. d. öff. Feuerversicherungs-Anstalten u. den u. a. T. erschienenen Nachfolgern) (1912—1939)
WiuStat., WiStat., WuSt.	Wirtschaft und Statistik (1. 1921—24. 1944, N. F. 1. 1949ff.)
WiVerw.	Wirtschaftsverwaltung (1/2. 1948/49)
WiVerwVO	VO ü. d. Wirtschaftsverwaltung v. 28. 11. 1939 (RGBl. I S. 2315)
WiWerbg., WW	Wirtschaftswerbung (1. 1934—9. 1943; ab 1941 vereinigt m.: Archiv f. Wettbewerbsrecht)
WK, WGK	Wiedergutmachungskammer
WKR	s. WesteurKfzR
WLVO	VO zur Wohnraumlenkung v. 27. 2. 1943 (RGBl. I S. 127)
WM	s. WertpMitt.
WM	Wirtschaftsminister(ium)
WO	s. a. WahlO, GWO, KWO, LWO
WO	Wechselordnung i. d. F. v. 3. 6. 1908 (RGBl. S. 326)
WoBauG	Wohnungsbaugesetz 1. ~ v. 24. 4. 1950 (BGBl. S. 83), i. d. F. v. 25. 8. 1953 (BGBl. I S. 1047) 2. ~ (Wohnungsbau- u. Familienheimgesetz) v. 27. 6. 1956 (BGBl. I S. 523)
WoBewG	s. WBewG
WochPflVO	VO ü. Wochenpflegerinnen v. 7. 2. 1943 (RGBl. I S. 87)
WohlfA	Wohlfahrtsamt
WohnA, WA	Wohnungsamt

WohnEigG	s. WEG
WohnG	Wohnungsgesetz (= Kontrollratsgesetz 18) v. 8. 3. 1946 (ABlKR S. 117)
WohnGebBefrG	Gesetz ü. Gebührenbefreiungen beim Wohnungsbau v. 30. 5. 1953 (BGBl. I S. 273)
WohnsG	s. WSG
WohnWiInf., WI	Wohnungswirtschaftliche Informationen. Mitteilungen f. d. gemeinnützige Wohnungswirtschaft (1949ff.)
WoPDV	VO z. Durchführung d. Wohnungsbau-Prämiengesetzes v. 8. 9. 1955 (BGBl. I S. 585; BStBl. I S. 454)
WoPER 1956	Verwaltungsanordnung ü. d. Änd. u. Erg. d. Richtlinien z. Durchf. d. Wohnungsbau-Prämiengesetzes v. 11. 7. 1956 (BAnz. Nr. 136; BStBl. I S. 360)
WoPG, WPG	Gesetz ü. d. Gewährung von Prämien für Wohnbausparer (Wohnungsbau-Prämiengesetz) v. 17. 3. 1952 (BGBl. I S. 139), i. d. F. v. 21. 12. 1954 (BGBl. I S. 482)
WO-Sozialvers., SozVersSWO	Wahlordnung f. d. Organe d. Selbstverwaltung auf dem Gebiet d. Sozialversicherung v. 14. 8. 1952 (BAnz. Nr. 168)
WoPR 1956	Richtlinien z. Durchf. d. Wohnungsbau-Prämiengesetzes i. d. F. v. 12. 7. 1956 (BAnz. Nr. 136; BStBl. I S. 365)
WP, WPr.,	s. WiPrüfer
WP	Wirtschaftsprüfer
WPBG	s. WBG
WPg.	s. WiPrüfg.
WPM	s. WertpMitt.
WPostVertr.	Weltpostvertrag
WPstVO, WehrmPStVO	Personenstandsverordnung der Wehrmacht v. 4. 11. 1939, i. d. F. v. 17. 10. 1942 (RGBl. I S. 597)
WRP	s. WettbRuPr.
WRV, WeimRV, WeimVerf., RV, RVerf.	Verfassung des Deutschen Reichs [Weimarer Reichsverfassung] v. 11. 8. 1919 (RGBl. S. 1383)
WS	Wiedergutmachungssenat
WSG, WohnsG	Gesetz ü. d. Aufschließung von Wohnsiedlungsgebieten v. 22. 9. 1933 (RGBl. I S. 659)
WSp.	s. WiSpieg.
WStG	Wehrstrafgesetz
WT	s. WiTrh.
WUA	Welturheberrechtsabkommen v. 6. 9. 1952 (BGBl. 1955 II S. 101)

Wü-Ba., WürttBad.	Württemberg-Baden
Wü-Hhz., Wü-Ho., WürttHohz, WH	Württemberg-Hohenzollern
WüJAmtsBl., ABlWürttJMin.	Amtsblatt des (bis 1918: Königlich) Württembergischen Justizministeriums vom Jahr . . . (1884—1934)
Württ.	Württemberg, württembergisch
WürttHohz, Wü-Ho., WH	Württemberg-Hohenzollern
WürttJ	Jahrbücher der württembergischen Rechtspflege (1. 1888—29. 1920)
WürttNotV, WürttNV	Mitteilungen aus der Praxis (anfangs: und Vereinsnachrichten), hrsg. v. Württemb. Notar(iats)verein (1. 1907/10—14. 1933, 15. 1949—20. 1954)
WürttRpflZ, WürttZ, WüVR	Württembergische Zeitschrift für Rechtspflege und Verwaltung (ab 25. 1932: für Verwaltung und Verwaltungsrechtspflege) (1. 1907—31. 1938)
WürttVerwZ	Württembergische Verwaltungszeitschrift (bis 37. [= N. F. 4] 1941)
WürttVGH	Entscheidungen des Württembergischen Verwaltungsgerichtshofs, des Württ. Kompetenzgerichtshofs und der Dienststrafkammer Stuttgart (= Beil. zur Württ. Verwaltungszeitschrift) (1939—1941)
WürttZ	s. a. WürttRPflZ
WürttZ	Zeitschrift für die freiwillige Gerichtsbarkeit und die Gemeindeverwaltung in Württemberg (ab 64. 1922:) und Jahrbücher der württembergischen Rechtspflege (4. 1862—81. 1939; anfangs: Monatsschrift f. d. willkührl. Gerichtsbarkeit u. d. Notariat in Württemberg, ab 1. 1859)
WürttZfVerw.	s. WüVR
WürttZSprBeil.	Spruchbeilage der Zeitschrift für die freiwillige Gerichtsbarkeit und die Gemeindeverwaltung in Württemberg . . .
WüVR, WürttZfVerw.	Württembergische Zeitschrift für Verwaltung u. Verwaltungsrechtspflege (25. 1932—31. 1938; vorher: Württembergische Zs. f. Rechtspflege u. Verwaltung)
WuRdV	s. WiRdVers.
WussowI	Wussow [Hrsg.], Informationen zum Versicherungs- und Haftpflichtrecht (1953ff.)
WuSt.	s. WiuSt.
WuW	Wirtschaft und Wettbewerb (1/2. 1951/52ff.)
WVG, WehrmVersG	Gesetz ü. d. Versorgung d. Angehörigen d. Reichsheers u. d. Reichsmarine sowie ihrer Hinterbliebenen (Wehrmachtversorgungsgesetz) v. 4. 8. 1921 (RGBl. S. 993), i. d. F. v. 19. 9. 1925 (RGBl. I S. 349)

WVG, WassVerbG	Gesetz ü. Wasser- u. Bodenverbände (Wasserverbandgesetz) v. 10. 2. 1937 (RGBl. I S. 188)
WVO, WassVerbVO, WaVbVO	VO ü. Wasser- u. Bodenverbände (Wasserverbandverordnung) 1. VO v. 3. 9. 1937 (RGBl. I S. 933) 2. VO v. 15. 12. 1942 (RGBl. I S. 729) 3. VO v. 20 4. 1943 (RGBl. I S. 268)
WVO, WildVerkO	Wildverkehrsordnung Reich. Vom 21. 3. 1936 (RGBl. I S. 259) Hessen. Vom 21. 11. 1950 (GVBl. S. 239)
WVVO	s. a. WVO, WassVerbVO
WVVO	VO z. Wohnraumversorgung d. luftkriegsbetroffenen Bevölkerung v. 21. 6. 1943 (RGBl. I S. 355)
WW	s. WiWerbg.
WWI-Mitt., MittWWI	Mitteilungen des wirtschaftswissenschaftlichen Instituts der Gewerkschaften (ab 6. 1953: WWI-Mitteilungen) (1. 1948ff.)
WWV	Vorschriften ü. Reichswerkdienstwohnungen (Werkdienstwohnungsvorschriften) v. 30. 1. 1937 (RBesBl. S. 23), i. d. F. v. 9. 12. 1938 (RBesBl. S. 383)
WZ	Warenzeichen
WZBl.	Warenzeichenblatt (1894—1944; ab 1950 neuerscheinend u. geteilt in Teil I und II, ab 1952 noch in Teil III) [Ab 1. 1955 erscheint auch in der DDR ein Blatt dieses Namens]
WZG	Warenzeichengesetz v. 5. 5. 1936 (RGBl. II S. 134), i. d. F. v. 18. 7. 1953 (BGBl. I S. 643)
WzS, WzSozV	Wege zur Sozialversicherung (5. 1951ff.; vorher: Mitteilungsbl. f. d. Sozialversicherung)

Z

Z, Zbl., ZBl.	Zentralblatt
Z, Zs., Zschr.	Zeitschrift
Z, Zt., Ztg.	Zeitung
ZA, ZollA	Zollamt
ZA	Zonenamt
ZAA	Zentralanmeldeamt
ZAbfSt.	Zollabfertigungsstelle
ZAG	s. ZwAbtretG
ZAgrR, ZAgruWR, AgrarZ	Zeitschrift für Agrar- und Wasserrecht (1. 1921/22 bis 29. 1944)

ZahnÄPrüfO	Prüfungsordnung für Zahnärzte v. 26. 1. 1955 (BGBl. I S. 37)
ZahnHKG, ZHG, ZHKG	Gesetz ü. d. Ausübung d. Zahnheilkunde v. 31. 3. 1952 (BGBl. I S. 221)
ZAIP	s. RabelsZ
ZAkDR, AkZ	Zeitschrift der Akademie für Deutsches Recht (1. 1934 bis 11. 1944)
ZAktG	s. BauersZ
ZAktW	Zeitschrift für das gesamte Aktienwesen (ab 32. 1922: Zeitschrift f. Aktienwesen) (1. 1891—33. 1923; dann: Zs. f. Gesellschaftswesen)
ZAnwO	Zollanweisungs-Ordnung v. 21. 3. 1939 (RMBl. S. 461)
ZaöRV, Z. ausl. öff. R. u. VR, BrunsZ	Zeitschrift für ausländisches öffentliches Recht und Völkerrecht, begr. v. Bruns (1. 1929—12. 1944, 13. 1950/51 ff.)
ZArztR, ZgA	Zeitschrift für das gesamte Arztrecht (1/2. 1951/52)
ZASt.	Zollaufsichtsstelle
ZAStDA	Dienstanweisung für die Zollaufsichtsstellen
ZAuslIPR	s. RabelsZ
ZBayStatLA, ZBayStatB	Zeitschrift des Bayerischen statistischen Landesamts (bis 40. 1908: Büros) (1. 1869—75. 1943, 80. 1948 ff.)
ZBergr., Zeitschr. f. Bergr., ZfB	Zeitschrift für Bergrecht (1. 1860 ff.)
ZBetrWi.	s. ZfB
ZBH	s. ZblHR
ZBHS, ZBergHüttSal.	Zeitschrift für das Berg-, Hütten und Salinenwesen im Preuß. Staate (1. 1854—92. 1944)
ZBinnSch.	Zeitschrift für Binnenschiffahrt (1. 1894 ff.; anfangs: Mittheilungen d. Central-Vereins)
Zbl., ZBl.	Zentralblatt
Zbl., ZBl., ZBlDR, RZBl.	Zentralblatt (anfangs: Central-Blatt) für das Deutsche Reich (1. 1873—50. 1922; dann: Reichsministerialblatt)
ZblDDR, ZBl. DDR	Zentralblatt der Deutschen Demokratischen Republik (1953 ff.; vorher: Ministerialblatt d. Dt. Dem. Republik)
ZblAbgVerw. (Preuß.), ZBlAV	Zentralblatt (anfangs: Central-Blatt) der Abgaben-, Gewerbe- und Handels-Gesetzgebung (ab 1892: der Abgaben-, etc. Gesetzgebung u. Verwaltung) in den Kgl. Preußischen Staaten (1839—1911)
ZblArbWiss.	Zentralblatt für Arbeitswissenschaft und soziale Betriebspraxis (1. 1947 ff.)

ZblBauVerw., ZblBV	Zentralblatt (anfangs: Centralblatt) der Bauverwaltung (1. 1881—64. 1944)
ZblFG, ZBlFG	Zentralblatt für freiwillige Gerichtsbarkeit und Notariat (ab 12. 1911/12: f. freiw. Gerichtsbarkeit, Notariat u. Zwangsversteigerung) (1. 1900/01—22. 1921/22)
ZblHR, ZBH	Zentralblatt für Handelsrecht (1. 1926—8. 1933)
ZblJugR, ZblJR	Zentralblatt für Jugendrecht und Jugendwohlfahrt (16. 1924/25—28. 1936; dann: Dt. Jugendhilfe; wieder unter dem alten Titel ab 37. 1950; vor 16. 1924/25: Zentralblatt f. Vormundschaftswesen usw.)
ZblRVers., ZRR	Zentralblatt für (anfangs: der) Reichsversicherung (1. 1905—39. 1929) dann:
ZblRVers., ZRR	Zentralblatt für Reichsversicherung und Reichsversorgung (1. 1930—15. 1944)
ZblSozVers.	Zentralblatt für Sozialversicherung (ab 5. 1951:) und Versorgung (1. 1947ff.)
ZblU, ZblUV, ZblUntVerw.	Zentralblatt (anfangs: Centralblatt) für die gesamte Unterrichts-Verwaltung in Preußen (1. 1859—75. 1933)
ZblVerkMed.	Zentralblatt für Verkehrs-Medizin, Verkehrs-Psychologie und angrenzende Gebiete (1. 1955ff.)
ZblVorm.	Zentralblatt für Vormundschaftswesen, Jugendgerichte und Fürsorgeerziehung (1. 1908—15. 1923/24; dann: Zentralblatt f. Jugendrecht u. Jugendwohlfahrt)
ZBT	Zahnärztlicher Bundestarif für das Versorgungswesen. Erl. d. BMA v. 13. 10. 1953 (BVBl. S. 188, 174)
ZBP	Zeitschrift für Beamtenrecht und Beamtenpolitik (1. 1950—4. 1953)
ZBR	Zeitschrift für Beamtenrecht (ab 7. 1935/36: f. Beamten- u. Behördenangestelltenrecht) (1. 1929—12. 1943)
ZBR	Zeitschrift für Beamtenrecht (1. 1953ff.)
ZDH	Zentralverband des Deutschen Handwerks
ZDJ, ZDJustAmtm., DJAmtm.	Zeitschrift des Bundes Deutscher Justizamtmänner (31. 1920—42. 1931; dann: Der Dt. Rechtspfleger) vorher:
ZDJ, ZDJustSekr., ZsDJS	Zeitschrift für deutsche Justizsekretäre (21. 1910—31. 1920; dann: Zs. d. Bundes Dt. Justizamtmänner)
ZDNotV	s. DNotV
ZDv.	Zentrale Dienstvorschrift
ZEG	s. ZustErgG
ZeitwVO, 11. AbgabenDV-LA	11. DurchfVO ü. Ausgleichsabgaben nach d. Lastenausgleichsgesetz (11. AbgabenDV-LA—Zeitwertverordnung) v. 11. 8. 1954 (BGBl. I S. 258)

ZerlegG	Gesetz ü. d. Steuerberechtigung u. d. Zerlegung bei d. Einkommensteuer u. d. Körperschaftsteuer (Zerlegungsgesetz) v. 29. 3. 1952 (BGBl. I S. 225)
ZeugGebO, GebOZuS, GebOZeug., ZGebO	Gebührenordnung für Zeugen und Sachverständige v. 21. 12. 1925 (RGBl. I S. 471)
ZEvKR, ZevKR	Zeitschrift für evangelisches Kirchenrecht (1. 1951 ff.)
ZfB, ZBergr.	Zeitschrift für Bergrecht (1. 1860 ff.)
ZfB, ZBetrWi.	Zeitschrift für Betriebswirtschaft (1. 1924 ff.)
ZfdgHR, ZHR, ZGHR, ZHK, GoldschmidtsZ	Zeitschrift für das gesamte Handelsrecht (ab 60. 1907): und Konkursrecht, begr. v. Goldschmidt (1. 1858 bis 110. 1944, 111. 1946/47 ff.)
ZfF, ZFürsW	Zeitschrift für das Fürsorgewesen (1. (= 19.) 1949 ff.; gleichzeitig Forts. d. Hannoverschen Wohlfahrtswoche)
ZfgesK	s. ZGesKredW
ZfOstR, OstR, ZOstR	Zeitschrift für Ostrecht (1. 1927—8. 1934)
ZfS	s. ZblSozVers.
ZfSiedlW	Zeitschrift für das gesamte Siedlungswesen (Neugr. 1952 durch Zusammenlegg. v.: Arch. f. innere Kolonisation u. Siedlg. u. Wirtschaft, 1952—1955; dann: Innere Kolonisation)
ZFSt.	Zollfahndungsstelle
ZFürsW	s. ZfF
ZfV	s. ZVersWes.
ZfW	s. ZWohnWes.
ZfZ, ZZV	Zeitschrift für Zölle und Verbrauchsteuern (1. 1921 ff.)
ZFZwSt.	Zollfahndungszweigstelle
ZG, ZollG	Zollgesetz v. 20. 3. 1939 (RGBl. I S. 529)
ZG, ZustG	Preußen. Gesetz ü. d. Zuständigkeit der Verwaltungs- und Verwaltungsgerichtsbehörden v. 1. 8. 1883 (GS S. 237)
ZgA	s. ZArztR
ZGB	Schweizerisches Zivilgesetzbuch
ZGebO	s. ZeugGebO
ZGeschRW, ZGR	Zeitschrift für geschichtliche Rechtswissenschaft (1. 1815—15. 1850)
ZGesGenW, ZgGenW	Zeitschrift für das gesamte Genossenschaftswesen (1. 1951 ff.)
ZGesKredW, ZGKW, ZfgesK	Zeitschrift für das gesamte Kreditwesen (1. 1948 ff.)

ZGesWes.	Zeitschrift für Gesellschaftswesen (Gesellschaftsarchiv). Zs. f. Aktienwesen. GmbH-Zs. (34/35. 1924/25; dann aufgeg. in: Zentralblatt f. Handelsrecht; vorher: Zs. f. Aktienwesen)
ZGHR	s. ZfdgHR
ZGKom.	Zollgrenzkommissariat
ZGR	s. ZGeschRW
ZGVollz.	Zeitschrift für Gerichtsvollzieher (1. 1887–7. 1893; dann: Zs. ü. Vollstreckungsrecht u. Zustellungswesen)
ZHdlWiss.	Zeitschrift für Handelswissenschaft und Handelspraxis (1. 1908/09–22. 1929; dann: Die Betriebswirtschaft)
ZHeimW	Zeitschrift für Heimatwesen (bis 47. 1942; dann: Öff. Fürsorge)
ZhF, ZhdlwF	Zeitschrift für handelswissenschaftliche Forschung (1. 1906–37. 1943, N. F. 1. 1949ff.)
ZHK	s. ZfdgHR
ZHKG, ZHG	s. ZahnHG
ZHR	s. ZfdgHR
ZIEV	s. ZIntEisenbV
Ziff.	Ziffer
ZIndR	Zeitschrift für Industrierecht (1. 1906–16. 1922)
ZinsA	Zinsanweisung
ZIntEisenb.	Zeitschrift für den internationalen Eisenbahntransport. Bulletin des transports internationaux par chemins de fer (1. 1893–35. 1927; dann: Zs. f. d. intern. Eisenbahnbeförderung)
ZIntEisenb.	Zeitschrift für die internationale Eisenbahnbeförderung. Bulletin des transports internationaux par chemins de fer (36. 1928–46. 1938; dann: Zs. f. d. intern- Eisenbahnverkehr; vorher: Zs. f. d. intern.Eisenbahntransport)
ZIntEisenb.	Zeitschrift für den internationalen Eisenbahnverkehr. Bulletin des transports internationaux par chemins de fer (47. 1939ff.)
ZIntEisenbV, ZIEV	Zeitschrift des Internationalen Eisenbahnverbandes (1. 1924–15. 1939)
ZivA	s. AcP
ZivAnw.	Zivilanwärter
ZivLuftsch.	Ziviler Luftschutz (1952ff.; 1931–1945 u. d. T.: Gasschutz und Luftschutz)
ZivS, ZS	Zivilsenat

ZJA	Zentraljustizamt für die Britische Zone
ZJBl.BrZ	Zentral-Justizblatt für die Britische Zone (1. 1947 bis 3. 1949)
ZJustAmtm.	s. ZDJustAmtm.
ZJustSekr.	s. JDJustSekr.
ZK	Zivilkammer
Zk., ZollK	Zollkasse
ZKirchR	s. DZfKirchR
ZKR	Zentralkommission für die Rheinschiffahrt
ZKRD	s. DZfKirchR
ZLA	Zeitschrift für den Lastenausgleich (1. 1953ff.)
ZLO	Zollager-Ordnung v. 24. 3. 1939 (RMBl. S. 557)
ZLuftR, ZLR	Zeitschrift für das gesamte Luftrecht (1. 1926 bis 2. 1928/29; dann: Archiv f. Luftrecht)
ZLuftR, ZLR	Zeitschrift für Luftrecht (N. F. 1. 1952ff.; vorher: Archiv f. Luftrecht)
ZMietuWR, ZMietWohnR	Zeitschrift für Miete, Wohnungs- und Grundstücksrecht (1. 1923—5. 1927)
ZMR	Zeitschrift für Miet- und Raumrecht (5. 1952ff.; vorher: Handbuch d. ges. Mietrechts u. d. Raumrechts)
ZÖffR	Zeitschrift für öffentliches Recht (1. 1919/20—23. 1943)
ZollA, ZA	Zollamt
ZollG	s. ZG
ZollK, Zk.	Zollkasse
Zollpr.	s. ZPr.
ZollT	Zolltarif
ZollTarG, ZTG	Zolltarifgesetz v. 16. 8. 1951 (BGBl. I S. 527)
ZollZs.	s. ZZollW
ZOR, ZfOsteurR	Zeitschrift für osteuropäisches Recht (1. 1925—3. 1927)
ZOstR, ZfOstR, OstR	Zeitschrift für Ostrecht (1. 1927—8. 1934)
ZPflG	Bayern. Gesetz ü. d. Gewährung von Pflegegeld an Zivilblinde v. 18. 6. 1953 (GVBl. S. 77)
ZPO	Zivilprozeßordnung v. 30. 1. 1877 (RGBl. S. 83)
ZPol., ZPolit.	Zeitschrift für Politik (1. 1908—35. 1945; N. F. 1. 1954ff.)
ZPr., Zollpr.	Die Zollpraxis (1. 1950ff.; vorher: Der Grenzbeamte)
ZPreußGVollz.	Zeitschrift für den Preußischen Gerichtsvollzieherverband (18. 1904; fortges. in: Dt. Gerichtsvollzieher-Zeitung; vorher: Zs. ü. Vollstreckungs-, Zustellungs- u. Kostenwesen)

ZPrStatB, ZPrStatLA	Zeitschrift des Preußischen Statistischen Büros (ab 45. 1905: Landesamts) (1. 1861–72. 1934)
ZRG, ZRechtsG	Zeitschrift für Rechtsgeschichte (1. 1861–13. 1878)
ZRG Germ. Abt., SavZ GermA	Zeitschrift der Savigny-Stiftung für Rechtsgeschichte, Germanistische Abteilung (1. 1880ff.)
ZRG Kan. Abt., SavZ KanA	Zeitschrift der Savigny-Stiftung für Rechtsgeschichte, Kanonistische Abteilung (32. [= 1.] 1911ff.)
ZRG Rom.Abt., SavZ RomA	Zeitschrift der Savigny-Stiftung für Rechtsgeschichte, Romanistische Abteilung (1. 1880ff.)
ZRHO	Rechtshilfeordnung in Zivilsachen v. 19. 10. 1956 [Einheitlich f. Bund u. Länder]
ZRL	Zusatzversorgungsanstalt des Reichs und der Länder
ZRpflBay., BayRpflZ, BayZ	Zeitschrift für Rechtspflege in Bayern (1. 1905–30. 1934; vorher: Seufferts Blätter f. Rechtsanwendung)
ZRR	s. ZblRVers.
ZS, ZivS	Zivilsenat
Zs., Zschr., Z.	Zeitschrift
ZSächsStatB, ZSächsStatLA	Zeitschrift des Sächsischen Statistischen Büros (ab 51. 1905: Landesamts) (1. 1855–89. 1943)
ZsDNotV	s. DNotV
ZSelbstV, ZSVerw.	Zeitschrift für Selbstverwaltung (1. 1918–16. 1933)
ZSprSt.	Zentrale Spruchstelle für Fürsorgestreitsachen
ZSR, ZSozRef.	Zeitschrift für Sozialreform (1. 1955ff.)
ZStaatsw., ZStW	Zeitschrift für die gesamte Staatswissenschaft (1. 1844 bis 104. 1944, 105. 1948/49ff.)
ZStandA	s. StAZ
ZStrW, ZStW, LisztZ	Zeitschrift für die gesamte Strafrechtswissenschaft (1. 1881–62. 1944, 63. 1950ff.)
ZStW	s. a. ZStaatsW
ZSVerw.	s. ZSelbstV
Zt., Ztg.	Zeitung
ZTar., ZT	Zolltarif
ZTarG, ZollTarG	Zolltarifgesetz v. 16. 8. 1951 (BGBl. I S. 527)
Ztg.	Zeitung
ZTG	s. ZollTarG
Ztschr.	Zeitschrift
ZuckG, ZuG	Gesetz ü. d. Verkehr mit Zucker (Zuckergesetz) v. 5. 1. 1951 (BGBl. I S. 47)
ZuckStG	Zuckersteuergesetz v. 26. 9. 1938 (RGBl. I S. 1251)

ZündwMG	Zündwarenmonopolgesetz v. 29. 1. 1930 (RGBl. I S. 11)
ZugVO, ZugabeVO	VO d. RPräs. z. Schutze d. Wirtschaft [Zugabeverordnung] v. 9. 3. 1932 (RGBl. I S. 121)
ZugWesG	Gesetz ü. d. Zugabewesen v. 12. 5. 1933 (RGBl. I S. 264)
ZulG, ZulG f. Ärzte	Gesetz über die Zulassung von Ärzten zur Tätigkeit bei den Krankenkassen Baden-Württemberg. Gesetz ü. d. Zulassung d. Ärzte, Zahnärzte u. Dentisten z. Tätigkeit bei d. Krankenkassen i. d. RegBez. Nordwürttemberg, Nordbaden u. Südbaden v. 20. 7. 1953 (GBl. S. 113) Bayern. ~ v. 14. 6. 1949 (GVBl. S. 162) Rheinland-Pfalz. Landes ~ v. 21. 4. 1950 (GVBl. S. 153)
ZulO, ZulO f. Ärzte	Zulassungsordnung Brit. Zone. ~ f. Ärzte v. 21. 4. 1948 (ArbBl.BrZ S. 251) Berlin. ~ f. Sozialversicherungsärzte in ... v. 3. 9. 1951 (GVBl. S. 632)
ZulVO, ZulVO f. Ärzte	Hessen. VO ü. d. Zulassung v. Ärzten z. Tätigkeit bei d. Krankenkassen v. 7. 2. 1950 (GVBl. S. 31)
ZustErgG, ZEG	Gesetz z. Erg. v. Zuständigkeiten auf d. Gebieten d. Bürgerlichen Rechts, d. Handelsrechts u. d. Strafrechts (Zuständigkeitsergänzungsgesetz) v. 7. 8. 1952 (BGBl. I S. 407)
ZustG, ZG	Preußen. Gesetz ü. d. Zuständigkeit der Verwaltungs- und Verwaltungsgerichtsbehörden v. 1. 8. 1883 (GS S. 237)
ZustUrk.	Zustellungsurkunde
ZustVO, ZustV	Bayern. VO, die Zuständigkeit d. Verwaltungsbehörden in Sachen d. Strafgesetzbuchs f. d. Deutsche Reich u. d. Polizeistrafgesetzbuchs betreffend v. 4. 1. 1872 (RegBl. S. 25)
ZustVO SOG	Niedersachsen. VO ü. Zuständigkeiten auf d. Gebiet der Gefahrenabwehr 1. VO v. 1. 4. 1951 (GVBl. S. 99) 2. VO v. 26. 6. 1951 (GVBl. S. 144) 3. VO v. 20. 7. 1951 (GVBl. S. 149) 4. VO v. 22. 11. 1952 (GVBl. S. 185) 5. VO v. 3. 3. 1955 (GVBl. S. 96) 6. VO v. 28. 2. 1956 (GVBl. S. 11) 7. VO v. 10. 10. 1956 (GVBl. S. 214)
ZuwG	Gesetz ü. d. Behandlung von Zuwendungen an betriebl. Pensionskassen u. Unterstützungskassen bei den Steuern vom Einkommen u. Ertrag v. 26. 3. 1952 (BGBl. I S. 206)

ZVDEV, ZVDEisenbVerw., ZVMEV	Zeitung des Vereins Deutscher (ab 75. 1935: mitteleuropäischer) Eisenbahnverwaltungen (1. 1862–84. 1944)
ZVerglRW, ZVglRWiss.	Zeitschrift für vergleichende Rechtswissenschaft (1. 1878–55. 1942, 56. 1953ff.)
ZVerkSich., ZVS	Zeitschrift für Verkehrssicherheit (1. 1952 ff.)
ZVerkWiss.	Zeitschrift für Verkehrswissenschaft (1. 1923–19. 1943/44, 20. 1948/49ff.)
ZVersWes.	s. a. NeumannsZ
ZVersWes., ZfV	Zeitschrift für Versicherungswesen (1. 1950 ff.)
ZVersWiss.	Zeitschrift für die gesamte Versicherungswissenschaft (1. 1901–43. 1943)
ZVG	Gesetz über die Zwangsversteigerung u. d. Zwangsverwaltung [Zwangsversteigerungsgesetz] v. 24. 3. 1897 (RGBl. S. 97), i. d. F. v. 20. 5. 1898 (RGBl. S. 369, 713)
ZVglRWiss.	s. ZVerglRW
ZVO-BEG	Zuständigkeits- und Verfahrensordnung zum Bundesergänzungsgesetz zur Entschädigung für Opfer der nationalsoz. Verfolgung Baden-Württemberg. ~ zum Bundesentschädigungsgesetz v. 16. 11. 1953 (GBl. S. 194) Berlin. Vom 12. 11. 1954 (GVBl. S. 628) Bremen. Vom 20. 10. 1953 (GBl. S. 111) Hessen. Vom 1. 10. 1953 (GVBl. S. 160) Rheinland-Pfalz. Vom 29. 9. 1953 (GVBl. S. 99)
ZVO-BEG	Zuständigkeits- u. Verfahrensordnung z. Bundesentschädigungsgesetz f. Opfer d. nationalsoz. Verfolgung Bremen. Vom 4. 12. 1956 (GBl. S. 153) Niedersachsen. Vom 23. 7. 1956 (GVBl. S. 98) Nordrhein-Westfalen. Vom 6. 11. 1956 (GVBl. S. 331) Rheinland-Pfalz. Vom 3. 10. 1956 (GVBl. S. 117)
ZVOBl.	Zentralverordnungsblatt, hrsg. v. d. Deutschen Justizverwaltung der sowjetischen Besatzungszone in Deutschland (1947–1949; dann: Gesetzblatt d. Dt. Dem. Republik)
ZVölkR	Zeitschrift für Völkerrecht (bis 6. 1912: und Bundesstaatsrecht) (1. 1907–26. 1942)
ZVolksw.	Zeitschrift für Volkswirtschaft, Sozialpolitik und Verwaltung (ab N. F. 1. 1921: f. Volkswirtschaft u. Sozialpolitik) (1. 1892– N. F. 5. 1925; dann: Zs. f. Nationalökonomie)

ZVollstrR	Zeitschrift über Vollstreckungsrecht und Zustellungswesen (ab 14. 1900: f. Vollstreckungs-, Zustellungs- und Kostenwesen) (8. 1894—17. 1903; dann: Zs. f. d. Preuß. Gerichtsvollzieherverband; vorher: Zs. f. Gerichtsvollzieher)
ZVormO	Zollvormerk-Ordnung v. 24. 3. 1939 (RMBl. S. 595)
ZVS	s. ZVerkSich.
ZVSch.	Zivilversorgungsschein
ZVV, ZwVVO, ZwVO	VO ü. Maßnahmen auf dem Gebiete der Zwangsvollstreckung v. 26. 5. 1933 (RGBl. I S. 302)
ZVW	s. ZVerkWiss.
ZwAbtretG, ZAG	Bayern. Gesetz, die Zwangsabtretung von Grundeigentum f. öffentliche Zwecke betreffend [Zwangsabtretungsgesetz] v. 17. 11. 1837 (GBl. Sp. 109)
ZweckEntfrVO	VO ü. d. Verbot der Zweckentfremdung von Wohnungen v. 14. 8. 1942 (RGBl. I S. 545)
ZweckVG	s. ZwVG
ZWehrR	Zeitschrift für Wehrrecht (1. 1936/37—9. 1944)
ZwEnteigG	Württemberg. Gesetz, betr. d. Zwangsenteignung v. Grundstücken u. v. Rechten an Grundstücken v. 20. 12. 1888 (RegBl. S. 446)
ZwKartG	Gesetz ü. Errichtung von Zwangskartellen v. 15. 7. 1933 (RGBl. I S. 488)
ZWohnWes., ZfW	Zeitschrift für Wohnungswesen
ZwSt.	Zweigstelle
z. Wv.	zur Wiederverwendung
ZwVG, ZweckVG, ZwVerbG	Zweckverbandsgesetz Reich. Vom 7. 6. 1939 (RGBl. I S. 979) Rheinland-Pfalz. I. d. F. v. 3. 12. 1954 (GVBl. S. 156)
ZwVVO, ZwVO, ZVV	VO ü. Maßnahmen auf dem Gebiete d. Zwangsvollstreckung v. 26. 5. 1933 (RGBl. I S. 302)
ZwVollstr., ZwV	Zwangsvollstreckung
ZZölle	s. ZfZ
ZZollW, ZollZs.	Zeitschrift für Zollwesen und Reichssteuern (1. 1901 bis 21. 1921)
ZZV	s. ZfZ
ZZP, BuschsZ	Zeitschrift für (bis 62. 1942: deutschen) Zivilprozeß, begr. v. Busch (1. 1879—63. 1943, 64. 1950/51 ff.)

Empfehlungen für Abkürzungen

Zur Beachtung:

Halbfett gedruckte Abkürzungen werden von dem genannten Gesetz- oder Amtsblatt, der genannten Zeitschrift oder vom Gesetzgeber selbst empfohlen oder verwendet.

Ausnahmsweise sind zwei Abkürzungen angegeben. In diesem Falle wird entweder der im Druck hervorgehobenen amtlich oder vom Herausgeber der Zeitschrift vorgesehenen Abkürzung eine andere vorgezogen oder es wird vom Spezialisten eine kürzere Abkürzung verwendet.

1. Allgemeine Abkürzungen der Rechtssprache

A

Abdruck vorgesehen	Abdr. vorg.
Abhandlung	Abh.
Abhandlungen	Abhn.
Abkommen	Abk.
Absatz	Abs.
Abschnitt	Abschn.
Absetzung für Abnutzungen	AfA
Abteilung	Abt.
abweichend	abw.
Änderung	Änd.
Änderungsgesetz	ÄndG
Aktenzeichen	Az.
Aktiengesellschaft	AG
Allgemeine Genehmigung	Allg. Gen.
Allgemeine Geschäftsbedingungen	AGB
Allgemeine technische Vorschriften	ATV
Allgemeine Verfügung	AV
Allgemeine Verwaltungsvorschrift; Allgemeine Vorschrift	AV
Alliierte Bank-Kommission, Direktive	ABC-Dir.
Alliierte Kommandatura Berlin, Anordnung (Order of the Allied Kommandatura Berlin)	BK/O
alte Fassung	a. F.
am angegebenen Ort	a. a. O.
Amerikanisch	Am.
Amerikanische Besatzungszone	AmZ
Amtliche Begründung	Amtl. Begr.
Amtliche Bekanntmachung	Amtl. Bek.
anderer Ansicht	a. A.
anderer Meinung	a. M.
Anfangsbilanz	AnfBil.
Angeklagter	Angekl.
Anhang	Anh.
Anlage	Anl.
Anmerkung	Anm.
Anordnung	AO
Anspruch	Anspr.
Anwärterdienstalter	AnwDA
Arbeitseinsatz	ArbEins.
Arbeitslosenfürsorge	ArblFürs.
Arbeitslosenfürsorgeunterstützung	Alfü.
Arbeitslosenunterstützung	Alu.
Arbeitslosenversicherung	ArblVers.
Arbeitsvermittlung	ArbVerm.

Arbeitszeit	ArbZ
Artikel [auch im Plural]	Art.
Auflage	Aufl.
Ausführungsanweisung	AusfAnw.
Ausführungsbestimmungen	AusfBest.
Ausführungsgesetz	AusfG,
[in Zusammensetzungen:]	AG
Ausführungsverordnung	AusfVO, AVO

B

Baden, badisch	Bad.
Baden-Württemberg	BadWürtt.
Band	Bd.
Baunotgabe	BNA
Bayern, bayerisch	Bay.
Beförderungsbedingungen	BefBed.
Begründung	Begr.
Beigeladene	Beigel.
Beilage	Beil.
Beitrag, Beiträge	Beitr.
Bekanntmachung	Bek.
Beklagte(r)	Bekl.
Bemerkung	Bem.
Bergmannsversorgungsschein	BVS
Bergpolizeiverordnung	BPV
Berichtigung	Ber.
Berlin	Bln.
Berlin-Ost	Bln-O
Berlin-West	Bln-W
Berufungsgericht	BG
Bescheid	Besch.
Beschluß	Beschl.
Besoldungsdienstalter	BDA
Besoldungsgruppe	BesGr.
betreffend	betr.
Bilanz	Bil.
Billigkeitsrichtlinien	BillRichtl.
Braunschweig, braunschweigisch	Brschw.
Bremen, bremisch	Brem.
Britisch	Br.
Britische Besatzungszone	BrZ
Bundesratsbestimmungen	BR-Best.
Bundesgesetz	BdGes.

C

cost, insurance, freight	cif

D

Deutsch	D.
Deutsche Mark-Eröffnungsbilanz	DMEB
Deutsche Mark-Überleitungsbilanz	DMÜB

Dienstanweisung	DA
Dienstbeschädigung	DB
Diätendienstalter	DDA
Dienstordnung	DienstO, DO
Dissertation	Diss.
Drucksache	Drucks.
Durchführungsanordnung	DAO
Durchführungsbekanntmachung	DBek.
Durchführungsbestimmung(en)	DBest., DB
Durchführungsgesetz	DG
Durchführungsverordnung	DV, [jetzt häufiger verwendet als:] DVO

E

Einführungsgesetz	EinfG,
[in Zusammensetzungen:]	EG
eingetragener Verein	e. V.
Einheitliche technische Baubestimmungen	ETB
Entscheidung	Entsch.
Entscheidungssammlung	ES
Entwurf	Entw.
Ergänzung	Erg.
Ergänzungsanweisung	ErgAnw.
Ergänzungsrichtlinien	ErgRichtl.
Erklärung	Erkl.
Erläuterung	Erläut.
Erlaß	Erl.
Eröffnungsbilanz	EröffnB
European Recovery Programme	ERP

F

Finanzministerialerlaß	FME
Finanztechnische Anweisung der Militärregierung	FTA
Französisch	Fr.
Französische Besatzungszone	FrZ
free on board	fob

G

Geschäftsordnung	GO
Gesellschaft mit beschränkter Haftung	GmbH
Gesellschaft zur Verwertung musikalischer Aufführungsrechte	GEMA
Gesetz	Ges.
[in Zusammensetzungen:]	G
Gesetz der Alliierten Hohen Kommission	AHKG [folgt Nr.]
Gesetz der Amerikanischen Militärregierung	AmMRG [folgt Nr.]
Gesetz der Britischen Militärregierung	BrMRG [folgt Nr.]
Gesetz der Französischen Militärregierung	FrMRG [folgt Nr.]
Gesetz der Militärregierung	MRG [folgt Nr.]

Gesetz zur Änderung d. . . .	ÄndG. z. . . .
Gläubiger	Gl.
gleicher Ansicht	gl. A.
Grundbuch	GB

H

Hamburg, hamburgisch	Hamb.
Handbuch	Handb., Hdb.
Handelsregister	HReg.
Heeres-Druckvorschrift	HDv.
herrschende Lehre	h. L.
herrschende Meinung	h. M.
Hessen, hessisch	Hess.
Hypothekengewinnabgabe	HGA

I

im Sinne	i. S.
im engeren Sinne	i. e. S.
im weiteren Sinne	i. w. S.
in Liquidation	i. L.
in Sachen	i. S.
in Verbindung mit	i. V. m.
in der Fassung	i. d. F.
Inkrafttreten	Inkrafttr.
Internationales Privatrecht	IPR

J

Jahrbuch	Jb.
Jahrgang	Jg.

K

Kalenderjahr	Kj.
Kapitel	Kap.
Kirchengesetz	KirchG
Kläger	Kl.
Kommanditgesellschaft	KG
Kommanditgesellschaft auf Aktien	KGaA
Kommissionsbericht	KommBer.
Kontrollratsbefehl	KRBef. [folgt Nr.]
Kontrollratsdirektive	KRDir. [folgt Nr.]
Kontrollratsgesetz	KRG [folgt Nr.]
Kontrollratsproklamation	KRProkl. [folgt Nr.]
Kraftfahrzeug	Kfz.
Kreditgewinnabgabe	KGA
Kriegsbeschädigter	KB
Kriegsdienstbeschädigung	KDB

L

Lastenausgleich	LA
Lippe, lippisch	Lipp.
Lübeck, lübeckisch	Lüb.
Luftwaffen-Druckvorschrift	LDv.

M

Manteltarifvertrag	MTV
Marine-Druckvorschrift	MDv.
Militärregierungsbefehl	MRBef. [folgt Nr.]
Militärregierungsgesetz	MRG [folgt Nr.]
Militärregierungsverordnung	MRVO [folgt Nr.]
Militärregierungsverwaltungsanweisung	MRVerwAnw. [folgt Nr.]
Minderjähriger	Mj.
Ministerialerlaß, Ministerialentschließung	ME
Mitteilungen	Mitt.
Monatsschrift	Mschr.
Motive	Mot.

N

neue Fassung	n. F.
Neufassung	Neuf.
Niedersachsen, niedersächsisch	Nds.
Nordrhein-Westfalen, nordrhein-westfälisch	NRW
Novelle	Nov.
Nummer	Nr.

O

Österreichisch	Öst.
Offene Handelsgesellschaft	OHG
Oldenburg, oldenburgisch	Old.
Ordnung [in zusammengesetzten Abkürzungen]	O

P

Patentanwalt	PatAnw., PA
Polizei	Pol.
Polizei-Druckvorschrift	PDv.
Polizeiverordnung	PolVO
Preisverordnungen s. Verordnungen auf dem Gebiete des Preisrechts	
Preußen, preußisch	Pr.
Proklamation	Prokl.
Protokoll(e)	Prot.

R

Rechnungsjahr	Rj.
Rechtsanwalt	RA
Rechtsanwälte	RAe.
Rechtsprechung	Rspr.
Register	Reg.
Rheinland-Pfalz, rheinland-pfälzisch	RhPf.
Richtlinien	Richtl.
Runderlaß	RdErl.
Rundschreiben	RdSchr.
Rundverfügung	RdVfg.

S

Saarland, saarländisch	Saarl.
Schaumburg-Lippe	SchLippe
Schaumburg-lippisch	SchLipp.
Schiffsregister	SchiffsReg.
Schleswig-Holstein, schleswig-holsteinisch	SchlH
Schweizer, schweizerisch	Schweiz.
Seite	S.
siehe	s.
siehe auch	s. a.
Soforthilfeabgabe	SHA
Soforthilfesonderabgabe	SHSA
Sowjetische Besatzungszone	SBZ
Spalte	Sp.
Speditionsversicherungsschein	SVS
ständige Rechtsprechung	stRspr.
stenographischer Bericht	StenBer.
Steuerberater	Stb.
Steuerpflichtiger	Stpfl.
streitig	str.
Steuerschuldner	StSch.

T

Tarifordnung	TarO
Tarifregister	TarReg.
Teil	T.
Titel	Tit.

U

unstreitig	unstr.
unter anderem	u. a.
Umdruck	Umdr.
Urteil	Urt.

V

Vereinbarung	Verbg.
Vereinfachungsverordnung	VVO
Vereinigtes Wirtschaftsgebiet	VerWiGeb.
Verfügung	Vfg.
vergleiche	vgl.
Verhandlung(en)	Verh.
Verlängerung	Verl.
Veröffentlichung	Veröff.
Veröffentlichungen	Veröffn.
Verordnung	VO
[in Zusammensetzungen auch:]	V
Verordnungen	VOen
Verordnung auf dem Gebiete des Preisrechts (Nr. u. Jahreszahl ist anzugeben, z. B. 7/52)	VO PR
Verordnung der Amerikanischen Militärregierung	AmMRVO [folgt Nr.]

Verordnung der Britischen Militärregierung	BrMRVO [folgt Nr.]
Verordnung der Französischen Militärregierung	FrMRVO [folgt Nr]
Versicherungsnehmer	VN
Versicherungsträger	VTr.
Versicherungsunternehmer, Versicherungsunternehmung	VU
Versicherungsverein auf Gegenseitigkeit	VVaG
Verwaltung	Vw.
Verwaltungsakt	VA
Verwaltungsvorschriften	VwV, VV
Verzeichnis	Verz.
Vollzugsbestimmungen	VB
vorläufig	vorl.

W

Wehrdienstbeschädigung	WDB
Württemberg, württembergisch	Württ.
Württemberg-Baden, württemberg-badisch	WürttBad.
Württemberg-Hohenzollern	WürttHhz.

Z

Zeitschrift	Zs.
[in Zusammensetzungen:]	Z.
Zeitung	Ztg.
Zentralblatt	Zbl.
Ziffer	Ziff.
Zolltarif	ZollT
zur Wiederverwendung	z. Wv.

2. Abkürzungen für Behörden und Körperschaften

A

Akademie für Deutsches Recht	AkDR
Allgemeine Ortskrankenkasse	AOKrk., AOK
Allgemeine Treuhandorganisation	ATO
Allgemeiner Deutscher Automobilclub	ADAC
Allgemeiner Deutscher Gewerkschaftsbund	ADGB
Alliierte Bank-Kommission (Allied Bank Commission)	ABC
Alliierte Hohe Kommission	AllHohKomm., AHK
Alliierte Kommandatura (Berlin)	AllKdtr. (Bln.)
Amerikanische Militärregierung	AmMilReg.
Amtsgericht	AG
Anerbengericht	AnerbG
Anstalt zur Wahrung der Aufführungsrechte auf dem Gebiete der Musik	AWA
Arbeitsamt	ArbA
Arbeitsgericht	ArbG
Aufsichtsbehörde	AufsBeh.
Ausschuß	Aussch.
Auswärtiges Amt	AuswA, **AA**[1])

B

Bank deutscher Länder	BdL
Bank für internationalen Zahlungsausgleich	BIZ
Bayerisches Landesamt für Vermögensverwaltung und Wiedergutmachung	**BLVW**
Bayerisches Landesamt für Wiedergutmachung	**BLW**
Bayerisches Oberstes Landesgericht	BayObLG
Beauftragter des Bundeskanzlers für die mit der Vermehrung der alliierten Truppen zusammenhängenden Fragen	**BBK**[1])
Beschwerdeführer	Bf.
Bezirksfürsorgeverband	BezFürsVerb., BFV
Bezirksverwaltungsgericht	BezVerwG
Bipartite Decartelization Commission	BIDEC
Board of Review	BoR
Britische Militärregierung	BrMilReg.
Bürgermeister	Bgm.
Bund deutscher Steuerzahler	BdSt.
Bund Deutscher Architekten	BDA
Bund Deutscher Ingenieure	BDI
Bundesamt für das Heimatwesen	BAfH
Bundesanstalt	BA
Bundesanstalt für Arbeitsvermittlung und Arbeitslosenversicherung	BAArbVerm.
Bundesarbeitsgericht	**BAG**[2])
Bundesaufsichtsamt für das Versicherungs- und Bausparkassenwesen	**BAV**
Bundesausgleichsamt	BAA
Bundesdisziplinarhof	**BDH**[2])
Bundesfinanzhof	**BFH**[2])
Bundesgerichtshof	**BGH**[2])
Bundesgesundheitsamt	BGA
Bundesgrenzschutz	BGrenzSch., BGS
Bundeskanzler und Bundeskanzleramt	**BK**[1])
Bundeskriminalamt	BKA
Bundesminister(ium) für Angelegenheiten des Bundesrates	**BMBR**[1])
Bundesminister(ium) für Arbeit	**BMA**[1])
Bundesminister(ium) für Atomfragen	**BMAt.**[3])
Bundesminister für auswärtige Angelegenheiten	BMAusw.
Bundesminister für besondere Aufgaben	**BMS**[1]) [folgt Name des jeweiligen Ministers, unabgekürzt]
Bundesminister(ium) für Ernährung, Landwirtschaft und Forsten	**BML**[1])
Bundesminister(ium) für Familienfragen	**BMFa.**[1])
Bundesminister(ium) für Finanzen	**BMF**[1])
Bundesminister(ium) für gesamtdeutsche Fragen	**BMG**[1])
Bundesminister(ium) des Innern	**BMI**[1])
Bundesminister(ium) der Justiz	**BMJ**[1])

Bundesminister(ium) für das Post- und Fernmeldewesen	**BMP**[1]
Bundesminister(ium) für Verkehr	**BMV**[1]
Bundesminister(ium) für Verteidigung	**BMVtdg.**[2]
Bundesminister(ium) für Vertriebene	**BMVt.**[1]
Bundesminister(ium) für Wirtschaft	**BMWi.**[1]
Bundesminister(ium) für Wohnungsbau	**BMWo.**[1]
Bundesminister(ium) für wirtschaftliche Zusammenarbeit	**BMZ**[1]
Bundespersonalausschuß	**BPersA**[2]
Bundespräsident	**BPr.**[1]
Bundesprüfstelle	BPrSt.
Bundesrat	**BR**[1]
Bundesrechnungshof	**BRH**[1]
Bundesregierung	BReg.
Bundesrepublik Deutschland	BRD
Bundessozialgericht	**BSG**[2]
Bundestag	**BT**[1]
Bundesverband der Deutschen Industrie	BDI
Bundesvereinigung Deutscher Arbeitgeberverbände	BDA
Bundesverfassungsgericht	**BVerfG**[2]
Bundesversicherungsamt	BVA
Bundesversicherungsanstalt für Angestellte	BfA
Bundesverwaltungsgericht	**BVerwG**[2]

C

Chef der Ordnungspolizei	ChdOP
Chef des Bundespräsidialamtes	**ChBPr.**[1]
Cour Supérieure pour les Restitutions (Rastatt)	CS
(United States) Court of Restitution Appeals (Nürnberg)	CoRA

D

Deutsche Angestelltengewerkschaft	DAG
Deutsche Bundesbahn	DB
Deutsche Bundespost	DBP
Deutsche Demokratische Republik	DDR
Deutsche Evangelische Kirche	DEK
Deutsche Reichsbahn	DRB
Deutsche Reichsbahn-Gesellschaft	DRBG
Deutsche Reichspost	DRP
Deutscher Bauernverband	DBV
Deutscher Beamtenbund	DBB
Deutscher Gemeindetag	DGT
Deutscher Juristentag	DJT
Deutscher Genossenschaftsverband (Schulze-Delitzsch)	DGV
Deutscher Gewerkschaftsbund	DGB
Deutscher Landkreistag	DLT
Deutsches Obergericht für das Vereinigte Wirtschaftsgebiet	DOG
Deutsches Patentamt	DPA

Dienststrafhof	DStH
Dienststrafkammer	DStK
Direktor beim Deutschen Bundesrat	**DirBR**[1])
Direktor beim Deutschen Bundestag	**DirBT**[1])
Disziplinarhof	DiszH

E

Erbhofgericht	ErbhG
Evangelische Kirche in Deutschland	EKD
Eucom Exchange System	EES
Europäische Gemeinschaft für Kohle und Stahl	EGKS
Europäische Zahlungsunion	EZU

F

Finanzamt	FinA, FA[4])
Finanzgericht	FinG, FG[4])
Finanzkasse	FinK, FK[4])
Finanzminister(ium)	FM
Finanzpräsident	FinPräs., FPräs.[5])
Finanzpräsident der Abteilung Steuer	FinPräsSt., FPräsSt.[5])
Finanzpräsident der Abteilung Zoll	FinPräsZ, FPräsZ[5])
Französische Militärregierung	FrMilReg.

G

Generalinspektor	GInsp.
Generalstaatsanwalt	GStA
Gewerbeaufsichtsamt	GewAA
Gewerbeaufsichtsämter	GewAÄ
Gewerbegericht	GewG
Government Appropriations for Relief in Occupied Areas	GARIOA
Großer Senat in Strafsachen	GrSSt.
Großer Senat in Zivilsachen	GrZS
Grundbuchamt	GBA

H

Hauptversorgungsamt	HVersorgA, HVA
Hauptverwaltung der Deutschen Bundesbahn	HVB
Hauptzollamt	HZollA, HZA[4])
Hohe Kommission	HK
Hoher Kommissar der Vereinigten Staaten in Deutschland	HICOG

I

Industrie- und Handelskammer	IHK
Innenminister(ium)	IM
Interministerieller Ausschuß	IMA

International Refugee Organization	IRO
Internationales Arbeitsamt	IArbA

J

Jewish Restitution Successor Organization	JRSO
Jewish Trust Corporation for Germany	JTC
Joint Export/Import Agency	JEIA
Jugendamt	JugA, JA
Jugendämter	JugÄ, JÄ
Justizminister(ium)	JustM, JM

K

Kammergericht	KG
Kartellgericht	KartG
Katasteramt	KatA[4])
Kontrollrat	KR
Kraftfahrt-Bundesamt	KBA
Kreisjugendamt	KJA
Kultminister(ium), Kultusminister(ium)	KultM, KM

L

Landesarbeitsamt	LArbA, LAA
Landesarbeitsgericht	LArbG, LAG
Landesfinanzamt	LFinA, LFA[4])
Landesjugendamt	LJugA, LJA
Landeskriminalpolizeiamt	LKPA
Landespostdirektion (Berlin)	LPD
Landesrechnungshof	LRechnH, LRH
Landessozialgericht	LSG
Landesversicherungsanstalt	LVersA, LVA
Landesverwaltungsgericht	LVG
Landeszentralbund	LZB
Landgericht	LG
Landtag	LT
Landwirtschaftsminister(ium)	LwM

M

Militärregierung	MilReg.
Minister(ium) für Finanzen	FinM
Minister(ium) der Justiz	JustM, JM
Minister(ium) des Innern	MdI
Minister(ium) für Aufbau	MfA
Minister(ium) für Ernährung, Landwirtschaft und Forsten	MfELuF
Minister(ium) für Handel und Gewerbe	MfHuG
Minister(ium) für Landwirtschaft, Domänen und Forsten	MfLDuF
Minister(ium) für Vertriebene, Flüchtlinge und Kriegssachgeschädigte	MfVFuK

Minister(ium) für Volkswohlfahrt	MfV
Minister(ium) für Wirtschaft und Arbeit	MfWuA
Minister(ium) für Wirtschaft und Verkehr	MfWuV
Minister(ium) für Wissenschaft, Kunst und Volksbildung	MfWKuV
Ministerpräsident	MPräs.

O

Oberbergamt	OBA
Oberbürgermeister	OB, OBgm.
Oberbundesanwalt	OBA
Oberfinanzdirektion	OFinD, OFD
Oberfinanzkasse	OFinK, OFK[4])
Oberfinanzpräsident	OFinPräs., OFPräs.[5])
Oberkreisdirektor	OKrDir., OKD
Oberlandesgericht	OLG
Oberpostdirektion	OPD
Oberpräsident	OPräs.
Oberrechnungskammer	ORechnK, ORK
Oberstadtdirektor	OStDir.
Oberster Finanzgerichtshof	OFinH, OFH
Oberster Gerichtshof für die Britische Zone	OGH BrZ
Oberstes Arbeitsgericht für Rheinland-Pfalz	ObArbG
Oberstes Bundesgericht	**OBG**[2])
Oberstes Landesarbeitsgericht	ObLArbG
Oberstes Rückerstattungsgericht	ORG
Oberversicherungsamt	OVersA, OVA
Oberverwaltungsgericht	OVG
Office du Commerce Extérieur (Baden-Baden)	Officomex
Office of Military Government for the US-Zone	OMGUS

P

Parlamentarischer Rat	ParlR
Patentamt	PatA
Polizei	Pol.
Polizeipräsident	PolPräs.
Postscheckamt	PSchA
Präsident des . . . gerichts	**Pr.**[2]([folgt ohne Zwischenraum die abgekürzte Bezeichnung des Gerichtes]
Presse- und Informationsamt der Bundesregierung	**BPA**[1])

R

Rationalisierungskuratorium der deutschen Wirtschaft	RKW
Rechnungshof des Deutschen Reichs	RechnH, RH[4])
Regierungspräsident	RegPräs.
Reichs- und Preußischer Arbeitsminister	RuPrAM
Reichs- und Preußischer Minister des Innern	RuPrMdI

Reichs- und Preußischer Minister für Ernährung und Landwirtschaft	RuPrMfE
Reichs- und Preußischer Minister für Wissenschaft, Erziehung und Volksbildung	RuPrMfWEV
Reichs- und Preußischer Minister für die kirchlichen Angelegenheiten	RuPrMfdkA
Reichs- und Preußischer Verkehrsminister	RuPrVM
Reichs- und Preußischer Wirtschaftsminister	RuPrWiM
Reichsanstalt für Arbeitsvermittlung und Arbeitslosenversicherung	RAArbVerm.
Reichsarbeitsgericht	RAG
Reichsarbeitsminister(ium)	RAM, RArbM
Reichsaufsichtsamt für Privatversicherung	RAufsAPrivVers.
Reichsautobahn	RAutoB
Reichsbahndirektion	RBahnDir.
Reichsbank	Rbk.[4])
Reichsdienststrafhof	RDStH
Reichsdisziplinarhof	RDiszH
Reichserbhofgericht	RErbHG
Reichsfinanzhof	RFH[4])
Reichsgericht	RG
Reichsgesundheitsamt	RGesA
Reichsjustizamt	RJA
Reichsjustizprüfungsamt	RJP
Reichskriegsgericht	RKriegsG, RKG
Reichsminister(ium)	RM
Reichsminister(ium) der Finanzen	RdF[4]), RFM[4])
Reichsminister(ium) der Justiz	RMdJ, RJM
Reichsminister(ium) der Luftfahrt	RMdL, RLM
Reichsminister(ium) des Auswärtigen	RMdA
Reichsminister(ium) des Innern	RMdI, RIM
Reichsminister(ium) für Ernährung und Landwirtschaft	RMfE, REM
Reichsminister(ium) für Volksaufklärung und Propaganda	RMfVuP, RPropM
Reichsmilitärgericht	RMilG, RMG
Reichsmonopolamt für Branntwein	RMonA[4])
Reichsmonopolverwaltung für Branntwein	RMonV[4])
Reichsoberhandelsgericht	ROHG
Reichspatentamt	RPA
Reichspostminister(ium)	RPM
Reichsregierung	RReg.
Reichssparkommissar	RSpK[4])
Reichstreuhänder der Arbeit	RTrhdA
Reichsverkehrsminister(ium)	RVM, RVerkM
Reichsvermögensverwaltung	RVermVerw.[4])
Reichsversicherungsamt	RVA
Reichsversicherungsanstalt für Angestellte	RVAAng.
Reichsversorgungsgericht	RVersorgG, **RVGer.**
Reichsverwaltungsgericht	RVerwG
Reichswehrminister(ium)	RWeM, RWehrM
Reichswirtschaftsgericht	RWiG, RWG

Reichswirtschaftsminister(ium)	RWiM
Reichswirtschaftsrat	RWiR, RWR
Rentenbank	Rentbk.[4])
Rückerstattungsberufungsgericht	REBerG

S

Schiedsmann	Schm.
Schiedsgericht	SchGer.
Sozialminister(ium)	SozM
Staatsanwaltschaft	StA
Staatsgerichtshof	StGH
Staatsminister(ium)	StM
Staatssekretär des Bundeskanzleramtes	**StBK**[1])
Stellvertreter des Bundeskanzlers	**StvBK**[1])
Sowjetische Militäradministration in Deutschland	SMAD
Sozialgericht	SG
Statistisches Reichsamt	StatRA[4])
Strafkammer	StK
Strafsenat	StS
Straßenverkehrsamt	StrVkA, SVA
Straßenverkehrsdirektion, Straßenbau- und Verkehrsdirektion	StrVkD, SVD
Supreme Headquarters of the Allied Expeditionary Force	SHAEF

U

United Nations	UN, UNO
United Restitution Organization, United Restitution Office	URO
Urkundsbeamter der Geschäftsstelle	UrkBdG

V

Vereinigte Evangelisch-Lutherische Kirche Deutschlands	VELKD
Vereinigte Große Senate	VGS
Vereinigte Kohlen-Kontrollgruppe	COALKO
Vereinigte Stahl-Kontrollgruppe	STEELCO
Vereinigung der kommunalen Arbeitgeberverbände	VKA
Verfassungsgerichtshof	VfGH
Versicherungsamt	VersA
Versorgungsamt	VersorgA
Vertreter des öffentlichen Interesses	VdöI
Verwaltungsgericht	VerwG
Verwaltungsgerichtshof	VerwGH
Vorsitzender des Bundespersonalausschusses	**VorsBPersA**[2])

W

Westeuropäische Union	WEU
Wiedergutmachungsamt	WGA

Wiedergutmachungskammer	WGK
Wiedergutmachungssenat	WGS
Wirtschaftsminister(ium)	WM
Wohnungsamt	WohnA

Z

Zentralanmeldeamt	ZAA
Zentraljustizamt für die Britische Zone	ZJA
Zivilkammer	ZK
Zivilsenat	ZS
Zollamt	ZollA, ZA[4])
Zollkasse	ZollK, ZK[4])

Anmerkungen

[1]) Form der Abkürzung vorgeschrieben durch: GMBl. 1953 S. 559

[2]) Form der Abkürzung vorgeschrieben durch: GMBl. 1955 S. 344

[3]) Form der Abkürzung vorgeschrieben durch: GMBl. 1955 S. 491

[4]) Form der Abkürzung vorgeschrieben durch Erlaß d. RdF v. 20. 7. 1929 (0 1010s — 1313), der auch als Sonderdruck erschienen ist. (Zusammenstellung von Abkürzungen für den Dienstgebrauch in der Reichssteuer- u. Reichszollverwaltung, Berlin. 1929: Reichsdruckerei)

[5]) Form der Abkürzungen vorgeschrieben durch Erlaß d. RdF v. 16. 12. 1937 (0 1720—23 III)

3. Abkürzungen für Gesetz- und Amtsblätter

Abkürzungen für Gesetz- und Amtsblattbezeichnungen, die immer wiederkehren:

Amtsblatt	ABl.
Blatt	Bl.
Gesetz- und Verordnungsblatt	GVBl.
Gesetzblatt	GBl.
Gesetzsammlung	GS
Justizblatt	JBl.
Justizministerialblatt	JMBl.
Ministerialblatt	MBl.
Mitteilungsblatt	Mtbl.
Regierungsblatt	RegBl.
Staatsanzeiger	StAnz.
Steuerblatt	StBl.
Verordnungsblatt	VOBl.
[in Zusammensetzungen:]	VBl.
Zentralblatt	Zbl.

Die Namen der deutschen Länder sind gegebenenfalls entsprechend den unten angegebenen Abkürzungen den Gesetz- und Amtsblättern voranzustellen.

Gesetz- und Amtsblätter

Europ. Gemeinschaft für Kohle und Stahl

Amtsblatt der Europäischen Gemeinschaft für Kohle und Stahl (1. 1952ff.)	ABlEGKS
Amtsblatt der Europäischen Gemeinschaft für Kohle und Stahl. Verhandlungen der Gemeinsamen Versammlung. Ausführliche Sitzungsberichte (2. 1953ff.)	ABlEGKS-Verhdlgn.

Norddeutscher Bund

Bundesgesetzblatt des Norddeutschen Bundes (1. 1867 bis 4. 1870; fortges. als: Reichsgesetzblatt)	BGBl.

Deutsches Reich

Amtliche Nachrichten des Reichsversicherungsamtes (ab 1928: für Reichsversicherung) (1. 1885—61. 1945; 1928—39 ersch. als Reichsarbeitsblatt T. IV, 1940 — 1945 als Reichsarbeitsblatt T. II)	ANRVA, [ab 1928:] AnfRV, **AN**
Amtliche Sonderveröffentlichungen der Deutschen Justiz (Nr. 1. 1933—32. 1944)	SonderveröffDtJust.
Amtsblatt der Reichsfinanzverwaltung (1/2. 1919/20—27. 1945)	**RFBl.**
Amtsblatt des Reichspostministeriums (1919—1945; vorher: Amtsblatt d. Reichspostamts)	ABlRPM
Die Angestelltenversicherung. Amtl. Nachrichten d. Reichsversicherungsanstalt f. Angestellte (ab 2. 1914:) u. d. Spruchbehörden d. Angestelltenversicherung (1. 1913—10. 1922)	AngVers.
Deutsche Justiz, Rechtspflege und Rechtspolitik. Amtl. Organ d. Reichsministers d. Justiz (95. 1933—106. 1945; vorher: Justiz-Ministerialblatt f. d. preuß. Gesetzgeb. u. Rechtspflege) [nebst Monatsbeil.: Das Recht]	DtJust., **DJ**
Deutsche Wissenschaft, Erziehung und Volksbildung. Amtsblatt d. Reichs- u. Preuß. Ministeriums f. Wissenschaft, Erziehung u. Volksbildung (1. 1935—11. 1945)	DtWiss./ABlMinWEV, **MBlWEV**
Deutscher Reichs-Anzeiger und (bis 1918: Kgl.) Preußischer Staats-Anzeiger (1871—1945)	**RAnz.**
Deutsches Kolonialblatt. Amtsblatt f. d. Schutzgebiete d. Dt. Reichs (1. 1890—32. 1921)	**DKolBl.**
Heeres-Verordnungsblatt (1. 1919—27. 1945; vorher: Armee-Verordnungsblatt)	**HVBl.**
Luftwaffen-Verordnungsblatt (1. 1935—11. 1945)	**LVBl.**
Marine-Verordnungsblatt (1. 1870—76. 1945)	MarineVBl., **MVBl.**

Ministerialblatt des Generalbevollmächtigten für die Regelung der Bauwirtschaft, des Generalinspektors für das deutsche Straßenwesen und des Generalinspektors für Wasser und Energie (1. 1943—3. 1945)	**MBlSpeer**
Ministerialblatt des Reichs- und Preußischen Ministeriums des Innern (1. [= 97.] 1936—10. [= 106.] 1945; vorher: Ministerialblatt f. d. Preuß. inn. Verwaltung)	**MBliV**, [bis 1941:] **RMBliV**
Ministerialblatt des Reichswirtschaftsministeriums (39. 1939—44/45. 1945; vorher: Ministerialblatt f. Wirtschaft)	**RWMBl.**
Ministerialblatt für Wirtschaft (36. 1936—38. 1938; dann: Ministerialblatt d. Reichswirtschaftsministeriums; vorher: Ministerialblatt f. Wirtschaft u. Arbeit)	**MBlWi.**
Mitteilungsblatt des Reichskommissars für die Preisbildung (1937—1945)	MtblRfP
Mitteilungsblatt des Reichskriminalpolizeiamts (= Amtl. Beil. zu: Kriminalistik) (1938—1945)	MtblRKPA
Nachrichten für Luftfahrer (1. 1920—20. 1939; 10. 1929 bis 14. 1933 = Reichs-Verkehrs-Blatt T. II)	Nachr. f. Luftf.
Reichsarbeitsblatt (später aus mehreren mit römischen Ziffern zu bezeichnenden Teilen bestehend) (1903/04 ff., N. F. 1. 1920—25. 1945)	**RArbBl., RABl.**
Die Reichsbahn (1. 1925—23. 1949; dann: Die Bundesbahn)	RBahn
Reichsbesoldungsblatt (ab 16. 1937: Reichshaushalts- u. Besoldungsblatt) (1. 1922—24. 1945)	RBesBl., **RBB**
Reichsgesetzblatt (1871—1921) dann zerfallend in:	RGBl.
Reichsgesetzblatt, Teil I (1922—1945)	RGBl. I
Reichsgesetzblatt, Teil II (1922—1945)	RGBl. II
Reichs-Gesundheitsblatt (1. 1926—19. 1944; vorher: Veröff. d. Reichsgesundheitsamts)	**RGesundhBl.**
Reichshaushalts- und Besoldungsblatt s. Reichsbesoldungsblatt	
Reichsministerialblatt. Zentralblatt f. d. Dt. Reich (51. 1923—73. 1945; vorher: Zentralblatt f. d. Dt. Reich)	RMBl.
Reichsministerialblatt der Forstverwaltung (1. 1937—7. 1944)	**RMBlFv.**
Reichsministerialblatt der Landwirtschaftlichen Verwaltung (1. 1936—10. 1945)	**LwRMBl.**
Reichssteuerblatt (10. 1920—35. 1945; vorher: Amtl. Mitteilungen ü. d. Zuwachssteuer usw.)	**RStBl.**

Reichs-Verkehrs-Blatt (1. 1920/21–25. 1945) (1929–1933 geteilt in Teil I u. II; Teil II = Nachrichten f. Luftfahrer. Seit 1934 geteilt in A: Reichswasserstraßen u. B: Kraftfahrwesen)	**RVkBl.**
Reichsversorgungsblatt (1919–1945; 1928–1939 ersch. als Teil V d. Reichsarbeitsblatts, 1940–1945 als Beil. zum Reichsarbeitsblatt)	RVersorgBl., **RVBl.**
Reichszollblatt (15. 1920–40. 1945; vorher: Nachrichtenblatt f. d. Zollstellen)	**RZBl.**
Verkündungsblatt des Reichsnährstandes (1935–1945)	VkblRNährst., **RNVbl.**
Veröffentlichungen des Reichsaufsichtsamtes (bis 17. 1918: Kaiserl. Aufsichtsamtes) für die Privatversicherung (1.1902–38. 1939)	**VerAfP.**
Veröffentlichungen des Reichsgesundheitsamts (43.) 1919–49. 1925; dann: Reichsgesundheitsblatt; anfangs: Veröff. d. Kaiserl. Dt. Gesundheitsamts, ab 1. 1877)	VeröffRGesA
Zentralblatt (anfangs: Central-Blatt) für das Deutsche Reich (1. 1873–50. 1922; dann: Reichsministerialblatt)	ZblDR

Besatzungsmächte

Amtsblatt der Alliierten Hohen Kommission in Deutschland. Official Gazette of the Allied High Commission for Germany. Journal Officiel de la Haute Commission Alliée en Allemagne (1949–1955)	ABlAHK
Amtsblatt der Alliierten Kommandatura Berlin. Official Gazette of the Allied Kommandatura Berlin. Bulletin Officiel de la Kommandatura Interalliée de Berlin (1947 ff.)	ABlAllKdtr.
Amtsblatt der Militärregierung. Deutschland. Amerikanisches Kontrollgebiet. Military Government Gazette. Germany. United States Area of Control. (Ausg. A–O, 1946–1949)	ABlMR (AmZ)
Amtsblatt der Militärregierung Deutschland. Britisches Kontrollgebiet. Military Government Gazette. Germany. British Zone of Control (Nr. 1. 1945–41. 1949)	ABlMR (BrZ)
Amtsblatt des Kontrollrats in Deutschland (Nr. 1.1945 bis 19. 1948)	ABlKR
Journal Officiel du Commandement en Chef français en Allemagne. Amtsblatt des französischen Oberkommandos in Deutschland (1. 1945/46–4. 1948/49)	JournOff.
Military Government Regulations. Title I–XXVII. Hrsg. v. Office of Military Government for Germany (US) (1946–1949)	MilGovReg. Titel [folgt röm. Ziffer d. Titels]

Recueil des textes législatifs publiés par ou sous l'autorité du Commandant Suprême interallié. Baden-Baden (1945)	Rec. d. textes

Britische Zone

Amtsblatt für Ernährung und Landwirtschaft. Mitteilungs- und Verordnungsblatt d. Zentralamts f. Ernährung u. Landwirtschaft in d. britischen Zone (1. 1946—2. 1947; dann: Amtsblatt f. Ernährung, Landwirtschaft u. Forsten)	ABlEL BrZ
Arbeitsblatt für die Britische Zone (1. 1947—2. 1948; fortges. f. d. Vereinigte Wirtschaftsgebiet als: Arbeitsblatt)	ArbBl. BrZ, **ArbBl. f. d. b. Z.**
Haushalts- und Besoldungsblatt für das Britische Besatzungsgebiet (1. 1947—2. 1948)	**HBBl.** (BrZ)
Steuer- und Zollblatt, hrsg. v. d. Leitstelle d. Finanzverwaltung f. d. Britische Zone (1. 1946—4. 1949)	**StuZBl.** (BrZ)
Verordnungsblatt für die Britische Zone (1947—1949)	VOBl. BrZ, **VOBl. BZ**
Zentral-Justizblatt für die Britische Zone (1. 1947 — 3. 1949)	**ZJBl.** (BrZ)

Vereinigtes Wirtschaftsgebiet

Amtliches Mitteilungsblatt der Verwaltung für Finanzen des Vereinigten Wirtschaftsgebietes (1948—1949; fortges. als: Ministerialblatt d. Bundesministers d. Finanzen)	AMtblFin., **AMBl. Fin.**
Amtsblatt der Hauptverwaltung für das Post- und Fernmeldewesen des amerikanischen und britischen Besatzungsgebietes (ab 1948,6 d. Vereinigten Wirtschaftsgebietes) (1947—1950, 29; fortges. als: Amtsblatt d. Bundesministeriums f. d. Post- und Fernmeldewesen)	ABlPost
Amtsblatt für Ernährung, Landwirtschaft und Forsten. Amtl. Mitteilungsblatt d. Verw. f. Ernährung, Landwirtschaft u. Forsten d. Vereinigten Wirtschaftsgebietes (1. 1947—3. 1949; fortges. als: Ministerialblatt d. Bundesministers f. Ernährung, Landwirtschaft u. Forsten)	ABlELF
Arbeitsblatt (1. 1949; fortges. als: Bundesarbeitsblatt)	ArbBl.
Gesetzblatt der Verwaltung des Vereinigten Wirtschaftsgebietes (1947, 1: Gesetz- u. Verordnungsblatt d. Zweizonen-Wirtschaftsrates; bis 1948, 18: Gesetz- u. Verordnungsblatt d. Wirtschaftsrates d. Vereinigten Wirtschaftsgebietes) (1. 1947—3. 1949)	**WiGBl.**
Mitteilungen der Bank deutscher Länder (1. 1948 ff.)	MittBdL

Mitteilungsblatt der Verwaltung für Wirtschaft des Vereinigten Wirtschaftsgebiets [Bestehend aus Teil A (später: I) und B (später: II), enthaltend Preisvorschriften] (2. 1948—3. 1949; fortges. als: Ministerialblatt d. Bundesministeriums f. Wirtschaft; vorher: Mitteilungsblatt d. Verwaltungsamts f. Wirtschaft...)	MtblVfWi., **VfWMBl.**
Mitteilungsblatt des Verwaltungsamts für Wirtschaft des amerikanischen und britischen Besatzungsgebietes (1947; dann: Mitteilungsblatt d. Verw. f. Wirtschaft d. Vereinigten Wirtschaftsgebietes)	MtblVAfWi., **VAWMBl.**
Nachrichten der Preisverwaltung (1947; ab 1948 fortges. als: Mitteilungsblatt d. Verw. f. Wirtschaft, Teil B [später II])	Nachr. d. PreisVw., **N. d. P.**
Öffentlicher Anzeiger für das Vereinigte Wirtschaftsgebiet (1. 1948—2. 1949; dann: Bundesanzeiger)	ÖffAnz.
Personalblatt. Amtl. Mitteilungsblatt d. Personalamts d. Verwaltung d. Vereinigten Wirtschaftsgebietes 1948—1950)	**PersBl.**
Verkehrsblatt (anfangs: des amerik. u. brit. Besatzungsgebiets; ab 1947, 21: des Vereinigten Wirtschaftsgebietes; ab 1949, 24. m. d. Untert.: Amtsblatt d. Bundesverkehrsministeriums) (1. 1947 ff.)	**VkBl.**
Veröffentlichungen des Zonenamtes des Reichsversicherungsamtes (ab 1949: in Abwicklung) für das Versicherungswesen (1. 1947—6. 1952; dann: Veröffentlichungen d. Bundesaufsichtsamts . . .)	**VeröffVw.**

Bundesrepublik Deutschland

Amtliche Nachrichten der Bundesanstalt für Arbeitsvermittlung und Arbeitslosenversicherung (1. 1953 ff.)	**ANBA**
Amtliches Mitteilungsblatt des Bundesausgleichamtes (3. 1953 ff.; vorher: Amtl. Mitteilungsblatt d. Hauptamtes f. Soforthilfe)	**MtblBAA**
Amtliches Mitteilungsblatt des Hauptamtes für Soforthilfe (1. 1951—3. 1953; dann: Amtl. Mitteilungsblatt d. Bundesausgleichamtes)	**MtblHfS**
Amtsblatt des Bundesministers (1950, 1—49: Bundesministeriums) für das Post- und Fernmeldewesen (1950 ff.)	ABlBMP
Die Angestellten-Versicherung. Mitteilungen d. Bundesversicherungsanstalt f. Angestellte (1. 1954—2. 1955) dann:	AngVers., MittBfA
Die Angestellten-Versicherung. Zs. d. Bundesversicherungsanstalt f. Angestellte. Amtl. Veröffentlichungsblatt (3. 1956 ff.)	AngVers.

Bulletin des Presse- und Informationsamtes der Bundesregierung (1. 1951ff.)	Bull.
Bundesanzeiger (1. 1949ff.)	BAnz.
Bundesarbeitsblatt (1. 1950ff.)	**BArbBl., BABl.**
Bundes-Ausschreibungsblatt (1. 1954ff.)	BAusschrBl., **BABl.**
Die Bundesbahn (23. 1949ff.; vorher: Die Reichsbahn)	BBahn
Bundesbaublatt (1. 1952ff.)	**BBauBl.**
Bundesgesetzblatt (1950) dann zerfallend in:	BGBl.
Bundesgesetzblatt, Teil I (1951ff.)	BGBl. I
Bundesgesetzblatt, Teil II (1951ff.)	BGBl. II
Bundeskriminalblatt (1. 1951ff.)	**BKBl.**
Bundessteuerblatt (Teil I—III) (1. 1951ff.)	**BStBl.**
Bundesversorgungsblatt im Bundesarbeitsblatt (1951ff.)	**BVBl.**
Bundeszollblatt (1. 1950ff.)	**BZBl.**
Drucksachen des Deutschen Bundesrates (1949ff.)	BRDrucks. [folgt Nr. u. Jahr]
Drucksachen des Deutschen Bundestages (1949ff.)	BTDrucks. [folgt Wahlperiode u. Nr.]
Gemeinsames Ministerialblatt des Bundesministers des Innern, des Bundesministers für Angelegenheiten der Vertriebenen, des Bundesministers für den Wohnungsbau, des Bundesministers für gesamtdeutsche Fragen, des Bundesministers für Angelegenheiten des Bundesrates (1. 1950ff.)	**GMBl.**
Ministerialblatt des Bundesministers der Finanzen (1. 1949/50ff.)	**MinBlFin.**
Ministerialblatt des Bundesministers für Ernährung, Landwirtschaft und Forsten (1/2. 1949/50ff.)	**MinBlELF**
Ministerialblatt des Bundesministers für Verteidigung (1. 1956ff.)	**VMBl.**
Ministerialblatt des Bundesministers für Verteidigung. Technischer Teil (1. 1956ff.)	**VMBl.-T**
Ministerialblatt des Bundesministeriums für Wirtschaft (Teil I u. II) (1. 1949ff.)	**BWMBl.**
Mitteilungen der Bank deutscher Länder (1. 1948ff.)	MittBdL
Sammelblatt für Rechtsvorschriften des Bundes und der Länder (bis 6. 1955, 17: f. Gesetze, Verordnungen u. Bekanntmachungen d. Bundes, d. Länder u. d. Besatzungsmächte) (1. 1949/50ff.)	**SaBl.**
Verkehrsblatt. Amtsblatt d. Bundesministers f. Verkehr (3. 1949ff.; vorher: Verkehrsblatt d. Vereinigten Wirtschaftsgebietes)	**VkBl.**

Veröffentlichungen des Bundesaufsichtsamtes für das Versicherungs- und Bausparwesen (1. 1952ff.)	**VerBAV**

Deutsche Demokratische Republik

Arbeit und Sozialfürsorge. Amtl. Organ d. Dt. Verw. f. Arbeit u. Sozialfürsorge d. sowj. Besatzungszone in Deutschland (1. 1946ff.)	ArbuSozFürs.
Gesetzblatt der Deutschen Demokratischen Republik (1949ff.)	**GBl.** DDR
Ministerialblatt der Deutschen Demokratischen Republik (1949—1952) dann:	**MBl.** DRR
Zentralblatt der Deutschen Demokratischen Republik (1953ff.; vorher: Ministerialblatt d. Dt. Dem. Republik)	ZblDDR, **ZBl.** DDR
Zentralverordnungsblatt, hrsg. v. d. Dt. Justizverwaltung d. sowjet. Besatzungszone in Deutschland (1947—1949; dann Gesetzblatt d. Dt. Dem. Republik)	**ZVOBl.**

Anhalt = Anh.

Gesetzsammlung für (bis 1918: das Herzogtum) Anhalt (1863—1944)	GS

Baden (bis 1945) = Bad.

Amtsblatt des Badischen Ministeriums des Kultus und Unterrichts (58. 1920—82. 1944; vorher: Badisches Schulverordnungsblatt)	ABlMdKult.
Gesetzes- und Verordnungs-Blatt für das Großherzogtum Baden (1918/19: Bad. Gesetzes- u. Verordnungs-Blatt; ab 1920: Bad. Gesetz- u. Verordnungsblatt) (1869—1944)	GVBl.
Justizministerialblatt für (bis 1918: das Großherzogtum) Baden. (Ab 16. 1926: Badisches Justizministerialblatt) (1. 1911—25. 1934/35)	**JMBl.**
Ministerialblatt für die Badische innere Verwaltung (1. 1935—9. 1943)	MBlIVw., **BaVBl.**
Schulverordnungsblatt für das Großherzogtum Baden (56. 1918—57. 1919: Badisches Schulverordnungsblatt) (49. 1911—57. 1919; dann: Amtsblatt d. Bad. Ministeriums d. Kultus u. Unterrichts)	SchulVOBl.

Baden (1945—1952) = Bad.

Amtsblatt der Landesverwaltung Baden. Französisches Besatzungsgebiet (1946—1947, 20; dann: Regierungsblatt d. Landesregierung Baden)	ABl., **Bad.Amtsbl.**

Amtsblatt der Militärregierung Baden «Franz. Besatzungsgebiet». Gazette officielle du Gouvernement militaire du pays de Bade (ab 1945, 9: Bulletin officiel du Gouvernement militaire de Bade) «Zone Française» (1945—46)	GazOff.Bade
Badisches Gesetz- und Verordnungsblatt (1947, 28 — 1952; vorher: Regierungsblatt d. Landesregierung Baden)	**BadGVBl.**
Ministerialblatt der Landesregierung von Baden (zuletzt: der Badischen Ministerien in Abwicklung) (1. 1950—3. 1952)	**BadMBl., BaMBl.**
Mitteilungen der Direktion Arbeit im badischen Ministerium der Wirtschaft und Arbeit (1. 1947—6. 1952)	MittDirArb.
Regierungsblatt der Landesregierung Baden (1947, 21—27; dann: Badisches Gesetz- u. Verordnungsblatt, vorher: Amtsblatt d. Landesverwaltung Baden)	RegBl.

Baden-Württemberg	= BadWürtt.
Amtsblatt des Wirtschaftsministeriums Baden-Württemberg (1. 1952ff.)	ABlWiMin.
Arbeits- und Sozialrecht. Mitteilungsblatt d. Arbeitsministeriums Baden-Württemberg (1. 1952ff.)	**ArbuSozR**
Gemeinsames Amtsblatt des Innenministeriums, des Finanzministeriums, des Ministeriums für Ernährung, Landwirtschaft und Forsten, des Ministeriums für Vertriebene, Flüchtlinge und Kriegsgeschädigte und der Regierungspräsidien des Landes Baden-Württemberg (1. 1953ff.)	**GABl.**
Gesetzblatt für Baden-Württemberg (1952, 1: f. d. südwestdt. Bundesland) (1952ff.)	GBl., **Ges.Bl.**
Die Justiz. Amtsblatt d. Justizministeriums Baden-Württemberg (1. 1952ff.)	Just.ABl.
Kultus und Unterricht. Amtsblatt d. Kultministeriums Baden-Württemberg (1. 1952ff.)	ABlKultM.
Staatsanzeiger für Baden-Württemberg (1952 1—3: f. d. südwestdt. Bundesland) (1. 1952ff.)	StAnz.

Bayern	= Bay.
Amtsblatt des B(ayerischen) Staatsministeriums der Finanzen (1. 1946ff.)	ABlFin., **FMBl.**
Amtsblatt des Bayerischen Staatsministeriums für Arbeit und soziale Fürsorge (ab 1951 geteilt in Teil A—C) (1. 1946ff.)	**ABl. d. Bayer. AM,** [später:] **AMBl.**

Amtsblatt des Bayerischen Staatsministeriums für Unterricht und Kultus (60. 1926–73. 1939, 1946ff.; vorher: Ministerialblatt f. Kirchen- u. Schulangelegenheiten in Bayern, seit 1865)	**KMBl.**
Amtsblatt des K. Staatsministeriums des Innern (ab 33. 1905: d. K. Staatsministerien d. Kgl. Hauses u. d. Äußern u. d. Innern; ab 46. 1918: d. Staatsministerien d. Äußern, d. Innern u. f. soziale Fürsorge; ab 47. 1919 auch: f. Landwirtschaft u. f. Handel, Industrie u. Gewerbe) (1. 1872/73–50. 1922; dann: Ministerialamtsblatt d. bayer. inneren Verwaltung)	ABlMdI.
Bayerischer Staatsanzeiger [= seit 5. 1950, 26 Beil. zu: Bayerische Staatszeitung u. Bayer. Staatsanzeiger] (1. 1946ff.)	**BStAnz.**
Bayerisches Gesetz- und Verordnungsblatt (1938ff.; vorher: Gesetz- u. Verordnungsblatt f. d. Freistaat Bayern)	**GVBl.**
Bayerisches Justizministerialblatt (N. F. Bd. 1–3 = Zusammenfassung d. noch bestehenden Bestimmungen ab 1863, 4. 1932–6. 1934, 1947ff.; vorher: Justizministerialbl. f. d. Freistaat Bayern)	**JMBl.**
Gesetz- und Verordnungsblatt für das Königreich (1918/19: f. d. Volksstaat; dann: f. d. Freistaat) Bayern (1874–1938; dann: Bayer. Gesetz- u. Verordnungsblatt; vorher: Gesetzblatt . . .)	**GVBl.**
Justizministerialblatt für das Königreich (ab 1918: f. d. Volksstaat; ab 1919: f. d. Freistaat) Bayern (1. 1863 bis 69. 1931; dann: Bayer. Justizministerialblatt)	**JMBl.**
Ministerialamtsblatt der bayerischen inneren Verwaltung (51. 1923–67. 1939, N. F. 1. (= 68.) 1949ff.; vorher: Amtsblatt d. Staatsmin. d. Äußern, d. Innern . .)	**MABl.**
Mitteilungsblatt des Bayer. Landesamtes für Vermögensverwaltung und Wiedergutmachung (1949 nur: f. Vermögensverwaltung) (1. 1947–6. 1952)	MtblLAfVermVw.

Berlin	= Bln.
Amtsblatt für Berlin (1. 1951ff.)	ABl.
Dienstblatt des Senats von Berlin (bis 1951: des Magistrats von Groß-Berlin) (1922ff.) [Best. aus mehreren Teilen]	**Dbl.**
Gesetz- und Verordnungsblatt für Berlin [West] (7. 1951ff.; vorher: Verordnungsblatt f. Berlin)	**GVBl.**
Steuer- und Zollblatt für Berlin. Amtsblatt f. d. Steuer- u. Zollverwaltung (1. 1951ff.)	**StZBl. Bln.**

Veröffentlichungen des Aufsichtsamtes für das Versicherungswesen, (bis 3. 1950: Groß-)Berlin (1. 1948—5. 1952)	**VerA Bln.**
Verordnungsblatt der Stadt Berlin (ab 2. 1946, 44: für Groß-Berlin) (1. 1945—4. 1948, 44; dann geteilt in Ausg. West u. Ost)	VOBl.
Verordnungsblatt für Groß-Berlin [Ost-Ausg.] (4. 1948ff.)	VOBl. Bln-O
Verordnungsblatt für Groß-Berlin [West-Ausg.] (ab 6. 1950: für Berlin, ab 7. 1951, 17: Gesetz- und Verordnungsblatt für Berlin) (4. 1948—7. 1951)	VOBl. Bln-W

Brandenburg = Brand.

Verordnungsblatt der Provinzialverwaltung Mark Brandenburg (1. 1945—3. 1947) dann:	VOBl.
Gesetz- und Verordnungsblatt der Landesregierung (ab 1948: des Landes) Brandenburg (3. 1947—8. 1952) (1947 geteilt in: Teil 1: Gesetzsammlung; Teil 2: Amtsblatt)	GVBl.
[für Teil 1 auch:]	GS
[für Teil 2 auch:]	ABl.

Braunschweig = Brschw.

Gesetz- und Verordnungssammlung für die (bis 1917: Herzoglich) Braunschweigischen Lande (20. 1833—109. 1922) dann:	**GuVS**
Braunschweigische Gesetz- und Verordnungssammlung (110. 1923—132. 1945)	**GuVS**

Bremen = Brem.

Gesetzblatt der freien Hansestadt Bremen (1849ff.)	GBl., **Brem. Ges. Bl.**

Hamburg = Hamb.

Amtlicher Anzeiger (= Teil II d. Hamburgischen Gesetz- u. Verordnungsblattes) (1950ff.)	AAnz.
Amtsblatt der freien und Hansestadt Hamburg (1887 bis 1920; dann: Hamburgisches Gesetz- u. Verordnungsblatt)	ABl.
Gesetzsammlung der freien und Hansestadt Hamburg (1. 1866—57. 1920; dann: Hamburgisches Gesetz- u. Verordnungsblatt)	GS
Hamburger Steuer- und Zoll-Nachrichten (1. 1951ff.)	HambStuZNachr.
Hamburgisches Gesetz- und Verordnungsblatt (1921ff.; 1939—1946, 23: Hamburgisches Verordnungsblatt)	GVBl.

Hamburgisches Justizverwaltungsblatt (10. 1921—23. 1934; ab 24. 1946: Hanseatisches Justizverwaltungsblatt; vorher: Veröffentlichungen d. Senatskommission f. d. Justizverwaltung)	HambJVwBl.
Hamburgisches Verordnungsblatt (1939—1946, 23; vorher u. später: Hamburgisches Gesetz- u. Verordnungsblatt)	VOBl.
Hanseatisches Justizverwaltungsblatt (24/25. 1946/47; vorher: Hamburgisches Justizverwaltungsblatt)	**HansJVBl.**
Steuerblatt für die Hansestadt Hamburg (1950; dann: Hamburger Steuer- u. Zoll-Nachrichten)	StBl.
Veröffentlichungen der Senatskommission für die Justizverwaltung (1/2. 1912/13—9. 1920; dann Hamburgisches Justizverwaltungsblatt)	VeröffSenKommJust.

Hessen (bis 1945) = Hess.

Amtsblatt des Hessischen Ministeriums der Justiz (Erschien bis 1934; ab 1933, 2 u. d. T.: Amtsblatt d. Hess. Staatsministeriums, Ministerialabt. Justiz)	ABlMdJ
Hessisches (bis 1918: Großherzoglich-Hessisches) Regierungsblatt auf das Jahr . . . (1819—1944)	**RegBl.**

Hessen (seit 1945) = Hess.

Amtsblatt des Hessischen Finanzministeriums (1. 1949—2. 1950)	ABlFinM, **HFBl.**
Amtsblatt des Hessischen Ministeriums für Kultus und Unterricht (ab 1950: d. Hess. Ministereriums f. Erziehung u. Volksbildung; ab 1952: d. Hess. Ministers ...) (1. 1948 ff.)	ABlMfKuU
Amtsblatt des Hessischen Ministeriums für politische Befreiung (1. 1947—3. 1949)	ABlMfPolBefr.
Gesetz- und Verordnungsblatt für das Land (1946: für Groß-) Hessen (1. 1945 ff.)	**GVBl.**
Justiz-Ministerialblatt für Hessen (1. 1949 ff.)	**JMBl.**
Mitteilungsblatt des Landesamtes für Vermögenskontrolle und Wiedergutmachung in Hessen (anfangs: Mitteilungsblatt d. Landesamtes f. Vermögenskontrolle in Hessen) (1. 1947/48—3. 1949/51)	MtbLlAfVerm-Kontr.
Staats-Anzeiger für das Land Hessen (1. 1946 ff.)	**StAnz.**

Lippe = Lipp.

Gesetzsammlung für das Fürstentum (ab Bd. 19. 1920/22: f. d. Freistaat) Lippe (1. 1843—1947) [Nebenher läuft eine besondere Zählung als: Landes-Verordnungen]	GS

Landes-Verordnungen der Grafschaft (ab 1810: des Fürstentums) Lippe (Bd. 1. 1779—8. 1842; dann vereinigt mit d. neu begründeten: Gesetzsammlung f. d. Fstm. Lippe. [Zählung d. Landes-Verordnungen läuft daneben weiter.])	LVOen, **LV**

Lübeck	= Lüb.
Gesetz- und Verordnungsblatt der freien und Hansestadt Lübeck (1899—1937)	GVBl.
Sammlung der Lübeckischen Verordnungen und Bekanntmachungen (später: der Lübeckischen Gesetze und Verordnungen) (1. 1813—95. 1928)	Slg. d. VOen, [bzw.] Slg. d. Ges.

Mecklenburg	= Meckl.
Amtsblatt der Landesregierung Mecklenburg-Vorpommern (1946—1947, 3; dann: Regierungsblatt f. Mecklenburg)	ABl.MecklVorp.
Regierungsblatt für (bis 1918: das Großherzogtum) Mecklenburg-Schwerin (1850—1933) dann:	RegBl.MecklSchw., **RBl.** MecklSchw.
Regierungsblatt für Mecklenburg (1934—1952)	RegBl., **RBl.**

Niedersachsen	= Nds.
Amtsblatt für Niedersachsen (1. 1946—5. 1950; fortges. als: Nieders. Ministerialblatt)	ABl.
Hannoversche Rechtspflege (1. 1945—3. 1947; fortges. als: Nieders. Rechtspflege)	**HannRpfl.**
Justizblatt für Aurich, Oldenburg und Osnabrück (1. 1945/46—2. 1947)	**JBl.** Old.
Justizblatt für den Oberlandesgerichtsbezirk Braunschweig (1. 1946—2. 1947)	**JBl.** Brschw.
Niedersächsische Rechtspflege (1. 1947ff.)	**NdsRpfl.**
Niedersächsisches Gesetz- und Verordnungsblatt (1. 1947ff.)	**NiedersGVBl.**
Niedersächsiches Ministerialblatt (1. 1951ff.)	**NdsMBl.**
Schulverwaltungsblatt für Niedersachsen (1. 1949ff.)	SchulVwBl., **SVBl.**
Steuerblatt für das Land Niedersachsen (5. 1950; vorher: Steuer- u. Zollblatt)	StBl.

Nordrhein-Westfalen	= NRW
Amtsblatt des Kultusministeriums für das Land Nordrhein-Westfalen (1. 1948ff.)	ABlKultM
Arbeit und Sozialpolitik. Mitteilungsblatt d. Arbeitsministeriums Nordrhein-Westfalen (1. 1947ff.)	ArbuSozPol.

Gesetz- und Verordnungsblatt für das Land Nordrhein-Westfalen (1. 1947ff.; vorher: Mitteilungs- u. Verordnungsblatt f. d. Land Nordrhein-Westfalen)	GVBl., **GV. NW**
Justizblatt für Westfalen und Lippe (1. 1945—2. 1946, 6; dann: Justizblatt f. d. OLGBezirk Hamm)	**JBl.** Westf.
Justizblatt für den Oberlandesgerichtsbezirk Düsseldorf (1/2. 1946/47)	JBl. Düss.
Justizblatt für den Oberlandesgerichtsbezirk Hamm (2. 1946, 7—3. 1947; vorher: Justizblatt f. Westfalen u. Lippe)	**JBl.** Hamm
Justizblatt für den Oberlandesgerichtsbezirk Köln (1/2. 1946/47)	**JBl.** Köln
Justizministerialblatt für das Land Nordrhein-Westfalen (1. 1947ff.)	**JMBl. NRW**
Ministerialblatt für das Land Nordrhein-Westfalen (1. 1948ff.)	**MBl. NW**
Mitteilungs- und Verordnungsblatt des Oberpräsidenten der Nord-Rheinprovinz (1. 1945/46; dann: Mitteilungs- u. Verordnungsblatt f. d. Land Nordrhein-Westfalen)	MittuVOBl.Nord-Rh., **M. u. V. Bl.**
Mitteilungs- und Verordnungsblatt des Oberpräsidenten der Provinz Westfalen (1. 1945/46; fortges. als: Mitteilungs- u. Verordnungsblatt f. d. Land Nordrhein-Westfalen)	MittuVOBl. Westf.
Mitteilungs- und Verordnungsblatt für das Land Nordrhein-Westfalen (1. 1946; fortges. als: Gesetz- u. Verordnungsblatt f. d. Land Nordrhein-Westfalen)	MittuVOBl.
Steuerblatt für das Land Nordrhein-Westfalen (1. 1950; fortges. im Bundessteuerblatt)	**StBl. NRW**

Oldenburg = Old.

Gesetzsammlung für das Herzogtum Oldenburg (1. 1813/14—10. 1844) dann:	GS
Gesetzblatt für das Herzogtum (ab 40. 1918/20: den Freistaat) Oldenburg (Landesteil Oldenburg) (11. 1845—49. 1936/37) dann:	GBl.
Oldenburgisches Gesetzblatt (50. 1937/38—53. 1946)	GBl.

Preußen = Pr.

Armee-Verordnungsblatt (1. 1867—53. 1919; dann Heeres-Verordnungsblatt)	ArmeeVBl., **AVBl.**
Drucksachen des Hauses der Abgeordneten	DrucksAbgH
Eisenbahn-Verordnungsblatt (1. 1878—43. 1920; fortges. als: Reichs-Verkehrs-Blatt)	EisenbVOBl., **EVBl.**

Finanz-Ministerial-Blatt (ab 25. 1941: Preuß. Finanzministerialblatt u. Besoldungsblatt (1. 1917 — 28. 1944) [Seit 1923 zerfallend in Teil I u. Teil II. — Teil II u. d. T.: Preuß. Besoldungsblatt]	**FMBl.**
Gesetz-Sammlung für die Kgl. Preußischen Staaten. (Ab 1907: Preußische Gesetzsammlung) (1810—1945)	GS
Justiz-Ministerialblatt für die Preußische Gesetzgebung und Rechtspflege (1. 1839—95. 1933; dann: Dt. Justiz)	**JMBl.**
Ministerial-Blatt der Handels- und Gewerbe-Verwaltung (1. 1901—32. 1932; dann: Ministerialblatt f. Wirtschaft u. Arbeit)	MBlHuG, **HMBl.**
Ministerialblatt der (bis 1918: Kgl.) Preußischen Verwaltung für Landwirtschaft, Domänen und Forsten. (Ab 1933: Ministerialblatt d. Preuß. Landwirtschaftsministeriums u. d. Landesforstverwaltung) (1. 1905—32. 1936; fortges. als: Reichsministerialbl. d. Landwirtschaftl. Verwaltung)	**LwMBl.**, [bis 1932:] MBlLDuF
Ministerial-Blatt für Medizinal- und medizinische Unterrichts-Angelegenheiten. (Ab 11. 1911: Ministerial-Blatt f. Medizinal-Angelegenheiten) (1. 1901—20. 1920; dann fortges. als: Volkswohlfahrt)	MBlMedAngel.
Ministerialblatt für Wirtschaft und Arbeit (33. 1933—35. 1935; dann: Ministerialblatt f. Wirtschaft; vorher: Ministerialblatt d. Handels- u. Gewerbeverwaltung)	**MBl. f. Wi. u. A., MBlWiA**
Ministerial-Blatt für die gesamte innere Verwaltung in den Kgl. Preußischen Staaten (ab 69. 1908: für die Preuß. innere Verwaltung) (1. 1840—96. 1935; dann: Ministerialblatt d. Reichs- u. Preuß. Ministeriums d. Innern) [Jg. 94. 1933 zerfiel in Teil I u. Teil II. Teil II: Medizinal- u. Veterinärangelegenheiten]	**MBliV**
Preußisches Besoldungsblatt (= Finanz-Ministerial-Blatt. Teil II) (1. 1923—18. 1940; dann zusammengel. zu: Preuß. Finanzministerialblatt u. Besoldungsblatt)	**PrBesBl.**
Volkswohlfahrt. Amtsblatt d. Preuß. Ministeriums f. Volkswohlfahrt (1. 1920—13. 1932; Forts. v. Ministerialblatt f. Medizinalangelegenheiten)	**VMBl.**
Zentralblatt (anfangs: Centralblatt) der Abgaben-, Gewerbe- und Handels-Gesetzgebung (ab 1882: der Abgaben-, etc. Gesetzgebung u. Verwaltung) in den Kgl. Preußischen Staaten (1839—1911)	ZblAbgVw.
Zentralblatt (anfangs: Centralblatt) der Bauverwaltung (1. 1881—64. 1944)	ZblBauVw.
Zentralblatt (anfangs: Centralblatt) für die gesamte Unterrichts-Verwaltung in Preußen (1. 1859—75. 1933)	ZblUntVw.

Rheinland-Pfalz	= RhPf.
Amtliche Mitteilungen des Oberregierungspräsidiums Hessen-Pfalz (1945—1946, 55) dann:	AmtlMitt. HessPf.
Amtliche Mitteilungen des Oberregierungspräsidiums (ab 1947, 10: d. Provinzialregierung; ab 1949, 19: d. Regierung der; ab 1950, 21: des Regierungspräsidenten der) Pfalz (1946, 56ff.)	AmtlMitt. Pfalz
Amtsblatt des Ministeriums für Unterricht und Kultus von Rheinland-Pfalz (1. 1948ff.)	**ABlMinfUuK**
Amtsblatt für das Oberpräsidium von Rheinland-Hessen-Nassau und für die Regierung(en) in Koblenz (ab 1946, 11: und Montabaur) (1945-1946)	ABl. RheinlHess-Nass.
Arbeit und Beruf. Mitteilungsblatt d. Ministeriums d. Arbeit Rheinland-Pfalz (1. 1948; dann: Schaffendes Volk)	ArbuBer.
Gesetz- und Verordnungsblatt für das Land Rheinland-Pfalz (2. 1948ff.; vorher: Verordnungsblatt d. Landesreg. Rheinland-Pfalz)	**GVBl.**
Justizblatt Rheinland-Pfalz (1. 1947ff.)	**JBl.**
Ministerialblatt der Landesregierung von Rheinland-Pfalz (1. 1949ff.)	**MBl.**
Schaffendes Volk. Monatsschrift d. Sozial-Ministeriums in Rheinland-Pfalz (2. 1949—3. 1950)	SchaffVolk
Staats-Zeitung und Staatsanzeiger für Rheinland-Pfalz (1. 1950ff.)	StZtg., [bzw.:] StAnz.
Verordnungsblatt der Landesregierung Rheinland-Pfalz (1. 1947; dann Gesetz- und Verordnungsblatt f. d. Land Rheinland-Pfalz)	VOBl.
Saarland	= Saarl.
Amtsblatt des Regierungspräsidiums Saar (ab 1946, 49: d. Verwaltungskommission d. Saarlandes; ab 1947, 67: des Saarlandes) (1945ff.)	ABl.
Sachsen	= Sächs., Sachs.
Amtliche Nachrichten der Landesverwaltung Sachsen (1. 1945—2. 1946, 7; dann: Gesetze, Befehle . . .)	AmtlNachr.
Gemeinsames Ministerialblatt (= Beil. zu d. Ministerialblättern) (1. 1924—9. 1932)	**GMBl.**
Gesetz- und Verordnungsblatt für das Königreich (ab 1918: f. d. Republik; ab 1919: f. d. Freistaat) Sachsen (1835—1920; dann: Sächs. Gesetzblatt)	GVBl.
Gesetze, Befehle, Verordnungen und Bekanntmachungen, veröffentlicht durch die Landesregierung Sachsen (2. 1946—3. 1947) dann:	AmtlNachr.

Gesetz- und Verordnungsblatt. Land Sachsen (4. 1948—8. 1952)	GVBl.
Justizministerialblatt für das Königreich (ab 52. 1918: f. d. Freistaat) Sachsen (1. 1867—16. 1882 u. 67/68. 1933/34: Sächsisches Justizministerialblatt) (1. 1867 bis 68. 1934)	**JMBl.**
Ministerialblatt für die Sächsische innere Verwaltung (1. 1921—12. 1932)	MBlIVw., **IVBl.**
Sächsisches Gesetzblatt (1920-1943) dann:	GBl.
Sächsisches Gesetz- und Verordnungsblatt (1944—1945; dann: Amtl. Nachrichten d. Landesverwaltung Sachsen)	GVBl.
Sächsisches Verwaltungsblatt vom Jahre ... (1932—1943)	VwBl., **VBl.**
Sachsen-Anhalt	= SachsAnh.
Verordnungsblatt für die Provinz Sachsen (1. 1945—2. 1946) dann:	VOBl. Prov. Sachs., **VOBl. PS**
Gesetzblatt des Landes (bis 1947, 15: d. Provinz) Sachsen-Anhalt [Teil 1: Gesetzblatt, Teil 2: Amtsblatt](1947—1950, 2) dann:	GBl.
Gesetz- und Amtsblatt des Landes Sachsen-Anhalt (1950, 3—1952, 29) dann:	GesuABl., **GuABl.**
Mitteilungsblatt der Räte der Bezirke Halle und Magdeburg (Land Sachsen-Anhalt) (1952, 1—9)	MtblRäteHalleMagdebg.
Schaumburg-Lippe	= SchLipp.
Schaumburg-Lippische Landesverordnungen (1. 1804 bis 33. 1939)	**LandVerordn.**
Schleswig-Holstein	= SchlH
Amtlicher Anzeiger. Beil. zum Amtsblatt f. Schleswig-Holstein (1946ff.)	ABl. / AAnz., **Amtsbl. Schl-H/AAz.**
Amtsblatt für Schleswig-Holstein (1. 1946ff.)	ABl., **Amtsbl. Schl-H**
Gesetz- und Verordnungsblatt für Schleswig-Holstein (1947ff.)	GVBl., **GVOBl. Schl-H**
Mitteilungen des Arbeitsministeriums Schleswig-Holstein	MittArbMin. Schl-H
Nachrichtenblatt für das Schleswig-Holsteinische Schulwesen (1949ff.)	**NBl. Schl-H Schulw.**
Schleswig-Holsteinische Anzeigen (N. F. 1. 1837ff.)	**SchlHA**
Steuerblatt für das Land Schleswig-Holstein (1. 1950)	**StBl. Schl-H**

Thüringen	= Thür.
Gesetzsammlung für Thüringen (1. 1920–25. 1944)	GS
Regierungsblatt für das Land Thüringen (1945–1952) [Besteht aus Teil 1: Gesetzsammlung, Teil 2: Nachrichtenblatt (ab 1946: Amtsblatt), Teil 3: Übersicht z. d. Befehlen usw. d. Kontrollrats]	RegBl.
[für Teil 1 auch:]	GS
[für Teil 2 auch:]	ABl.
Württemberg	= Württ.
Amtsblatt des Württembergischen Innen-Ministeriums (anfangs: d. Kgl. Württ. Ministeriums d. Innern) (1. 1871–74. 1944)	ABlIMin.
Amtsblatt des (bis 1918: Königlich) Württembergischen Justizministeriums vom Jahr . . . (1884–1934)	ABlJMin.
Amtsblatt des Württembergischen Kultministeriums (1926–1944; vorher: Amtsblatt d. Württ. Ministeriums d. Kirchen- u. Schulwesens)	ABlKMin.
Regierungsblatt für (bis 1918: das Königreich) Württemberg vom Jahr . . . (1824–1944)	RegBl.
Württemberg-Baden	= WürttBad.
Amtsblatt des Finanzministeriums Württemberg-Baden (1948–1950)	ABlFin., **WBFBl.**
Amtsblatt des Innenministeriums (75. 1947–80. 1952; vorher: Amtsblatt d. Württ. Innen-Ministeriums)	ABlIMin.
Amtsblatt des Kultministeriums (38. 1946–44. 1952; vorher: Amtsblatt d. Württ. Kultministeriums)	ABlKultM.
Amtsblatt des Landesbezirks (bis 1946, 7: der Landesverwaltung) Baden «Amerik. Besatzungsgebiet» (1. 1946–7. 1952)	ABl. Bad. (AmZ)
Amtsblatt des Ministeriums für politische Befreiung Württemberg-Badens (bis Nr. 41 [1947]: Mitteilungen an die Kammern) (1. 1946–4. 1949)	ABlMinPolBefr.
Amtsblatt des Wirtschaftsministeriums Württemberg-Baden (1. 1947–6. 1952)	ABlWiMin.
Amtsblatt des Württembergisch-Badischen Justizministeriums (1947–1952)	ABlJustM
Arbeits- und Sozialrecht. Mitteilungsblatt d. Arbeitsministeriums Württemberg-Baden (3. 1948–7. 1952; vorher: Mitteilungen d. Arbeitsministeriums Württemberg-Baden)	**ArbuSozR**
Finanz und Steuer, hrsg. v. Finanzministerium Württemberg-Baden (1/2. 1946/47; dann: Amtsblatt d. Finanzministeriums Württ.-Baden)	FinuSteuer

Mitteilungen des Arbeitsministeriums Württemberg-Baden (1. 1946—3. 1948, 6; dann: Arbeits- u. Sozialrecht)	MittArbM., **Mitteilungen d. AM**
Regierungsblatt der Militärregierung Württemberg-Baden. Gazette of the Office of Military Government for Württemberg-Baden (1946—1949)	RegBlMilReg.
Regierungsblatt der Regierung Württemberg-Baden (1946—1952)	RegBl.
Staatsanzeiger für Württemberg-Baden (1. 1947—6. 1952)	StAnz.

Württemberg-Hohenzollern = WürttHhz.

Amtliche Bekanntmachungen des Wirtschaftsministeriums — Preisaufsichtsstelle (Beil. zum Regierungsblatt f. d. Land Württemberg-Hohenzollern) (1949—1950)	RegBl. / AmtlBekWiMin.
Amtsblatt des Staatssekretariats für das französisch besetzte Gebiet Württembergs und Hohenzollerns (1945—1947, 33) dann:	ABl.
Regierungsblatt für das Land Württemberg-Hohenzollern (1947—1952)	RegBl.
Staatsanzeiger für das Land Württemberg-Hohenzollern (1950—1952)	StAnz.

4. Abkürzungen

für Zeitschriften und andere periodische Veröffentlichungen sowie wichtige Einzelwerke

A

Die Aktiengesellschaft. Zs. f. d. ges. Aktienwesen (1. 1956ff.)	AktG
Die Aktuelle. Zs. f. Steuer, Recht u. Wirtschaft (1. 1947—4. 1950)	Aktuelle
Allgemeine Deutsche Mieterzeitung (1. 1923—9. 1931)	ADMietZtg.
Allgemeine Steuerrundschau (3. 1920—8. 1925; anfangs: Steuerrundschau)	AllgStRdsch.
Allgemeines Kirchenblatt für das evangelische Deutschland (1. 1852—85. 1936; dann: Archiv f. ev. Kirchenrecht)	AKBl.
Amtliche Mitteilungen in Entschuldungssachen (1. 1933/34—9. 1941/42)	AmtlMittEntsch.
Amtliche Nachrichten der Bundesanstalt für Arbeitsvermittlung und Arbeitslosenversicherung (1. 1953ff.)	**ANBA**

Amtliche Nachrichten des Reichsversicherungsamtes s. oben: Gesetz- u. Amtsblätter. Deutsches Reich	
Amtliche Nachrichten für Reichsversicherung s. oben: Gesetz- u. Amtsblätter. Deutsches Reich	
Amtliche Sammlung von Entscheidungen des Oberverwaltungsgerichts Rheinland-Pfalz [in] Koblenz (1. 1954ff.)	**AS Rh-Pf.**
Amtliche Sonderveröffentlichungen der Deutschen Justiz (Nr. 1. 1933—32. 1944)	SonderveröffDt**Just.**
Amtsblatt	ABl.
Amtsblatt der Evangelischen Kirche in Deutschland (Ausgabe Hannover) (1. 1947ff.)	**ABl. d. EKD**
Amtsblatt der Evangelischen Kirche in Deutschland, Berliner Stelle (2. 1948ff.; vorher: Amtsblatt d. Kanzlei d. Ev. Kirche in Deutschland)	**ABl. d. EKD**-Bln.
Amtsblatt der Vereinigten Evangelisch-Lutherischen Kirche Deutschlands (1. 1954ff.)	ABlVELKD
Der Amtsvormund. Rundbrief d. Dt. Instituts f. Vormundschaftswesen (24. 1951/52ff.)	Amtsvorm., **AVorm.**, **DAVorm.**
Der angestellte Arzt (1. 1948ff.)	AngArzt
Die Angestelltenversicherung s. oben: Gesetz- u. Amtsblätter. Deutsches Reich u. Bundesrepublik Deutschland	
Annalen	Ann.
Annalen der Großherzoglich Badischen Gerichte (1. 1832/33—65. 1899; dann vereinigt mit: Bad. Rechtspraxis)	BadAnn.
Annalen des Deutschen Reichs (1/2. 1868/69: d. Norddt. Bundes), begr. v. Hirth (1. 1868—64. 1931/32)	AnnDR
Annalen des Reichsgerichts, hrsg. v. Blum (1. 1880—10. 1884)	AnnRG
Annalen des (bis 1918: Kgl.) Sächsischen Oberlandesgerichts zu Dresden (1. 1880—40. 1920)	AnnSächsOLG
Anwaltsblatt. Nachrichten f. d. Mitglieder d. Deutschen Anwaltsverein (13. 1926—20. 1933, N. F. 1. 1950/51ff.; anfangs: Nachrichten f. d. Mitglieder d. Dt. Anwaltsvereins)	**AnwBl.**
Arbeit. Zs. f. Gewerkschaftspolitik u. Wirtschaftskunde (1. 1924—10. 1933)	Arb.
Die Arbeit. Monatsschrift f. Theorie u. Praxis d. dt. Gewerkschaften, hrsg. v. Bundesvorstand d. FDGB. (Berlin: Tribüne) (1. 1947ff.)	Arb.

Arbeit, Beruf und Arbeitslosenhilfe. (Jetzt m. d. Untertit.:) Fachzs. f. d. Aufgabengebiete d. Bundesanstalt (1. 1950ff.)	**ABA**
Arbeit und Beruf. Halbmonatszs. f. Fragen d. Arbeitsmarkts, Berufsberatung u. verwandte Gebiete (1. 1921–13. 1934)	ArbuBer.
Arbeit und Beruf s. auch oben: Gesetz- u. Amtsblätter. Rheinland-Pfalz	
Arbeit und Recht. Zs. f. Arbeitsrechtspraxis (1. 1953ff.)	**ArbuR**
Arbeit und Sozialfürsorge. Amtl. Organ d. Dt. Verw. f. Arbeit u. Sozialfürsorge d. sowj. Besatzungszone in Deutschland (1. 1946ff.)	ArbuSozFürs.
Arbeit und Sozialpolitik s. oben: Gesetz- u. Amtsblätter. Nordrhein-Westfalen	
Die Arbeiter-Versorgung (1. 1884–61. 1944, 9; fortg. durch: Dt. Sozialversicherung)	**ArbVers.**
Der Arbeitgeber (bis 23. 1933; dann aufgegangen in: Der dt. Volkswirt; [N. F.] 1. 1949ff.)	Arbeitgeb.
Arbeits- und Sozialrecht s. oben: Gesetz- u. Amtsblätter. Baden-Württemberg u. Württemberg-Baden	
Das Arbeitsamt (1. 1950ff.)	ArbA
Arbeitsberichte der Akademie für Deutsches Recht (1937–1942)	ArbBerAkDR
Arbeitsgericht (32. 1926/27–37/38. 1932/33; vorher: Das Gewerbe- u. Kaufmannsgericht)	ArbG
Arbeitsgerichtliche Entscheidungen, hrsg. v. Teichmann (1/3. 1928/29)	ArbGEntschTeichm.
Arbeitsrecht. Jahrb. (ab 7/8. 1920/21: Zs.) f. d. ges. Dienstrecht d. Arbeiter, Angestellten u. Beamten (1/2. 1914/15–20. 1933)	**ArbR**
Arbeitsrecht in Stichworten. Arbeitsrechtliche Entscheidungsslg. (1. 1947/48ff.)	ArbRStichw., **ARSt., ARST**
Arbeitsrecht und Schlichtung. Das Schlichtungswesen (10. 1928–17. 1935; vorher: Das Schlichtungswesen)	SchlichtW, **SchlW**
Arbeitsrechtliche Entscheidungen (1947/48; 1947 = Beil. zum Arbeitsblatt für die Britische Zone)	ArbEntsch. BrZ
Arbeitsrechtliche Entscheidungen der Gewerbe- und Kaufmannsgerichte, Berlin (1. 1925–2. 1927)	ArbEntschBln., **ArbE**
Arbeitsrechtliche Praxis. Slg. d. Entscheidungen d. Bundesarbeitsgerichts, d. Landesarbeitsgerichte u. Arbeitsgerichte (1. 1950–5. 1954; dann: Nachschlagewerk d. Bundesarbeitsgerichts)	ArbRechtlPr., **AP**

Arbeitsrecht-Blattei (= Gruppe 11 der „Rechts- und Wirtschaftspraxis“), verl. v. Forkel	Forkel AR-Blattei, **AR-Blattei**
Arbeitsrechts-Kartei, hrsg. v. Kallee (1934—1945; vorher: Kartenauskunftei d. Arbeitsrechts, seit 1919)	ArbRKart.
Arbeitsrechts-Praxis. Zs. f. Arbeitsrecht, Sozialversicherung u. soziale Verwaltung (1. 1928 — 6. 1933)	ArbRPrax.
Arbeitsrechts-Sammlung (19. 1934—47. 1944; vorher: Entscheidungen d. Reichsarbeitsgerichts u. d. Landesarbeitsgerichte)	ArbRSlg., **ArbRSamml.**
Der Architekt (1. 1952ff.)	Archit.
Archiv des öffentlichen Rechts (bis 26. 1910: für öffentliches Recht) (1. 1886ff.)	ArchÖffR, **AöR**
Archiv des Völkerrechts (1. 1948/49ff.)	ArchVölkR
Archiv für bürgerliches Recht (1. 1888—43. 1919)	ArchBürgR
Archiv für Eisenbahnwesen (1. 1878—66. 1943)	**ArchEisenbW**
Archiv für evangelisches Kirchenrecht (1. 1937—5. 1941)	ArchEvKR, **KirchArch.**
Archiv für Frauenarbeit (1. 1913—10. 1922)	ArchFrauenarb.
Archiv für Funkrecht (1. 1928—10. 1937; dann: Rundfunkarchiv)	**ArchFunkR**
Archiv für Genossenschaftswesen (1. 1939—3. 1943)	ArchGenW
Archiv für gewerbliche Rechtspflege (1. 1900—3. 1902)	ArchGewRpfl.
Archiv für Jugendrecht (1. 1952ff.; = Beil. zum Zentralblatt für Jugendrecht und Jugendwohlfahrt)	ArchJugR, **AfJ**
Archiv für katholisches Kirchenrecht (1. 1857ff.)	**ArchKathKR**
Archiv für Kriminalanthropologie und Kriminalistik (1. 1899—65. 1916; dann: f. Kriminologie)	ArchKrimAnthr.
Archiv für Kriminologie (66. 1916ff.; vorher: Arch. f. Kriminalanthropologie u. Kriminalistik)	ArchKrim., **Arch. f. Krim.**
Archiv für Luftrecht (1. 1931—12. 1943)	ArchLuftR
Archiv für öffentliches Recht s. Archiv des öffentlichen Rechts	
Archiv für Polizeirecht (1. 1923/24ff.; N. F. = Beil. zu: Die Polizei 1. 1948ff.)	ArchPolR
Archiv für Polizeiwesen (16. 1937—20. 1941; vorher: Dt. Polizei-Archiv)	ArchPolW
Archiv für Post und Telegraphie (4. 1876—67. 1939; vorher u. später: Dt. Postarchiv)	**ArchPostTel.**
Archiv für praktische Rechtswissenschaft ... (1. 1852 bis 3. F. 18. 1897)	ArchPraktRWiss.

Archiv für Rechts- und Wirtschaftsphilosophie (1. 1907/08—26. 1932/33) dann:	ArchRWiPhil.
Archiv für Rechts- und Sozialphilosophie (27. 1933/34 bis 37. 1944, 38. 1949/50ff.)	ArchRSozPhil., **ARSP**
Archiv für Rechtsfälle aus der Praxis der Rechtsanwälte des Kgl. Ober-Tribunals (ab 23. 1857: Archiv f. Rechtsfälle, die zur Entscheidung d. Kgl. Ober-Tribunals gelangt sind), hrsg. v. Striethorst (1/2. 1851—99/100. 1879/80)	StriethArch.
Archiv für Rechtspflege in Sachsen, Thüringen und Anhalt (1. 1924—18. 1941/42)	SächsArch.
Archiv für soziale Gesetzgebung und Statistik, hrsg. v. Braun (1. 1888—18. 1903) dann:	BraunsArch.
Archiv für Sozialwissenschaft und Sozialpolitik (19. 1904—69. 1933; vorher: Arch. f. soz. Gesetzgebung u. Statistik)	ArchSozWiss.
Archiv für Strafrecht und Strafprozeß, begr. v. Goltdammer (28. 1880—77. 1933; vorher: Arch. f. gemeins. dt. u. preuß. Strafrecht; später: Dt. Strafrecht)	GoltdArch., **GA**
Archiv für Theorie und Praxis des Allgemeinen Deutschen Handelsrechts (ab 27. 1872: Handels- u. Wechselrechts), hrsg. v. Busch (1. 1862—48. 1888)	BuschsArch.
Archiv für Urheber-, Film- (ab 18. 1954:) Funk- und Theaterrecht (1. 1928—17. 1944, 18. 1954ff.)	**UFITA**, Ufita
Archiv für Verwaltungsrecht (1. 1875—56. 1930)	ArchVwR
Archiv für Wettbewerbsrecht (1. 1935—6. 1940; dann vereinigt m.: Wirtschaftswerbung)	ArchWettbR, **AWR**
Archiv für das Post- und Fernmeldewesen (1. 1949ff.)	ArchPostFernmW
Archiv für das Revisions- und Treuhandwesen (22. 1926—27. 1931; dann: Der Wirtschaftsprüfer; vorher Zs. d. Verb. Dt. Bücherrevisoren)	ArchRevTrhW
Archiv für das Z(C)ivil- und K(C)riminalrecht der kgl. preuß. Rheinprovinz(en) (ab 103. 1907: f. d. Zivil- u. Strafrecht . . .) (1. 1820—111. 1914)	RheinArch.
Archiv für die civilistische Praxis (1. 1818—149. 1944, 150. 1948/49ff.)	**AcP**
Aus Beruf und Praxis. Zs. f. Steuerrecht u. Steuerpraxis (1. 1949/50ff.)	BeruPrax.
Auslands- und internationaler Teil von Gewerblicher Rechtsschutz und Urheberrecht	**GRUR Ausl.**
Auslandsrecht. Blätter f. Handel u. Industrie (1. 1919—7. 1926)	AuslandsR
Außenhandelsdienst der Industrie und Handelskammern und Wirtschaftsverbände (1. 1947ff.)	AußHandDienst, **AHD**
Außenpolitik. Zs. f. intern. Fragen (1. 1950ff.)	AußPol.

B

Baden-Württembergisches Verwaltungsblatt (= Landesbeil. zu: Die Öffentliche Verwaltung) (1. 1956ff.)	BadWürttVwBl., **DÖV BaWü.**
Badische Notars-Zeitschrift (1. 1903—18. 1920)	BadNotZ
Badische Rechtspraxis (ab 2 [= 66]. 1900:) und Annalen der Großh. Badischen Gerichte (1. 1899—102. 1936)	**BadRPrax.**
Die Bank (1. 1908—36. 1943; dann: Bankwirtschaft)	Bank
Bank-Archiv (1. 1901—43. 1943, 6) dann:	BankArch.
Bankwirtschaft (1943—1945)	BankWi., **BW**
Bankwissenschaft (1. 1924—10. 1933)	BankWiss.
Bauamt und Gemeindebau (1918ff.)	BauAGemBau, **BuG, BUG**
Die Bauverwaltung. Zs. f. behördl. Bauwesen (1. 1952ff.)	BauVw.
Bayerische Beamtenzeitung (1. 1949/50ff.)	BayBZ
Der Bayerische Bürgermeister (1. 1947/48ff.)	BayBgm., **BayerBgm.**
Bayerische Gemeinde-Zeitung (1. 1891—29. 1919; dann: Bayer. Gemeinde- u. Verwaltungszeitung; u. d. urspr. Titel wieder aufgenommen: 1. 1950ff.)	BayGemZ
Bayerische Gemeinde- und Verwaltungszeitung (30. 1920—51. 1941 vorher: Bayer. Gemeinde-Zt.)	BayGemVwZ
Bayerische Notariats-Zeitung und Zeitschrift für die freiwillige Rechtspflege der Gerichte in Bayern (1. 1864—36. 1899; dann: Zs. f. d. Notariat u. f. d. freiw. Rechtspfl. d. Gerichte in Bayern)	**BayNotZ**
Bayerische Notarzeitschrift (10. 1933; dann: Dt. Notar-Zs., Bayerische Beil.)	**BayNotZ**
Bayerische Verwaltungsblätter (73. 1925—81. 1933; vorher: Blätter f. administrative Praxis; später: Dt. Verwaltungsblätter; N. F. 1. [=86 d. GesFolge] 1955ff.)	**BayVBl.**
Der Beamtenbund. Zs. d. Dt. Beamtenbundes (6. 1922—17. 1933, [N. F.] 1. 1950ff.)	BeamtBd.
Beamten-Jahrbuch (1. 1914—28. 1941)	BeamtJb., **BJahrb.**
Becker [Hrsg.], Entscheidungs-Sammlung aus dem gesamten Miet- u. Wohnrecht (1. 1949ff.)	Becker EntschMietR
Beiträge zur Erläuterung des (bis 15. 1871: Preußischen) Deutschen Rechts, begr. v. Gruchot (1. 1857—73. 1933)	GruchBeitr.
Bergbau und Wirtschaft (4. 1951ff.; vorher: Informationsblatt d. IG Bergbau)	BergbuWi.
Berliner Anwalts-Blatt (1. 1927—7. 1933)	BerlAnwBl.

Berliner Grundeigentum. Zs. f. d. ges. Grundstücks-, Haus- u. Wohnungswirtschaft (1. 1956ff.)	BerlGrdE, **BG**
Berliner Hausbesitzer-Zeitung (1. 1954ff.)	BerlHausbZtg., **BHZ**
Berliner Steuer-Blatt (1. 1950 — 7. 1956)	**BerlStBl.**
Die Berufsgenossenschaft (1. 1886—60. 1945, [61.] 1949ff.)	BerufsG, **BG**
Der Betrieb (1. 1948ff.)	Betr., **B**
Der Betriebs-Berater (1. 1946ff.)	**BB**
Die Betriebskrankenkasse (1. 1908ff.)	BetrKK
Betriebswirtschaftliche Forschung und Praxis (1. 1949ff.)	BetrWiForschg.
Bewährungshilfe (1. 1954ff.)	BewHilfe
Binnenschiffahrts-Nachrichten (1946ff.)	BinnSchNachr., **BN**
Blätter für administrative Praxis (1. 1851—72.1922; dann: Bayerische Verwaltungsblätter)	BlAdmPrax.
Blätter für Arbeitsrecht . . . (= Beil. zu: Die deutsche Arbeitgeberzeitung) (1. 1921—12. 1933, 16; dann: Wirtschafts- u. Sozialrecht)	BlArbR, **BlfAR**
Blätter für Armenpflege und soziale Versicherung (bis 8. 1923; dann: Blätter f. öff. Fürsorge u. soz. Versicherung)	BlArmPfl.
Blätter für Gefängniskunde (1. 1864—75. 1944)	BlGefängnK, **Bl. f. Gk.**
Blätter für Genossenschaftswesen (13. 1866ff.; vorher: Die Innung d. Zukunft, seit 1853)	BlGenW
Blätter für Grundstücks-, Bau- und Wohnungsrecht (1. 1952ff.)	BlGrdstBauWR
Blätter für internationales Privatrecht (= Beil. zur Leipziger Zs.) (1. 1926—6. 1931)	BlIPR, **BlIntPr.**
Blätter für öffentliche Fürsorge und soziale Versicherung (9. 1924—28. 1943; vorher: Blätter f. Armenpflege u. soz. Versicherung)	BlÖffFürs.
Blätter für Rechtsanwendung . . . s. Seufferts Blätter für Rechtsanwendung	
Blätter für Rechtspflege im Bezirk des Kammergerichts (1. 1890—44. 1934)	KGBl.
Blätter für Rechtspflege in Thüringen und Anhalt (1. 1854—65. 1919/21)	BlRpflThür.
Blätter für Steuern, Sozialversicherung und Arbeitsrecht (1. 1925—20. 1944) dann:	BlStSozArbR
Blätter für Steuerrecht, Sozialversicherung und Arbeitsrecht (N. F. 1. 1946ff.) [Es erscheint ab 4. 1949 eine besondere Ausg. f. West-Berlin]	BlStSozArbR

Blätter für vergleichende Rechtswissenschaft und Volkswirtschaftslehre (1. 1905—19. 1926)	BlVerglRW, **BlVerglR**
Blatt	Bl. [nicht: B.]
Blatt für Patent-, Muster- und Zeichenwesen (1. 1894/95 bis 50. 1944, 51. 1948/49 ff.)	BlPMZ, **Bl. f. PMZ**
Böhms Zeitschrift s. Zeitschrift für internationales Recht	
Der Bonner Bundesbeamte (1. 1951 ff.)	BonnBdBea.
Braunschweigische Zeitschrift für Rechtspflege (66. 1919—82. 1936; vorher: Zs. f. Rechtspflege im Hzt. Braunschweig)	**BraunschwZ**
Bruns' Zeitschrift s. Zeitschrift für ausländisches öffentliches Recht und Völkerrecht	
Das Büro (1. 1950 ff.)	Büro
Büro-Blatt (anfangs: Bureau-Blatt) für gerichtliche Beamte (4. 1855—80. 1932; dann: Justizverwaltungsblatt)	BürBl.
Bulletin des Presse- und Informationsamtes der Bundesregierung (1. 1951 ff.)	Bull.
Die Bundesbahn (23. 1949 ff.; vorher: Die Reichsbahn)	BBahn
Buschs Zeitschrift s. Zeitschrift für deutschen Zivilprozeß	

D

Danziger Juristen-Zeitung (1. 1922—4. 1925, 13. 1934—18. 1939) zwischendurch:	DanzJZtg.
Danziger Juristische Monatsschrift (5. 1926—12. 1933)	DanzJMschr.
Die deutsche Arbeitgeber-Zeitung (1. 1902—32. 1933; dann: Der dt. Unternehmer)	DArbGZtg.
Der Deutsche Beamte. Zs. d. Dt. Gewerkschaftsbundes (1. 1951 ff.)	DBeamte, **DDB**
Deutsche Devisen-Rundschau (1. 1951 ff.)	**DDevR**
Deutsche Finanzwirtschaft (1. 1947 ff.)	DFinWi., **DFW**
Deutsche Freiwillige Gerichtsbarkeit (1. 1936—9. 1944)	**DFG**
Deutsche Gemeindesteuer-Zeitung (1. 1951 ff.)	DGemStZtg.
Deutsche Gemeinde-Zeitung (1. 1862—72. 1933)	DGemZtg.
Deutsche Gerichtsvollzieher-Zeitung (1. 1881—64. 1944, 65. 1950 ff.)	DGVollzZtg., **DGVZ**
Deutsche Immobilien-Zeitung (1. 1924—20. 1943)	DImmZtg.

Deutsche Invaliden-Versicherung. Zs. d. Verb. Dt. Landesversicherungsanstalten (1. 1929–10. 1938; dann: Dt. Rentenversicherung)	DInvVers.
Deutsche Jugendhilfe (29. 1937–36. 1944; vorher u. später: Zentralbl. f. Jugendrecht u. Jugendwohlfahrt)	DJugHilfe
Deutsche Juristenzeitung (1. 1896–41. 1936)	**DJZ**
Deutsche Justiz s. oben: Gesetz- und Amtsblätter. Deutsches Reich	
Der Deutsche Justizbeamte (1934–1943)	DJustBea.
Deutsche Krankenkasse (12. 1925–20. 1933; dann: Die dt. Ortskrankenkasse; vorher: Ortskrankenkasse)	DKrankK
Deutsche Notar-Zeitschrift (33. 1933–44. 1944, 1950ff.; vorher: Zs. d. Dt. Notarvereins)	**DNotZ**
Deutsche Notar-Zeitschrift. Bayerische Beil. (= Bayer. Notariats-Ztg. Folge 70ff.) (34. 1934ff.)	**DNotZ (BayB)**
Deutsche öffentlich-rechtliche Versicherung (67. 1935 bis 75. 1943; vorher: Die öffentlich-rechtliche Versicherung)	DtÖffVers., **ÖffVers.**
Die deutsche Ortskrankenkasse (20. 1933–30. 1943; vorher: Dt. Krankenkasse; ab 1949: Die Ortskrankenkasse)	DtOrtsKK, **DOK**
Deutsche Rechtspflege (1. 1936–4. 1939; dann vereinigt mit: Dt. Recht, Ausg. B) [mit: Rechtsprechungsbeilage]	**DRpfl.** **DRpflRspr.**
Der Deutsche Rechtspfleger (vorher: Zs. d. Bundes Dt. Justizamtmänner; 42. 1931–46. 1935; dann aufgeg. in: Dt. Rechtspflege; 54. 1943–55. 1944, 56/57. 1948/49ff.)	**Rpfleger,** [früher:] **DRpfl.**
Deutsche Rechtsprechung, hrsg. v. Feuerhake [Losebl.-Slg.] (1948ff.)	DRspr., **DRsp.**
Die deutsche Rechtsprechung auf dem Gebiete des internationalen Privatrechts im Jahre (in den Jahren) . . . (Sonderh. d. Zs. f. ausl. u. intern. Privatrecht) (1926/27—1934, 1945/49ff.)	**IPRspr.**
Deutsche Rechtswissenschaft (1. 1936–8. 1943)	DRWiss.
Deutsche Rechts-Zeitschrift (1. 1946–5. 1950; dann m. Südd. Juristenzeitung vereinigt zu: Juristenzeitung)	**DRZ**
Deutsche Rechtszeitung. [Zuletzt:] Hrsg. v. d. Reichsberufsgruppe Rechtsbeistände (bis 60. 1943)	DRechtsZtg.
Deutsche Rentenversicherung. Zs. d. Reichsverbandes Dt. Rentenversicherungsträger (1939–1944; dann: Dt. Sozialversicherung; vorher: Dt. Invaliden-Vers.)	DRentVers.

Deutsche Richterzeitung (1.1909—27.1935, 28.1950ff.)	**DRiZ**
Deutsche Sozialversicherung. Kriegsgemeinschaft v.: Dt. Rentenversicherung u. Die Arbeiter-Versorgung (1944/45)	DSozVers.
Deutsche Steuer-Rundschau (1. 1951ff.)	DStRdsch., **DStR**
Deutsche Steuer-Zeitung (1.1912—34.1945, 35.1947ff.; ab 1948 geteilt in Ausg. A u. B)	DStZtg., **DStZ**
Deutsche Strafrechts-Zeitung (1. 1914—9. 1922)	DStrZtg., **DStrZ**
Deutsche Verkehrsteuer-Rundschau (bis 36. 1944, 37. 1951ff.)	DVerkStRdsch.
Deutsche Verkehrs-Zeitung (1. 1947ff.)	DVerkZtg., **DVZ**
Deutsche Versicherung. Gemeinschaftszs. d. Zs.: Dt. Versicherungs-Presse, Dt. Versicherungs-Ztg., Dt. Versicherungs-Dienst u. Neumanns Zs. f. Versicherungswesen (1943—1944; dann: Versicherungswirtschaft)	DVers.
Deutsche Versicherungs-Presse (bis 71. 1943; dann: Dt. Versicherung)	DVersPresse, **DVP**
Deutsche Versicherungszeitschrift für Sozialversicherung und Privatversicherung (5. 1951ff.; vorher: Versicherungswissenschaft, Versicherungspraxis, Versicherungsmedizin)	DVersZ, **DVZ**
Deutsche Versicherungs-Zeitung (1. 1859—84. 1943; dann: Dt. Versicherung)	DVersZtg.
Deutsche Verwaltung (11. 1934—22. 1945; vorher: Mitteilungen d. Reichsverbandes d. akad. Finanz- u. Zollbeamten)	DVw., **DtVerw.**
Deutsche Verwaltung (1. 1948—3. 1950; dann: Dt. Verwaltungsblatt)	DVw., **DV**
Deutsche Verwaltungsblätter (82. 1934—85. 1937; vorher u. später: Bayer. Verwaltungsblätter)	DVwBl.. **DVerwBl.**
Deutsche Wirtschafts-Zeitung (1. 1904—41. 1944)	DWiZtg.
Deutsche Wissenschaft, Erziehung und Volksbildung s. oben: Gesetz -und Amtsblätter. Deutsches Reich	
Deutsche Wohnungswirtschaft. Organ d. Zentralverbandes d. Dt. Haus- u. Grundbesitzer (1. 1949ff.)	DWohngWi., **DWW**
Deutsche Zeitschrift für Kirchenrecht (bis N. F. 7. 1889: Zs. f. Kirchenrecht) (1. 1861—15. 1880, N. F. 1. 1881 bis 7. 1889, 3. F. 1. 1891—25. [= 47. d. GesFolge] 1917)	DZKirchR
Deutsche Zeitschrift für die gesamte gerichtliche Medizin (1. 1922ff.)	DZGerMed., **Dtsch. Z. gerichtl. Med.**
Deutsche Zeitschrift für Wohlfahrtspflege (1. 1925/26 bis 20. 1944)	DZWohlfPfl.

Deutsche Zeitung und Wirtschafts-Zeitung (1949ff.; vorher: Wirtschafts-Ztg., seit 1946)	DZtguWiZtg.
Der Deutsche Zollbeamte (1. 1948ff.)	DZollBea., **DDZ**
Deutscher Industrie- und Handelstag s. Verhandlungen des Deutschen Industrie- und Handelstages	
Deutsches Agrarrecht (11. 1943—12. 1944; vorher: Recht d. Reichsnährstandes)	**DAgrR**
Deutsches Arbeitsrecht (1. 1933—12. 1944)	**DArbR**
Deutsches Autorecht (1. 1926—18. 1943, [21.] 1951ff.; 1951/2 vereinigt m. Recht d. Kraftfahrers)	**DAutoR,** [jetzt:] **DAR**
Deutsches Gemein- und Wirtschaftsrecht (N. F. 1. 1935 bis 7. 1942; früher Jurist. Rundschau)	DGemeinWiR, **DGWR**
Deutsches Gewerbe-Archiv (= N. F. d. Gewerbearchivs f. d. Dt. Reich) (34. 1936—36. 1939/40)	DGewArch.
Deutsches Handels-Archiv (35. 1881—98. 1945, 99/102. 1948ff.; gegr. als: Preuß. Handelsarchiv 1847)	DHandArch., **HandArch.**
Deutsches Mietrecht (9. 1929—12. 1932; vorher: Einigungsamt u. Mietschöffengericht)	DMietR, **DMR**
Deutsches Pfarrarchiv (23/24. 1935; vorher: Preuß. Pfarrarchiv)	DPfarrArch.
Deutsches Polizei-Archiv (1. 1922—15. 1936; dann: Archiv f. Polizeiwesen)	DPolArch.
Deutsches Postarchiv (1. 1873—3. 1875, 68. 1940—72. 1944; dazwischen: Archiv f. Post u. Telegraphie)	DPostArch.
Deutsches Recht (1. 1931—9. 1939) dann:	**DR**
Deutsches Recht [Ausg. A = Wochenausg.] vereinigt m.: Juristische Wochenschrift (9. 1939—15. 1945)	**DR,** [in Zweifelsfällen:] DRW
Deutsches Recht [Ausg. B = Monatsausg.]*) vereinigt mit: Deutsche Rechtspflege (9. 1939—12. 1942; dann: Der dt. Rechtspfleger)	**DRM**
Deutsches Rechtswörterbuch (1912ff.)	DRWörtB
Deutsches Schulverwaltungsarchiv (N. F. d. Volksschularchivs) (33. 1936—40. 1943; vorher: Volksschularchiv f. Reich u. Preußen)	DSchulVwArch., **DSchVA**
Deutsches Steuerblatt (1. 1917/18—27. 1944; dann: Finanz-Rundschau)	DStBl.
Deutsches Strafrecht (N. F. 1. 1934—11. 1944; vorher: Archiv f. Strafrecht u. Strafprozeß)	DStrR
Deutsches Verwaltungsblatt (65. 1950ff.; vorher: Dt. Verwaltung; gleichzeitig Forts. v.: Reichsverwaltungsblatt)	**DVBl.**

*) Vorübergehend erschien 1938 eine Ausg. B für Österreich.

Deutsches Wohnungs-Archiv (1. 1926—17. 1942)	DWohnArch., **DWohnA**
Deutschrechtliche Beiträge, Forschungen und Quellen zur Geschichte des Deutschen Rechts, hrsg. v. Konrad Beyerle (1. 1906—14. 1933)	Beyerles Beitr.
Devisenarchiv (1. 1936—10. 1945)	**DevArch.**
Dokumente. Zs. f. intern. Zusammenarbeit (1. 1945ff.)	Dokumente
Drucksache	Drucks.

E

Eger s. Eisenbahnrechtliche Entscheidungen und Abhandlungen	
Ehe und Familie im privaten und öffentlichen Recht. Zs. f. d. ges. Familienrecht (1. 1954ff.)	**FamRZ**
Einigungsamt und Mietschöffengericht (1. 1921—9. 1929; dann: Dt. Mietrecht)	EinigA, **EA**
Eisenbahn- und Schiffahrts-Nachrichten (1. 1923—19. 1941)	EisbSchiffNachr.
Eisenbahn-Nachrichten-Blatt (bis 26. 1921)	EisenbNBl.
Eisenbahnrechtliche (ab 27. 1911: Eisenbahn- u. verkehrsrechtliche) Entscheidungen und Abhandlungen, hrsg. v. Eger (1. 1885—58. 1935)	**EE**
Eisenbahnverordnungsblatt s. Gesetz- u. Amtsblätter. Preußen	
Entscheidungen aus dem Jugend- und Familienrecht (1. 1951—3. 1954; ab 4. 1956 LoseblSlg.)	**EJF**
Entscheidungen aus dem Miet-, Wohnungs- und Grundstücksrecht, bearb. v. Glaser (1951ff.)	**Glaser**
Entscheidungen der Finanzgerichte (1. 1953ff.)	**EFG**
Entscheidungen der Gerichte und Verwaltungsbehörden aus dem Gebiete des auf reichsgesetzlichen und gemeinrechtlichen Bestimmungen beruhenden Verwaltungs- u. Polizeistrafrechtes (ab 54. 1934: aus d. Rechtsgebiete d. inneren Verwaltung), begr. v. Reger (1. 1881—61. 1943/44) [nebst ErgBd. 1. 1891 bis 6. 1931]	RegerE
Entscheidungen der Hamburgischen Verwaltungsgerichte (1. 1927—4. 1934/36)	HambVwG
Entscheidungen der Oberverwaltungsgerichte für das Land Nordrhein-Westfalen in Münster sowie für die Länder Niedersachsen und Schleswig-Holstein in Lüneburg (1. 1950ff.)	OVG MüLü.

Entscheidungen des Bayerischen Obersten Landesgerichts in Strafsachen (N. F. 1. 1950/51 ff.)	**BayObLGSt.**
Entscheidungen des Bayerischen Obersten Landesgerichts in Zivilsachen (N. F. 1. 1950/51 ff.)	**BayObLGZ**
Entscheidungen des Board of Review. Decisions of the Board of Review (1. 1950—21. 1954; dann: Entscheidungen d. Obersten Rückerstattungsgerichts f. d. Brit. Zone)	BoR
Entscheidungen des Bundesamtes für das Heimatwesen (1. 1873—96. 1940)	BAHeimw., **EBAfH**
Entscheidungen des Bundesarbeitsgerichts (1. 1954 ff.)	**BAG**
Entscheidungen des Bundesgerichtshofs in Strafsachen (1. 1951 ff.)	**BGHSt.**
Entscheidungen des Bundesgerichtshofs in Zivilsachen (1. 1951 ff.)	**BGHZ**
Entscheidungen des Bundesoberseeamtes und der Seeämter der Bundesrepublik Deutschland (1. 1951/52 ff.)	BObSeeA
Entscheidungen des Bundessozialgerichts (1. 1955 ff.)	**BSG**
Entscheidungen des Bundesverfassungsgerichts (1. 1952 ff.)	**BVerfGE**
Entscheidungen des Bundesverwaltungsgerichts (1. 1954 ff.)	**BVerwGE**
Die Entscheidungen des Ehrengerichtshofs für deutsche Rechtsanwälte (ab 29. 1935: Entscheidungen d. Ehrengerichtshofs d. Reichs-Rechtsanwaltskammer) (1. 1880—32. 1938)	EhrGerHfRA
Entscheidungen des Hanseatischen Oberlandesgerichts in Strafsachen (1879—1932/33)	**HanseatOLGStrafs.**, HansOLGSt.
Entscheidungen des (bis 2. 1915/16: Großhzgl.) Hessischen Verwaltungsgerichtshofs (1. 1913/14—8. 1929/32)	HessVwG
Entscheidungen des Kammergerichts (ab 15. 1937) und des Oberlandesgerichts München in Kosten-, Straf-, Miet- und Pachtschutzsachen (= Jb. f. Entsch. in Angel. d. freiw. Gerichtsbark. u. d. Grundbuchrechte. ErgBd.) (1. 1924—23. 1944)	**JFG Erg.**
Entscheidungen des (ab 22. 1925/26: Reichs-) Oberseeamts und der Seeämter des Deutschen Reichs (1. 1878—28. 1937/40)	ObSeeA
Entscheidungen des Obersten Gerichts der Deutschen Demokratischen Republik in Strafsachen (1. 1951 ff.)	**OGSt.** DDR
Entscheidungen des Obersten Gerichts der Deutschen Demokratischen Republik in Zivilsachen (1. 1951 ff.)	**OGZ** DDR

Entscheidungen des Obersten Gerichtshofes für die Britische Zone in Strafsachen (1. 1949—3. 1950)	**OGHSt.**
Entscheidungen des Obersten Gerichtshofes für die Britische Zone in Zivilsachen (1. 1949—4. 1950)	**OGHZ**
Entscheidungen des Obersten Rückerstattungsgerichts für Berlin. Decisions of the Supreme Restitution Court for Berlin. Décisions de la Cour Suprême des Restitutions pour Berlin (1. 1954ff.)	ORG Bln.
Entscheidungen des Obersten Rückerstattungsgerichts für die Britische Zone. Decisions of the Supreme Restitution Court for the British Zone of Germany (1. 1954ff.)	ORG BrZ
Entscheidungen des Kgl. (bis 16. 1848: Geheimen) Ober-Tribunals (1. 1837—83. 1879)	ObTrib.
Entscheidungen des Oberverwaltungsgerichts Berlin (1. 1954ff.)	OVGBln., **Entsch. OVG Bln.**
Entscheidungen des (bis 1918: Kgl.) Preußischen Oberverwaltungsgerichts (1. 1877—106. 1941)	PrOVG
Entscheidungen des (bis 1918: Kgl.) Preußischen Oberverwaltungsgerichts in Staatssteuersachen (1. 1893—19. 1922)	PrOVGSteuer
Entscheidungen des Reichsarbeitsgerichts, hrsg. v. d. Mitgliedern d. Gerichtshofes (1. 1928—27. 1944)	**RAG**
Entscheidungen des Reichsarbeitsgerichts und der Landesarbeitsgerichte, verlegt bei Bensheimer (1. 1928—18 1933; dann: Arbeitsrechts-Slg.)	BenshSlg., **BenshSamml.**
Entscheidungen des Reichsdienststrafhofs (1. 1939—3. 1941)	**RDStH**
Entscheidungen des Reichserbhofgerichts (1. 1934/35—9. 1942/43)	RErbHG, **REHG**
Entscheidungen des Reichsgerichts in Strafsachen (1. 1880—77. 1944)	RGSt.
Entscheidungen des Reichsgerichts in Zivilsachen (Bd. 1. 1880—172. 1945)	RGZ
Entscheidungen des Reichsgerichts, abgedruckt in einer Beil. zum Dt. Reichs- u. Preuß. Staatsanzeiger	RG RAnz.
Entscheidungen des Reichskriegsgerichts und des Wehrmachtdienststrafhofs (1. 1938/40—2. 1940/43)	RKriegsG, **RKG**
Entscheidungen des Reichsmilitärgerichts (1. 1902—22. 1919)	RMilG, **RMG**
Entscheidungen des (bis 2. 1871: Bundes-) Reichsoberhandelsgerichts (1. 1871—25. 1880)	ROHG, [bis Bd. 2:] BOHG
Entscheidungen des Reichsoberseeamts s. Entscheidungen des Oberseeamts	

Entscheidungen des Reichsversorgungsgerichts (1. 1921 bis 14. 1940)	RVersorgG
Entscheidungen des Reichsverwaltungsgerichts (1. 1942 bis 2. 1944)	RVwG
Entscheidungen des Reichswirtschaftsgerichts (2. 1924: und des Kartellgerichts) (1/2. 1923/4; 1/2. 1941/2)	RWiG
Entscheidungen des Württembergischen Verwaltungsgerichtshofs, des Württ. Kompetenzgerichtshofs und der Dienststrafkammer Stuttgart (= Beil. zur Württ. Verwaltungszs.) (1939—1941)	WürttVGH
Entscheidungen in Angelegenheiten der freiwilligen Gerichtsbarkeit und des Grundbuchrechts, zusammengest. im Reichsjustizamt (1. 1900—17. 1922)	RJA
Entscheidungen und Mitteilungen des Reichsversicherungsamts (1. 1914—51. 1944)	EuMRVA
Entscheidungs-Sammlung aus dem gesamten Miet- und Wohnrecht, hrsg. v. Becker (1. 1949ff.)	Becker EntschMietR
Entscheidungssammlung des Hessischen und des Württemberg-Badischen Verwaltungsgerichtshofes (1. 1952ff.)	**ESVGH**
Erfindungs- und Vorschlagswesen (1. 1952ff.)	ErfuVorschlW
Erlaß und Entscheidung. Steuer-Slg. u. Steuer-Kartothek ... (1. 1929—6. 1934; dann vereinigt m.: Dt. Steuerztg.)	ErluEntsch., **EuE**
Die Ersatzkasse (1. 1916/17ff.)	**Ersk.**
Europa-Archiv (1. 1946ff.)	EurArch., **EA**

F

Finanz und Steuer s. Gesetz- u. Amtsblätter. Württemberg-Baden	
Finanzarchiv (1. 1884—48. 1931, N. F. 1. 1932—10. 1943, 11. 1948/49ff.)	FinArch., **FA**
Finanz-Rundschau. Dt. Steuerblatt (1. 1946ff.; vorher: Dt. Steuerblatt)	FinRdsch., **FR**
Fischer's Zeitschrift für Praxis und Gesetzgebung der Verwaltung (ab 56. 1924: für Verwaltungsrecht) (21. 1900—78. 1941; vorher: Zs. für Praxis u. Gesetzgebung d. Verwaltung)	FischersZ
Frachten- und Tarifanzeiger der Binnenschiffahrt (Sonderumdruck zu: Binnenschiffahrts-Nachrichten)	**FTB**
Frankfurter Allgemeine Zeitung für Deutschland (1949ff.)	FrankfAZtg.
Frankfurter Rundschau (48. 1914—51/52. 1917/18; vorher: Rundschau)	FrankfRdsch.

Die Friedenswarte (1. 1899ff.)	FrWarte
Friedreichs Blätter für gerichtliche Medizin (ab 24. 1873:) und Sanitätspolizei (14. 1863–65. 1914; anfangs: Blätter f. gerichtl. Anthropologie, ab 1. 1850)	FriedreichsBl.
Fürsorgerechtliche Entscheidungen der Verwaltungsgerichte (1954ff.)	FürsRechtlE

G

GEMA-Nachrichten (1. 1948ff.)	GEMA-Nachr.
Der Gemeindehaushalt (N. F. d.: Preuß. Kommunalkassen-Ztg.) (41. 1934–50. 1944, 50. 1949ff.)	**Gemhlt.**
Die Gemeindekasse (1. 1949ff.)	GemKasse
Der Gemeindetag (27. 1933–37. 1943, N. F. 1. 1948ff.; früher: Der Städtetag)	GemTag
Die Gemeinde-Unfallversicherung (1. 1949ff.)	GemUnfVers.
Gemeinnützige Wohnungswirtschaft (1. 1948–2. 1949) dann:	GemWohngsWi.
Gemeinnütziges Wohnungswesen. Organ d. Gesamtverb. gemeinnütziger Wohnungsunternehmen (3. 1950 ff.)	GemWohngsWes.,**GW**
Der Gerichtssaal (1. 1849–116. 1942)	**GerS**
Gesetz und Recht (1. 1900–33. 1932)	GesuR
Gesetz- und Verordnungsblatt	GVBl.
Gesetzblatt der Deutschen Evangelischen Kirche (1933 bis 1945)	GBlDEK
Gesetzgebung und Rechtspraxis des Auslandes (1. 1925 bis 6. 1930)	AuslGes.
Gewerbearchiv für das Deutsche Reich (1. 1902–33. 1935; dann: Dt. Gewerbe-Archiv)	GewArch.
Gewerbearchiv. Zs. f. Verwaltungs- u. Gewerberecht (1. 1955ff.)	GewArch.
Das Gewerbegericht (1. 1896–10. 1905) dann:	GewGer.
Das Gewerbe- und Kaufmannsgericht (11. 1905–31. 1925/26; dann: Arbeitsgericht)	**GewKfmG**
Gewerblicher Rechtsschutz und Urheberrecht (1. 1896 bis 49. 1944, 50. 1948ff.)	**GRUR**
Auslands- und internationaler Teil	**GRUR Ausl.**
Gewerkschaftliche Monatshefte (1. 1950ff.)	GewerkMh.
Gewerkschaftsarchiv. Monatshefte (dann: Monatsschrift) f. Theorie u. Praxis d. Gewerkschaftsbewegung (Jg. 1. [= Bd. 1/2.] 1925–10. [= Bd. 18.] 1933)	GewerkArch.
Gewerkschaftszeitung. Organ d. allg. Dt. Gewerkschaftsbundes (bis 43. 1933)	GewerkZtg.

Die GmbH in der Rechtsprechung der deutschen Gerichte (1. 1892/1911—4. 1932ff.)	**GmbHRspr.**
Goldschmidts Zeitschrift s. Zeitschrift für das gesamte Handelsrecht und Konkursrecht	
Goltdammer's Archiv für Strafrecht (N. F. 1. 1954ff.; vorher: Dt. Strafrecht)	GoltdA, **GA**
Gruchots Beiträge s. Beiträge zur Erläuterung des Deutschen Rechts	
Das Grundeigentum. [Zuletzt m. d. Untertit.:] Allg. Dt. Haus- u. Grundbesitzer-Ztg. (1. 1876—62. 1943)	GrundE
Grundstücks-Archiv (1. 1906—13. 1918) dann:	GrdstArch.
Grundstücks-Zeitung ⟨früher Grundstücks-Archiv⟩ (14. 1919—17. 1922)	GrdstZtg.
Die Grundstückswirtschaft (1949—1951)	GrdstWi.
Der Güterverkehr (1. 1952ff.)	GütVerk.

H

Handbuch des gesamten Miet- und Raumrechts, hrsg. v. Hans Fischer (LoseblSlg. 1948—1951; dann Zs. f. Miet- u. Raumrecht)	HdbMietR, **HMR**
Handbuch des Grundstücks- und Baurechts, hrsg. v. Hans Fischer (LoseblSlg. 1948ff.)	HdbGrdstR, **HGBR**
Handelsblatt. Dt. Wirtschaftsztg. (1. 1946ff.)	HandBl.
Der Handelsgesellschafter, hrsg. v. Bauer (1. 1893—4. 1896; dann: Zs. f. Aktiengesellschaften . . .)	BauersZ
Hannoversche Rechtspflege (1. 1945—3. 1947; dann: Nieders. Rechtspflege)	**HannRpfl.**
Hansa. [Jetziger Untertit.:] Zentralorgan f. Schiffahrt, Schiffsbau, Hafen (1864—1943, [85.] 1948ff.)	Hansa
Hanseatische Gerichtszeitung (1. 1880—48. 1927; dann fortges. als: Hanseat. Rechts- u. Gerichtszeitschrift; vorher: Hamb. Handelsgerichts-Zeitung, ab 1868) [Hauptblatt: Handelsrechtl. Fälle; Beiblatt: Zivilrechtl. Fälle, Arbeitsrecht]	HansGZ, **HGZ**
Hanseatische Rechts- und Gerichtszeitschrift (11. 1928 bis 26. 1943; entstanden durch Zusammenlegung von: Hanseat. Gerichtszeitung u. Hanseat. Rechtszeitschrift)	**HansRGZ**
Hanseatische Rechtszeitschrift für Handel, Schiffahrt und Versicherung, Kolonial- und Auslandsbeziehungen sowie für Hansestädtisches Recht (1. 1918—10. 1927; dann fortges. als: Hanseatische Rechts- u. Gerichtszeitschrift)	**HansRZ**

Haus und Wohnung. (1. 1946ff.)	HuW, **HW**
Hessische Rechtsprechung (1. 1900/01—35. 1935)	**HessRspr.**
Höchstrichterliche Entscheidungen. Slg. v. Entscheidungen d. Oberlandesgerichte u. d. Obersten Gerichte in Strafsachen. (1—3,1. 1948/49)	**HESt.**
Höchstrichterliche Entscheidungen. Slg. v. Entscheidungen d. Oberlandesgerichte u. d. Obersten Gerichte in Zivilsachen (1—3,1. 1948/50)	**HEZ**
Höchstrichterliche Rechtsprechung (4. 1928—18. 1942; entstanden aus: Jurist. Rundschau. [Beil.:] Die Rechtsprechung u. Höchstrichterl. Rechtsprechung auf d. Gebiete d. Strafrechts)	HRR
Höchstrichterliche Rechtsprechung auf dem Gebiete des Strafrechts (1. 1925—3. 1927) (= Sonderbeil. d. Zs. f. d. ges. Strafrechtswissenschaft)	HRRStr., **HöchstRR**

I

Industrie und Steuer (15. 1933—26. 1944; vorher: Mitteilungen d. Steuerstelle d. Reichsverbandes d. Dt. Industrie)	IndSt.
Die Information über Steuer und Wirtschaft für Industrie, Handel, Handwerk und Gewerbe (1. 1947ff.)	**Inf.**
Informationen zum Versicherungs- und Haftpflichtrecht, hrsg. v. Wussow s. Wussow	
Internationale Sammlung der Arbeitsrechtsprechung (1. 1925—13. 1937/38)	IntSArbRspr., **ISAR**
Internationales Jahrbuch der Politik (1. 1954ff.)	IntJbPol.
Internationales Jahrbuch für Schiedsgerichtswesen in Zivil- und Handelssachen (1. 1926—4. 1930)	IntJbSchiedsgW
Internationales Archiv für Verkehrswesen (1. 1949ff.)	IntArchVerkW

J

Jahrbuch	Jb., J
Jahrbuch baurechtlicher Entscheidungen der Gerichts- und Verwaltungsbehörden Deutschlands (1. 1904—10. 1913)	JbBaurechtlE
Jahrbuch der Akademie für Deutsches Recht (1. 1933/34 bis 6/7. 1939/40)	JbAkDR
Jahrbuch der Entscheidungen des Thüringischen Oberverwaltungsgerichts (1. 1913—18. 1946/47)	JbThürOVG

Jahrbuch der Entscheidungen zum bürgerlichen Gesetzbuch und den Nebengesetzen (ab 2. 1903: auf d. Gebiete d. Zivil-, Handels- u. Prozeßrechts; 5. 1906—16. 1917: Abt. A Zivil-, Handels- u. Prozeßrecht; dann: auf d. Gebiete d. Zivil-, Handels- u. Prozeßrechts), begr. v. Warneyer (1. 1900/02—37. 1938) [ErgBd. u. d. Tit.: Die Rechtsprechung d. Reichsgerichts]	WarnJb.
Jahrbuch der Internationalen Vereinigung für gewerblichen Rechtsschutz (1. 1897—16. 1912) [Daneben bestand eine Ausg. in franz. Sprache]	IntVGewRSch.
Jahrbuch der Internationalen Vereinigung für vergleichende Rechtswissenschaft und Volkswirtschaftslehre (1. 1895—9. 1914)	IntVVglRW
Jahrbuch des Arbeitsrechts . . . (1. 1918/20—12. 1931)	JbArbR, **JahrbArbR**
Jahrbuch des Deutschen Rechts, begr. v. H. Neumann (1. 1904—40. 1942)	JbDR, **JDR**
Jahrbuch des Jugendrechts (1. 1928—13/14. 1940/41)	JbJugR, **JJugR**
Jahrbuch des Kaufmannsgerichts, Berlin (1. 1908—3. 1912)	BerlKfmGJb.
Jahrbuch des öffentlichen Rechts der Gegenwart (1. 1907—25. 1938, N. F. 1. 1951 ff.)	JbÖffR
Jahrbuch des Postwesens (1. 1937—5. 1941/42)	JbPostW
Jahrbuch des Steuerrechts, hrsg. v. Koppe (1. 1921—12. 1930/31, 13. 1952; dann: Aktuelle Nachr. f. Steuer- u. Zollrecht)	JbSteuerR
Jahrbuch des Strafrechts und Strafprozesses, hrsg. v. Soergel u. Krause (= Beil. zu: Das Recht) (1. 1906—15. 1920)	SoergelsJb.
Jahrbuch des Treuhandrechts (1/2. 1929/30)	JbTreuhR
Jahrbuch des Völkerrechts (1. 1911/12—9. 1926)	JbVölkR
Jahrbuch des Zivilrechts, hrsg. v. Soergel s. Rechtsprechung zum BGB usw.	
Jahrbuch für Entscheidungen in Angelegenheiten der freiwilligen Gerichtsbarkeit und des Grundbuchrechts, begr. v. Ring (1. 1924—23. 1943)	**JFG**
Jahrbuch für Entscheidungen des Kammergerichts in Sachen der freiwilligen Gerichtsbarkeit, in Kosten-, Stempel- und Strafsachen (bis 19. 1899: in Sachen d. nichtstreitigen Gerichtsbarkeit) (1. 1881—53. 1922)	**KGJ**
Jahrbuch für Gesetzgebung, Verwaltung und Volkswirtschaft im Deutschen Reich, hrsg. von Schmoller (ab 37. 1913: Schmollers Jahrb. . . .; ab 69. 1949 ohne Zusatz: im Deutschen Reich) (1. 1877—68. 1944, 69. 1949 ff.)	SchmollersJb.

Jahrbuch für internationales und ausländisches öffentliches Recht (ab 3. 1954 nur: f. internat. Recht) (1. 1948ff.)	JbIntR, **JfIR**
Jahrbücher der württembergischen Rechtspflege (1. 1888—29. 1920)	WürttJb., **WürttJ**
Jahrbücher des (bis 1918: Kgl.) Sächsischen Oberverwaltungsgerichts (1. 1902—42. 1941)	JbSächsOVG
Jahrbücher für Nationalökonomie und Statistik, begr. v. Conrad (1. 1863ff.)	ConradsJb.
Jherings Jahrbücher für Dogmatik des bürgerlichen Rechts (Folge II, 1. (= 37. d. Gesamtreihe) 1897—54 (= 90) 1942; anfangs: Jahrbücher f. d. Dogmatik d. heut. röm. Rechts u. dt. Privatrechts, ab 1. 1857)	JherJb.
Judicium. Vierteljahresschrift f. d. ges. Zivilrechtspflege (1. 1928—5. 1933)	Judic.
Jugendwohl. Kath. Zs. f. Kinder- u. Jugendfürsorge (13. 1923ff.; vorher: Jahrb. d. Jugendwohlfahrt)	JugWo.
Juristen-Zeitung (6. 1951ff.; Forts. v.: Dt. Rechts-Zs. u. Süddt. Juristen-Ztg.)	JZ
Juristische Monatsschrift für Posen, West- und Ostpreußen und Pommern (1. 1898—21. 1918)	PosMschr.
Juristische Praxis (3. 1954ff.; vorher: Rechtsanwalt u. Notar)	JurPrax., **JP**
Juristische Rundschau (1. 1925—11. 1935, 12. 1947ff.)	**JR**
Juristische Rundschau für die Privatversicherung (1. 1924—20. 1943; bis 7. 1930 = Beil. zur Zs. f. Versicherungswesen)	JRPrivVers., **JRPV**
Juristische Wochenschrift (1. 1872—68. 1939, 12; dann: Dt. Recht, vereinigt m. Jur. Wochenschrift)	**JW**
Juristische Zeitschrift für (bis 36. 1911: das Reichsland) Elsaß-Lothringen, begr. v. Puchelt (1. 1876—44. 1919)	ElsLothZ
Juristisches Literaturblatt (1. 1889—29. 1917/18)	JLitBl.
Die Justiz (1. 1925/26—8. 1932/33)	Justiz
Die Justiz. Zs. f. Demokratie in Staat u. Recht (1952ff.)	Justiz, **DJ**
Die Justiz s. auch oben: Gesetz- u. Amtsblätter. Baden-Württemberg	
Justiz und Verwaltung (1. 1950; dann: Dt. Richterzeitung)	JustuVw.
Justizverwaltungsblatt. Zs. f. d. gerichtl. Kosten-, Kassen-, Haushalts- u. Rechnungswesen (81. 1933 bis 92. 1944; vorher: Büro-Blatt f. gerichtl. Beamte)	JVwBl.

K

Kallee, Kartenauskunftei d. Arbeitsrechts (später: Arbeitsrechts-Kartei) s. Arbeitsrechts-Kartei	
Kartell-Rundschau. Monatsschrift f. Kartell- u. Konzernwesen (1. 1903—42. 1944)	**KartRdsch.**
Kartenauskunft des Arbeitsrechts, hrsg. v. Kallee s. Arbeitsrechts-Kartei	
Der Kaufmann in Wirtschaft und Recht. Monatsschrift (1. 1922—10. 1931)	KfmWiuR
Kirchliches Amtsblatt	KABl.
Kirchliches Gesetz- und Verordnungsblatt. Bureau d. ev. Ober-Kirchenrats (1. 1876/77—58. 1934)	KGVBl.
Kirchliches Gesetz- und Verordnungsblatt für die Evangelisch-reformierte Kirche in Nordwestdeutschland (10. 1946/53ff.; vorher: . . . f. d. Ev.-ref. Kirche d. Prov. Hannover)	GVBlEvRefK
Kölner sozialpolitische Vierteljahresschrift (3. 1924—12. 1933/34; vorher: Kölner Vierteljahreshefte f. Sozialwiss., später: Kölner Zs. f. Soziologie)	KölnSozPolVjschr.
Kommunale Steuer-Zeitschrift (1. 1952ff.)	KommStZ, **KStZ**
Kommunal-Kassen-Zeitschrift (1. 1949ff.)	KommKassZ, **KKZ**
Der Kompaß. Mitteilungsblatt d. Bergbau-Berufsgenossenschaft (1. 1886—59. 1944, 60. 1950ff.)	Komp.
Konkurs- und Treuhandwesen. Monatsschrift f. Wirtschaft u. Recht (1. 1927—15. 1941) dann:	**KonkTreuh.**
Konkurs-, Treuhand- und Schiedsgerichtswesen (1. (= 16.) 1955ff.)	**KTS**
Die Krankenversicherung (1. 1949ff.)	KrkVers.
Die Kriegsopferversorgung. [Untertit. jetzt:] Versorgungsrecht, Versorgungspraxis, Versorgungsmedizin (1. 1952ff.)	**KOV**
Kriminalistik. Monatshefte f. d. ges. kriminal. Wissenschaft u. Praxis (12. 1938 — 19. 1945; vorher: Kriminalist. Monatshefte)	Kriminal.
Kriminalistik. Monatshefte f. d. ges. kriminal. Wissenschaft u. Praxis (3. 1949ff.; vorher: Kriminalist. Rundschau, ab 1. 1947)	Kriminal.
Kriminalistische Abhandlungen, hrsg. v. Exner (1. 1926—47. 1941)	KrimAbh.
Kriminalistische Monatshefte. Zs. f. d. ges. kriminalist. Wissenschaft u. Praxis (1. 1927—11. 1937; dann: Kriminalistik)	KrimMh.

Kriminalstatistik für das Jahr ..., bearb. im Reichsjustizamt u. im Kaiserl. Statist. Amt (später: im Reichsjustizministerium u. im Statistischen Reichsamt) (1882ff.) (= Teil d. Statistik d. Dt. Reichs)	KrimStat. KrimStat.
Kritische Vierteljahresschrift für Gesetzgebung und Rechtswissenschaft (1. 1859–68. 1944)	KritVjschr.
Kultus und Unterricht s. oben: Gesetz- u. Amtsblätter. Baden-Württemberg	

L

Die Landgemeinde (bis 52. 1943) [Ab 1934 ersch. mehrere Ausg., die zu zitieren sind]	Landgem.
Die Landkrankenkasse (bis 16. 1929; dann: Zentralbl. f. Reichsversicherung u. Reichsversorgung)	LKrK
Der Landwirtschaftliche Pachtbetrieb. Zs. d. Reichsarbeitsgemeinschaft landwirtschaftl. Pachtbetriebe (bis 12. 1932)	LwPachtbetr.
Der Lastenausgleich (1. 1952/53ff.)	LA
Leipziger Zeitschrift für Deutsches Recht (bis 7. 1913: f. Handels-, Konkurs- u. Versicherungsrecht) (1. 1907–27. 1933)	LZ
Lindenmaier/Möhring s. Nachschlagewerk d. Bundesgerichtshofs	
Liszts Zeitschrift s. Zeitschrift für die gesamte Strafrechtswissenschaft	
Die Lohnsteuer. Die aktuelle Fachzs. f. d. Steuerabzug vom Arbeitslohn (1. 1954ff.)	LoSt.

M

Der Markenartikel (1. 1934–11. 1944, 12. 1950ff.)	MarkArt., MA
Markenschutz und Wettbewerb. Monatsschrift f. Marken-, Patent-, Muster-, Urheber- u. Verlagsrecht (6. 1906–41. 1941; vorher: Unlauterer Wettbewerb, ab 1. 1901)	MuW
Masius' Rundschau. Blätter f. Versicherungswissenschaft, Versicherungsrecht u. bemerkenswerte Vorgänge im Versicherungswesen (N. F. 1. 1889 – N. F. 34. 1922)	Masius
Mecklenburgische Zeitschrift für Rechtspflege und Rechtswissenschaft (41. 1925: u. Verwaltung; ab 42. 1926: f. Rechtspflege, Rechtswissenschaft, Verwaltung) (1. 1881–55. 1939)	MecklZ
Medizinalstatistische Nachrichten (1. 1909ff.)	MedStatNachr.
Mensch und Arbeit (1. 1949ff.)	MuA

Mietgericht. Zs. d. Reichsverb. dt. Einigungsämter f. Miete, Pacht u. Hypotheken (1. 1926—8. 1933)	MietGer.
Ministerialblatt	MBl.
Mitteilungen	Mitt.
Mitteilungen aus der Praxis (anfangs: und Vereinsnachrichten), hrsg. v. Württ. Notar(iats)verein (1. 1907/10—14. 1933, 15. 1949—20. 1954) dann:	WürttNotV, **WürttNV**
Mitteilungen aus der Praxis. Zs. f. d. Notariat in Baden-Württemberg (21. 1955ff.)	**BWNotZ**
Mitteilungen aus der Rechtspflege im Gebiete des vormaligen Kurfürstentums Hessen (1. 1890—4. 1896)	KurhessMitt.
Mitteilungen der Bank deutscher Länder (1. 1948ff.)	MittBdL
Mitteilungen der deutschen Patentanwälte s. Mitteilungen vom Verband deutscher Patentanwälte	
Mitteilungen der Industrie- und Handelskammer zu Berlin (22. 1924—31. 1933; vorher: Mitteilungen d. Handelskammer zu Bln.; später: Wirtschaftsblatt d. Ind. u. Handelskammer zu Bln.)	MittIHKBln.
Mitteilungen der Internationalen Kriminalistischen Vereinigung (1. 1889—22. 1914, N. F. 1. 1926—6. 1933)	MittIKV
Mitteilungen der Reichs-Rechtsanwaltskammer (1936—1944; vorher: Kammer-Ztg. f. d. Bezirke d. Oberlandesgerichte Breslau, Dresden u. Naumburg/Saale)	MittRRAnwK, **M. d. RRAK**
Mitteilungen der Steuerstelle (anfangs: Steuerauskunftsstelle) des Reichsverbandes der Deutschen Industrie (1. 1918—15. 1932; dann: Industrie u. Steuer)	MittSteuerSt.
Mitteilungen des Bayerischen Notarvereins (1. 1924—10. 1933; dann: Bayerische Notarzs.)	**BayNotV**
Mitteilungen des Deutschen Städtetages (bis 1927; dann: Der Städtetag)	MittDStT
Mitteilungen des Sächsischen Notarvereins (1924—1933)	SächsNotV
Mitteilungen des vorläufigen Reichswirtschaftsrats (1. 1920—13. 1933)	MittRWiRat
Mitteilungen des wirtschaftswissenschaftlichen Instituts der Gewerkschaften (1. 1948—5. 1952; dann: WWI-Mitteilungen)	MittWWI
Mitteilungen für die öffentlichen Feuerversicherungsanstalten (1. 1868/69—56. 1924; dann: Versicherung und Geldwirtschaft)	MittÖffFeuerVers.
Mitteilungen vom Verband Deutscher Patentanwälte (ab 34. 1934: ... d. dt. Patentanwälte) (1. 1901ff.)	MittDPatAnw., **MittDtschPatAnw.**
Mitteilungsblatt	Mtbl.

Mitteilungsblatt. Bezirksgruppe West der Dt. Arbeitsgemeinschaft f. gewerblichen Rechtsschutz u. Urheberrecht (ab 1950: Dt. Vereinigung f. gewerbl. Rechtsschutz u. Urheberr.) (1947ff.)	MtblGewRSchutz
Mitteilungsblatt der Rechtsanwaltskammer Hamm (Westf.) (1. 1948ff.)	MtblRAKHamm
Mitteilungsblatt des Reichsbundes Deutscher Mieter (ab 6. 1926: d. Bundes Dt. Mietervereine) (1. 1921ff.)	MtblDMieterV
Mitteilungsblatt des Reichskommissars für die Preisbildung s. oben: Gesetz- u. Amtsblätter. Deutsches Reich	
Mitteilungsblatt des Reichskriminalpolizeiamts s. oben: Gesetz- u. Amtsblätter. Deutsches Reich	
Mitteilungsblatt für die Sozialversicherung. Im Auftrag d. Min. f. Arbeit, Wohlfahrt u. Gesundheitswesen d. Landesreg. Schleswig-Holstein (1. 1947—4. 1950; dann: Wege zur Sozialversicherung)	MtblSozVers.
Der Möbelspediteur (1. 1946ff.)	Möbelsped.
Monatsschrift	Mschr.
Monatsschrift für Arbeiter- und Angestelltenversicherung (1. 1913—31. 1943)	MschrArbVers.
Monatsschrift für Deutsches Recht (1. 1947ff.)	**MDR**
Monatsschrift für Handelsrecht (bis 5. 1896: f. Aktienrecht . . .) und Bankwesen, Steuer- und Stempelfragen, begr. v. Holdheim (4. 1895—28. 1919)	HoldhMschr., **HoldhMSchr.**
Monatsschrift für Kriminalbiologie und Strafrechtsreform (28. 1937—35. 1944; vorher: für Kriminalpsychologie u. Strafrechtsreform; fortges. als: Monatsschrift f. Kriminologie u. Strafrechtsreform)	MschrKrimBiol.
Monatsschrift für Kriminalpsychologie und Strafrechtsreform, begr. v. Aschaffenburg (1. 1904/05—27. 1936; dann: f. Kriminalbiologie u. Strafrechtsreform)	MschrKrimPsych., **MSchrKrimPsych.**
Monatsschrift für Kriminologie und Strafrechtsreform (36. 1953ff.; vorher: Monatsschrift f. Kriminalbiologie u. Strafrechtsreform)	**MschrKrim.**
Mrozek-Kartei. Steuerrechtsprechung in Karteiform [LoseblSlg.] (1922—1944, 1951ff.)	**StRK**

N

Nachrichten der Studiengesellschaft für privatrechtliche Auslandsinteressen (1. 1949—16. 1954)	Nachr. f. privatr. AuslInt.
Nachrichten für Luftfahrer (1. 1920—20. 1939; 10. 1929—14. 1933 = Reichsverkehrsblatt T. II)	Nachr. f. Luftf.

Nachrichten für die Mitglieder des Deutschen Anwaltvereins (1. 1914—12. 1925; dann: Anwaltsblatt)	NachrDtAnwV
Nachschlagewerk des Bundesarbeitsgerichts. Arbeitsrechtl. Praxis (1954ff.; vorher: Arbeitsrechtl. Praxis)	**AP**
Nachschlagewerk des Bundesgerichtshofs, hrsg. v. Lindenmaier, Möhring u. a. (LoseblSlg. seit 1951)	L/M
Naumburger Kammer-Zeitung. Zs. d. Anwaltskammer d. OLGBezirks Naumburg (später: Kammerztg. f. d. Bezirke d. OLGerichte Breslau, Dresden u. Naumburg/Saale) (1. 1929—8. 1936)	NaumbKZ, **NKZ**
Neue Betriebswirtschaft (1. 1948ff.) (= Beil. zum Betriebsberater)	NBetrWi., **NB**
Neue Deutsche Beamtenzeitung (1. 1951ff.)	**NDBZ**
Neue Juristische Wochenschrift (1. 1947/48ff.)	**NJW**
Neue Juristische Wochenschrift. Fundhefte	**NJWF**
Neue Justiz (1. 1947ff.)	**NJ**
Neue Steuerrundschau (1. 1919—6. 1925)	NStRdsch.
Die Neue Verwaltung (1. 1948—2. 1949; vorher: Rhein.-pfälzisches Verwaltungsblatt; später: Der Öffentliche Dienst, Ausg. B)	NVw.
Neue Wirtschafts-Briefe für Steuer- und Wirtschaftsrecht (LoseblSlg. Lfg. 1. 1947ff.)	NWiBriefe, **NWB**
Neue Zeitschrift für Arbeitsrecht (1. 1921—13. 1933)	NZArbR
Neumanns Jahrbuch der Privatversicherung im Deutschen Reich (ab 12. 1936: d. privaten u. öffentlichrechtl. Versicherung im Dt. Reich) (1. 1925—18. 1942)	NeumannsJb.
Neumanns Zeitschrift für Versicherungswesen (48. 1925 bis 66. 1943; dann: Dt. Versicherung; vorher: Zs. f. Versicherungswesen)	NeumannsZ, **NZ**
Niedersächsische Rechtspflege (1. 1947ff.)	**NdsRpfl.**
NJW-Fundhefte	**NJWF**
Notariats-Zeitschrift für Elsaß-Lothringen (1. 1881—38. 1918)	ElsLothNotZ

O

Der öffentliche Arbeitsnachweis (1. 1924/25—10. 1933)	ÖffArbNachw.
Der öffentliche Dienst (3. 1950, 7—4. 1951, 6: Ausg. A). Fachzs. f. Beamte u. Angestellte d. Verwaltung (1. 1948ff.)	ÖffD

Der öffentliche Dienst. Ausg. B. Zs. f. d. Ausbildung u. Fortbildung d. Dienstkräfte d. öffentl. Verwaltung . . (1. 1950—5. 1954; dann fortges. in: Staats- u. Kommunalverwaltung; hervorgeg. aus: Die Neue Verwaltung)	ÖffD B
Öffentliche Fürsorge einschl. Familienunterhalt und soziale Versicherung (= Kriegsgemeinschaft d. Zs. f. d. Heimatwesen u. d. Blätter f. öff. Fürsorge) (1943 bis 1944)	ÖffFürs.
Der öffentliche Haushalt. Archiv f. Finanzkontrolle (1. 1954/55ff.)	ÖffHaush.
Die Öffentliche Verwaltung (1. 1948ff.)	ÖffVw., **DÖV**
Die öffentlichrechtliche Versicherung (61. 1929—66. 1934; dann: Dt. öffentl.-rechtl. Versicherung; vorher: Versicherung u. Geldwirtschaft)	**ÖffVers.**
Die Ortskrankenkasse (31. 1949ff.; vorher: Die dt. Ortskrankenkasse)	OrtsKK, **DOK**
Osteuropa-Recht (1. 1955ff.)	OEuropaR
Ostrecht. Monatsschr. f. d. Recht d. osteurop. Staaten (1. 1925—3. 1927)	OstR
Ost-Probleme (1. 1949ff.)	OstProbl.

P

Das Parlament (1. 1951ff.)	Parl.
Patentblatt (1. 1877—69. 1945, 70. 1950ff.)	PatBl.
Die Polizei [Untertit. ab 1955: Die Polizei-Praxis] (1. 1948—8. 1954, 46. [9.] 1955ff.)	Polizei
Prager Juristische Zeitschrift (1. 1921—18. 1938)	PragJZ
Preußische Kommunalkassen-Zeitung (34. 1928—40. 1933; dann: Der Gemeindehaushalt; vorher: Preuß. Verwaltungs- u. Finanz-Ztg.)	PrKommKassZtg.
Preußisches Archiv, hrsg. v. Weißler (1. 1894—41. 1934; dann: Reichsarchiv)	PreußArch.
Preußisches Pfarrarchiv (1. 1909—22. 1934; dann: Dt. Pfarrarchiv)	PrPfarrArch.
Preußisches Verwaltungsblatt (1. 1879—48. 1926/27; dann: Reichsverwaltungsblatt u. Preuß. Verwaltungsblatt)	PrVwBl.
Preußisches Volksschularchiv (1. 1902—30. 1932; dann: Volksschularchiv f. Reich u. Preußen)	PrVschulArch., **VschulArch.**

Puchelts Zeitschrift
s. Zeitschrift für französisches Zivilrecht
s. auch Juristische Zeitschrift für Elsaß-Lothringen

R

Rabels Zeitschrift s. Zeitschrift für ausländisches und internationales Privatrecht	
Das Recht, begr. v. Soergel (1. 1897—48. 1944; 32. 1928 bis 37. 1933 = Beil. zu: Zentralblatt f. Handelsrecht; ab 39. 1935 = Beil. zu: Dt. Justiz)	Recht
[ab 1935:]	DtJust./Recht
Recht der Arbeit (1. 1948ff.)	**RdA**
Recht der internationalen Wirtschaft (1. 1954ff.)	RdIntWi., **RiW**
Recht der Jugend (1. 1953ff.)	RdJug., **RdJ**
Recht der Landwirtschaft (1. 1949ff.)	RdLw., **RdL**
Das Recht des Kraftfahrers (1. 1926—18. 1943, 19. 1949 bis 25. 1955; 21/22. 1951/52 u. d. T.: Deutsches Autorecht)	**RdK**
Recht des Reichsnährstandes (2. 1934—10. 1942; vorher: Steuer u. Recht d. Landwirts; später: Dt. Agrarrecht)	RdRNährst., **RdRN**
Das Recht im Amt (1. 1954ff.)	**RiA**
Recht und Staat in Geschichte und Gegenwart (1. 1913ff.)	Recht u. Staat
Recht und Wirtschaft (1. 1912—11. 1922)	RuWi.
Rechtsanwalt und Notar (1. 1952ff.)	RA u. Not., **RuN**
Rechtspflegerblatt (1. 1953ff.)	**RpflBl.**
Rechts- und Wirtschaftspraxis [Verlag Forkel, LoseblSlg.] (1947ff.)	**RWP**
Rechtsprechung. (=Beil. zur Dt. Richterztg. (17. 1925—27. 1935, 29. 1951ff.)	**DRiZ Rspr.**
Die Rechtsprechung (= Beil. d. Jurist. Rundschau) (1. 1925—3. 1927; dann: Höchstrichterl. Rechtsprechung)	**JR** [folgt Jg. u. Nr. d. Entscheidung]
Die Rechtsprechung der Oberlandesgerichte auf dem Gebiete des Zivilrechts, hrsg. v. Mugdan u. Falkmann (1. 1900—46. 1928)	**OLGRspr.**
Rechtsprechung des deutschen Reichsgerichts in Strafsachen (1. 1879—10. 1888)	RGRsprSt.
Die Rechtsprechung des Reichsdisziplinarhofs ([1.] 1926 bis [8.] 1937)	RDiszH
Rechtsprechung des Reichsgerichts, soweit sie nicht in der amtlichen Sammlung der Entscheidungen des RG abgedruckt ist, hrsg. v. Warneyer (1. 1908—33. 1941; dann: Slg. d. zivilrechtl. Entscheidungen d. RG) [ErgBd. zu: Jahrb. d. Entscheidungen]	WarnRspr.

Rechtsprechung in Arbeitssachen. Grundsätzl. Entscheidungen d. Reichsarbeitsgerichts, d. Landesarbeitsgerichte u. d. Arbeitsgerichte (1. 1927—5. 1932; dann vereinigt mit: Entscheidungen d. Reichsarbeitsgerichts)	**ArbRspr.**
Rechtsprechung in Aufwertungssachen, hrsg. v. Ring u. Harmening (1. 1926—6. 1931/32)	RsprAufw., **AufwRspr.**
Rechtsprechung in Erbhofsachen, hrsg. v. Vogels u. Hopp [LoseblSlg.] (1934—1943)	ErbHRspr.
Rechtsprechung zum BGB, EGzBGB, CPO, KO, GBO und RFG (ab 7. 1906: zum ges. Zivil-, Handels- u. Prozeßrecht; 19. 1918: Jahrb. d. Rechtsprechung u. Rechtslehre z. ges. Zivil-, Handels- u. Prozeßrecht; 20. 1919: Jahrb. d. Zivilrechts; 33. 1932: Jahrb. d. Zivil-, Handels- u. Prozeßrechts), bearb. v. Soergel (1. 1900/01—42. 1941)	SoergRspr.
Rechtsprechung zum Wiedergutmachungsrecht (= Beil. zur Neuen Jur. Wochenschrift) (1. 1949/50ff.)	**NJW/RzW**
Rechtsvergleichendes Handwörterbuch für das Zivil- und Handelsrecht des In- und Auslandes (Bd. 1—6. 1929—1938, nebst ErgBd. 1 [= 7]. 1931 u. 2 [= 8]. 1937)	RvglHWB
Regers Entscheidungen s. Entscheidungen der Gerichte und Verwaltungsbehörden	
Regierungsblatt	RegBl.
Reich und Länder (1. 1927—11. 1937; dann: Dt. Verwaltung)	Reich u. L
Reichs-Archiv (41. 1934—48. 1941; vorher: Preuß. Archiv)	RArch.
Die Reichsbahn (1. 1925—23. 1949; dann: Die Bundesbahn)	RBahn
Reichsgesundheitsblatt s. oben: Gesetz- u. Amtsblätter. Deutsches Reich	
Die Reichsversicherung. Zs. f. d. ges. Sozialversicherung (1. 1927—13. 1939)	Reichsvers., **RV**
Reichsverwaltungsblatt und Preußisches Verwaltungsblatt (49. 1927/28—54. 1933; vorher: Preuß. Verwaltungsblatt) dann:	**RuPrVBl.**
Reichsverwaltungsblatt (55. 1934—64. 1943; dann: Dt. Verwaltungsblatt)	RVwBl., **RVerwBl.**
Die Restitution (1. 1950/51—5. 1954/55)	Rest.
Rheinisch-Pfälzisches Verwaltungsblatt (1947/48; dann: Die Neue Verwaltung)	RhPfVwBl.
Rheinisch-Westfälisches Anwaltsblatt (1. 1931—3. 1933)	RhWestfAnwBl.

Rheinische Zeitschrift für Zivil- und Prozeßrecht (1. 1909—14. 1925/26)	RheinZ
Rheinisches Archiv s. Archiv für Zivil- und Strafrecht	
Rundbrief des Archivs Deutscher Berufsvormünder, Frankfurt a. M. (9. 1933/34: Berlin) (1. 1925—9. 1933/34) dann:	**RdbfADB**
Rundbrief des Deutschen Jugendarchivs, Berlin (10. 1934/35—12. 1936/37) dann:	**RdbfDJA**
Rundbrief des Deutschen Instituts für Jugendhilfe (13. 1937/38ff.; später: Der Amtsvormund)	**RdbfJugI**
Rundfunkarchiv (11. 1938—17. 1944; vorher: Archiv f. Funkrecht)	RundfArch.
Rundschau. Slg. v. Entscheidungen in Rechts- u. Verwaltungssachen aus d. Bezirke d. OLG Frankfurt a. M. [Untertit. wechselnd.] (1. 1868—47. 1913; dann: Frankf. Rundschau)	FrankfRdsch.
Rundschau für GmbH (1. 1910—35. 1944, 41. 1950ff.) [37. 1946—40. 1949 u. d. T.: Centrale-Rundschreiben]	**GmbH-Rdsch.**
Rundschau für den Lastenausgleich (Ersch. auch als Beil. zu: Dt. Steuer-Rundschau) (1. 1952ff.)	**RLA**

S

Saarländische Rechtszeitschrift (ab 2. 1950: Saarl. Rechts- u. Steuerzeitschrift) (1. 1948/49ff.)	SaarlRuStZ
Sächsisches Archiv für Bürgerliches Recht und Prozeß (ab 14. 1904: f. Dt. Bgl. Recht) (1. 1891—15. 1905) dann:	SächsArch.
Sächsisches Archiv für Rechtspflege (1. 1906—15. 1920, N. F. 1. 1921—3. 1923)	**SächsArch.**
Sächsisches Verwaltungsblatt vom Jahre ... (1932 — 1943)	Sächs**VBl.**
Sammelblatt für Rechtsvorschriften des Bundes und der Länder (bis 6. 1955, 17: f. Gesetze, Verordnungen u. Bekanntmachungen d. Bundes, d. Länder u. d. Besatzungsmächte) (1. 1949/50ff.)	**SaBl.**
Sammlung arbeitsrechtlicher Entscheidungen (1. 1928 bis 6. 1933, N. F. 1. 1948ff.)	SammlgArbE, **SAE**
Sammlung zivilrechtlicher Entscheidungen des Reichsgerichts, hrsg. v. Buchwald (Bd. 1. 1941—2. 1943; vorher: Rechtsprechung d. Reichsgerichts, begr. v. Warneyer)	**WarnRspr.**
Sammlung der deutschen Entscheidungen zum interzonalen Privatrecht. Bd. 1: 1945—1953 (1956)	**IzRspr.1945—1953** [folgt Nr. der Entscheidung]

Sammlung der Entscheidungen und Gutachten des Reichsfinanzhofs (54. 1952: u. d. Obersten Finanzgerichtshofs) (1. 1920—54. 1952) dann:	**RFH**
Sammlung der Entscheidungen und Gutachten des Bundesfinanzhofs (55. 1952ff.)	**BFH**
Sammlung von Entscheidungen des Bayerischen Obersten Landesgerichts in Strafsachen (bis 10. 1899/1901: d. obersten Gerichtshofes für Bayern in Gegenständen d. Strafrechtes u. Strafprozesses) (1. 1872ff., N. F. 1. 1901—24. 1934)	BayObLGSt.
Sammlung von Entscheidungen des Bayer. Obersten Landesgerichts in Z(C)ivilsachen (bis 17. 1900: d. obersten Gerichtshofes für Bayern in Gegenständen d. Civilrechts u. Civilprozesses) (1. 1872ff., N. F. 1. 1901—34. 1934/35)	BayObLGZ
Sammlung von Entscheidungen des (k.) bayerischen Verwaltungsgerichtshofes (1. 1880—63. 1943/44) dann:	BayVGH
Sammlung von Entscheidungen des Bayerischen Verwaltungsgerichtshofs mit Entscheidungen des Bayerischen Verfassungsgerichtshofs, (ab 4. 1951 ferner:) des Bayerischen Dienststrafhofs und des Bayerischen Gerichtshofs für Kompetenzkonflikte (N. F. 1. (=64. d. GesFolge) 1947/48ff.)	
[für Urteile des Verwaltungsgerichtshofs:]	**BayVGH(n. F.)**
[für Urteile des Verfassungsgerichtshofs:]	**BayVfGH(n. F.)**
Sammlung von Entscheidungen des kgl. Oberlandesgerichts München in Gegenständen des Strafrechtes und Strafprozesses (1. 1882—10. 1901)	OLGMünchenSt.
Sammlung von Entscheidungen des Reichsversicherungsamts, der Landesversicherungsämter und der Oberversicherungsämter (Titel mehrfach geändert; ab 31. 1942: zur Reichsversicherung, ab 35/37. 1946/48: aus d. Gebiete d. Sozialversicherung, ab 40. 1951: d. Sozialversicherung u. Versorgung, ab 43. 1954: d. Sozialversicherung, Versorgung u. Arbeitslosenversicherung), hrsg. v. Breithaupt (1. 1912/13ff.)	Breithaupt
Sammlung von Entscheidungen und Gutachten des Kartellgerichts (1. 1924—14. 1938)	KartG
Schaffendes Volk s. oben: Gesetz- u. Amtsblätter. Rheinland-Pfalz	
Schiedsmannszeitung (1. 1926—19. 1945, 20. 1949ff.)	SchiedsmZtg., **SchsZtg.**
Schleswig-Holsteinische Anzeigen (N. F. 1. 1837ff.)	**SchlHA**
Das Schlichtungswesen. (Ab 7. 1925 m. d. Untertit.:) Monatsschrift f. Schlichtung u. Arbeitsrecht (1. 1919—9. 1927; dann: Arbeitsrecht u. Schlichtung)	SchlichtW, **SchlW**

Schmollers Jahrbuch für Gesetzgebung, Verwaltung u. Volkswirtschaft s. Jahrbuch für Gesetzgebung, Verwaltung und Volkswirtschaft . . .	
Die Selbstverwaltung. Organ d. Dt. Landkreistages (1. 1947ff.)	SelbstVw.
Seufferts Archiv für Entscheidungen der obersten Gerichte in den deutschen Staaten (1. 1847—98. 1944)	SeuffArch.
Seufferts Blätter für Rechtsanwendung (bis 71. 1906: Blätter f. Rechtsanwendung, zunächst in Bayern) (1. 1836—78. 1913; dann: Zs. f. Rechtspflege in Bayern)	SeuffBl.
Soergels Jahrbuch s. Jahrbuch des Strafrechts und Strafprozesses	
Soergels Rechtsprechung s. Rechtsprechung zum BGB, EG zu BGB, usw.	
Sonderveröffentlichungen der Deutschen Justiz s. Amtliche Sonderveröffentlichungen . . .	
Soziale Arbeit (1. 1951/52ff.)	**SozArb.**
Soziale Praxis (4. 1895—52. 1943; 1944: Die Dt. Sozialpolitik; anfangs: Sozialpolitisches Centralblatt, ab 1. 1892)	SozPrax.
Soziale Selbstverwaltung (1. 1953ff.)	SozSelbstVw.
Soziale Sicherheit. Zs. f. Sozialpolitik (1. 1952ff.) [nebst:]	**SozSich.**
Kartei der Zeitschrift „Soziale Sicherheit"	SozSichKart.
Sozialer Fortschritt (1. 1952ff.)	SozFort., **SF**
Die Sozialgerichtsbarkeit (1. 1954ff.)	**SGb.**
Sozialrecht. Rechtsprechung u. Schrifttum, bearb. v. d. Richtern d. Bundessozialgerichts [LoseblSlg.](1955ff.)	**SozR**
Die Sozialversicherung. Zs. f. alle Angelegenheiten d. Kranken-, Renten- u. Unfallversicherung (1. 1946ff.)	SozVers.
Sparkasse (1. 1881—63. 1943,3, [67.] 1950ff.; 1947 — 1950 u. d. T.: Sparkassen-Mitteilungen)	Spark.
Der Spediteur (1. 1953ff.)	Spediteur
Speditions- und Schiffahrtszeitung (1. 1893—42. 1934; dann: Tarif-Beobachter)	SpedSchiffZtg.
Die Spruchgerichte (= Beil. zum Zentral-Justizblatt f. d. Brit. Zone) (1. 1947—2. 1948)	Spruchger.
Staat und Recht (1. 1952ff.)	Staat u. R.
Staats- und Kommunal-Verwaltung (1955ff.)	StuKommVw., **SKV**
Staats- und Selbstverwaltung (1. 1919—22. 1941, 23. 1950—27. 1954; dann aufgeg. in: Staats- u. Kommunalverwaltung)	StaatsuSVw., Stusev.

Der Städtetag. (Ab N. F. 1. 1948ff. mit d. Untertit.:) Zs. f. kommunale Praxis u. Wissenschaft (bis 27. 1933; dann vereinigt m.: Der Gemeindetag; N. F. 1. 1948ff.)	StädteT
Das Standesamt (1. 1902—20. 1921; dann: Zs. f. Standesamtswesen)	StandA
Das Standesamt. Zs. f. Standesamtswesen, Personenstandsrecht, Ehe- u. Kindschaftsrecht, Staatsangehörigkeitsrecht (1/2. 1948/49ff.)	StandA, **StAZ**
Der Standesbeamte (1. 1874—46. 1920; dann: Zs. f. Standesamtswesen; [neue Zs.:] 1. 1948—3. 1950; dann: Das Standesamt)	StandBea.
Statistik der Bundesrepublik Deutschland (1. 1950ff.)	StatBRD
Statistik des Deutschen Reichs (1. 1873—63. 1883; N. F. 1. 1884—599. 1944)	StatDReich
Statistische Korrespondenz (bis 60. 1934)	StatKorr.
Stengleins Zeitschrift s. Zeitschrift für Gerichtspraxis und Rechtswissenschaft in Bayern	
Die Steuer (1. 1948—2. 1949)	Steuer
Steuer und Wirtschaft (1. 1922—23. 1944, 24. 1947ff.)	StuWi., **StW**
Steuer- und Wirtschaftsberater (2. 1947—4. 1949; vorher: Der Steuerberater)	StuWiBer.
Steuer- und Zollblatt s. oben: Gesetz- u. Amtsblätter. Britische Zone.	
Steuer- und Zollblatt für Berlin s. oben: Gesetz- u. Amtsblätter. Berlin	
Steuer-Archiv. Zs. f. d. ges. Steuerwesen (vor 24. 1921: f. d. ges. Gebiet d. direkten Steuern) (1. 1898—38. 1935)	StArch.
Der Steuerberater (1. 1931—12. 1944, 13. 1951ff.)	StBerater
Der Steuerberater (1/2. 1946/47; dann: Steuer- u. Wirtschaftsberater)	StBerater
Steuerberater-Jahrbuch (1. 1949ff.)	**StbJb.**
Der Steuerpraktiker (1 (=23.) 1949ff.; vorher: Die Steuerpraxis)	StPrakt.
Die Steuerpraxis (1. 1923—22. 1944; dann: Der Steuerpraktiker)	StPrax.
Steuerrecht in Kurzform [LoseblAusg.] (1. 1946ff.; anfangs: Steuerkurzbriefe)	StRKurzf.
Steuerrechtsprechung in Karteiform. Höchstgerichtl. Entscheidungen in Steuersachen. (Mrozek-Kartei) [LoseblAusg.] (1922—1944, 1951ff.)	**StRK**
Steuer-Warte (1. 1922ff., 23. 1950ff.)	StWarte, **StW**

Der Steuerzahler (1. 1950ff.)	StZahler
Steuer-Zentralarchiv (1. 1949ff.)	StZtrArch.
Die Straße. Amtl. Blatt d. Generalinspektors f. d. dt. Straßenwesen (1. 1934—10. 1943)	Straße
Süddeutsche Juristenzeitung (1. 1946—5. 1950; dann: Juristenzeitung)	**SJZ**

T

Tarif- und Verkehrs-Anzeiger für den Güter- und Tierverkehr der Eisenbahnen des öffentlichen Verkehrs (bis 1945), dann:	**TVA**
Tarif- und Verkehrsanzeiger für den Personen-, Gepäck-, Expreßgut-, Güter- und Tierverkehr der Eisenbahnen des öffentlichen Verkehrs im Gebiet der Bundesrepublik Deutschland (1946: in d. brit. Zone, 1947/49: im amer. u. brit. Besatzungsgebiet) (1946ff.)	**TVA**
Teichmann s. Arbeitsgerichtliche Entscheidungen	
Transpatent. Auslandsdienst f. Patent-, Muster-, Warenzeichen-, Wettbewerbs-Recht u. -Wirtschaft. (1. 1949ff.)	Transpat.

U

Umsatzsteuerkartei, hrsg. v. Bundesminist. d. Finanzen (1. 1951ff.)	UStKart.
Umsatzsteuer-Rundschau (= Beil. zur Finanz Rund. schau) (1. 1952ff.)	**UStR**
Unsere Jugend. Zs. f. Jugendhilfe in Wissenschaft u. Praxis (1. 1949ff.)	UnsJug., **UJ**
Untersuchungen zur Deutschen Staats- und Rechtsgeschichte, hrsg. v. Otto Gierke u. a.(1. 1878—139. 1928)	Gierkes Unters.

V

Der Verbraucher. Konsumgenossenschaftl. Rundschau (1. 1946ff.)	Verbraucher
Verhandlungen des Deutschen Industrie- und Handelstages (1922—1934; vorher: Verhdlg. d. Handeltags in Bln.; später: Verhdlg. d. Arbeitsgemeinschaft d. Ind.- u. Handelskammern ...)	DIHT
Verhandlungen des Deutschen Juristentages (1. 1860ff.)	VerhDJT
Verkehrsrechtliche Abhandlungen und Entscheidungen (1/2. 1936/37—16. 1944)	**VAE**

Verkehrsrechtliche Mitteilungen (1. 1954ff.)	**VerkMitt.**
Verkehrsrechtliche Rundschau (1. 1921/22—23. 1944)	**VerkehrsrR,** [später:] **VR**
Verkehrsrechts-Sammlung (1. 1949ff.)	**VRS**
Verkehrs-Rundschau (1. 1946ff.)	VerkRdsch.
Verkündungsblatt des Reichsnährstandes (1935—1945)	VkblRNährst., **RNVbl.**
Veröffentlichungen der Vereinigung der Deutschen Staatsrechtslehrer (1. 1924ff.)	**VVDStRL**
Veröffentlichungen des Berliner Aufsichtsamtes s. oben: Gesetz- u. Amtsblätter. Berlin	
Veröffentlichungen des Bundesaufsichtsamtes für das Versicherungs- und Bausparwesen (1. 1952ff.)	**VerBAV**
Veröffentlichungen des (Kaiserl. Aufsichtsamtes) Reichsaufsichtsamtes für die Privatversicherung s. oben: Gesetz- u. Amtsblätter. Deutsches Reich	
Veröffentlichungen des Reichsgesundheitsamts s. oben: Gesetz- u. Amtsblätter. Deutsches Reich	
Veröffentlichungen des Zonenamtes des Reichsversicherungsamtes s. oben: Gesetz- u. Amtsblätter. Vereinigtes Wirtschaftsgebiet	
Verordnungs- und Nachrichtenblatt. Amtl. Organ d. Ev. Kirche in Deutschland (1946; dann: Amtsbl. d. Ev. Kirche in Deutschland)	VuNBl. EKD
Verordnungsblatt	VOBl.
Der Verpächter. Zs. f. Land u. Recht (1. 1923—9. 1931)	Verp.
Die Versicherung. Kriegsarbeitsgemeinschaft: Wallmann's Versicherungszeitschrift u. Versicherungsvermittlung. Ausg. A (1943—1944,6; dann: Versicherungswirtschaft)	Vers.
Versicherung und Geldwirtschaft (57. 1925—60. 1928; dann: Die öffentlichrechtl. Versicherung; vorher: Mitteilungen f. d. öffentl. Feuerversicherungsanstalten)	VersuGeldwi.
Der Versicherungs-Außendienst (39. 1934—44. 1939; dann: Wallmann's Versicherungs-Zs.; vorher: Versicherungspost)	VersAußD
Der Versicherungsnehmer. Zs. f. d. Versicherung nehmende Wirtschaft u. d. Straßenverkehr (1. 1949ff.)	VersNehm.
Versicherungs-Post (ab 1922 vereinigt m.: Wallmann's Versicherungs-Zs. u. d. T.: Versicherungs-Post. Wallmann's Versicherungs-Zs. (1. 1896 — 38. 1933; dann: Der Versicherungs-Außendienst)	VersPost, [ab 1922 auch:] WallmannsZ

Die Versicherungs-Praxis. Organ d. Versicherungsnehmer. Zs. f. Versicherungswirtschaft u. Versicherungsrecht, f. Feuerschutz, Feuerlöschwesen u. Unfallverhütung (bis 41. 1943, 42. 1952 ff.; anfangs: Feuerversicherung u. Feuerschutz)	VersPrax., **DVPr.**
Versicherungsrecht. Jur. Rundschau f. d. Individualversicherung (1. 1950 ff.)	**VersR**
Versicherungswirtschaft. Kriegsgemeinschaftzeitschrift von: Dt. Versicherung u. Die Versicherung, Ausg. A (1944)	VersWi.
Versicherungswirtschaft. Halbmonatsschrift d. dt. Individualversicherung (1. 1946 ff.)	VersWi., **VW**
Versicherungswissenschaft und Versicherungspraxis (ab 3. 1949: Versicherungswissenschaft, Versicherungspraxis, Versicherungsmedizin) (1. 1947—4. 1950; dann: Dt. Versicherungszeitschrift f. Sozialvers. u. Privatvers.)	VersWiss.
Verwaltungsarchiv (1. 1893—47. 1942, 48. 1957 ff.)	VwArch., **VerwArch.**
Die Verwaltungspraxis (1. 1927 ff., 16. 1950 ff.) [Es gab noch weitere Zs. dieses Titels]	VwPr.
Verwaltungsrechtsprechung in Deutschland. Sammlg. oberstrichterl. Entscheidungen aus d. Verfassungs- u. Verwaltungsrecht (1. 1948 ff.)	VwRspr., **VerwRspr.**
Vierteljahreshefte zur Statistik des Deutschen Reichs (1. 1892—52. 1943)	StatDReich Vjh.
Vierteljahresschrift für gerichtliche Medizin und öffentliches Sanitätswesen (N. F. 26. 1877—3. Folge 62. 1921; vorher: Zs. f. gerichtl. u. öff. Medicin)	VjschrGerMed.
Volksschularchiv für Reich und Preußen (31. 1933/34 bis 33. 1935; fortg. als: Dt. Schul-Verwaltungs-Archiv)	**VschulArch.**
Volkstümliche Zeitschrift für praktische Arbeiterversicherung (7. 1901—26. 1920; vorher: Mitteilungen d. Verbandes d. Verwaltungsbeamten d. Ortskrankenkassen u. Berufsgenossenschaften Deutschlands, seit 1900) dann:	VolkstZ
Volkstümliche Zeitschrift für die gesamte Sozialversicherung (27. 1921—50. 1944,10)	VolkstZ, **VZ**
Der Volkswirt (3. 1949 ff.; vorher: Wirtschafts- u. Finanz-Ztg.)	VolksW
Volkswohlfahrt s. oben: Gesetz- u. Amtsblätter. Preußen.	

W

Wallmann's Versicherungs-Zeitschrift (8. 1874—56. 1922; dann: Versicherungs-Post. Wallmann's Versicherungs-Zs.; vorher: Preuß. Versicherungs-Zs. ab 2. 1868)	WallmannsZ

Wallmann's Versicherungs-Zeitschrift (74. 1940—77. 1943, 3; dann m. Versicherungsvermittlung zsgel. zu: Die Versicherung Ausg. A; vorher: Versicherungs-Außendienst)	WallmannsZ
Warenzeichenblatt (1894—1944; ab 1950 neuerscheinend u. geteilt in Teil I und II, ab 1952 noch Teil III) [ab 1. 1955ff. erscheint auch in d. DDR ein Blatt dieses Titels]	WZBl.
Warneyers Jahrbuch s. Jahrbuch der Entscheidungen zum bürgerlichen Gesetzbuch	
Warneyers Rechtsprechung s. Rechtsprechung des Reichsgerichts	
Wege zur Sozialversicherung (5. 1951ff.; vorher: Mitteilungsbl. f. d. Sozialversicherung)	WzSozVers., **WzS**
Welt der Arbeit (1. 1950ff.)	Welt d. Arb.
Das Wertpapier (1. 1953ff.)	Wertpap.
Wertpapier-Mitteilungen [Bestehen aus T. I—IV] (1. 1947 ff.)	WertpMitt., **WM**
Westdeutsche Arbeitsrechtsprechung (1. 1948ff.)	WestdArbRspr., **WA**
Westeuropäisches Kraftfahrzeug-Recht, hrsg. v. Werner Wussow (1. 1955ff.)	WesteurKfzR
Der Wettbewerb. Mitteilungen d. Zentrale zur Bekämpfung unlauteren Wettbewerbs (1949—1955; dann Beil. zu: Wettbewerb in Recht u. Praxis)	Wettbew.
Wettbewerb in Recht und Praxis (1. 1955ff.)	WettbRuPr., **WRP**
Wirtschaft und Recht der Versicherung (= Beih. zu: Mitt. f. d. öff. Feuerversicherungs-Anstalten u. den u. a. T. erschienenen Nachfolgern) (1912—1939)	WiuRdVers.
Wirtschaft und Statistik (1. 1921—24. 1944, N. F. 1. 1949ff.)	WiuStat.
Wirtschaft und Wettbewerb (1/2. 1951/52ff.)	**WuW**
Der Wirtschaftsprüfer (1. 1932—2. 1933; dann: Der Wirtschaftstreuhänder; 1. 1948—7. 1954 wieder unter d. alten Titel) dann vereinigt mit:	WiPrüfer
Die Wirtschaftsprüfung (1. 1948ff.)	WiPrüfg., **WPg.**
Wirtschaftsrechtliche Informationsblätter (1. 1945ff.)	WiRechtlInfBl.
Wirtschafts-Spiegel (1. 1946—3. 1948)	WiSpieg.
Der Wirtschaftstreuhänder. Zs. f. Dt. Prüfungs- u. Treuhandwesen (3. 1934—14. 1945; vorher u. später: Der Wirtschaftsprüfer)	WiTrh., **WT**
Der Wirtschaftstreuhänder (1. 1952ff.)	WiTrh.
Wirtschaftsverwaltung (1/2. 1948/49)	WiVw.

Wirtschaftswerbung (1. 1934—9. 1943; ab 1941 vereinigt m.: Archiv f. Wettbewerbsrecht)	WiWerbg., **WW**
Wochenschrift für Aktienrecht und Bankwesen, Steuer- und Stempelfragen, hrsg. v. Holdheim (1. 1892—3. 1894; dann: Monatsschrift für ...)	HoldhWschr.
Wohnungswirtschaftliche Informationen. Mitteilungen f. d. gemeinnützige Wohnungswirtschaft (1949ff.)	WohnWiInf.
Württembergische Verwaltungs-Zeitschrift (bis 37 ⟨= N. F. 4.⟩ 1941)	WürttVwZ
Württembergische Zeitschrift für Rechtspflege und Verwaltung (ab 25. 1932: f. Verwaltung u. Verwaltungsrechtspflege) (1. 1907—31. 1938)	WürttRpflZ, [ab 1932:] **WüVR**
Württembergische Zeitschrift für Verwaltung und Verwaltungsrechtspflege (25. 1932—31. 1938; vorher: ... f. Rechtspflege u. Verwaltung)	WürttZfVw., **WüVR**
Wussow. Informationen zum Versicherungs- u. Haftpflichtrecht (1953ff.)	WussowI, **WI**
WWI-Mitteilungen. Wirtschaftswissenschaftliches Institut der Gewerkschaften (6. 1953ff.; vorher: Mitteilungen d. wirtschaftswissenschaftl. Inst. d. Gewerkschaften)	WWI-Mitt.

Z

Zeitschrift	Zs., [in Zusammensetzungen:] Z
Zeitschrift der Akademie für Deutsches Recht (1. 1934 bis 11. 1944)	**ZAkDR**
Zeitschrift der Anwaltskammer Hamm (1912—1930; dann: Rhein.-Westf. Anwaltsblatt)	HammAK
Zeitschrift der Anwaltskammer im Oberlandesgerichtsbezirk Breslau (1. 1888ff.; nach 1933 aufgegangen in: Kammerzeitung f. d. Bezirke d. OLGerichte Breslau, Dresden u. Naumburg/Saale)	BreslauAK
Zeitschrift der Anwaltskammer im Oberlandesgerichtsbezirk Frankfurt/M. (1. 1927/28—6. 1933)	FrankfAK
Zeitschrift der Savigny-Stiftung für Rechtsgeschichte, Germanistische Abteilung (1. 1880ff.)	**ZRG Germ. Abt.**
Zeitschrift der Savigny-Stiftung für Rechtsgeschichte, Kanonistische Abteilung (32.[=1.] 1911ff.)	**ZRG Kan. Abt.**
Zeitschrift der Savigny-Stifung für Rechtsgeschichte, Romanistische Abteilung (1. 1880ff.)	**ZRG Rom. Abt.**
Zeitschrift des Bayerischen Statistischen Büros (ab 41. 1909: Landesamts) (1. 1869—75. 1943, 80. 1948ff.)	ZBayStatB, [ab 1909:] ZBayStatLA

Zeitschrift des Bundes Deutscher Justizamtmänner (31. 1920–42. 1931; dann: Der Dt. Rechtspfleger; vorher: Zs. f. dt. Justizsekretäre)	ZDJustAmtm., **DJAmtm.**
Zeitschrift des Deutschen Notarvereins (1. 1901–33. 1933; dann: Dt. Notar-Zs.)	ZDNotV, **DNotV**
Zeitschrift des Internationalen Eisenbahnverbandes (1. 1924–15. 1939)	ZIntEisenbV
Zeitschrift des Preußischen Statistischen Büros (ab 45. 1905: Landesamts) (1. 1861–72. 1934)	ZPrStatB, [ab 1905:] ZPrStatLA
Zeitschrift des Rheinpreußischen Amtsrichtervereins (4. 1886–31. 1913; vorher: Mitteilungen aus d. gerichtl. Praxis, ab 1883)	RheinARV
Zeitschrift des Sächsischen Statistischen Büros (ab 51. 1905: Landesamts) (1. 1855–89. 1943)	ZSächsStatB, [ab 1905:] ZSächsStatLA
Zeitschrift des Verbandes Preußischer Justizsekretäre (1910–1920) dann:	ZPrJustSekr.
Zeitschrift des Verbandes Preußischer Justizamtmänner (31. 1920ff.)	ZPrJustAmtm.
Zeitschrift für Agrar- und Wasserrecht (1. 1921/22–29. 1944)	ZAgruWR
Zeitschrift für Aktiengesellschaften und Der Handelsgesellschafter, hrsg. v. Bauer (5. 1897–10. 1902; vorher: Der Handelsgesellschafter) dann:	BauersZ
Zeitschrift für Aktiengesellschaften und für Gesellschaften mbH, hrsg. v. Bauer (11. 1903–34. 1926/27; vorher: Zs. f. Aktiengesellschaften u. Der Handelsgesellschafter)	BauersZ
Zeitschrift für Aktienwesen s. Zeitschrift für das gesamte Aktienwesen	
Zeitschrift für ausländisches und internationales Privatrecht, begr. v. Rabel (1. 1927ff.)	ZAuslIRP, **RabelsZ**
Zeitschrift für ausländisches öffentliches Recht und Völkerrecht, begr. v. Bruns (1. 1929–12. 1944, 13. 1950/51ff.)	ZAuslÖffR, **ZaöRV**
Zeitschrift für Badische Verwaltung und Verwaltungsrechtspflege (1. 1859–73. 1941)	ZBadVw., **BadVerwZ**
Zeitschrift für Beamtenrecht (ab 7. 1935/36: f. Beamten- u. Behördenangestelltenrecht) (1. 1929–12. 1943)	**ZBR**
Zeitschrift für Beamtenrecht (1. 1953ff.)	**ZBR**
Zeitschrift für Beamtenrecht und Beamtenpolitik (1. 1950–4. 1953)	**ZBP**
Zeitschrift für Bergrecht (1. 1860ff.)	ZBergr., **ZfB**

Zeitschrift für Betriebswirtschaft (1. 1924ff.)	ZBetrWi., **ZfB**
Zeitschrift für Binnenschiffahrt (1. 1894ff.; anfangs: Mittheilungen d. Central-Vereins)	ZBinnSch.
Zeitschrift für deutsche Justizsekretäre (21. 1910–31. 1920; dann: Zs. d. Bundes Dt. Justizamtmänner; vorher: Zs. f. d. dt. Gerichtssekretariat)	ZDJustSekr.
Zeitschrift für evangelisches Kirchenrecht (1. 1951ff.)	ZEvKR, **ZevKR**
Zeitschrift für französisches Zivilrecht (ab 31. 1900: Zeitschrift für deutsches bürgerliches Recht und französisches Zivilrecht), begr. v. Puchelt (1. 1870–38. 1907)	PucheltsZ
Zeitschrift für Gerichtspraxis und Rechtswissenschaft in Bayern (ab N.F.1. [= 11.] 1872: in Deutschland), begr. v. Stenglein (1. 1862 – N. F. 7. [= 11.] 1879) [Erschien ab 1872 mit Beil., d. den ursprüngl. Titel fortführte]	StengleinsZ
Zeitschrift für Gerichtsvollzieher (1. 1887–7. 1893; dann: Zs. ü. Vollstreckungsrecht u. Zustellungswesen)	ZGVollz.
Zeitschrift für geschichtliche Rechtswissenschaft (1. 1815–15. 1850)	ZGeschRWiss.
Zeitschrift für Gesellschaftswesen (Gesellschaftsarchiv). Zs. f. Aktienwesen. GmbH-Zs. (34/35. 1924/25; dann aufgeg. in: Zentralblatt f. Handelsrecht; vorher: Zs. f. Aktienwesen)	ZGesWes.
Zeitschrift für Handelswissenschaft und Handelspraxis (1. 1908/09–22. 1929; dann: Die Betriebswirtschaft)	ZHdlWiss.
Zeitschrift für handelswissenschaftliche Forschung (1. 1906–37. 1943, N. F. 1. 1949ff.)	ZHdlwF
Zeitschrift für Heimatwesen (bis 47. 1942; dann: Öff. Fürsorge)	ZHeimW
Zeitschrift für Kirchenrecht s. Deutsche Zeitschrift für Kirchenrecht	
Zeitschrift für Industrierecht (1. 1906–16. 1922)	ZIndR
Zeitschrift für internationales Privat- und Strafrecht (ab 12. 1903: f. intern. Privat- u. Öffentl. Recht; ab 20. 1910: f. internat. Recht; ab 25. 1915: Niemeyers Zs. . . .), begr. v. Böhm, hrsg. ab 11. 1901 allein v. Niemeyer (1. 1891–52. 1938)	BöhmsZ, [ab 1901:] NiemeyersZ
Zeitschrift für Luftrecht (N. F. 1. 1952ff.; vorher: Arch. f. Luftrecht)	ZLuftR, **ZLR**
Zeitschrift für Miete, Wohnungs- und Grundstücksrecht (1. 1923–5. 1927)	ZMietuWR
Zeitschrift für Miet- und Raumrecht (5. 1952ff.; vorher: Handbuch d. ges. Mietrechts u. d. Raumrechts)	**ZMR**

Zeitschrift für öffentliches Recht (1. 1919/20—23. 1943)	ZÖffR
Zeitschrift für osteuropäisches Recht (1. 1925—3. 1927) Forts.:	ZOsteurR, **ZOR**
Zeitschrift für Ostrecht (1. 1927—8. 1934)	ZOstr.
Zeitschrift für Politik (1. 1908—35. 1945, N. F. 1. 1954 ff.)	**ZPolit.**
Zeitschrift für Praxis und Gesetzgebung der Verwaltung, zunächst für das Königreich Sachsen, hrsg. v. Fischer (1. 1880—20. 1899; dann: Fischer's Zs. f. Praxis u. Gesetzgebung d. Verwaltung)	FischersZ
Zeitschrift für Rechtsgeschichte (1. 1861—13. 1878)	ZRechtsG
Zeitschrift für Rechtspflege im Herzogtum Braunschweig (1. 1854—65. 1918; dann: Braunschw. Zs. f. Rechtspflege)	**BraunschwZ**
Zeitschrift für Rechtspflege in Bayern (1. 1905—30. 1934; vorher: Seufferts Blätter f. Rechtsanwendung)	ZRpflBay., **BayZ**
Zeitschrift für Selbstverwaltung (1. 1918—16. 1933)	ZSelbstVw.
Zeitschrift für Sozialreform (1. 1955 ff.)	ZSozRef., **ZSR**
Zeitschrift für Standesamtswesen (1. 1921—24. 1944, N. F. 1. 1948; dann: Das Standesamt)	**StAZ**
Zeitschrift für vergleichende Rechtswissenschaft (1. 1878—55. 1942, 56. 1953 ff.)	ZVglRWiss.
Zeitschrift für Verkehrssicherheit (1. 1952 ff.)	ZVerkSich., **ZVS**
Zeitschrift für Verkehrswissenschaft (1. 1923—19. 1943/44, 20. 1948/49 ff.)	ZVerkWiss.
Zeitschrift für Versicherungswesen, hrsg. v. Neumann (1. 1879—47. 1924; dann: Neumanns Zs. f. Versicherungswesen)	NeumannsZ
Zeitschrift für Versicherungswesen (1. 1950 ff.)	ZVersWes., **ZfV**
Zeitschrift für Verwaltung und Rechtspflege in (bis 1918: im Großherzogtum) Oldenburg (1. 1874—65. 1939)	OldZ
Zeitschrift für Völkerrecht (bis 6. 1912: u. Bundesstaatsrecht) (1. 1907—26. 1942)	ZVölkR
Zeitschrift für Volkswirtschaft, Sozialpolitik und Verwaltung (ab N. F. 1. 1921: f. Volkswirtschaft u. Sozialpolitik) (1. 1892— N. F. 5. 1925; dann: Zs. f. Nationalökonomie)	ZVolksw.
Zeitschrift für Wehrrecht (1. 1936/37—9. 1944)	ZWehrr.
Zeitschrift für Wohnungswesen	ZWohnWes.
Zeitschrift für (bis 62. 1942: dt. Zivilprozeß), begr. v. Busch (1. 1879—63. 1943, 64. 1950/51 ff.)	**ZZP**
Zeitschrift für Zölle und Verbrauchsteuern (1. 1921 ff.)	**ZfZ**

Zeitschrift für Zollwesen und Reichssteuern (1. 1901—21. 1921)	ZZollW
Zeitschrift für das Berg-, Hütten- und Salinenwesen im Preuß. Staate (1. 1854—92. 1944)	ZBergHüttSal.
Zeitschrift für das Fürsorgewesen (1. [= 19.] 1949ff.; gleichzeitig Forts. d. Hannoverschen Wohlfahrtswoche)	ZFürsW, **ZfF**
Zeitschrift für das gesamte Aktienwesen (ab 32. 1922: Zs. f. Aktienwesen) (1. 1891—33. 1923; dann Zs. f. Gesellschaftswesen)	ZAktW
Zeitschrift für das gesamte Arztrecht (1/2. 1951/52)	ZArztr.
Zeitschrift für das gesamte Genossenschaftswesen (1. 1951ff.)	ZGesGenW, **ZgGenW**
Zeitschrift für das gesamte Handelsrecht (ab 60. 1907:) und Konkursrecht, begr. v. Goldschmidt (1. 1858—110. 1944, 111. 1946/48ff.)	**ZfdgHR**
Zeitschrift für das gesamte Kreditwesen (1. 1948ff.)	ZGesKredW
Zeitschrift für das gesamte Luftrecht (1. 1926—2. 1928/29; dann: Archiv f. Luftrecht)	ZLuftr., **ZLR**
Zeitschrift für das gesamte Siedlungswesen (Neugr. 1952 durch Zusammenlegg. v.: Arch. f. innere Kolonisation u. Siedlg. u. Wirtschaft, 1952—1955; dann: Innere Kolonisation)	ZfSiedlW
Zeitschrift für das Notariat, hrsg. v. d. Verein f. d. Notariate in Rheinpreußen (1. 1856—78. 1933)	**RheinNotZ**
Zeitschrift für das Notariat, für die freiwillige Gerichtsbarkeit und das Grundbuchwesen in Bayern (bis 13. 1912: für d. Notariat u. f. d. freiw. Rechtspflege d. Gerichte in Bayern) (N. F. 1. (= 37.) 1900—23. (= 59.) 1922; dann: Mitt. d. Bay. Notarvereins)	**BayNotZ**
Zeitschrift für das Privat- und öffentliche Recht der Gegenwart, begr. v. Grünhut (1. 1874—42. 1916)	GrünhutsZ
Zeitschrift für den deutschen Zivilprozeß, begr. v. Busch s. Zeitschrift für Zivilprozeß	
Zeitschrift für den internationalen Eisenbahntransport. Bulletin des transports internationaux par chemins de fer (1. 1893—35. 1927; dann: Zs. f. d. intern. Eisenbahnbeförderung) später:	ZIntEisenb.
Zeitschrift für den internationalen Eisenbahnverkehr. Bulletin des transports internationaux par chemins de fer (47. 1939ff.)	ZIntEisenb.
Zeitschrift für den Lastenausgleich (1. 1953ff.)	**ZLA**

Zeitschrift für den Preußischen Gerichtsvollzieherverband (18. 1904; fortges. in: Dt. Gerichtsvollzieher-Ztg.; vorher: Zs. ü. Vollstreckungs-, Zustellungs- u. Kostenwesen)	ZPreußGVollz.
Zeitschrift für die freiwillige Gerichtsbarkeit und die Gemeindeverwaltung in Württemberg (ab 64. 1922:) und Jahrbücher der Württembergischen Rechtspflege (4. 1862—81. 1939; anfangs: Monatsschrift f. d. willkührl. Gerichtsbarkeit u. d. Notariat in Württemberg, ab 1. 1859)	**WürttZ**
[Nebst Spruchbeilage:]	**WürttZSprBeil.**
Zeitschrift für die gesamte Staatswissenschaft (1. 1844—104. 1944, 105. 1948/49ff.)	ZStaatsw.
Zeitschrift für die gesamte Strafrechtswissenschaft (1. 1881—62. 1944, 63. 1950ff.)	ZStrW
Zeitschrift für die gesamte Versicherungswissenschaft (1. 1901—43. 1943)	ZVersWiss.
Zeitschrift für die internationale Eisenbahnbeförderung. Bulletin des tranports internationaux par chemins de fer (36. 1928—46. 1938; dann: Zs. f. d. intern. Eisenbahnverkehr; vorher: Zs. f. d. intern. Eisenbahntransport)	ZIntEisenb.
Zeitschrift über Vollstreckungsrecht und Zustellungswesen (ab 14. 1900: f. Vollstreckungs-, Zustellungs- u. Kostenwesen) (8. 1894—17. 1903; dann: Zs. f. d. Preuß. Gerichtsvollzieherverband; vorher: Zs. f. Gerichtsvollzieher)	ZVollstrR
Zeitung	Ztg., [nicht: Z]
Zeitung der Anwaltskammer im Oberlandesgerichtsbezirk Naumburg a. S. (1880—1928; dann: Naumburger Kammer-Ztg.)	NaumbKZtg.
Zeitung des Vereins deutscher (ab 75. 1935: mitteleuropäischer) Eisenbahnverwaltungen (1. 1862—84. 1944)	ZVDEisenbVw., [ab 1935]: ZVM-EisenbVw.
Zentralblatt	Zbl.
Zentralblatt der Abgaben-, Gewerbe- und Handels-Gesetzgebung (ab 1882: d. Abgaben-, etc. Gesetzgebung u. Verwaltung) in den Kgl. Preußischen Staaten (1839—1911)	ZblAbgVw.
Zentralblatt (anfangs: Centralblatt) der Bauverwaltung (1. 1881—64. 1944)	ZblBauVw.
Zentralblatt für Arbeitswissenschaft und soziale Betriebspraxis (1. 1947ff.)	ZblArbWiss.
Zentralblatt der Reichsversicherung s. Zentralblatt für Reichsversicherung	

Zentralblatt (anfangs: Centralblatt) für freiwillige Gerichtsbarkeit und Notariat (ab 12. 1911/12: f. freiw. Gerichtsbarkeit, Notariat u. Zwangsversteigerung) (1. 1900/01—22. 1921/22)	ZblFG, **ZBlFG**
Zentralblatt für Handelsrecht (1. 1926—8. 1933; fortg. in: Hans. Rechts- u. Gerichtszeitschrift)	ZblHR, **ZBH**
Zentralblatt für Jugendrecht und Jugendwohlfahrt (16. 1924/25—28. 1936; dann: Dt. Jugendhilfe; wieder unter d. alten Titel ab 37. 1950; vor 16. 1924/25: Zentralbl. f. Vormundschaftswesen usw.)	**ZblJugR**
Zentralblatt für (anfangs: der) Reichsversicherung (1. 1905—39. 1929; dann: Zentralbl. f. Reichsversicherung u. Reichsversorgung)	ZblRVers.
Zentralblatt für Reichsversicherung und Reichsversorgung (1. 1930—15. 1944)	ZblRVers.
Zentralblatt für Sozialversicherung (ab 5. 1951:) und Versorgung (1. 1947ff.)	ZblSozVers., **ZfS**
Zentralblatt für Verkehrs-Medizin, Verkehrs-Psychologie und angrenzende Gebiete (1. 1955ff.)	**ZblVerkMed.**
Zentralblatt für Vormundschaftswesen, Jugendgerichte und Fürsorgeerziehung (1. 1908—15. 1923/24; dann Zentralbl. f. Jugendrecht u. Jugendwohlfahrt)	ZblVorm.
Zentralblatt (anfangs: Centralblatt) für die gesamte Unterrichts-Verwaltung in Preußen (1. 1859—75. 1933)	ZblUntVw.
Ziviler Luftschutz (1952ff.; 1931—1945 u. d. T.: Gasschutz u. Luftschutz)	ZivLuftsch.
Die Zollpraxis (1. 1950ff.; vorher: Der Grenzbeamte)	Zollpr.

5. Abkürzungen der Gesetze, Verordnungen und Rechtsvorschriften

A

Abgabenordnung s. Reichsabgabenordnung	
Abgabenverordnung (Bayern) v. 27. 11. 1956 (GVBl. S. 289)	AbgVO
Ablösung öffentlicher Anleihen Gesetz ü. d. ~ v. 16. 7. 1925 (RGBl. I S. 137)	AnlAblösG
Abmarkungsgesetz (Bayern) v. 30. 6. 1900 (GVBl. S. 553)	AbmarkgsG

Abordnungsbestimmungen Bestimmungen über Vergütung bei vorübergehender auswärtiger Beschäftigung d. Beamten v. 11. 9. 1942 (RBesBl. S. 184), i. d. F. v. 26. 5. 1950 (MinBlFin. 1951 S. 11)	AbordgB
Abrundungsverordnung v. 31. 10. 1923 (RGBl. I S. 1049)	AbrVO
Abwertungsgewinne Gesetz v. 23. 12. 1936 (RGBl. I S. 1126)	AbwertGewG
Abzahlungsgesetz v. 16. 5. 1894 (RGBl. S. 450)	AbzG
Änderungs- und Anpassungsgesetz (Nordrhein-Westfalen) v. 15. 12. 1952 (GVBl. S. 423)	ÄAG
Ärzte	
Bestallungsordnung f. ~ v. 15. 9. 1953 (BGBl. I S. 1334), 26. 1. 1955 (BGBl. I S. 36)	BestO f. Ärzte
Bayerisches ~gesetz v. 25. 5. 1946 (GVBl. S. 193)	BayÄrzteG
Ärztliches Niederlassungswesen Gesetz zur Regelung d. ~s (Bayern) v. 23. 12. 1948 (GVBl. 1949 S. 2)	ÄNLG
Agrarreformgesetz Baden. ~ v. 27. 2. 1948 (GVBl. S. 165) Schleswig-Holstein. Ges. z. Einleitung d. Agrarreform v. 12. 3. 1948 (GVBl. S. 81)	AgrarRefG
Ahndungsgesetz — Gesetz z. Ahndung nationalsoz. Straftaten Bayern. Ges. Nr. 22 v. 31. 5. 1946 (GVBl. S. 182) Bremen. Vom 27. 6. 1947 (GBl. S. 83) Hessen. Vom 29. 5. 1946 (GVBl. S. 136) Württemberg-Baden. Ges. Nr. 28 v. 31. 5. 1946 (RegBl. S. 171)	AhndG
Akademische Grade Gesetz ü. d. Führung akademischer Grade v. 7. 6. 1939 (RGBl. I S. 985)	AkadGFG
Aktenordnung Reich. Vom 28. 11. 1934 (SonderveröffDtJustiz Nr. 6)	AktO
Bayern. I. d. Bek. v. 26. 11. 1956 (JMBl. S. 265)	**AktO**
Aktenordnung Bundesgerichtshof Anweisung für die Verwaltung des Schriftguts in Rechtssachen bei den Geschäftsstellen d. Bundesgerichtshofes u. d. Bundesanwaltschaft beim Bundesgerichtshof (~) v. 22. 12. 1955	**AktOBGH**
Aktiengesetz v. 30. 1. 1937 (RGBl. I S. 107)	AktG
Allgemeine Bedingungen für die Versorgung mit elektrischer Arbeit aus d. Niederspannungsnetz d. Elektrizitätsversorgungsunternehmens	AVBElektr.

Allgemeine Deutsche Seeversicherungsbedingungen v. 1919	ADS
Allgemeine Deutsche Spediteurbedingungen i. d. F. v. Nov. 1939 (RAnz. 1940 Nr. 4)	**ADSp.**
Allgemeine Dienstordnung	**ADO**
f. nichtbeamtete Gefolgschaftsmitglieder [Arbeitnehmer] bei öffentl. Verwaltungen u. Betrieben v. 30. 4. 1938 (RGBl. I S. 461, 476, 491)	
f. Angestellte im öffentlichen Dienst v. 10. 5. 1938 (RGBl. I. S. 512, 513)	
Bayern. ~ f. d. Staatsbehörden v. 22. 12. 1953 (GVBl. 1954 S. 1)	**ADOSt.**
Allgemeine Gerichtsordnung (Preußen) v. 6. 7. 1793	(Pr)AGO
Allgemeine Tarifordnung s. Tarifordnung	
Allgemeine Versicherungsbedingungen	AVB
Allgemeine Zollordnung v. 21. 3. 1939 (RMBl. S. 313)	**AZO**
Allgemeines Landrecht für die preußischen Staaten, gültig ab 1. 6. 1794	(Pr)ALR
Einleitung zum Allg. Landrecht	EinlALR
Altbanken-Bilanz-Gesetz (Berlin) v. 10. 12. 1953 (GVBl. S. 1488)	**ABilG**
Altbankengesetz (Berlin) v. 10. 12. 1953 (GVBl. S. 1483)	**AltbG**
Altrentnergesetz v. 18. 7. 1921 (RGBl. S. 953)	ARG
Altsparergesetz v. 14. 7. 1953 (BGBl. I S. 495)	**ASpG**
Durchführungsverordnungen	
1. DV v. 6. 11. 1953 (BGBl. I S. 1512)	**1. ASpG-DV**
2. DV v. 9. 7. 1954 (BGBl. I S. 190)	**2. ASpG-DV**
3. DV v. 24. 10. 1955 (BGBl. I S. 690)	**3. ASpG-DV**
1. RechtsVO d. Präs. d. Bundesausgleichsamtes zur Durchf. d. Altsparergesetzes v. 8. 11. 1954 (BGBl. I S. 358)	**1. BAA-ASpG-DV**
2. RechtsVO v. 3.12.1956 (BAnz. Nr. 248; MtblBAA S. 540)	**2. BAA-AspG-DV.**
Amateurfunkgesetz v. 14. 3. 1949 (WiBGl. S. 20)	AmateurFG
Amtskassenordnung d. Reichsfinanzverwaltung v. 12. 3. 1938 (RFBl. S. 67)	**AKO**

Amtsordnung	AmtsO
Nordrhein-Westfalen. Vom 10. 3. 1953 (GVBl. S. 218)	
Preußen. Zuletzt i. d. F. v. 13. 7. 1935 (MBliV S. 893)	
Rheinland-Pfalz. ~ f. d. RegBez. Koblenz u. Trier (= Teil B d. Selbstverwaltungsgesetzes) i. d. F. v. 5. 10. 1954 (GVBl. S. 131)	
Schleswig-Holstein. Vom 17. 6. 1952 (GVBl. S. 95)	
Anfechtungsgesetz	AnfG
v. 21. 7. 1879 (RGBl. S. 277), i. d. F. d. Bek. v. 20. 5. 1898 (RGBl. S. 709)	
Angestellten-Tarifvertrag, Preußischer	**PAT**
v. 30. 6. 1924 (PrBesBl. Sondernr. v. 19. 7. 1924)	
Angestelltenversicherungsgesetz	AngVG
i. d. F. v. 28. 5. 1924 (RGBl. I S. 563)	
Anleiheablösungsgesetz	AnlAblG
v. 16. 7. 1925 (RGBl. I S. 137)	
Anleihestockgesetz	AnlStockG
v. 4. 12. 1934 (RGBl. I S. 1222)	
Anliegerbeiträge	AnlBeitrG
Gesetz ü. d. Zahlung u. Sicherung von ~n v. 30. 9. 1936 (RGBl. I S. 854)	
Annahme an Kindes Statt	
Gesetz z. Erleichterung d. ~ v. 8. 8. 1950 (BGBl. S. 356)	AdoptEG
Gesetz ü. d. Vermittlung d. ~ v. 29. 3. 1951 (BGBl. I S. 214)	AdoptVG
Anstellungsgrundsätze	AGr.
Grundsätze f. d. Anstellung der Inhaber eines Versorgungsscheins i. d. F. v. 16. 7. 1930 (RGBl. I S. 234)	
Apotheken	
Kgl. VO wegen Anlegung neuer ~ (Preußen) v. 24. 10. 1811 (GS S. 359)	ApothAnlegungsVO
Gesetz ü. d. Verpachtung und Verwaltung öffentl. ~ v. 13. 12. 1935 (RGBl. I S. 1445)	ApothG
~gesetz (Bayern) v. 16. 6. 1952 (GVBl. S. 181)	BayApothG
Gesetz ü. d. vorläufige Regelung neuer ~ v. 13. 1. 1953 (BGBl. I S. 9), 4. 7. 1953 (BGBl. I S. 469)	ApothStoppG
~betriebsordnung (Bayern) v. 17. 9. 1955 (GVBl. S. 195)	(Bay)ApothBetrO
Apotheker	BestO f. Apoth.
Bestallungsordnung f. ~ v. 8. 10. 1937 (RGBl. I S. 1118)	
Arbeitsgerichtsgesetz	
Reich. ~ v. 23. 12. 1926 (RGBl. I S. 507)	AGG 1926
Besatzungszeit. Deutsches ~ (KRG Nr. 21) v. 30. 3. 1946 (ABlKR S. 124)	AGG 1946
Bundesrepublik. ~ v. 3. 9. 1953 (BGBl. I S. 1267)	AGG

Arbeitslosenfürsorgeunterstützung Gesetz ü. d. Bemessung und Höhe d. ~ v. 29. 3. 1951 (BGBl. I S. 221)	AlfüG
Arbeitsplatzwechsel VO ü. d. Beschränkung d. ~ s v. 1. 9. 1939 (RGBl. I S. 1685)	ArblPlWechsVO
Arbeitsrecht VO z. Abänderung u. Ergänzung von Vorschriften auf d. Gebiete d. ~s v. 1. 9. 1939 (RGBl. I S. 1683)	ArbRÄndVO
Arbeitsschutzgesetz f. Jugendliche (Niedersachsen) v. 9. 12. 1948 (GVBl. S. 179)	JArbSchG
Arbeitsstreitigkeiten Gesetz ü. d. Ausgleichs- u. Schiedsverfahren in ~ (=Kontrollratsgesetz Nr. 35) v. 20. 8. 1946 (ABlKR Nr. 10 S. 174)	ArbAusglG
Arbeitsvermittlung Gesetz ü. ~ u. Arbeitslosenversicherung v. 16. 7. 1927 (RGBl. I S. 187), i. d. F. d. Bek. v. 12. 10. 1929 (RGBl. I S. 162)	AVAVG
Gesetz ü. ~, Berufsberatung u. Lehrstellenvermittlung v. 5. 11. 1935 (RGBl. I S. 1281)	ArbVermG
Arbeitsverwaltungsordnung Vorläufige ~ f. d. Vollzugsanstalten d. Reichsjustizverwaltung v. 14. 3. 1936	**AVO**
~ f. d. kleineren Justizvollzugsanstalten v. 14. 3.1942	**KlAVO**
Arbeitszeit VO ü. d. ~ in Krankenpflegeanstalten v. 13. 2. 1924 (RGBl. I S. 66)	AZVO f. KrkPflAnst.
Gesetz ü. d. ~ in Bäckereien u. Konditoreien v. 29. 6. 1936 (RGBl. I S. 521)	BäckAZG
VO ü. d. ~ der Bundesbeamten v. 15. 6. 1954 (BGBl. I S. 149)	AZVO d. BdBea.
~ordnung v. 30. 4. 1938 (RGBl. I S. 447)	AZO
Architektengesetz Baden-Württemberg. ~ v. 5. 12. 1955 (GBl. S. 265) Bayern. ~ v. 23. 1. 1954 (GVBl. S. 29) Rheinland-Pfalz. Landesges. ü. d. Errichtung einer Architektenkammer v. 6. 7. 1950 (GVBl. S. 235)	ArchitG
Armenanwaltsgebührengesetz v. 20. 12. 1928 (RGBl. I S. 411)	ArmAnwG
Armenrecht Gesetz ü. d. Erstattung von Gebühren für im ~ beigeordnete Vertreter in Patent- und Gebrauchsmustersachen v. 18. 7. 1953 (BGBl. I S. 654)	PatArmAnwG
Arrondierungsgesetz (Bayern) v. 11. 8. 1954 (GVBl. S. 169)	**ArrG**

Asylverordnung v. 6. 1. 1953 (BGBl. I S. 3)	AsylVO
Aufbaugesetz Badisches ~ v. 25. 11. 1949 (GVBl. 1950 S. 29) Hamburg. Ges. ü. d. Aufbau d. Hansestadt Hamburg v. 11. 4. 1949 (GVBl. S. 45) Hessen. ~ v. 25. 10. 1948 (GVBl. S. 139) Niedersachsen. ~ i. d. F. v. 17. 5. 1955 (GVBl. S. 195) Nordrhein-Westfalen. ~ v. 29. 4. 1950 (GVBl. S. 78), i. d. F. v. 29. 4. 1952 (GVBl. S. 75) Rheinland-Pfalz. ~ v. 1. 8. 1949 (GVBl. S. 317) Schleswig-Holstein. ~ v. 21. 5. 1949 (GVBl. S. 93) Württemberg-Baden. ~ v. 18. 8. 1948 (RegBl. S. 127)	AufbG
Auflassungen [1.] VO ü. ~, landesrechtl. Gebühren u. Mündelsicherheit v. 11. 5. 1934 (RGBl. I S. 378) 2. VO ü. ~ v. 9. 1. 1940 (RGBl. I S. 46)	AuflVO
Aufsichtsrat VO z. Durchf. d. Steuerabzugs von ~svergütungen i. d. F. v. 26. 8. 1955 (BGBl. I S. 534)	**AufsStDV**
Aufwertung	
Aufwertungsgesetz v. 16. 7. 1925 (RGBl. I S. 117)	AufwG
Aufwertungsfälligkeitsgesetz v. 18. 7. 1930 (RGBl. I S. 300)	AufwFällG
Ausfuhrförderung	
Gesetz ü. steuerl. Maßnahmen z. Förderung d. Ausfuhr v. 18. 9. 1953 (BGBl. I S. 1379)	AusfFördG
DurchfVO v. 31. 12. 1954 (BGBl. 1955 I S. 7)	**AusfFördDV 1954**
Ausgleichsteuerordnung v. 23. 3. 1939 (RGBl. I S. 615), i. d. F. v. 8. 10. 1952 (BGBl. I S. 671)	**AStO**
Ausgrabungen VO, d. ~ u. Funde von prähistorischen oder historisch merkwürdigen Gegenständen betr. (Bayern) v. 6. 9. 1908 (GVBl. S. 762)	AusgrVO
Auskunftspflichtverordnung v. 13. 7. 1923 (RGBl. I S. 723)	AuskPflVO
Ausländerpolizeiverordnung v. 22. 8. 1938 (RGBl. I S. 1053)	AuslPVO
Auslandsbonds s. Bereinigungsgesetz	
Auslieferungsgesetz Deutsches ~ v. 23. 12. 1929 (RGBl. I S. 239), 12. 9. 1933 (RGBl. I S. 618)	DAG

Außenwerbung Gesetz ü. verunstaltende ∼ (Bayern) v. 2. 3. 1954 (GVBl. S. 41)	AußWerbG
Auswanderung Gesetz über das ∼swesen v. 9. 6. 1897 (RGBl. S. 463)	AuswG
Autobahn s. Reichsautobahn u. Bundesautobahnen	
Automaten Ges. ü. d. Verkauf von Waren aus ∼ v. 6. 7. 1934 (RGBl. I S. 585)	AutomatG

B

Banken s. Kreditinstitute	
Bankwesen Gesetz ü. d. Neuordnung d. öffentl. Bank- u. Sparkassenwesens v. 8. 5. 1953 (Hessen) (GVBl. S. 99)	BankG
Bau- und Betriebsordnung f. Anschlußbahnen im Lande Baden-Württemberg, VO v. 21. 1. 1956 (GBl. S. 51)	**BOA**
Bauaufsichtsgesetz (Hessen) v. 6. 3. 1954 (GVBl. S. 21)	BauaufsG
Bauforderungen Gesetz ü. d. Sicherung der ∼ v. 1. 6. 1909 (RGBl. S. 449)	BauFdgG
Baugelände Ges. ü. d. Erschließung der ∼ v. 4. 7. 1923 (Bayern) (GVBl. S. 273)	BaugelErschlG
Baugestaltung VO ü. ∼ v. 10. 11. 1936 (RGBl. I S. 938)	BaugestaltVO
Baulandbeschaffungsgesetz v. 3. 8. 1953 (BGBl. I S. 720)	BaulBeschG
Baulandgesetz Württemberg-Baden. Vom 24. 9. 1948 (RegBl. S. 157) Wüttemberg-Hohenzollern. Vom 28. 11. 1949 (RegBl. 1950 S. 1)	BaulG
Baulenkungsgesetz (Schleswig-Holstein) v. 4. 2. 1948 (GVBl. S. 44)	BaulenkG
Bau- u. Betriebsordnung ∼ f. Eisenbahnen s. Eisenbahn-Bau- u. Betriebsordnung ∼ f. Straßenbahnen s. Straßenbahn-Bau- u. Betriebsordnung	

Bauordnung — BauO
Bayern. Vom 17. 2. 1901 (GVBl. S. 87)
Hessen (-Darmstadt). Allgemeine ~ v. 30. 4. 1881 (RegBl. S. 71)
Württemberg. Vom 28. 7. 1910 (RegBl. S. 333)

Baupolizei
VO ü. d. baupolizeiliche Behandlung von öffentlichen Bauten v. 20. 11. 1938 (RGBl. I S. 1677) — BaupolVO
Gesetz ü. baupolizeiliche Zuständigkeiten (Preußen) v. 15. 12. 1933 (GS S. 491) — BaupolZustG

Bauregelung — BauregVO
VO ü. d. Regelung d. Bebauung v. 15. 2. 1936 (RGBl. I S. 104)

Bauwesen — OBWG
Gesetz Nr. 112 ü. d. behördliche Organisation des ~s u. d. Wohnungswesens (Bayern) v. 9. 4. 1948 (GVBl. S. 56)

Bayerische Landesanstalt für Aufbaufinanzierung — LfAFG
Gesetz ü. d. ~ i. d. F. v. 20. 2. 1952 (GVBl. S. 79)

Bayerische Landesbodenkreditanstalt — LBKAG
Gesetz ü. d. ~ v. 19. 4. 1949 (GVBl. S. 85)

Beamte
Gesetz zur Regelung der Rechtsverhältnisse der unter Art. 131 des Grundgesetzes fallenden Personen v. 11. 5. 1951 (BGBl. I S. 307), i. d. F. v. 1. 9. 1953 (BGBl. I S. 1288) — G 131*)
Landesgesetze
Bayern. I. d. F. v. 8. 11. 1954 (GVBl. S. 294)
Berlin. Vom 13. 12. 1951 (GVBl. S. 1149)
Niedersachsen. Vom 17. 3. 1955 (GVBl. S. 149)
Rheinland-Pfalz. Vom 31. 5. 1952 (GVBl. S. 91)
Württemberg-Hohenzollern. Vom 5. 2. 1952 (RegBl. S. 5)
VO über die Vorbildung und die Laufbahn der deutschen ~n v. 28. 2. 1939 (RGBl. I S. 371), i. d. F. v. 24. 1. 1951 (BGBl. I S. 87, 90) — BVorbVO
VO ü. d. Nebentätigkeit der ~n v. 6. 7. 1937 (RGBl. I S. 753), i. d. Bundesfassung v. 24. 1. 1951 (BGBl. I S. 87, 94) — NebTätVO

Beamtendienststrafordnung (Preußen) — PrBDStO
v. 27. 1. 1932 (GS S. 59), 18. 8. 1934 (GS S. 35

Beamtenernennung — BErnVO
VO ü. d. Ernennung u. Beförderung d. Beamten während d. Krieges v. 23. 9. 1942 (RGBl. I S. 563)

*) Empfohlen durch RdSchr. d. BMI (GMBl. 1955 S. 162).

Beamtengesetz s. a. Landesbeamtengesetz	
Deutsches ~ v. 26. 1. 1937 (RGBl. I S. 39)	**DBG**
DurchfVO f. Kommunalbeamte v. 2. 7. 1937 (RGBl. I S. 729)	DBG-KomBDV
Bayerisches ~ v. 28. 10. 1946 (GVBl. S. 349)	**BayBG**
Hessen. Ges. ü. d. Rechtstellung d. Beamten u. Angestellten im öffentl. Dienste des Landes i. d. F. v. 11. 11. 1954 (GVBl. S. 239)	(Hess)BG, **HBG**
Schleswig-Holstein. ~ f. d. Land ... v. 19. 3. 1956 (GVBl. S. 268)	(SchlH)**LBG**
Württemberg-Baden. Vom 19. 11. 1946 (RegBl. S. 249)	(WürttBad)BG
Württemberg-Hohenzollern. Vom 8. 4. 1949 (RegBl. S. 169)	(WürttHhz)BG
Beamtenrecht s. a. Maßnahmen auf dem Gebiet d. Beamtenrechts s. a. Änderungs- und Anpassungsgesetz	
Beamtenrechtsänderungsgesetz v. 30. 6. 1933 (RGBl. I S. 433), i. d. F. v. 24. 1. 1951 (BGBl. I S. 87, 97)	BRÄndG
Beförderungsbedingungen	
Allgemeine ~ f. d. gewerbl. Güternahverkehr mit Kraftfahrzeugen. In Kraft seit d. 1. 1. 1956	**AGNB**
~ f. Möbeltransporte v. 23. 6. 1955 (BAnz. Nr. 121)	BefBed.f.MöbTransp.
Beförderungsteuergesetz v. 13. 6. 1955 (BGBl. I S. 366)	**BefStG 1955**
DurchfVO v. 8. 10. 1955 (BStBl. I S. 630)	**BefStDV 1955**
Befreiungsgesetz	BefrG
Amerik. Zone. Gesetz z. Befreiung v. Nationalsozialismus u. Militarismus v. 5. 3. 1946 Bayern. (GVBl. S. 145) Bremen. Vom 9. 5. 1947 (GBl. S. 67) Hessen. (GVBl. S. 57) Württemberg-Baden. Ges. Nr. 104 (RegBl. S. 71)	
Einziehungsverordnung (Bayern) v. 23. 11. 1948 (GVBl. S. 268)	EinziehgsVO
Beihilfengrundsätze	**BGr.**
Reich. Erl. v. 25. 6. 1942 (RBesBl. S. 157)	
Berlin. ~ f. d. Verwaltung u. d. Betriebe d. Landes .. v. 13. 7. 1953 (ABl. S. 825)	
Beitreibungsordnung v. 23. 6. 1923 (RMBl. S. 595)	**BeitrO**
Bekanntmachungen Gesetz ü. ~ v. 17. 5. 1950 (BGBl. S. 183)	BekG
Berechnungsverordnung v. 20. 11. 1950 (BGBl. S. 753)	BerechnVO

Bereinigungsgesetz für deutsche Auslandsbonds v. 25. 8. 1952 (BGBl. I S. 553)	**AuslWBG**
Bereitschaftspolizei	BerPolG
Gesetz ü. d. ~ (Bayern) v. 31. 5. 1951 (GVBl. S. 85)	
Berggesetz	(Bay)BergG
Bayern. ~ v. 13. 8. 1910 (GVBl. S. 815)	
Hessen. Allg. ~ v. 1. 4. 1953 (GVBl. S. 61, 162)	(Hess)ABG
Preußen. Allg. ~ v. 24. 6. 1865 (GS S. 705)	(Pr)ABG
Berner Übereinkommen	
Intern. Übereinkommen ü. d. Eisenbahnfrachtverkehr v. 23. 11. 1933 (RGBl. 1935 II S. 523; 1938 II S. 101)	**IÜG**
Intern. Übereinkommen ü. d. Eisenbahn-Personen- u. Gepäckverkehr v. 23. 11. 1933 (RGBl. 1935 II S. 523, 599; RGBl. 1938 II S. 101)	**IÜP**
Berner Übereinkunft zum Schutze von Werken d. Literatur u. Kunst v. 9. 9. 1886 (RGBl. 1887 S. 493)	BernÜ
Revidierte Übereinkunft	RevBernÜ
v. 13. 11. 1908 (RGBl. 1910 S. 965)	
2. Revision [Romfassung] v. 2. 6. 1928 (RGBl. 1933 II S. 890)	
3. Revision [Brüsseler Fassung] v. 26. 6. 1948 [gilt nicht f. Deutschland]	
Berufsbeamtentum	
Gesetz z. Wiederherstellung des ~s v. 7. 4. 1933 (RGBl. I S. 175)	BerufsBG
Berufskrankheiten	
VO ü. d. Ausdehnung d. Unfallversicherung auf ~	BKVO
3. VO v. 16. 12. 1936 (RGBl. I S. 1117)	
4. VO v. 29. 1. 1943 (RGBl. I S. 85)	
5. VO v. 26. 7. 1952 (BGBl. I S. 395)	
Berufsschulgesetz	BerSchG
Bayern. Vom 25. 3. 1953 (GVBl. S. 35)	BSchG
Rheinland-Pfalz. Vom 3. 3. 1952 (GVBl. S. 57)	
Schleswig-Holstein. Vom 28. 2. 1950 (GVBl. S. 87)	
Besatzungsrecht	AufhG
1. u. 2. Gesetz z. Aufhebung d. ~ s v. 30. 5. 1956 (BGBl. I S. 437, 446)	
Besatzungsschäden	
Gesetz ü. d. Abgeltung v. ~ v. 1. 12. 1955 (BGBl. I S. 734)	BesAbgeltgG
Beschwerdeordnung für die Angehörigen der Wehrmacht	**BO**
v. 8. 4. 1936 (HDv. 3/10, MDv. 15/19, LDv. 3/10)	
Besoldung	
d. Gewerbe- u. Handelslehrer (Preußen)	
s. Gewerbe- u. Handelslehrer	

Besoldungsangleichungsverordnung (Bayern) 2. VO v. 7. 8. 1933 (GVBl. S. 211)	**2. BayBAV**
Besoldungsgesetz	
Reich. ~ v. 16. 12. 1927 (RGBl. I S. 349)	RBesG
Bundes ~	**BBesG**
Bayerisches ~ v. 23. 2. 1955 (GVBl. S. 41)	**BayBesG**
Berlin. ~ v. 2. 12. 1952 (GVBl. S. 1039)	(Bln)BesG
Bremisches ~ v. 8. 5. 1956 (GBl. S. 43)	
Hamburgisches ~ v. 6. 7. 1954 (GVBl. 1955 S. 41)	(Hamb)BesG, **HBesG**
Niedersachsen. ~ i. d. F. v. 22. 3. 1955 (GVBl. S. 113)	**NdsBesG**
Nordrhein-Westfalen. ~ v. 9. 6. 1954 (GVBl. S. 162)	(NRW)BesG
Preußisches ~ v. 17. 12. 1927 (GS S. 223)	(Pr)BesG
Besoldungsmaßnahmen s. Maßnahmen auf dem Gebiet des Beamtenrechts	
Besoldungsordnung [Reichsbesoldungsordnung] = Anl. z. Besoldungsgesetz v. 16. 12. 1927 (RGBl. I S. 349) [Besoldungsordnung A = aufsteigende Gehälter; Besoldungsordnung B = feste Gehälter]	RBesO
Besoldungsordnung Preußen. I. d. F. v. 4. 3. 1936 (GS S. 31) Schleswig-Holstein. I. d. F. d. Bek. v. 11. 8. 1956 (GVBl. S. 137)	BesO
Besoldungsrechtsänderung [1.] Gesetz z. Änderung u. Ergänzung d. Besoldungsrechts v. 6. 12. 1951 (BGBl. I S. 939) 2. Gesetz v. 20. 8. 1952 (BGBl. I S. 582) 3. Gesetz v. 27. 3. 1953 (BGBl. I S. 81) [Ähnliche Gesetze auch in den Ländern.]	BesÄG
Besoldungssperrgesetz v. 21. 12. 1920 (RGBl. S. 2117)	BesSperrG
Besoldungsvorschriften	BV
Reich. Vom 16. 12. 1927 (RBesBl. 1928 S. 33)	RBV, **BV**
Bayern. Vom 23. 2. 1955 (GVBl. S. 54)	
Hamburg. Vom 6. 7. 1954 (GVBl. 1955 S. 70)	
Niedersachsen. Vom 3. 9. 1956 (GVBl. S. 156)	**BV**
Nordrhein-Westfalen. Vom 19. 1. 1956 (GVBl. S. 81)	
Preußische ~. Vom 19. 5. 1928 (PrBesBl. S. 155)	**PBV**
Besondere Dienstordnung zur ATO u. TO A f. d. Geschäftsbereiche d. Reichs- u. Preuß. Min. d. Innern v. 14. 11. 1938 (MBliV S. 1887, 1889); d. Reichsfinanzverw. v. 7. 5. 1938 (RFBl. S. 541), 17. 4. 1942 (RFBl. S. 153); d. Reichsjustizverwaltung v. 17. 6. 1938 (DtJust. S. 964); Preuß. Min. d. Finanzen v. 14. 5. 1938 (PrBesBl. S. 213), d. Reichs- u. Preuß. Min. f. Ernährung und Landwirtschaft v. 7. 1. 1939 (LwRMBl. S. 119)	BesDO

Bestallungsordnung f. Ärzte s. Ärzte f. Apotheker s. Apotheker	
Betäubungsmittel s. a. Opiumgesetz VO ü. d. Verschreiben ~ enthaltender Arzneien u. ihre Abgabe in d. Apotheken v. 19. 12. 1930 (RGBl. I S. 635)	BetäubMVO
Betriebsrätegesetz	
Gesetz v. 4. 2. 1920 (RGBl. S. 147)	BetrRG 1920
Kontrollratsgesetz Nr. 22 v. 10. 4. 1946 (ABlKR Nr. 6 S. 133)	BetrRG
Betriebsratswahlordnung v. 18. 3. 1953 (BGBl. I S. 58)	BetrRWahlO
Betriebsverfassungsgesetz v. 11. 10. 1952 (BGBl. I S. 681)	BetrVG
Bewährungshelfer, Gesetz ü. d. Berlin. Vom 13. 5. 1954 (GVBl. S. 285) Berlin. ~ f. Jugendliche und Heranwachsende v. 25. 11. 1954 (GVBl. S. 652) Nordrhein-Westfalen. Vom 17. 5. 1955 (GVBl. S. 107) Schleswig-Holstein. Vom 7. 1. 1956 (GVBl. S. 4)	BewHelferG
Bewertung s. a. Reichsbewertungsgesetz Richtlinien z. ~ nichtnotierter Aktien und Anteile an Kapitalgesellschaften v. 14. 2. 1955 (BStBl. I S. 97)	**AntBewR 1953**
Bewirtschaftungsnotgesetz v. 30. 10. 1947 (WiGBl. 1948 S. 3)	BewNotG
Bezirksordnung f. d. Freistaat Bayern v. 27. 7. 1953 (GVBl. S. 107)	BezO
Bezirkswahlgesetz (Bayern) v. 11. 8. 1954 (GVBl. S. 211)	BezWahlG
Biersteuer	
~gesetz i. d. F. v. 14. 3. 1952 (BGBl. I S. 149)	BierStG
Durchführungsbestimmungen v. 14. 3. 1952 (BGBl. I S. 153)	**BierStDB**
Binnenschiffahrt	
Gesetz betr. d. privatrechtl. Verhältnisse der ~ [Binnenschiffahrtsgesetz] v. 15. 6. 1895 (RGBl. S. 301), i. d. F. v. 15. 6. 1898 (RGBl. S. 868)	BinnSchG
VO ü. Befähigungszeugnisse in d. ~ v. 15. 6. 1956 (BGBl. II S. 722)	**BSchPatentVO**
Binnenschiffahrtspolizeiverordnung Deutsche ~ v. 12. 4. 1939 (RGBl. II S. 655)	BinnSchPolVO
Binnenschiffahrtssachen Gesetz über das gerichtliche Verfahren in Binnenschiffahrts- und Rheinschiffahrtssachen v. 27. 9. 1952 (BGBl. I S. 641)	BinnSchuRhSchVerfG

Binnenschiffahrtstraßen-Ordnung v. 19. 12. 1954 (BGBl. II S. 1135)	BinnSchSO
Binnenschiffsverkehr Gesetz ü. d. gewerblichen ~ v. 1. 10. 1953 (BGBl. I S. 1453)	GewBinnSchVerkG
Blutschutzgesetz v. 15. 9. 1935 (RGBl. I S. 1146)	BlutSchG
Bodenreform Gesetz z. Beschaffung v. Siedlungsland u. z. ~ Bayern. Ges. Nr. 48 v. 18. 9. 1946 (GVBl. S. 326) Hessen. Ges. v. 15. 10. 1946 (GVBl. S. 218) Württemberg-Baden. Ges. Nr. 65 v. 30. 10. 1946 (RegBl. S. 263)	BodRefG, **GSB**
Bodenreform-Entschädigung Ges. ü. d. Entschädigung f. Übereignung oder Enteignung von Grundeigentum nach d. Gesetz z. Beschaffung v. Siedlungsland u. z. Bodenreform (Amerik. Zone) Bayern. Ges. v. 9. 7. 1949 (GVBl. S. 182) Hessen. Ges. v. 4. 7. 1949 (GVBl. S. 87) Württemberg-Baden. Ges. Nr. 948 v. 5. 7. 1949 (RegBl. S. 167)	BodRefEntschG
Bodenreformgesetz Nordrhein-Westfalen v. 16. 5. 1949 (GVBl. S. 84) Rheinland-Pfalz v. 16. 10. 1948 (GVBl. S. 385) Württemberg-Hohenzollern v. 6. 8. 1948 (GVBl. S. 151)	BodRefG
Bodenreformsachen (Nordrhein-Westfalen) Ges. ü. d. gerichtliche Verfahren in ~ v. 12. 1. 1954 (GVBl. S. 37)	BodRefVerfG NRW
Bodenschätzungsgesetz v. 16. 10. 1934 (RGBl. I S. 1050)	**BodSchätzG**
Börsengesetz v. 27. 5. 1908 (RGBl. S. 215)	BörsG
Brandschutzgesetz Hessen. Vom 19. 5. 1951 (GVBl. S. 30) Rheinland-Pfalz. Vom 11. 5. 1949 (GVBl. S. 161)	BrandschG
Branntweinmonopolgesetz v. 8. 4. 1922 (RGBl. I S. 405)	BranntwMonG
Branntwein-Verwertungsordnung (= Anl. 2 z. Gesetz ü. d. Branntweinmonopol, ZBlDR 1922 S. 809)	BranntwVwO, **VwO**
Brotgesetz i. d. F. v. 9. 6. 1931 (RGBl. I S. 335)	BrotG

Buchführung Verwaltungsordnung ü. d. ~ d. staatlichen Wirtschaftsbetriebe mit Bruttohaushalt (Bayern) v. 12. 3. 1956 (GVBl. S. 58)	**VBW**
Buchführungsordnung für Strafen u. Kosten f. d. Hauptzollämter v. 20. 3. 1935 (RZBl. S. 159)	**StraKO**
Buchführungs- und Rechnungslegungsordnung für das Vermögen des Bundes (Entwurf) v. 16. 3. 1953 (MinBlFin. S. 166)	**VBRO**
Bürgerliches Gesetzbuch	BGB
Einführungsgesetz	EGBGB
Ausführungsgesetze	AGBGB
Baden. I. d. F. v. 13. 10. 1925 (GVBl. S. 281)	(Bad)AGBGB
Bayerisches Ausführungsgesetz v. 9. 6. 1899 (GVBl. Beil. zu Nr. 28 S. 1)	(Bay)AGBGB
Preußisches Ausführungsgesetz v. 20. 9. 1899 (GS S. 177)	(Pr)AGBGB
Württembergisches Ausführungsgesetz v. 29. 12. 1931 (RegBl. S. 545)	(Württ)**AGBGB**
Bürgersteuergesetz v. 16. 10. 1934 (RGBl. I S. 985), i. d. F. v. 20. 11. 1937 (RGBl. I S. 1261)	**BStG**
Bundesaufsichtsamt für das Versicherungs- u. Bausparwesen Gesetz ü. d. Errichtung v. 31. 7. 1951 (BGBl. I S. 480)	BAG
Bundesautobahnen Gesetz ü. d. vermögensrechtlichen Verhältnisse d. ~ u. sonstigen Bundesstraßen d. Fernverkehrs v. 2. 3. 1951 (BGBl. I S. 157)	BAutobG
Bundesbahngesetz v. 13. 12. 1951 (BGBl. I S. 955)	BbG*), BBahnG
Bundesbeamtengesetz v. 14. 7. 1953 (BGBl. I S. 551)	BBG
Bundesbesoldungsgesetz	**BBesG**
Bundesdienststrafgerichte Gesetz ü. d. Errichtung von ~n v. 12. 11. 1951 (BGBl. I S. 883)	BDStGG
Bundesdisziplinarordnung v. 28. 11. 1952 (BGBl. I S. 761)	**BDO**
Bundesentschädigungsgesetz Bundesergänzungsgesetz z. Entschädigung f. Opfer d. nationalsoz. Verfolgung v. 18. 9. 1953 (BGBl. I S. 1387), 24. 11. 1954 (BGBl. I S. 356)	BErgG, **BEG 1953**

*) Empfohlen durch BMV (BBahn 1954) S. 1259

Bundesgesetz z. Entschädigung f. Opfer d. nationalsoz. Verfolgung (Bundesentschädigungsgesetz) i. d. F. v. 29. 6. 1956 (BGBl. I S. 559, 562)	**BEG**
Durchführungsverordnungen z. Bundesergänzungsgesetz 1. DV v. 17. 9. 1954 (BGBl. I S. 271) 2. DV v. 24. 12. 1954 (BGBl. I S. 510) 3. DV v. 6. 4. 1955 (BGBl. I S. 157)	DV-BErgG, **DV-BEG**
Durchführungsverordnungen z. Bundesentschädigungsgesetz 1. u. 2. DV v. 23. 11. 1956 (BGBl. I S. 865, 870)	**DV-BEG**
Zuständigkeits- u. Verfahrensordnung zum Bundesergänzungsgesetz zur Entschädigung f. Opfer der nationalsoz. Verfolgung Baden-Württemberg. Vom 16. 11. 1953 (GVBl. S. 194) Berlin. Vom 12. 11. 1954 (GVBl. S. 628) Bremen. Vom 20. 10. 1953 (GBl. S. 111)	ZVO-BErgG, **ZVO-BEG**
Hessen. Vom 1. 10. 1953 (GVBl. S. 160) Rheinland-Pfalz. Vom 29. 9. 1953 (GVBl. S. 99)	**HZVO**
Zuständigkeits- u. Verfahrensordnung zum Bundesentschädigungsgesetz f. Opfer d. nationalsozialistischen Verfolgung Bremen. Vom 4. 12. 1956 (GBl. S. 153) Niedersachsen. Vom 23. 7. 1956 (GVBl. S. 98) Nordrhein-Westfalen. Vom 6. 11. 1956 (GVBl. S. 331) Rheinland-Pfalz. Vom 3. 10. 1956 (GVBl. S. 117)	**ZVO-BEG**
Änderungsgesetze zum Bundesergänzungsgesetz 1. Gesetz v. 24. 11. 1954 (BGBl. I S. 356) 2. Gesetz v. 16. 8. 1955 (BGBl. I S. 506) 3. Gesetz v. 29. 6. 1956 (BGBl. I S. 559)	ÄndG-BErgG
Organisationsverordnung (Bayern) VO ü. d. Organisation u. Zuständigkeit d. Entschädigungsorgane u. über d. Verwaltungsverfahren vor den Entschädigungsbehörden v. 28. 12. 1953 (GVBl. S. 207)	**OVO-BEG**
Bundesevakuiertengesetz v. 14. 7. 1953 (BGBl. I S. 586)	BEvakG
Bundesfernstraßen Allg. Verwaltungsvorschrift f. d. Auftragsverwaltung d. ~ 1. AV v. 3. 7. 1951 (BAnz. Nr. 132) 2. AV v. 11. 2. 1956 (BAnz. Beil. zu Nr. 38)	**AVVFStr.**
Bundesfernstraßengesetz v. 6. 8. 1953 (BGBl. I S. 903)	**FStrG**
Bundesfinanzhof Gesetz über den ~ v. 29. 6. 1950 (BGBl. S. 257)	BFHG

Bundesgerichtshof s. a. Aktenordnung Geschäftsordnung d. ~s v. 3. 3. 1952 (BAnz. Nr. 83; SaBl. S. 537)	BGH-GeschO
Bundesgesundheitsamt Gesetz ü. d. Errichtung eines ~es v. 27. 2. 1952 (BGBl. I S. 121)	BGAG
Bundesgrenzschutz Gesetz ü. d. ~ und d. Einrichtung von ~behörden v. 16. 3. 1951 (BGBl. I S. 201)	BGrenzSchG
Bundesjagdgesetz v. 29. 11. 1952 (BGBl. I S. 780)	BJagdG
Bundeskriminalamt Gesetz ü. d. Errichtung eines Bundeskriminalpolizeiamtes (~es) v. 8. 3. 1951 (BGBl. I S. 165)	BKAG
Bundeslaufbahnverordnung v. 31. 7. 1956 (BGBl. I S. 712)	**BLV**
VO z. vorl. Regelung d. Laufbahnwesens im Bundesdienst v. 30. 11. 1953 (BGBl. I S. 1543)	vorlBLV
Bundesleistungsgesetz v. 19. 10. 1956 (BGBl. I S. 815)	BLG
Bundes-Manteltarif f. Arbeiter gemeindlicher Verwaltungen u. Betriebe v. 22. 5. 1953	BMT-G
1. Bundesmietengesetz v. 27. 7. 1955 (BGBl. I S. 458)	1. BMG
Bundesministergesetz v. 17. 6. 1953 (BGBl. I S. 407)	BMinG
Bundespersonalausschuß VO ü. d. ~ v. 15. 6. 1950 (BGBl. S. 216)	BPersAVO
Bundespersonalgesetz Ges. z. vorläufigen Regelung d. Rechtsverhältnisse der im Dienst d. Bundes stehenden Personen v. 17. 5. 1950 (BGBl. S. 207)	BPersG
Bundespost Gesetz ü. d. vermögensrechtlichen Verhältnisse d. Deutschen ~ v. 21. 5. 1953 (BGBl. I S. 225)	DBP-VermG
Bundesrat Geschäftsordnung i. d. F. d. Bek. v. 31. 7. 1953 (BGBl. II S. 527)	BRGeschO
Bundesrechnungshof Gesetz ü. Errichtung und Aufgaben des ~es v. 27. 11. 1950 (BGBl. S. 765)	BRHG
Bundestag Geschäftsordnung v. 28. 1. 1952 (BGBl. II S. 389)	BTGeschO

Bundestagswahl Wahlgesetz zum Bundestag 1. Wahlperiode v. 15. 6. 1949 (BGBl. S. 21) 2. Wahlperiode v. 8. 7. 1953 (BGBl. I S. 470)	BTWahlG
Bundestarif für das Versorgungswesen	
Ärztlicher ~. Erl. d. BMA v. 23. 7. 1951 (BABl. S. 360 = BVBl. S. 74)	**BVT**
Zahnärztlicher ~. Erl. d. BMA v. 13.10.1953 (BVBl. S. 188, 174)	**ZBT**
Bundesumsiedlungsgesetz v. 22. 5. 1951 (BGBl. I. S. 350), i. d. F. v. 23. 9. 1952 (BGBl. I S. 637)	BUmsiedlG
Bundesverfassungsgerichtsgesetz v. 12. 3. 1951 (BGBl. I S. 243)	BVerfGG
Bundesversicherungsamtsgesetz v. 9. 5. 1956 (BGBl. I S. 415)	**BVAG**
Bundesversorgungsgesetz v. 20. 12. 1950 (BGBl. S. 291), i. d. F. d. Bek. v. 6. 6. 1956 (BGBl. I S. 469)	BVersG
Bundesvertriebenengesetz v. 19. 5. 1953 (BGBl. I S. 201)	**BVFG**
Bundesverwaltungsgerichtsgesetz v. 23. 9. 1952 (BGBl. I S. 625)	BVerwGG
Bundeswahlgesetz v. 7. 5. 1956 (BGBl. I S. 383)	BWahlG
Bundeswahlordnung v. 15. 7. 1953 (BGBl. I S. 514)	BWahlO
Bundeswasserstraßen Gesetz ü. d. vermögensrechtlichen Verhältnisse d. ~ v. 21. 5. 1951 (BGBl. I S. 352)	BWassStrG

D

Denkmäler VO ü. d. Errichtung v. Denkmälern (Bayern) v. 27. 3. 1919 (GVBl. S. 119)	DenkmVO
Depotgesetz v. 4. 2. 1937 (RGBl. I S. 171)	DepG
Deutsche Bundesbahn s. a. Bundesbahngesetz	
Gesetz ü. d. vermögensrechtlichen Verhältnisse d. ~ v. 2. 3. 1951 (BGBl. I S. 155)	DB-VermG
Deutsche Gemeindeordnung s. Gemeindeordnung	
Deutsche Seeversicherungsbedingungen s. Allgemeine Deutsche Seeversicherungsbedingungen	

Deutsche Spediteurbedingungen s. Allgemeine Deutsche Spediteurbedingungen	
Deutsches Auslieferungsgesetz s. Auslieferungsgesetz	
Deutsches Beamtengesetz s. Beamtengesetz	
Deutsches Obergericht Amerik. Proklamation Nr. 8, BrMRVO Nr. 127 betr. Errichtung eines ∼s f. d. Vereinigte Wirtschaftsgebiet v. 9. 2. 1948 (WiGBl. Nr. 4, Beil. 2 S. 8; VOBl. BrZ S. 55)	OGVO
Devisenbewirtschaftung (Berlin) VO Nr. 500 d. AllKdtr. ü. ∼ u. Kontrolle d. Güterverkehrs v. 15. 7. 1950 (VOBl. I S. 304)	DevBewVO
Devisengesetz i. d. F. d. Bek. v. 12. 12. 1938 (RGBl. I S. 1733)	DevG
Dienstanweisung	
für die Standesbeamten und ihre Aufsichtsbehörden v. 1938	DA f. StandB
für die Vermessungsämter (Bayern) v. 12. 10. 1956 (FMBl. S. 869)	VermÄDA
Dienstbekleidungsvorschrift AV d. RJM v. 3. 6. 1942 (DtJust. S. 387)	**DBeklV**
Dienstordnung s. Allgemeine Dienstordnung Besondere Dienstordnung Gemeinsame Dienstordnung	
Dienstordnung f. d. zusätzl. Alters- u. Hinterbliebenenversorgung nichtbeamteter Gefolgschaftsmitglieder bei d. Verwaltungen u. Betrieben d. Landes Bayern v. 15. 5. 1944 (GVBl. S. 89)	**BayerDOZV**
Dienstordnungsgesetz (Nordrhein-Westfalen) v. 20. 3. 1950 (GVBl. S. 52)	**DOG**
Dienststrafordnung	DStO
Bayern. I. d. F. d. Bek. v. 28. 9. 1955 (GVBl. S. 207)	**DStO**
Allg. DV z. ∼ v. 28. 9. 1955 (GVBl. S. 222)	**ADV DStO**
Berlin. ∼ f. Richter u. Staatsanwälte v. 14. 3. 1952 (GVBl. S. 149)	
Bremische ∼ v. 25. 10. 1948 (GBl. S. 209)	
Schleswig-Holstein. ∼ f. Beamte i. d. F. d. Bek. v. 12. 8. 1954 (GVBl. S. 121)	
Württemberg-Baden. Ges. Nr. 153. ∼ v. 16. 2. 1949 (RegBl. S. 19)	
Württemberg-Hohenzollern. Vom 16. 12. 1949 (RegBl. 1950 S. 19)	

Dienstunfallsachen VO ü. d. Verfahren in ~ (Bayern) v. 24. 7. 1956 (GVBl. S. 148)	**DUnfV**
Dienstwohnungsvorschriften v. 30. 1. 1937 (RBesBl. S. 9)	**DWV**
D Markbilanzgesetz v. 21. 8. 1949 (WiGBl. S. 279) i. d. F. v. 18.12.1950 (BGBl. S. 811)	DMBilG
D Markbilanzergänzungsgesetz 1. Gesetz v. 28. 12. 1950 (BGBl. S. 811) 2. Gesetz v. 20. 12. 1952 (BGBl. I S. 824) 3. Gesetz v. 21. 6. 1955 (BGBl. I S. 297)	DMBilEG
Dividendenabgabe	
~ VO v. 12. 6. 1941 (RGBl. I S. 323)	DAV
DurchfVO v. 18. 8. 1941 (RGBl. I S. 493); 2. DurchfVO v. 5. 5. 1942 (RGBl. I S. 261)	**DADV**

E

Edelmetalle Gesetz über den Verkehr mit ~n, Edelsteinen u. Perlen i. d. F. v. 29. 6. 1926 (RGBl. I S. 321)	EdelMetG
Ehegesetz	
v. 6. 7. 1938 (RGBl. I S. 807)	EheG 1938
~ v. 20. 2. 1946 (= KRG Nr. 16; ABlKR S. 77)	EheG
Ehegesundheitsgesetz v. 18. 10. 1935 (RGBl. I S. 1246)	EheGesG
Eheliches Güterrecht [Preußisches] Gesetz betr. d. eheliche Güterrecht in der Provinz Westfalen und den Kreisen Rees, Essen und Duisburg v. 16. 4. 1860 (GS S. 165)	WestfGütGemG
Eheschließung Gesetz gegen Mißbräuche bei der ~ u. d. Annahme an Kindes Statt v. 23. 11. 1933 (RGBl. I S. 979)	EhemißbrG
Eichgebührenordnung v. 3. 5. 1930 (RGBl. I S. 153)	EichGebO
Eichordnung v. 24. 1. 1942 (RGBl. I S. 63)	EichO
Eigenbetriebsverordnung v. 21. 11. 1938 (RGBl. I S. 1650)	EigBetrVO
Einheitsbauordnung für Städte (Preußischer Entwurf) v. 25. 4. 1919	EinhBauO
Einheitsmietvertrag, Deutscher, i. d. Bek. v. 7. 3. 1934 (DtJust. S. 304)	DEinhMV
Einheitsmietvertrag für Baugeräte i. d. F. d. Bek. v. 6. 6. 1940 (RAnz. Nr. 132)	EHMietvBaug.

Einkommensteuer	
s. a. Zerlegungsgesetz	
Einkommensteuergesetz i. d. F. v. 21. 12. 1954 (BGBl. I S. 441)	**EStG 1955**
Einkommensteuer-Durchführungsverordnung v. 21. 12. 1955 (BGBl. I S. 756; BStBl. I S. 710)	**EStDV 1955**
Einkommensteuer-Richtlinien v. 6. 4. 1956 (BStBl. I S. 75)	**EStR 1955**
Einkommensteuer-Ergänzungsrichtlinien v. 6. 4. 1955 (BAnz. Nr. 69 Beil.; BStBl. I S. 139)	**EStER 1954**
Einsatzfürsorge- und -versorgungsgesetz v. 6. 7. 1939 (RGBl. I S. 1217), i. d. F. v. 7. 5. 1942 (RGBl. I S. 286)	**EWFVG**
Einsatz-Wehrmachtgebührnisgesetz v. 28. 8. 1939 (RGBl. I S. 1531)	**EWGG**
Einzelhandelsschutzgesetz v. 12. 5. 1933 (RGBl. I S. 262)	EHandSchG
Eisenbahn, Intern. Übereinkommen s. Berner Übereinkommen	
Eisenbahn-Bau- u. Betriebsordnung	
v. 17. 7. 1928 (RGBl. II S. 541)	EBBO, **BO**
Vereinfachte	**vBO**
~ v. 10. 2. 1943 (RGBl. II S. 31)	
Ausführungsbestimmungen	**ABvBO**
~ für Schmalspurbahnen v. 25. 6. 1943 (RGBl. II S. 285)	**BOS**
Ausführungsbestimmungen	**ABBOS**
Vereinfachte ~ für Schmalspurbahnen v. 25. 6. 1943 (RGBl. II S. 321)	**vBOS**
Ausführungsbestimmungen	**ABvBOS**
Eisenbahngesetz	EisenbG
Bund. Allgemeines ~ v. 29. 3. 1951 (BGBl. I S. 225)	
Preußen. Gesetz ü. d. Eisenbahnunternehmungen v. 3. 11. 1838 (GS S. 505)	
Schleswig-Holstein. Landes~ v. 8. 12. 1956 (GVBl. S. 193)	
Eisenbahnpostgesetz v. 20. 12. 1875 (RGBl. S. 318)	EisenbPoG
Eisenbahnverkehrsordnung v. 8. 9. 1938 (RGBl. II S. 663)	**EVO**
Allg. Ausführungsbestimmungen z. ~	AAB-EVO
Eisenbahn-Zollordnung v. 21. 3. 1939 (RMBl. S. 511)	**EZO**
Elektrizitätsentziehung	ElektrEntzG
Ges. betr. d. Bestrafung d. Entziehung elektrischer Arbeit v. 9. 4. 1900 (RGBl. S. 228)	

Elektrizitätsversorgungsunternehmen s. a. Allgemeine Bedingungen f. d. Versorgung m. elektr. Arbeit	
Energienotgesetz v. 10. 6. 1949 (WiGBl. S. 87)	EnergNotG
Energiewirtschaftsgesetz v. 13. 12. 1935 (RGBl. I S. 1451)	EnergWiG
Enteignung s. a. Zwangsabtrennung, Zwangsenteignung Baden. ~sgesetz v. 26. 6. 1899 (GVBl. 359) Bremen. Ges. ü. d. ~ v. Grundeigentum v. 18. 7.1899 (GBl. S. 354) Hamburg. ~sgesetz i. d. F. d. Bek. v. 26. 4. 1920 (ABl. S. 605) Preußen. Ges. ü. d. ~ v. Grundeigentum v. 11. 6. 1874 (GS S. 221)	EnteigG
Enteignung	
Gesetz ü. ein vereinfachtes ~sverfahren (Preußen) v. 26. 7. 1922 (GS S. 211)	VereinfEG
Gesetz ü. d. ~ aus Gründen d. Gemeinwohls (Bayern) v. 1. 8. 1933 (GVBl. S. 217), i. d. F. v. 9. 12. 1943 (GVBl. 1944 S. 1)	GEG
Entladung VO ü. d. ~ u. Abfuhr von Waren v. 30. 12. 1940 (RGBl. 1941 I S. 15)	EntladVO
Entlastungsbekanntmachung i. d. F. d. Bek. v. 13. 5. 1924 (RGBl. I S. 552)	EntlBek.
Entlasungsgesetz Gesetz z. Entlastung d. Gerichte v. 11. 3. 1921 (RGBl. S. 229)	EntlG
Entlastungsverfügung s. Reichsentlastungsverfügung	
Entschädigung Gesetz betr. d. ~ d. im Wiederaufnahmeverfahren freigesprochenen Personen v. 20. 5. 1898 (RGBl. S. 345)	StrHaftEntschG
Entschädigung d. Opfer d. Nationalsozialismus, Ges. ü. d. Baden. Vom 10. 1. 1950 (GVBl. S. 139) Berlin. Vom 10. 1. 1951 (VOBl. I S. 85) Rheinland-Pfalz. Vom 22. 5. 1950 (GVBl. S. 175) Württemberg-Hohenzollern. Vom 14. 2. 1950 (RegBl. S. 187)	EG
Entschädigungsgesetz [Für d. Amerik. Zone vom Länderrat beschlossen am 26. 4. 1949] Bayern. Vom 12. 8. 1949 (GVBl. S. 195) Bremen. Vom 16. 8. 1949 (GBl. S. 159) Hessen. Vom 10. 8. 1949 (GVBl. S. 101) Württemberg-Baden. Vom 16. 8. 1949 (RegBl. S. 187)	AmEG

Erbbaurechtsverordnung v. 15. 1. 1919 (RGBl. S. 72)	ErbbauVO
Erbhoffortbildungsverordnung v. 30. 9. 1943 (RGBl. I S. 549)	**EHFV**
Erbhofgesetz s. Reichserbhofgesetz	
Erbhofrechtsverordnung v. 21. 12. 1936 (RGBl. I S. 1069)	**EHRV**
Erbhofverfahrensordnung v. 21. 12. 1936 (RGBl. I S. 1082)	**EHVfO**
Erbkranker Nachwuchs Gesetz z. Verhütung erbkranken Nachwuchses v. 14. 7. 1933 (RGBl. I S. 529)	ErbkrNachwG
Erbrechtliche Beschränkungen Gesetz ü. ~ wegen gemeinschaftswidrigen Verhaltens v. 5. 11. 1937 (RGBl. I S. 1161)	ErbbeschrG
Erbregelungsverordnung v. 4. 10. 1944 (RGBl. I S. 242)	**ErbRV**
Erbschaftsteuergesetz i. d. F. v. 30. 6. 1951 (BGBl. I S. 764)	**ErbStG**
DurchfVO v. 1. 7. 1952 (BGBl. I S. 357)	**ErbStDV**
Erfindungen VO ü. d. Behandlung von ~ von Gefolgschaftsmitgliedern v. 12. 7. 1942 (RGBl. I S. 466)	ErfVO
Ermächtigungsgesetz ~ v. 13. 10. 1923 (RGBl. I S. 943)	ErmächtG 1923
~ v. 24. 3. 1933 (RGBl. I S. 141)	ErmächtG
Erstattungsgesetz v. 18. 4. 1937 (RGBl. I S. 461), i. d. F. v. 24. 1. 1951 (BGBl. I S. 87, 109)	ErstG
Erziehungs- und Unterrichtswesen VO ü. d. nichtstaatliche ~ (Bayern) v. 26. 8. 1933 (GVBl. S. 231, KMBl. S. 219)	**EUV**
Europäische Gemeinschaft für Kohle und Stahl Gesetz betr. d. Vertrag v. 18. 4. 1951 ü. d. Gründung der ~ v. 29. 4. 1952 (BGBl. II S. 445)	EGKSG

F

Fahrzeugteileverordnung v. 30. 7. 1953 (BGBl. I S. 922)	FahrzTVO
Familiennamen Gesetz über d. Änderung v. ~ und Vornamen v. 5. 1. 1938 (RGBl. I S. 9)	FamNamÄndG

Familienrechtliche Vorschriften Gesetz ü. d. Änderung u. Ergänzung familienrechtlicher Vorschriften u. über d. Rechtsstellung d. Staatenlosen v. 12. 4. 1938 (RGBl. I S. 380)	FamRÄndG
Feiertagsgesetz Reichsgesetz v. 27. 2. 1934 (RGBl. I S. 129)	FeiertG
Bayern. Gesetz ü. d. Schutz d. Sonn- u. Feiertage v. 15. 12. 1949 (GVBl. 1950 S. 41)	FTG
Feiertagslohnzahlung s. Lohnzahlung	
Feiertagsschutz-Verordnung (Berlin) v. 10. 11. 1954 (GVBl. S. 643)	**FSchVO**
Feld- und Forstdiebstähle VO ü. ~ v. 20. 9. 1942 (RGBl. I S. 558)	FeldForstdVO
Feld- und Forstpolizeigesetz (Preußen) i. d. F. v. 21. 1. 1926 (GS S. 83)	FeldFPolG
Feld- und Forststrafgesetz (Hessen) v. 30. 3. 1954 (GVBl. S. 39)	FeldForstStG
Fernmeldeanlagengesetz v. 14. 1. 1928 (RGBl. I S. 8)	FernmAnlG
Fernsprechordnung v. 24. 11. 1939 (ABlRPM S. 859)	FernsprO
Festkontogesetz 4. Gesetz z. Neuordnung d. Geldwesens, in Kraft seit d. 4. 10. 1948 (= AmMRG Nr. 65, ABl. Ausg. L S. 21; BrMRG Nr. 65, ABl. S. 1025; FrMRVO Nr. 175, JournOff. S. 1679; WiGBl. 1949 Beil. 1 S. 15)	FestktoG
Feststellung von Vertreibungsschäden und Kriegssachschäden	
Gesetz ü. d. ~ (Feststellungsgesetz) v. 21. 4. 1952 (BGBl. I S. 237), i. d. F. v. 14. 8. 1952 (BGBl. I S. 535)	FestStG
Durchführungsverordnungen 1. DV v. 22. 12. 1952 (BGBl. I S. 845) 2. DV v. 24. 8. 1953 (BGBl. I S. 1026) 3. DV v. 24. 12. 1954 (BGBl. I S. 518) 4. DV v. 10. 5. 1955 (BGBl. I S. 213) 5. DV v. 17. 12. 1955 (BGBl. I S. 777) 6. DV v. 23. 3. 1956 (BGBl. I S. 133)	FestStDV, **FeststellungsDV**
Schleswig-Holstein. Ges ü. d. ~ u. Kriegsschäden (Feststellungsgesetz) v. 18. 6. 1952 (GVBl. S. 107)	(SchlH)FestStG
Feuerbeschau VO ü. d. ~ (Bayern) v. 9. 12. 1936 (GVBl. S. 237)	FBVO
Feuerbestattung Ges. ü. d. ~ v. 15. 5. 1934 (RGBl. I S. 380)	FeuerbestG

Feuerlöschwesen, Ges. ü. d. Reich. Vom 23. 11. 1938 (RGBl. I S. 1662) Bayern. Vom 17. 5. 1946 (GVBl. S. 297)	FeuerlWG, FLöG
Feuerschutz, Ges. ü. d. ~ im Lande ... Bremen. Vom 18. 7. 1950 (GBl. S. 81) Niedersachsen. Vom 21. 3. 1949 (GVBl. S. 66) Nordrhein-Westfalen. Vom 2. 6. 1948 (GVBl. S. 205) Schleswig-Holstein. Vom 3. 2. 1948 (GVBl. S. 29)	FeuerschG
Feuerschutzsteuergesetz v. 1. 2. 1939 (RGBl. I S. 113)	**FeuerschStG**
Feuerwehrgesetz (Baden-Württemberg) v. 6. 2. 1956 (GBl. S. 19)	FeuerwG
Fideikommisse Ges. ü. d. Erlöschen d. Familien ~ u. sonstiger gebundener Vermögen v. 6. 7. 1938 (RGBl. I S. 825)	FideikommG
Filmvorführer Gesetz ü. d. Prüfung d. ~ (Bayern) v. 3. 7. 1951 (GVBl. S. 102)	FilmVG
Finanzausgleichsgesetze des Bundes und der Länder	**FAG***)
Finanzausgleich Ges. ü. d. ~ zwischen Reich, Ländern u. Gemeinden i. d. F. v. 27. 4. 1926 (RGBl. I S. 203)	RFAG
Finanzverfassungsgesetz v. 23. 12. 1955 (BGBl. I S. 817)	FinVerfG
Finanzverwaltung, Gesetz ü. d. ~ v. 6. 9. 1950 (BGBl. S. 448); 2. Gesetz v. 15. 5. 1952 (BGBl. I S. 293)	**FVG**
Fischereigesetz Bayern. Vom 15. 8. 1908 (GVBl. S. 527) Hessen. Vom 11. 11. 1950 (GVBl. S. 255) Preußen. Vom 11. 5. 1916 (GS S. 55)	FischG
Fischereiordnung Bayern. Landes~ v. 23. 3. 1909 (GVBl. S. 294) Hessen. ~ v. 22. 11. 1951 (GVBl. S. 87) Niedersachsen. ~ v. 13. 7. 1951 (GVBl. S. 150) Nordrhein-Westfalen. Landes~ v. 9. 12. 1952 (GVBl. 1953 S. 1) Preußen. ~ v. 29. 3. 1917 (LwMBl. S. 153) Schleswig-Holsteinische ~ v. 28. 4. 1950 (GVBl. S. 155)	FischO **FO**
Fischereischein Gesetz ü. d. ~ v. 19. 4. 1939 (RGBl. I S. 795)	FischScheinG
Fischgesetz v. 31. 8. 1955 (BGBl. I S. 567)	FischG

*) Abkürzung in mehreren Landesgesetzen vorgesehen

Flaggenrechtsgesetz v. 8. 2. 1951 (BGBl. I S. 79, II S. 6)	FlaggRG
Fleischbeschaugesetz v. 29. 10. 1940 (RGBl. I S. 1463)	FleischBG
Flößereigesetz v. 15. 6. 1895 (RGBl. S. 341)	FlößG
Fluchtliniengesetz (Preußen) v. 2. 7. 1875 (GS S. 561)	(Pr)FluchtlG
Flüchtlinge s. a. Asylverordnung	
Flüchtlinge VO ü. d. vorläufige Unterbringung von ~n aus der sowjetisch besetzten Zone und dem sowjetisch besetzten Sektor von Berlin v. 12. 8. 1952 (BGBl. I S. 413)	vorlFlüUnterbrVO
Ges. z. Behebung d. Flüchtlingsnot (Schleswig-Holstein) v. 27. 11. 1947 (GVBl. 1948 S. 1)	GBFl.
Eingliederungsgesetz (Schleswig-Holstein) v. 30. 1. 1952 (GVBl. S. 1)	EGG
Flüchtlingsgesetz Bayern. Ges. Nr. 59 v. 19. 2. 1947 (GVBl. S. 51) Hessen. ~ v. 19. 2. 1947 (GVBl. S. 15) Nordrhein-Westfalen. ~ v. 2. 6. 1948 (GVBl. S. 216)	FlüchtlG
Rheinland-Pfalz. Landes ~v. 17. 8. 1949 (GVBl. S. 341)	LFLG
Württemberg-Baden. Ges. Nr. 303 ~ v. 14. 2. 1947 (RegBl. S. 15)	
Flüchtlingsnotleistungsgesetz v. 9. 3. 1953 (BGBl. I S. 45)	FlüNotG
Flüchtlingsrentengesetz (Bayern) v. 3. 12. 1947 (GVBl. S. 215)	FlüRG
Flüchtlingssiedlungsgesetz v. 10. 8. 1949 (WiGBl. S. 231)	FlüSiedlG
Flurbereinigungsgesetz v. 14. 7. 1953 (BGBl. I S. 591)	FlurbG
Forstgesetz Bayern. Vom 4. 7. 1896 (GVBl. S. 325) Hessisches ~ v. 10. 11. 1954 (GVBl. S. 211) Rheinland-Pfalz. Landes ~ v. 16. 11. 1950 (GVBl. S. 299)	ForstG
Forstdiebstahlgesetz (Preußen) v. 15. 4. 1878 (GS S. 222)	ForstdG
Freie Ehen Gesetz ü. d. Anerkennung freier Ehen rassisch und politisch Verfolgter v. 23. 6. 1950 (BGBl. S. 226)	EheAnerkG

Freiheitsentziehung s. Geisteskranke	
Freiwillige Gerichtsbarkeit Ges. ü. d. Angelegenheiten d. ~ Reichsgesetz i. d. F. v. 20. 5. 1898 (RGBl. S. 771) Baden. Vom 13. 10. 1925 (GVBl. S. 287) Hamburg. Vom 29. 12. 1899 (ABl. S. 1168) Hessen. Vom 12. 4. 1954 (GVBl. S. 59) Preußen. Vom 21. 9. 1899 (GS S. 249)	FGG **HessFGG**
Freizügigkeitsgesetz v. 1. 11. 1867 (BGBl. S. 55)	FreizügG
Fremdrenten- und Auslandsrentengesetz v. 7. 8. 1953 (BGBl. I S. 848)	FremdRG
Fürsorgegesetz (Bayern) v. 23. 5. 1939 (GVBl. S. 185), i. d. F. v. 19. 1. 1953 (GVBl. S. 11)	FürsG
Fürsorgekosten VO ü. d. Ersatz von ~ v. 30. 1. 1951 (BGBl. I S. 154)	FürsKostErsVO
Fürsorgepflichtverordnung v. 13. 2. 1924 (RGBl. I S. 100)	FürsPflVO
Futtermittelgesetz v. 22. 12. 1926 (RGBl. I S. 525)	FuttMG

G

Gaststättengesetz v. 28. 4. 1930 (RGBl. I S. 146)	GastG
Gebäudeentschuldungsteuer VO ü. d. Aufhebung der ~ v. 31. 7. 1942 (RGBl. I S. 501)	GebEntschStVO
Geboteverordnung v. 30. 6. 1941 (RGBl. I S. 354)	GeboteVO
Gebrauchsmustergesetz v. 5. 5. 1936 (RGBl. II S. 130), i. d. F. v. 18. 7. 1953 (BGBl. I S. 637)	GebrMG
Gebrauchs-Zolltarif, Deutscher	**GZT**
Gebührenbefreiungen beim Wohnungsbau s. Wohnungsbau	
Gebührenordnung	
Allgemeine Deutsche ~ f. Ärzte	Adgo
~ für approbierte Ärzte und Zahnärzte (Preußen). Erl. v. 1. 9. 1924 (VMBl. S. 371)	Preugo
~ für Architekten v. 13. 10. 1950 (= Anl. z. Verordnung PR Nr. 66/50, BAnz. Nr. 216)	**GOA 1950**
~ für Garten- und Landschaftsarchitekten v. Sommer 1955	GOGA

Gebührenordnung	
~ für Gerichtsvollzieher v. 14. 12. 1922 (RGBl. I S. 917) [s. a. Landesgebührenordnung]	GVollzGebO
~ f. d. Güterfernverkehr mit Kraftfahrzeugen (Niedersachsen) v. 26. 6. 1951 (GVBl. S. 143)	**NdsGOF**
~ für Ingenieure i. d. F. v. 6. 4. 1937/27. 2. 1950/ 3. 4. 1956	GOI
~ für Rechtsanwälte v. 7. 7. 1879 i. d. F. d. Bek. v. 5. 7. 1927 (RGBl. I S. 162) [s. a. Landesgebührenordnung]	RAGebO
~ für Zeugen und Sachverständige v. 21. 12. 1925 (RGBl. I S. 471)	ZeugGebO
Gefängniswesen	
Ordnung f. d. ~ in Hessen v. 22. 5. 1949	**OGH**
Gefahrenabwehr	
s. Sicherheit u. Ordnung	
Gehaltszahlungsbestimmungen v. 4. 3. 1936 (SonderveröffDtJust. Nr. 26)	**GZahlgsBest.**
Geisteskranke	
Baden-Württemberg. Gesetz ü. d. Unterbringung von Geisteskranken u. Suchtkranken v. 16. 5. 1955 (GBl. S. 87)	UnterbrG
Bayern. Gesetz ü. d. Verwahrung geisteskranker, geistesschwacher, rauschgift- oder alkoholsüchtiger Personen (Verwahrungsgesetz) v. 30. 4. 1952 (GVBl. S. 163)	VerwahrG
Berlin. Gesetz ü. d. Unterbringung von Geisteskranken u. Süchtigen (Unterbringungsgesetz) v. 24. 7. 1952 (GVBl. S. 630)	UnterbrG
Hessen. Gesetz ü. d. Entziehung d. Freiheit geisteskranker, geistesschwacher, rauschgift- oder alkoholsüchtiger Personen v. 19. 5. 1952 (GVBl. S. 111)	FreihEntzG
Niedersachsen. Gesetz ü. d. Anstaltsunterbringung gemeingefährlicher Geisteskranker, Rauschgift- u. Alkoholsüchtiger v. 23. 5. 1950 (GVBl. S. 27)	UnterbrG
Geldstrafenverordnung VO ü. Vermögensstrafen und Bußen v. 6. 2. 1924 (RGBl. I S. 44)	GeldstrVO
Gemeinde- und Kreiswahlgesetz	(Hess)**GKWG**
Hessisches ~ v. 25. 2. 1952 (GVBl. S. 48)	
Schleswig-Holstein. ~ v. 29. 1. 1955 (GVBl. S. 10)	(SchlH)GKWG
Gemeinde- und Kreiswahlordnung	
Bayern. ~ i. d. F. d. Bek. v. 12. 1. 1956 (GVBl. S. 20)	(Bay)**GWO**
Schleswig-Holstein. ~ 31. 1. 1955 (GVBl. S. 23)	(SchlH)GKWO
Gemeindeabgabengesetz s. a. Kommunalabgabengesetz ~ (Bayern) v. 20. 7. 1938 (GVBl. S. 225)	**GAG**

Gemeindefinanzgesetz (Preußen) v. 15. 12. 1933 (GS S. 442)	(Pr)GemFinG
Gemeindehaushaltsverordnung	**GemHVO**
Reich. Vom 4. 9. 1937 (RGBl. I S. 921)	
Hessen. Vom 27. 1. 1956 (GVBl. S. 5)	
Gemeindeordnung	
Deutsche ~ v. 30. 1. 1935 (RGBl. I S. 49)	DGO
(Revidierte) Deutsche ~ (Brit. Zone) v. 1. 4. 1946 (ABlMR S. 127)	RevDGO (BrZ)
Deutsche ~ i. d. F. d. Anwendungsgesetzes Nr. 30 f. Nord-Württemberg v. 20. 12. 1945 (WürttBad-RegBl. 1946 S. 55)	DGOA
Badische ~ v. 25. 3. 1947 (ABl. S. 53), 23. 9. 1948 (GVBl. S. 177)	(Bad)GO
~ f. Baden-Württemberg v. 25. 7. 1955 (GBl. S. 129)	(BadWürtt)GO
Bayern. ~ v. 25. 1. 1952 (GVBl. S. 19)	(Bay)GO
Hessische ~ v. 25. 2. 1952 (GVBl. S. 11)	(Hess)GO, **HGO**
Niedersächsische ~ v. 4. 3. 1955 (GVBl. S. 55)	(Nds)GO
~ f. d. Land Nordrhein-Westfalen i. d. F. v. 28. 10. 1952 (GVBl. S. 283)	(NRW)GO
Rheinland-Pfalz. ~ (= Teil A d. Selbstverwaltungsgesetzes) i. d. F. v. 5. 10. 1954 (GVBl. S. 117)	(RhPf)GO
~ f. Schleswig-Holstein v. 24. 1. 1950 (GVBl. S. 25)	(SchlH)GO
Gemeindeumschuldungsgesetz v. 21. 9. 1933 (RGBl. I S. 647)	GemUmschG
Gemeindewahlgesetz (s. a. Kommunalwahlgesetz)	
Bayern. ~ i. d. F. d. Bek. v. 12. 1. 1956 (GVBl. S. 13)	(Bay)**GWG**
Niedersächsisches ~ i. d. F. v. 26. 7. 1952 (GVBl. S. 77)	(Nds)GWG
Rheinland-Pfalz. ~ i. d. F. d. Bek. v. 13. 9. 1952 (GVBl. S. 127)	(RhPf)GWG
Gemeindewahlordnung	GWO
Niedersächsische ~ v. 23. 8. 1952 (GVBl. S. 91)	
Rheinland-Pfalz. Vom 3. 7. 1956 (GVBl. S. 77)	
Gemeinnützigkeitsverordnung v. 24. 12. 1953 (BGBl. I S. 1592)	GemNützVO
Gemeinsame Dienstordnung	**GDO**
zur ATO u. TO A für d. Reich v. 30. 4. 1938 (RBesBl. S. 169), für Preußen v. 30. 4. 1938 (PrBesBl. S. 143), f. d. Gemeinden u. Gemeindeverbände sowie d. öffentl. Spar- u. Girokassen v. 3. 5. 1938 (MBliV S. 767, 769)	
~ f. d. Verwaltungen u. Betriebe d. Reichs über die zusätzliche Alters- u. Hinterbliebenenversorgung der nichtbeamteten Arbeitnehmer v. 10. 12. 1943 (RBesBl. S. 218)	**GDO-Reich Vers.**
General Agreement on Tariffs and Trade	**GATT**
Generalaktenverfügung v. 4. 12. 1952	**GenAktVfg.**

Genossenschaftsgesetz v. 20. 5. 1898 (RGBl. S. 810)	GenG
Genossenschaftsregister VO ü. d. ~ v. 22. 11. 1923 (RGBl. I S. 1123)	GenRegVO
Gerichtskostengesetz v. 5. 7. 1927 (RGBl. I S. 152)	GKG
Gerichtsordnung (Preußen) s. Allgemeine Gerichtsordnung	
Gerichtsverfassungsgesetz v. 27. 1. 1877 (RGBl. S. 41), i. d. F. d. Bek. v. 12. 9. 1950 (BGBl. S. 513)	GVG
Bayern. Gesetz z. Ausf. d. ~es v. 17. 11. 1956 (GVBl. S. 249)	**AGGVG**
Gerichtsvollzieher	
Geschäftsanweisung f. ~ (Bund) v. 1. 3. 1954	**GVGA**
Geschäftsanweisung f. d. ~ (Preußen) v. 24. 3. 1914, 16. 5. 1930 (JMBl. S. 142)	GVGA
~ordnung v. 1. 4. 1954	**GVO**
Geschäftsgangsbestimmungen für die Justizverwaltung	**GGZ**
Geschäftsordnung der Bundesministerien, Gemeinsame	**GGO**
Geschäftsordnung der Bundesregierung v. 11. 5. 1951 (GMBl. S. 131)	BRegGeschO
Geschäftsordnung der Niedersächs. Ministerien, Gemeinsame, v. 20. 9. 1955	**GeschOMin.**
Geschäftsordnung der Reichsministerien, Gemeinsame,	**GGO**
Allgemeiner Teil, genehmigt durch Beschluß d. Reichsreg. v. 2. 9. 1926. Bek. v. 21. 11. 1926 (RMBl. S. 997)	**GGO I**
Besonderer Teil, genehmigt durch Beschluß d. Reichsreg. v. 1. 5. 1924. Bek. v. 21. 11. 1926 (RMBl. S. 997)	**GGO II**
Geschäftsordnung der Reichsregierung v. 3. 5. 1924 (RMBl. S. 173)	RRegGeschO
Geschäftsordnung des Bundesrats i. d. F. d. Bek. v. 31. 7. 1953 (BGBl. II S. 527)	BRGeschO
Geschäftsordnung des Bundestags v. 28. 1. 1956 (BGBl. II S. 389)	BTGeschO
Geschäftsordnung für die höheren Reichsbehörden Gemeinsame ~ v. 15. 5. 1928 (RMBl. S. 355)	**GOH**
Geschäftsraummietengesetz v. 25. 6. 1952 (BGBl. I S. 338)	GRMG
Geschlechtskrankheitengesetz v. 23. 7. 1953 (BGBl. I S. 700)	GeschlKrG

Geschmacksmustergesetz v. 11. 1. 1876 (RGBl. S. 11)	GeschmMG
Gesundheitswesen Gesetz ü. d. Vereinheitlichung des ~s v. 3. 7. 1934 (RGBl. I S. 531)	GesVereinhG
Getreidegesetz v. 4. 11. 1950 (BGBl. S. 721), i. d. F. v. 24. 11. 1951 (BGBl. I S. 901)	GetrG
Getreidepreisgesetz 1955/56 v. 4. 7. 1955 (BGBl. I S. 373)	GetrPrG 1955/56
Gewerbe- u. Handelslehrer-Besoldungsgesetz (Preußen) v. 16. 4. 1928 (GS S. 89)	GewLehrBesG, **GBG**
Gewerbegerichtsgesetz i. d. F. v. 29. 9. 1901 (RGBl. S. 353)	GewGG
Gewerbeordnung i. d. F. d. Bek. v. 26. 7. 1900 (RGBl. S. 871)	GewO
Gewerbesachen Ges. z. vorläufigen Vereinfachung d. Verfahrens in ~ (Niedersachsen) v. 23. 12. 1955 (GVBl. S. 295)	**GewVG**
Gewerbesteuer	
~ gesetz i. d. F. v. 21. 12. 1954 (BGBl. I S. 473; BStBl. I S. 694)	**GewStG 1955**
~ DurchfVO 1955 v. 24. 3. 1956 (BGBl. I S. 152; BStBl. I S. 212)	**GewStDV 1955**
~ Richtlinien 1955 v. 13. 6. 1956 (BAnz. Nr. 18; BStBl. I S. 281)	**GewStR 1955**
~ Ergänzungsrichtlinien 1955 v. 18. 5. 1956 (BAnz. Nr. 97; BStBl. I S. 232)	**GewStER 1955**
Gewerbesteuerausgleich zwischen Betriebsgemeinden u. Wohngemeinden	
Baden-Württemberg. 1. Gesetz v. 17. 12. 1954 (GBl. S. 178); 2. Gesetz v. 26. 11. 1956 (GBl. S. 170)	**GewStAusglGes.**
Bayern. VO v. 28. 12. 1955 (GVBl. 1956 S. 2)	**GewStAusglV**
Hessen. Gesetz v. 23. 4. 1956 (GVBl. S. 99)	
Niedersachsen. Gesetz v. 9. 5. 1956 (GVBl. S. 49)	**GewStAusglGes.**
Nordrhein-Westfalen. Gesetz i. d. F. v. 5. 4. 1955 (GVBl. S. 49)	**GewStAusglGes.**
Rheinland-Pfalz. Vom 24. 10. 1956 (GVBl. S. 119)	
Schleswig-Holstein. Vom 17. 10. 1955 (GVBl. S. 156)	**GewStAusglGes.**
Gewohnheitsverbrecher Gesetz gegen gefährliche ~ u. ü. Maßregeln d. Sicherung u. Besserung v. 24. 11. 1933 (RGBl. I S. 995)	GewVerbrG
Gifte VO, d. Verkehr mit ~n betreffend (Bayern) v. 16. 6. 1895 (GVBl. S. 267)	GiftVO

GmbH-Gesetz Gesetz betr. die Gesellschaften mit beschränkter Haftung v. 20. 4. 1892 (RGBl. S. 477)	GmbHG
Gnadenordnung	
Reich. ~ v. 6. 2. 1935 (DtJust. S. 203)	GnadO 1935
Bayerische ~ v. 11. 11. 1954 (GVBl. 1955 S. 1)	**BayGnO**
Hessen. ~ v. 18. 9. 1952 (Sonderdruck Nr. 5 zum JMBl.)	(Hess)GnadO
Nordrhein-Westfalen. ~ v. 1. 1. 1952 (Sonderveröff. z. JMBl.)	(NRW)GnadO
~ f. Rheinland-Pfalz v. 13. 10. 1948 (Amtl. Sonderveröff. Nr. 2 d. JBl.)	GnadO (RhPf.)
Goldbilanzen VO ü. ~ v. 28. 12. 1923 (RGBl. I S. 1253)	GoldBilVO
Grundbetragserhöhungsgesetz v. 17. 4. 1953 (BGBl. I S. 125)	GEG
Grundbücher Ges. ü. d. Bereinigung der ~ v. 18. 7. 1930 (RGBl. I S. 305)	GrdBBerG
Grundbuchordnung i. d. F. v. 5. 8. 1935 (RGBl. I S. 1073)	GBO
Grundbuchvereinfachungsverordnung v. 5. 10. 1942 (RGBl. I S. 573)	GBVereinfVO
Grundbuchverfügung v. 8. 8. 1935 (RMBl. S. 637)	GBVfg.
Grunderwerbsteuergesetz	
~ v. 29. 3. 1940 (RGBl. I S. 585)	**GrEStG**
DurchfVO z. ~ v. 30. 3. 1940 (RGBl. I S. 595)	**GrEStDV**
Grundgesetz für die Bundesrepublik Deutschland v. 23. 5. 1949 (BGBl. S. 1)	GG
Grundpfandrechtsumstellungsgesetz (Berlin) v. 9. 1. 1951 (VOBl. I S. 71)	GUG
Grundsätze f. d. Anstellung s. Anstellungsgrundsätze	
Grundschule Ges ü. d. ~ (Schleswig-Holstein) v. 3. 2. 1951 (GVBl. S. 77)	GrundSchG
Grundsteuer	
~ gesetz v. 1. 12. 1936 (RGBl. I S. 986), i. d. F. v. 10. 8. 1951 (BGBl. I S. 519)	**GrStG**
~ DurchfVO i. d. F. v. 29. 1. 1952 (BGBl. I S. 79)	**GrStDV**
~ Richtlinien i. d. F. v. 10. 4. 1954 (BAnz. Beil. zu Nr. 73; BStBl. I S. 184)	**GrStR**
~ erlaßverordnung v. 26. 3. 1952 (BGBl. I S. 209)	GrStErlVO
Grundsteuerfreiheit s. Wohnungsbau	

Grundstücksverkehrsbekanntmachung v. 26. 1. 1937 (RGBl. I S. 35)	GrdstVerkBek.
Güterfernverkehr	GüFernVkG
~sgesetz v. 26. 6. 1935 (RGBl. I S. 788)	
Übergangsgesetz z. Änd. d. Gesetzes ü. d. ~ m. Kraftfahrzeugen v. 2. 9. 1949 (WiGBl. S. 306)	GüFernVkÄG
Güterkraftverkehrsgesetz v. 17. 10. 1952 (BGBl. I S. 697)	**GüKG**
Gütezeichenverordnung v. 9. 4. 1942 (RGBl. I S. 273)	GüteZVO

H

Haager Abkommen	
Abk. z. Regelung d. Geltungsbereichs d. Gesetze u. d. Gerichtsbarkeit auf dem Gebiete d. Ehescheidung u. d. Trennung v. Tisch u. Bett v. 12. 6. 1902 (RGBl. 1904 S. 231)	HaagScheidAbk.
Abk. z. Regelung d. Geltungsbereichs d. Gesetze auf d. Gebiete d. Eheschließung v. 12. 6. 1902 (RGBl. 1904 S. 221)	HaagEheschlAbk.
Abk., betr. d. Geltungsbereich d. Gesetze in Ansehung d. Wirkungen d. Ehe auf die Rechte u. Pflichten d. Ehegatten in ihren persönl. Beziehungen u. auf das Vermögen d. Ehegatten v. 17. 7. 1905 (RGBl. 1912 S. 453)	HaagEhewirkAbk.
Abk. ü. d. Entmündigung u. gleichartige Fürsorgemaßregeln v. 17. 7. 1905 (RGBl. 1912 S. 463)	HaagEntmündAbk.
Ges. ü. d. Beitritt von Staaten zu d. Haager Abk. ü. intern. Privatrecht v. 16. 9. 1924 (RGBl. II S. 363)	HaagIPRAbk.
Abk., betr. d. Gesetze u. Gebräuche d. Landkriegs v. 18. 10. 1907 (RGBl. 1910 S. 107)	HaagLKO, HLKO
Abk., betr. d. Rechte u. Pflichten d. neutralen Mächte u. Personen im Falle eines Landkriegs v. 18. 10. 1907 (RGBl. 1910 S. 151)	HaagNeutrAbk.
Abk. z. Regelung d. Vormundschaft ü. Minderjährige v. 12. 6. 1902 (RGBl. 1904 S. 240)	HaagVormAbk.
Abk. ü. d. Zivilprozeß v. 17. 7. 1905 (RGBl. 1909 S. 410)	HaagZPAbk.
Häftlingshilfegesetz v. 6. 8. 1955 (BGBl. I S. 498)	HHG
Haftentschädigungsgesetz	HaftentschG
Hamburg. Vom 16. 8. 1949 (GVBl. S. 165)	
Niedersachsen. I. d. F. v. 16. 5. 1952 (GVBl. S. 33)	
Schleswig-Holstein. Vom 4. 7. 1949 (GVBl. S. 161)	
Haftpflicht für Sachschaden	SachHpflG
Gesetz ü. d. Haftpflicht der Eisenbahnen und Straßenbahnen für Sachschaden v. 29. 4. 1940 (RGBl. I S. 691)	

Handelsbeschränkungen VO ü. ~ v. 13. 7. 1923 (RGBl. I S. 706)	HdlBeschrVO
Handelsgesetzbuch	
Allgemeines Deutsches ~ v. 1861	ADHGB
~ v. 10. 5. 1897 (RGBl. S. 219)	HGB
Handelsrechtliches Bereinigungsgesetz v. 18. 4. 1950 (BGBl. S. 90)	HRBG
Handelsregisterverfügung v. 12. 8. 1937 (DtJust. S. 1251)	HRegVfg.
Handelsvertreter Ges z. Änd. d. Handelsgesetzbuchs (Recht d. ~) v. 6. 8. 1953 (BGBl. I S. 771)	HdlVertrG
Handwerkerversorgungsgesetz v. 21. 12. 1938 (RGBl. I S. 1900)	HdwVersG
Handwerksordnung Bund. Vom 17. 9. 1953 (BGBl. I S. 1411) Rheinland-Pfalz. Vom 2. 9. 1949 (GVBl. S. 379) Württemberg-Hohenzollern. Vom 5. 11. 1946 (ABl. 1947 S. 1)	HdwO
Wahlordnung für die Mitglieder der Handwerkskammern (= Anl. B z. Handwerksordnung) v. 17. 9. 1953 (BGBl. I S. 1432)	HdwKWahlO
Haushalts-, Kassen- u. Rechnungsordnung (Bayern) v. 9. 10. 1933 (GVBl. S. 329)	**HKRO**
Haushaltsplan der Gemeinden s. Gemeindehaushaltsverordnung	
Haushaltsrechtliche Bestimmungen für die Justizverwaltung	
AV v. 1. 4. 1940 (DtJust. S. 392)	**HRZ**
Nachtrag. AV v. 28. 10. 1941 (DtJust. S. 1038)	**HRZ Nachtr.**
Sonderbestimmungen f. d. Strafvollzugsverwaltung	**HRZ Vollz.**
Hausratsverordnung 6. DV zum Ehegesetz v. 21. 10. 1944 (RGBl. I S. 256)	HausratVO
Hebammengesetz v. 21. 12. 1938 (RGBl. I S. 1893)	HebammG
Heilpraktikergesetz v. 17. 2. 1939 (RGBl. I S. 251)	HeilprG
Heilwesen Polizeiverordnung ü. d. Werbung auf d. Gebiete d. ~s v. 29. 9. 1941 (RGBl. I S. 587)	HeilwWerbVO
Heimarbeitsgesetz v. 14. 3. 1951 (BGBl. I S. 191)	HArbG

Heimatlose Ausländer Gesetz ü. d. Rechtsstellung ∼ v. 25. 4. 1951 (BGBl. I S. 269)	HeimatlAuslG
Heimatlose Jugendliche VO Nr. 73 z. Schutz d. ∼ (Bayern) v. 15. 4. 1946 (GVBl. S. 218)	VO 73
Heimkehrergesetz v. 19. 6. 1950 (BGBl. S. 221)	HeimkG
Heimtückegesetz v. 20. 12. 1934 (RGBl. I S. 1269)	HeimtG
Hilfsschulgesetz Baden-Württemberg. Vom 27. 6. 1955 (GBl. S. 101)	HSchulG
Hinterlegungsordnung v. 10. 3. 1937 (RGBl. I S. 285)	HintO
Ausführungsvorschriften z. ∼. AV d. RJM v. 15. 3. 1937 (DtJust. S. 426)	**AVHO**
Hochschullehrergesetz Reich. Vom 9. 4. 1938 (RGBl. I S. 377) Bayern. Vom 15. 11. 1948 (GVBl. S. 254) Hessen. Vom 10. 11. 1950 (GVBl. S. 251)	HSchLG
Höfeordnung Brit. Zone. Vom 24. 4. 1947 (VOBl. BrZ S. 33)	HöfeO (BrZ)
Rheinland-Pfalz. Landesges. ü. d. Einf. einer ∼ in . . . v. 7. 10. 1953 (GVBl. S. 101)	HöfeO (RhPf.)
Hopfenherkunftsverordnung (Bayern) v. 11. 6. 1930 (GVBl. S. 185)	**HHV**
Hundeabgabengesetz (Bayern) v. 5. 3. 1937 (GVBl. S. 71)	**HundAbgG**
Hypotheken VO z. Regelung der Fälligkeit alter ∼ v. 22. 12. 1938 (RGBl. I S. 1905)	HypFälligkVO
∼sicherungsgesetz v. 2. 9. 1948 (WiGBl. S. 87)	HypSichG
∼bankgesetz v. 13. 7. 1899 (RGBl. S. 375)	HypBG

I

Impfgesetz v. 8. 4. 1874 (RGBl. S. 31)	ImpfG
Internationales Weizenabkommen v. 23. 3. 1949 (BGBl. 1950 S. 231)	IWA
Interzonenhandel Interzonenhandelsverordnung v. 18. 7. 1951 (BGBl. I S. 463)	IZHVO
Interzonenüberwachungsverordnung v. 9. 7. 1951 (BGBl. I S. 439)	IZÜVO, **JZÜVO**

Investitionshilfe	
~gesetz v. 7. 1. 1952 (BGBl. I S. 7)	IHG
1. DurchfVO v. 5. 4. 1952 (BGBl. I S. 232)	**1. IHDV**
2. DurchfVO v. 23. 8. 1952 (BGBl. I S. 587)	**2. IHDV**
1. Änderungsgesetz v. 22. 8. 1952 (BGBl. I S. 585)	**1. ÄndIHG**
2. Änderungsgesetz v. 30. 3. 1953 (BGBl. I S. 107)	**2. ÄndIHG**
3. Änderungsgesetz v. 19. 12. 1954 (BGBl. I S. 437)	**3. ÄndIHG**
~-Schlußgesetz v. 24. 2. 1955 (BGBl. I S. 69)	IHSchlußG

J

Jagdgesetz, Landesjagdgesetz	
Baden-Württemberg. Landesjagdgesetz v. 15. 3. 1954 (GBl. S. 35)	(BadWürtt)LJagdG
Bayerisches Jagdgesetz v. 15. 12. 1949 (GVBl. 1950 S. 33)	(Bay)JagdG
Bremisches Jagdgesetz v. 14. 7. 1953 (GBl. S. 73)	(Brem)JagdG
Hamburg. Landesjadggesetz v. 28. 6. 1955 (GVBl. S. 233)	(Hamb)LJagdG
Hessisches AusfGes. z. Bundesjagdgesetz v. 24. 3. 1953 (GVBl. S. 27)	(Hess)JagdG
Niedersächsisches Landesjagdgesetz v. 31. 3. 1953 (GVBl. S. 23)	(Nds)LJagdG
Landesjagdgesetz Nordrhein-Westfalen v. 31. 3. 1953 (GVBl. S. 229)	(NRW)LJagdG
Rheinland-Pfalz. Landesges. z. Ausf. d. Bundesjagdgesetzes v. 16. 11. 1954 (GVBl. S. 143)	(RhPf)LJagdG
Schleswig-Holstein. Jagdgesetz d. Landes . . . v. 13. 7. 1953 (GVBl. S. 77)	(SchlH)LJagdG, **LJG**
Jugendamtsgesetz (Bayern) v. 20. 7. 1925 (GVBl. S. 211)	JAmtG
Jugendarrestgeschäftsordnung AV d. RJM v. 15. 5. 1944 (SonderveröffDtJust. Nr. 31)	**JAGO**
Jugendgefährdende Schriften Gesetz ü. d. Verbreitung ~ v. 9. 6. 1953 (BGBl. I S. 377)	GjS
Jugendgerichtsgesetz	
Reichs ~ v. 6. 11. 1943 (RGBl. I S. 637)	RJGG
Bund. ~ v. 4. 8. 1953 (BGBl. I S. 751)	JGG
Richtlinien der Landesjustizverwaltungen zum ~ v. 15. 2. 1955	**RiJGG**
Jugendschutz Ges. z. Schutze d. Jugend in d. Öffentlichkeit v. 4. 12. 1951 (BGBl. I S. 936)	JSchÖG
Jugendschutzgesetz (Ges. ü. Kinderarbeit u. über d. Arbeitszeit d. Jugendlichen)	JSchG
Reich. Vom 30. 4. 1938 (RGBl. I S. 437)	
Württemberg-Hohenzollern. I. d. F. d. Bek. v. 15. 11. 1948 (RegBl. S. 175)	(WürttHhz)JSchG

Jugendschutzverordnung v. 10. 6. 1943 (RGBl. I S. 349)	JSchVO
Jugendstrafvollzugsordnung AV d. RJM v. 1. 9. 1944 (SonderveröffDtJust. Nr. 32)	**JVollzO**
Jugendwohlfahrtsgesetz	
Reichsges. v. 9. 7. 1922 (RGBl. I S. 633)	JWG
Ges. z. Änd. v. Vorschriften d. Reichsjugendwohlfahrtsgesetzes v. 28. 8. 1953 (BGBl. II S. 1035)	JWGÄndG
Justizausbildung	
Reich. ~sordnung v. 4. 1. 1939 (RGBl. I S. 5)	RJAO
Brit. Zone. ~sordnung v. 15. 1. 1949 (VOBl. BrZ S. 21)	JAO(BrZ)
Baden-Württemberg. VO ü. d. Ausbildung d. Juristen v. 12. 9. 1955 (GBl. S. 187)	(BadWürtt)**JAO**
Bayern. Ausbildungs- und Prüfungsordnung f. d. höheren Justiz- u. Verwaltungsdienst v. 12. 3. 1952 (GVBl. S. 103)	**JuVAPO**
Berlin. Ausbildungsordnung f. Juristen v. 24. 1. 1953 (GVBl. S. 77)	(Berl)**JAO**
Justizbeitreibungsordnung v. 11. 3. 1937 (RGBl. I S. 298)	JBeitrO
Justizkassenordnung v. 30. 1. 1937 (SonderveröffDtJust. Nr. 13)	JKassO
Justiz-Kostenmarkenordnung v. 25. 3. 1938 (SonderveröffDtJust. Nr. 2)	**JKMO**
Justizrechnungsprüfungsbestimmungen AV v. 24. 11. 1937 (DtJust. S. 1836)	**JRPrBest.**
Justizvollzugsanstalten Arbeitsverwaltungsordnung f. d. kleineren ~ v. 14. 3. 1942	KlAVO

K

Kabelpfandgesetz v. 31. 3. 1925 (RGBl. I S. 37)	KabPfG
Kaffeesteuergesetz v. 30. 7. 1953 (BGBl. I S. 708)	KaffeeStG
Kaliwirtschaftsgesetz v. 18. 12. 1933 (RGBl. II S. 1027)	KaliWiG
Kanzleiordnung f. d. höheren Reichsbehörden v. 15. 5. 1928	**KOH**
Kapitalanlagegesetz v. 29. 3. 1934 (RGBl. I S. 295)	KapAnlG
Kapitalertragsteuer ~ DurchfVO i. d. F. v. 25. 2. 1956 (BGBl. I S. 59; BStBl. I S. 43)	**KapStDV**

Kapitalgesellschaften Ges. ü. d. Umwandlung von Kapitalgesellschaften v. 5. 7. 1934 (RGBl. I S. 569)	UmwG
Kapitalverkehrsgesetz v. 15. 12. 1952 (BGBl. I S. 801)	KapVerkG
Kapitalverkehrsteuer ~ gesetz i. d. F. v. 22. 9. 1955 (BGBl. I S. 590) ~ DurchfVO i. d. F. v. 22. 9. 1955 (BGBl. I S. 598)	 **KVStG 1955** **KVStDV 1955**
Kapitulantenversorgungsgesetz v. 27. 9. 1938 (RGBl. I S. 1222)	KapVersorgG
Kartellsteuerverordnung v. 20. 12. 1941 (RGBl. I S. 791)	**KartStV**
Kartellverordnung v. 2. 11. 1923 (RGBl. I S. 1067)	KartVO
Kassenarztrecht Ges. ü. ~ v. 17. 8. 1955 (BGBl. I S. 513)	 **GKAR**
Kassen- u. Rechnungswesen d. Gemeinden, VO ü. d. Reich. Vom 2. 11. 1938 (RGBl. I S. 1583) Baden. Vom 5. 3. 1950 (GVBl. S. 223) Hessen. Vom 27. 1. 1956 (GVBl. S. 55) Nordrhein-Westfalen. Vom 1. 3. 1955 (GVBl. S. 29)	**KuRVO**
Kassen- u. Rechnungswesen der Justizverwaltung Bestimmungen über d. ~. Amtl. zusammengest. nach d. Stande v. 1. 12. 1939	**KRZ**
Kassenordnung Preußen. Kreis ~ v. 27. 2. 1937 (FMBl. S. 23) Preußische ~ v. 14. 11. 1932 (FMBl. S. 205; PrBesBl. S. 223)	 **KrKO** **PrKO**
Katastergesetz (Hessen) v. 9. 7. 1956 (GVBl. S. 121)	KatG
Kindergeld ~ gesetz v. 13. 11. 1954 (BGBl. I S. 333) ~ anpassungsgesetz v. 7. 1. 1955 (BGBl. I S. 17) ~ ergänzungsgesetz v. 23. 12. 1955 (BGBl. I S. 841)	 KGG **KGAG** **KGEG**
Kirchengemeindeordnung	KirchGO
Kirchensteuer Gesetz ü. d. Erhebung von ~ (Bayern) v. 1. 12. 1941 (GVBl. S. 169)	 KirchStG
Kleinbahnen Ges. ü. ~ u. Privatanschlußbahnen (Preußen) v. 28. 7. 1892 (GS S. 225)	 KlBahnG
Kleingarten- und Kleinpachtlandordnung v. 31. 7. 1919 (RGBl. S. 1371)	KlGPachtO
Kleingartengesetz (Schleswig-Holstein) v. 3. 2. 1948 (GVBl. S. 59)	KlGartG

Kleinsiedlung	
Bestimmungen über die Förderung d. ~ v. 14. 9. 1937 (RAnz. Nr. 214)	**KSB**
Kleinwohnbau	
VO ü. d. Gebührenbefreiung beim ~ v. 27. 8. 1936 (RGBl. I S. 702)	KlWohngGebBefrVO
Knappschaftsversicherungs-Anpassungsgesetz v. 30. 7. 1949 (WiGBl. S. 202)	KnVersAnpG
Körperbeschädigten-Leistungsgesetz (Bayern) v. 26. 3. 1947 (GVBl. S. 107)	KBLG
Körperschaftsteuer s. a. Zerlegungsgesetz	
~ gesetz i. d. F. v. 21. 12. 1954 (BGBl. I S. 467)	**KStG 1955**
~ DurchfVO v. 23. 12. 1955 (RGBl. I S. 853)	**KStDV 1955**
~ Richtlinien f. d. Kalenderjahr 1955 v. 11. 5. 1956 (BStBl. I S. 243)	**KStR 1955**
Kommunalabgabengesetz s. a. Gemeindeabgabengesetz	
Preußen. ~ v. 14. 7. 1893 (GS S. 152)	(Pr)KAbgG
Rheinland-Pfalz. ~ v. 8. 11. 1954 (GVBl. S. 139)	(RhPf)KAbgG
Kommunalbeamte	
Ausführungsanweisung zum Dt. Beamtengesetz f. d. ~ n v. 1. 7. 1937 (MBliV S. 1051)	AAfGem.
Kommunale Wahlbeamte	
Gesetz ü. d. beamten- u. dienststrafrechtl. Stellung, Besoldung u. Versorgung d. ~n (Bayern) v. 10. 7. 1952 (GVBl. S. 223)	KWBG
Kommunalrecht	
Baden-Württemberg. Gesetz z. vorl. Angleichung d. ~s v. 13. 7. 1953 (GBl. S. 97)	**GAK**
Kommunalwahlgesetz	KWahlG
Baden-Württemberg. Vom 23. 7. 1956 (GBl. S. 115)	(BadWürtt)**KomWG**
Niedersachsen. Vom 18. 7. 1956 (GVBl. S. 81)	**NKWG**
Nordrhein-Westfalen. I. d. F. v. 12. 6. 1954 (GVBl. S. 226)	**KWahlG** (NRW)
Kommunalwahlordnung	KWahlO
Baden-Württemberg. Vom 17. 8. 1953 (GBl. S. 121)	(BadWürtt)**KWO**
Hessen. Vom 7. 3. 1952 (GVBl. S. 55)	(Hess)**KWO**
Niedersachsen. Vom 21. 7. 1956 (GVBl. S. 103)	**NKWO**
Nordrhein-Westfalen. Vom 1. 12. 1955 (GVBl. 1956 S. 1)	**KWahlO** (NRW)
Konkursordnung v. 10. 2. 1877 (RGBl. S. 351), 20. 5. 1898 (RGBl. S. 369, 612)	KO
Konsulargerichtsbarkeit Ges. ü. d. ~ v. 4. 7. 1900 (RGBl. S. 213)	KonsGerG
Konsulargesetz v. 8. 11. 1867 (BGBl. S. 137)	KonsG

Konzessionsabgaben Anordnung des Reichskommissars für die Preisbildung über die Zulässigkeit von ~ der Unternehmen und Betriebe zur Versorgung mit Elektrizität, Gas und Wasser an Gemeinden u. Gemeindeverbände (Konzessionsabgabenanordnung — Energie) v. 4. 3. 1941 (RAnz. Nr. 57)	KAE
Kosten im Bereich der Justivzerwaltung VO ü. ~ v. 14. 2. 1940 (RGBl. I S. 357)	**JVKostO**
Kosten und Geldstrafen Verwaltungsordnung f. ~ in Bayern v. 25. 4. 1939 (GVBl. S. 123)	**KVerwO**
Kostengesetz (Bayern) v. 17. 12. 1956 (GVBl. S. 361)	**KG**
Kostenordnung v. 25. 11. 1935 (RGBl. I S. 1371)	KostO
Kostenverfügung AV zu den Kostengesetzen i. d. F. v. 20. 11. 1940 (DtJust. S. 1361, i. V. m. SonderveröffDtJust. Nr. 22)	KostVfg.
Kostenrecht Gesetz ü. Maßnahmen auf dem Gebiete des ~s Bundesges. v. 7. 8. 1952 (BGBl. I S. 401) Bremen. Vom 14. 7. 1953 (GBl. S. 78) Hamburg. Vom 22. 5. 1953 (GVBl. S. 84) Hessen. Vom 23. 2. 1953 (GVBl. S. 15) Niedersachsen. Vom 11. 12. 1952 (GVBl. S. 184) Nordrhein-Westfalen. Vom 12. 5. 1953 (GVBl. S. 276) Rheinland-Pfalz. Landesges. v. 28. 3. 1943 (GVBl. S. 27) Schleswig-Holstein. Vom 12. 5. 1953 (GVBl. S. 52)	KostMaßnG
Kostenzuschlagsgesetz (Bayern) v. 28. 4. 1953 (GVBl. S. 49)	KZuschlG
Kraftfahrunternehmen Verordnung über den Betrieb von ~ im Personenverkehr v. 13. 2. 1939 (RGBl. I S. 231)	BOKraft.
Kraftfahrzeuge Ges. ü. d. Verkehr mit ~n v. 3. 5. 1909 (RGBl. S. 437)	**KFG*)**
Kraftfahrzeugführer VO ü. d. Ausbildung von ~n v. 21. 12. 1933 (RGBl. 1934 I S. 13)	**AusbildV*)**
Kraftfahrzeugmißbrauch-Gesetz v. 21. 11. 1947 (WiGBl. S. 9)	**KfzMißbrG**
Kraftfahrzeugpflichtversicherungsgesetz v. 7. 11. 1939 (RGBl. I S. 2223)	KfzPflVersG

*) Abkürzung empfohlen durch RVkBl. B 1936 S. 39

Kraftfahrzeugsteuer	
~gesetz i. d. F. v. 30. 6. 1955 (BGBl. I S. 418)	**KraftStG 1955**
~DurchfVO i. d. F. v. 12. 7. 1955 (BGBl. I S. 423)	**KraftStDV 1955**
Kraftfahrzeugversicherung	
VO ü. d. Kraftfahrzeug-Kasko- u. Haftpflichtversicherungsverträge v. 3. 10. 1939 (RGBl. I S. 1985)	KfzVersVertrVO
Kraftfahrzeugzuweisungen	
Gesetz ü. d. Bereinigung von ~ (Bayern) v. 28. 1. 1950 (GVBl. S. 43)	KfzBerG
Kraftverkehrsordnung	
~ in der für den Güterfernverkehr mit Kraftfahrzeugen der Deutschen Reichsbahn gültigen Fassung v. 30. 3. 1936 (RVkBl. B S. 169)	**KVO der Rb.**
~ für den Güterfernverkehr mit Kraftfahrzeugen v. 30. 3. 1936 (RVkBl. B S. 151)	**KVO**
Krankengymnasten	KrGymnG
Gesetz ü. ~ (Bayern) v. 30. 4. 1952 (GVBl. S. 165)	
Krankenpflegeverordnung	**KrPflV**
v. 28. 9. 1938 (RGBl. I S. 1310)	
Krankenversicherung der Rentner	
VO ü. d. ~ v. 4. 11. 1941 (RGBl. I S. 689)	RentnKrVersVO
Gesetz ü. ~ v. 12. 6. 1956 (BGBl. I S. 500)	**KVdR**
Krankheiten	
VO z. Bekämpfung übertragbarer ~ v. 1. 12. 1938 (RGBl. I S. 1721)	KrkhBekVO
Kreditwesen	
Gesetz ü. d. ~ i. d. F. v. 25. 9. 1939 (RGBl. I S. 1955)	KredWesG
Kreis- und Provinzialabgabengesetz (Preußen) vom 23. 4. 1906 (GS S. 159)	(Preuß)KrProvAbgG
Kreisordnung s. a. Landkreisordnung	
~ für Schleswig-Holstein v. 27. 2. 1950 (GVBl. S. 49)	**KO**
Kreuzungen	
Ges. ü. ~ von Eisenbahnen und Straßen v. 4. 7. 1939 (RGBl. I S. 1211)	KreuzG
Kriegsgefangenenentschädigungsgesetz	**KgfEG**
i. d. F. v. 8. 12. 1956 (BGBl. I S. 908)	
Kriegsgräbergesetz	KriGrG
v. 27. 5. 1952 (BGBl. I S. 320)	
Kriegsmaßnahmenverordnung	KrMaßnVO
v. 12. 5. 1943 (RGBl. I S. 290)	
Kriegsopferversorgung	
Gesetz ü. d. Verwaltungsverfahren in der ~ v. 2. 5. 1955 (BGBl. I S. 202)	VwVerfG-KOV
Kriegspersonenschädengesetz	KrPersSchG
i. d. F. v. 30. 6. 1923 (RGBl. I S. 545)	

Kriegssachschäden	
5. Durchf.- u. ErgVO z. ~ VO (Schäden d. Seeschifffahrt) v. 13. 11. 1942 (RGBl. I S. 645)	**SSchVO**
~ VO v. 30. 11. 1940 (RGBl. I S. 1547)	KSSchVO
VO ü. d. Einwirkung von ~ an Gebäuden auf Miet- und Pachtverhältnisse v. 28. 9. 1943 (RGBl. I S. 546)	EinwirkVO
Gesetz ü. d. Einwirkung v. ~ an Gebäuden auf Miet- und Pachtverhältnisse v. 4. 9. 1950 (BGBl. S. 447)	EinwirkG
Kriegssonderstrafrechtsverordnung v. 17. 8. 1938 (RGBl. 1939 I S. 1455)	KSSVO
Kriegsstrafverfahrensordnung v. 17. 8. 1938 (RGBl. 1939 I S. 1457)	**KStVO**
Kriegswirtschaftsverordnung v. 4. 9. 1939 (RGBl. I S. 1609)	KWVO
Kündigung	
Gesetz ü. d. Auflockerung d. ~stermine bei Miethältnissen über Wohnräume v. 24. 3. 1938 (RGBl. I S. 306)	KündAuflG
Gesetz ü. d. Fristen f. d. ~ von Angestellten v. 9. 7. 1926 (RGBl. I S. 399)	AngKSchG
Kündigungsschutz	
VO ü. ~ und andere kleingartenrechtliche Vorschriften i. d. F. v. 15. 12. 1944 (RGBl. I S. 347)	KSchVO
Kündigungsschutzgesetz v. 10. 8. 1951 (BGBl. I S. 499)	**KSchG**
Kunsturhebergesetz v. 9. 1. 1907 (RGBl. S. 7)	KunstUG

L

Landarbeitsordnung	LAO
Vorläufige ~ v. 24. 1. 1919 (RGBl. S. 111)	
Landbewirtschaftungsordnung	LBO
Brit. Zone. In Kraft seit d. 24. 4. 1947 (= Anl. C zur BrMRVO Nr. 84; VOBl. BrZ S. 38)	
Hessen. Vom 11. 7. 1947 (GVBl. S. 52)	
Württemberg-Baden. Vom 1. 10. 1947 (RegBl. S. 105)	
Landesbauordnung	LBauO
~ für Schleswig-Holstein v. 1. 8. 1950 (GVBl. S. 225)	
Landesbeamtengesetz s. a. Beamtengesetz	
Berlin. I. d. F. v. 10. 12. 1954 (GVBl. S. 747)	(Berl)LBG
Nordrhein-Westfalen. ~ f. das Land . . . v. 15. 6. 1954 (GVBl. S. 237)	(NRW) **LBG**
Rheinland-Pfalz. ~ von . . . i. d. F. v. 28. 4. 1951 (GVBl. S. 114)	(RhPf) LBG

Landesbeamtenrechtsänderungsgesetz (Berlin) v. 2. 12. 1954 (GVBl. S. 729)	**LBÄG**
Landesgebührenordnung	LGebO
Baden. ~ f. Gerichtsvollzieher v. 1. 1. 1925 (GVBl. S. 2)	
Bayern. ~ f. Gerichtsvollzieher v. 18. 2. 1924 (GVBl. S. 58)	
Braunschweigische ~ f. Rechtsanwälte u. Gerichtsvollzieher v. 28. 2. 1923 (GuVS S. 91)	
Bremische ~ f. Rechtsanwälte u. Gerichtsvollzieher v. 31. 1. 1929 (GBl. S. 15)	
Hessische ~ f. Gerichtsvollzieher v. 19. 10. 1951 (GVBl. S. 72)	
Preußen. ~ f. Rechtsanwälte u. Gerichtsvollzieher i. d. F. v. 28. 10. 1922 (GS S. 410)	
Württemberg. ~ v. 22. 12. 1930 (RegBl. S. 393)	**LGO**
Landesjustizkostengesetz (Baden) v. 26. 4. 1928 (GVBl. S. 139)	LJKG
Landesplanungsgesetz (Nordrhein-Westfalen) v. 11. 3. 1950 (GVBl. S. 41)	LPlanG
Landesschlichtungsordnung (Baden) v. 19. 10. 1949 (GVBl. 1950 S. 60)	SchlichtO
Landesstraf- u. Verordnungsgesetz (Bayern) v. 17. 11. 1956 (GVBl. S. 261)	**LStVG**
AusfVO v. 19. 11. 1956 (GVBl. S. 274)	**AVLStVG**
Landesverwaltungsgesetz	LVG
Baden-Württemberg. Vom 7. 11. 1955 (GBl. S. 225)	
Preußen. Vom 30. 7. 1883 (GS S. 195)	
Landeswahlgesetz s. a. Landtagswahlgesetz	LWahlG
Bayern. Vom 11. 8. 1954 (GVBl. S. 177)	
Niedersächsisches ~ i. d. F. v. 13. 12. 1954 (GVBl. S. 157)	
Nordrhein-Westfalen. Vom 26. 3. 1954 (GVBl. S. 88)	
Rheinland-Pfalz. Vom 7. 12. 1950 (GVBl. S. 317)	
Schleswig-Holstein. Vom 22. 10. 1951 (GVBl. S. 180)	
Landeswahlordnung	LWahlO
Baden-Württemberg. Vom 14. 8. 1955 (GBl. S. 161)	
Bayern. Vom 15. 8. 1954 (GVBl. S. 189)	**LWO**
Bremische ~ v. 7. 8. 1951 (GBl. S. 79)	
Hamburg. Vom 29. 9. 1953 (GVBl. S. 247)	
Hessen. Vom 11. 8. 1954 (GVBl. S. 141)	
Niedersächsische ~ v. 12. 3. 1951 (GVBl. S. 130)	
Nordrhein-Westfalen. Vom 8. 4. 1954 (GVBl. S. 95)	
Rheinland-Pfalz. Vom 20. 2. 1951 (GVBl. S. 23)	
Schleswig-Holstein. Vom 4. 3. 1952 (GVBl. S. 35)	
Landeswohnungsgesetz	LWoG
Baden. Vom 28. 4. 1949 (GVBl. S. 247)	**LWG**
Nordrhein-Westfalen. Vom 9. 6. 1954 (GVBl. S. 205)	

Landeswohnungsordnung (Bayern) v. 8. 2. 1937 (GVBl. S. 33)	LWoO
Landfahrerverordnung (Bayern) v. 22. 12. 1953 (GVBl. S. 197)	LFO
Landgüterordnung, Hessische v. 1. 12. 1947 (GVBl. 1948 S. 12)	LGütO
Landkreisordnung	LKrO
~ f. Baden-Württemberg v. 10. 10. 1955 (GBl. S. 207)	
Bayern. ~ i. d. F. v.16. 2. 1952 (GVBl. S. 39)	**LKrO**
Hessische ~ v. 25. 2. 1952 (GVBl. S. 37)	**HKO**
Nordrhein-Westfalen. ~ f. d. Land . . . v. 21. 7. 1953 (GVBl. S. 305)	
Rheinland-Pfalz. ~ (= Teil C d. Selbstverwaltungsgesetzes) i. d. F. v. 5. 10. 1954 (GVBl. S. 132)	
Schleswig-Holstein. Kreisordnung f. . . . v. 27. 2. 1950 (GVBl. S. 49)	**KO**
Landkreiswahlgesetz (Bayern) i. d. F. d. Bek. v. 12. 1. 1956 (GVBl. S. 19)	**LKrWG**
Landpachtgesetz v. 25. 6. 1952 (BGBl. I S. 343)	LPachtG
Landrecht f. Preußen s. Allgemeines Landrecht f. d. preußischen Staaten	
Landtagswahlgesetz	LTWahlG
Baden-Württemberg. Vom 9. 5. 1955 (GBl. S. 71)	
Hessen. I. d. F. v. 15. 7. 1954 (GVBl. S. 133)	
Landwirtschaftliche Entschuldung	
VO z. Abwicklung d. landwirtschaftlichen Schuldenregelung v. 5. 7. 1948 (VOBl. BrZ S. 199)	EntschAbwVO
Ges. z. Abwicklung der landwirtschaftl. Entschuldung v. 25. 3. 1952 (BGBl. I S. 203)	LwEntschG
Landwirtschaftliche Siedlung	
Gesetz z. Förderung der ~ v. 15. 5. 1953 (BGBl. I S. 224)	LwSiedlG
Landwirtschaftsgesetz	
v. 5. 9. 1955 (BGBl. I S. 565)	LwG
Landwirtschaftskammer	LwKG
Bremen. Ges. ü. d. ~ v. 20. 3. 1956 (GBl. S. 13)	
Niedersachsen. Ges. ü. ~n v. 5. 7. 1954 (GVBl. S. 55)	
Nordrhein-Westfalen. Ges. ü. d. Errichtung v. ~n im Lande . . . v. 11. 2. 1949 (GVBl. S. 53)	
Rheinland-Pfalz. Landesges. ü. ~n v. 6. 9. 1948 (GVBl. S. 325)	
Schleswig-Holstein. Gesetz ü. d. ~ . . . v. 19. 5. 1953 (GVBl. S. 53)	

Landwirtschaftssachen	
Verfahrensordnung f. ~ (Brit. Zone) v. 2. 12. 1947 (VOBl. BrZ S. 157)	**LVO(BrZ)**
Gesetz ü. d. gerichtliche Verfahren in ~ v. 21. 7. 1953 (BGBl. I S. 667)	LwVG
VO ü. d. Rechtsbeschwerde in ~ v. 15. 10. 1948 (VOBl. BrZ S. 313)	**LVR**
Lastenausgleich	
~sgesetz v. 14. 8. 1952 (BGBl. I S. 446)	**LAG**
DurchfVerordnungen ü. Ausgleichsabgaben	**AbgabenDV-LA**
8. DV v. 28. 6. 1954 (BGBl. I S. 151)	**8. AbgabenDV-LA, KGA-Verordnung**
10. DV v. 28. 6. 1954 (BGBl. I S. 161)	**10. AbgabenDV-LA, VA-VeranlDV**
11. DV v. 11. 8. 1954 (BGBl. I S. 258)	**11. AbgabenDV-LA, ZeitwVO**
15. DV v. 2. 6. 1955 (BGBl. I S. 267)	**15. AbgabenDV-LA, HGA-RErstDV**
17. DV v. 3. 11. 1955 (BGBl. I S. 704)	**17. AbgabenDV-LA, HGA-ErlDV**
18. DV v. 30. 11. 1955 (BGBl. I S. 745)	**18. AbgabenDV-LA, HGA-WAufbDV**
19. DV v. 31. 8. 1956 (BGBl. I S. 768)	**19. AbgabenDV-LA, AllgHGA-DV**
Verordnungen ü. Ausgleichsleistungen	**LeistungsDV-LA**
Gesetz ü. d. Gewährung v. Vorschußzahlungen an Empfänger von Unterhaltshilfe nach d. Lastenausgleichsgesetz v. 13. 11. 1954 (BGBl. I S. 341)	**VorschG LAG**
Berlin. Ges. ü. Abgaben in Vorbereitung eines Lastenausgleichs v. 20. 12. 1951 (GVBl. S. 1187)	LAVorbG
Laufbahnverordnung s. a. Bundeslaufbahnverordnung	LaufbVO
VO ü. d. Vorbildung u. d. Laufbahn d. deutschen Beamten v. 28. 2. 1939 (RGBl. I S. 371), i. d. F. v. 24. 1. 1951 (BGBl. I S. 87, 90)	
Bayern. ~ v. 23. 6. 1952 (GVBl. S. 199)	
Lebens- und Rentenversicherung	
VO ü. d. ~ aus Anlaß d. Neuordnung d. Geldwesens [Hier nicht alle aufgezählt]	VOLRV
Lebensmittelgesetz v. 17. 1. 1936 (RGBl. I S. 17)	LebMG
Lebensversicherung	
Amtliche Hinweise f. d. Lebens- u. Rentenversicherung v. 5. 7. 1948 (VeröffVw. 7/48 S. 7)	AmtlHinwLRV
Lehrerbesoldungsverordnung (Baden-Württemberg) v. 28. 8. 1954 (GBl. S. 121)	**LBV**
Leistungspflichtgesetz (Hessen) i. d. F. v. 31. 7. 1947 (GVBl. S. 58)	LPflG

Lernmittelfreiheit	LMFrG
Bayern. Gesetz ü. d. ~ v. 5. 3. 1949 (GVBl. S. 59)	
Hessen. Gesetz z. Durchf. d. ~ v. 12. 7. 1949 (GVBl. S. 96)	
Lichtspielgesetz	LichtspG
v. 16. 2. 1934 (RGBl. I S. 95)	
Lichtspieltheater	
VO ü. d. Anlage u. Einrichtung von ~n u. ü. Sicherheitsvorschriften bei Lichtspielvorführungen	LichtspielVO
Bayern. ~ v. 11. 3. 1938 (GVBl. S. 125)	
Preußen. ~ v. 18. 3. 1937 (GS S. 41)	
Literaturuhrhebergesetz	LitUG
v. 19. 6. 1901 (RGBl. S. 227)	
Löschungsgesetz	LöschG
v. 9. 10. 1934 (RGBl. I S. 914)	
Lohnabzug	
VO ü. d. Vereinfachung des ~s	**LAV**
1. VO v. 1. 7. 1941 (RGBl. I S. 362)	
2. VO v. 24. 4. 1942 (RGBl. I S. 252)	
Lohnpfändungsverordnung	LohnpfVO, **Lohnpfändungs V 1940**
v. 30. 10. 1940 (RGBl. I S. 1451)	
Lohnsteuer	
~ DurchfVO i. d. F. v. 27. 8. 1955 (BGBl. I S. 542)	**LStDV 1955**
~ Richtlinien i. d. F. v. 20. 9. 1955 (BAnz. Nr. 184; BStBl. I S. 489)	**LStR 1955**
~ Ergänzungsrichtlinien v. 27. 8. 1955 (BAnz. Beil. zu Nr. 168, BStBl. I S. 419)	**LStER 1955**
~ JahresausgleichsVO v. 24. 12. 1953 (BGBl. I S. 1579)	LStJahrAusglVO
Lohnzahlung	
Gesetz z. Regelung d. ~ an Feiertagen v. 2. 8. 1951 (BGBl. I S. 479)	LohnzG
Londoner Schuldenabkommen	LondSchAbk.
Abkommen ü. deutsche Auslandsschulden v. 27. 2. 1953 (BGBl. II S. 333)	
Ausführungsgesetz v. 24. 8. 1953 (BGBl. I S. 1003)	AGLondSchAbk.
Lotterie	
Gesetz ü. d. ~spiel (Bayern) i. d. F. d. Bek. v. 26. 5. 1928 (GVBl. S. 333)	LottG
~verordnung v. 6. 3. 1937 (RGBl. I S. 283)	LottVO
Luftverkehr	
s. a. Warschauer Abkommen	
Luftverkehrsgesetz	LuftVG
i. d. F. v. 21. 8. 1936 (RGBl. I S. 653)	
Luftverkehrs-Zollordnung	**LZO**
v. 5. 5. 1941 (RMBl. S. 111)	

M

Mannschaftsversorgungsgesetz v. 31. 5. 1906 (RGBl. S. 593)	MannVersG
Markscheiderordnung (Preußen) v. 23. 3. 1923 (RAnz. 1924 Nr. 105)	MarkSchO
Maß- und Gewichtsgesetz v. 13. 12. 1935 (RGBl. I S. 1499)	MaßGewG
Masseure	
Gesetz ü. ~ u. medizinische Bademeister (Bayern) v. 28. 9. 1950 (GVBl. S. 209)	MassG
Maßnahmen auf dem Gebiet des Beamtenrechts	MaßnVO
VO ü. ~	
Reich. 1. VO v. 1. 9. 1939 (RGBl. I S. 1603), 2. VO i. d. F. v. 9. 10. 1942 (RGBl. I S. 580)	
Bremen. VO i. d. F. v. 13. 6. 1952 (GBl. S. 54)	
Niedersachen. 1. VO v. 15. 1. 1949 (GVBl. S. 19) 2. VO v. 15. 3. 1949 (GVBl. S. 57) 3. VO v. 29. 3. 1949 (GVBl. S. 63)	
Schleswig-Holstein. VO v. 6. 5. 1947 (GVBl. S. 9)	
Gesetz ü. Maßnahmen auf besoldungsrechtl. u. versorgungsrechtl. Gebiet (Vereinigtes Wirtschaftsgebiet) v. 22. 8. 1949 (WiGBl. S. 259)	MaßnG
Maßnahmen auf dem Gebiet des Besoldungs- und Versorgungsrechts (Bayern) v. 19. 12. 1956 (GVBl. S. 393)	MaßnG
Meldegesetz (Nordrhein-Westfalen) v. 28. 4. 1950 (GVBl. S. 117)	MeldeG
Meldeordnung	MeldeO
Bremen. Vom 24. 6. 1949 (GBl. S. 129)	
Hamburg. Vom 26. 4. 1949 (GVBl. S. 71)	
Hessen. Vom 21. 6. 1950 (GVBl. S. 123)	
Niedersachsen. Vom 1. 4. 1949 (GVBl. S. 80)	
Rheinland-Pfalz. LandesVO v. 2. 9. 1949 (GVBl. S. 441)	
Schleswig-Holstein. Vom 1. 2. 1949 (GVBl. S. 10)	
Württemberg-Baden. VO Nr. 366 v. 5. 7. 1949 (RegBl. S. 156)	
Menschenrechte	
Gesetz ü. d. Konvention zum Schutze d. ~ u. Grundfreiheiten v. 7. 8. 1952 (BGBl. II S. 685)	MenschRKonvG
Messungsgebührenverordnung (Bayern) v. 13. 12. 1956 (GVBl. S. 364)	**MessGebVO**
Mietenverordnung v. 20. 11. 1950 (BGBl. S. 759)	MietenVO

Mieterschutz	
~gesetz i. d. F. v. 15. 12. 1942 (RGBl. I S. 712)	MSchG
VO ü. Ausnahmen vom ~ v. 27. 11. 1951 (BGBl. I S. 926)	MSchAusnVO
Mietwohnungsvorschriften v. 30. 1. 1937 (RBesBl. S. 25)	**MWV**
Milch- und Fettgesetz i. d. F. v. 10. 12. 1952 (BGBl. I S. 811)	MFG
Milchgesetz v. 31. 7. 1930 (RGBl. I S. 421)	MilchG
Bayern. VollzugsVO v. 14. 12. 1956 (GVBl. S. 369)	**MV**
Militäranwärteranstellungsverordnung	**MAV**
~ v. 20. 5. 1943 (RGBl. I S. 322)	
DurchfBest. z. ~ v. 2. 8. 1943 (RGBl. I S. 455)	**MAVDB**
Militärhinterbliebenengesetz v. 17. 5. 1907 (RGBl. S. 214)	MilHinterblG
Militärstrafgerichtsordnung i. d. F. d. Bek. v. 29. 9. 1936 (RGBl. I S. 755)	**MStGO**
Militärstrafgesetzbuch i. d. F. d. VO v. 10. 10. 1940 (RGBl. I S. 1347)	MStGB
Mindestarbeitsbedingungen Gesetz ü. d. Festsetzung von ~ v. 11. 1. 1952 (BGBl. I S. 17)	MindArbBedG
Mineralölsteuergesetz i. d. F. d. Bek. v. 21. 5. 1953 (BGBl. I S. 234)	MinöStG
Ministergesetz Baden. Vom 6. 8. 1947 (GVBl. S. 174) Baden-Württemberg. Vom 13. 12. 1954 (GBl. S. 163) Niedersachsen. Vom 1. 4. 1953 (GVBl. S. 27) Rheinland-Pfalz. Vom 17. 7. 1954 (GVBl. S. 91)	MinG
Mitbestimmung Ges. ü. d. ~ d. Arbeitnehmer in d. Aufsichtsräten u. Vorständen d. Unternehmen d. Bergbaus u. d. Eisen u. Stahl erzeugenden Industrie v. 21. 5. 1951 (BGBl. I S. 347)	MitbG
Mitteilungen in Strafsachen	MittStrafs.
AV d. RJM v. 21. 5. 1935 (=SonderveröffDtJust. Nr. 8)	
Fassung der AV d. Präs. d. Zentraljustizamts f. d. Brit. Zone v. 31. 5. 1949 (= Sonderveröff. d. Zentraljustizblatts Nr. 2/1949)	MittStrafs. (BrZ)
Möbeltransporte s. Beförderungsbedingungen f. Möbeltransporte	
Moorschutzgesetz (Preußen) v. 20. 8. 1923 (GS S. 400)	MoorSchG

Mutterschutz	MuSchG
~gesetz v. 24. 1. 1952 (BGBl. I S. 69)	
VO ü. d. ~ f. Beamtinnen	MuSchVO f. B.
Bund. Vom 19. 7. 1954 (BGBl. I S. 214)	
Schleswig-Holstein. Vom 4. 7. 1956 (GVBl. S. 115)	

N

Nachlaßgesetz (Bayern) v. 9. 8. 1902 (GVBl. S. 463)	NachlG
Nachlaßordnung (Bayern) Bek. v. 20. 3. 1903 (JMBl. n. F. Bd. I S. 459)	NachlO
Nahverkehrspreisordnung VO ü. Höchstpreise f. Fuhrleistungen mit Kraftfahrzeugen im Nahverkehr	**NVP**
1. VO v. 15. 1. 1940 (RGBl. I S. 115)	
2. VO (= PR Nr. 45/51) v. 14. 9. 1951 (BAnz. Nr. 185; BWMBl. S. 314)	
Naturschutzgesetz s. Reichsnaturschutzgesetz	
Naturschutzverordnung v. 18. 3. 1936 (RGBl. I S. 181)	NatSchVO
Neuaufbaugesetz Gesetz ü. d. Neuaufbau des Reichs v. 30. 1. 1934 (RGBl. I S. 75)	NeuaufbG
Neugliederungsgesetz	NeuglG
1. Gesetz v. 4. 5. 1951 (BGBl. I S. 283)	
2. Gesetz v. 4. 5. 1951 (BGBl. I S. 284)	
Nießbrauchsrechte Gesetz ü. d. Veräußerung von ~n u. beschränkten persönlichen Dienstbarkeiten v. 13. 12. 1935 (RGBl. I S. 1468)	NießbrVeräußG
Notare	
Dienstordnung f. ~ v. 5. 6. 1937 (DtJust. S. 874)	DO f.Not.
AV ü. Angelegenheiten d. ~ v. 14. 6. 1937 (DtJust. S. 914)	AV f.Not.
Notariatsgesetz (Bayern) v. 9. 6. 1899 (GVBl. Beil. IV z. Landtagsabschied S. 137)	NotG
Notariatskostenordnung (Württemberg) v. 20. 12. 1926 (RegBl. S. 302)	**NKO**
Notarordnung s. a. Reichsnotarordnung	
(Rheinland-Pfalz) v. 3. 9. 1949 (GVBl. S. 391)	NotO (RhPf)
Notaufnahme Ges. ü. d. ~ v. Deutschen in das Bundesgebiet v. 22. 8. 1950 (BGBl. S. 367)	NotaufnG

Notopfer Berlin — **NOG 1955**
Gesetz z. Erhebung einer Abgabe ∼ v. 16. 12. 1954 (BGBl. I S. 422)

Nutzungswert — EinfhNV
VO ü. d. Bemessung des ∼ s der Wohnung im eigenen Einfamilienhaus v. 26. 1. 1937 (RGBl. I S. 99)

O

Oberfinanzkassenordnung — **OFKO**
v. 22. 3. 1929 (RFBl. S. 29)

Oberlehrergesetz (Bayern) — ObLehrG
v. 20. 11. 1951 (GVBl. S. 223)

Oberversicherungsämter — OVAO
VO ü. Geschäftsgang und Verfahren der ∼ v. 24. 12. 1911 (RGBl. S. 1095)

Öffentliche Anleihen
s. Ablösung öffentlicher Anleihen

Öffentliche Aufträge
Leitsätze f. d. Preisermittlung auf Grund d. Selbstkosten bei Bauleistungen f. öffentl. Auftraggeber v. 25. 5. 1940 (RGBl. I S. 851), 12. 2. 1942 (RGBl. I S. 89) — **LSBÖ**
Leitsätze f. d. Preisermittlung auf Grund der Selbstkosten bei Leistungen f. öffentl. Auftraggeber v. 15. 11. 1938 (RGBl. I S. 1623), 12. 2. 1942 (RGBl. I S. 89) — **LSÖ**

Offiziersentschädigungsgesetz — OffEntschG
v. 13. 9. 1919 (RGBl. S. 1654)

Offizierspensionsgesetz — OffPensG
v. 31. 5. 1906 (RGBl. S. 565)

Opiumgesetz — OpiumG
v. 10. 12. 1929 (RGBl. I S. 215)

Orderlagerscheine — OrderlagSchVO
VO ü. ∼ v. 16. 12. 1931 (RGBl. I S. 763)

Ordnung der nationalen Arbeit
Gesetz v. 20. 1. 1934 (RGBl. I S. 45) — AOG
Gesetz f. öffentliche Verwaltungen u. Betriebe v. 23. 3. 1934 (RGBl. I S. 220) — AOGÖ

Ordnungsbehörden — **OBG**
Gesetz ü. Aufbau u. Befugnisse d. ∼ (Nordrhein-Westfalen) v. 16. 10. 1956 (GVBl. S. 289)

Ordnungswidrigkeiten, Ges. ü. — OWG
Bund. Vom 25. 3. 1952 (BGBl. I S. 177)
Hamburg. Landes ∼ v. 6. 12. 1954 (GVBl. S. 137) — (Hamb)OWG
1. Überleitungsges. z. Landes ∼ v. 20. 12. 1954 (GVBl. S. 155) — **1. ÜG-OWG**

Ortsgerichtsgesetz (Hessen) v. 6. 7. 1952 (GVBl. S. 124)	OGerG
Gebührenordnung f. d. Ortsgerichte im Lande Hessen v. 24. 10. 1952 (GVBl. S. 161)	OGerGebO
Ortsstraßengesetz (Baden) i. d. F. v. 30. 10. 1936 (GVBl. S. 179)	OrtsstrG

P

Pachtkreditgesetz i. d. F. v. 5. 8. 1951 (BGBl. I S. 494)	PachtKrG
Paßgebührenverordnung v. 6. 7. 1953 (BGBl. I S. 493)	PaßGebVO
Paßgesetz v. 4. 3. 1952 (BGBl. I S. 290)	PaßG
Paßverordnung i. d. F. v. 14. 2. 1955 (BGBl. I S. 75, 77)	PaßVO
Patentamtliche Gebühren Gesetz ü. d. ~ v. 22. 2. 1955 (BGBl. I S. 62)	PatGebG
Patentanwaltsgesetz v. 28. 9. 1933 (RGBl. I S. 669)	PatAnwG
Patentgesetz v. 5. 5. 1936 (RGBl. II S. 117), i. d. F. v. 18. 7. 1953 (BGBl. I S. 623)	PatG
Patentverlängerungsgesetz v. 15. 7. 1951 (BGBl. I S. 449)	PatVerlG
Pensionsergänzungsgesetz v. 21. 12. 1920 (RGBl. S. 2109)	PensErgG
Personalausweise, Gesetz ü. Bund. Vom 19. 12. 1950 (BGBl. S. 807) Baden-Württemberg. Vom 14. 11. 1955 (GBl. S. 243) Hamburg. Vom 23. 7. 1951 (GVBl. S. 117) Niedersächsisches ~ v. 20. 4. 1951 (GVBl. S. 120) Rheinland-Pfalz. Vom 4. 4. 1951 (GVBl. S. 95)	PersAuswG
Personalvertretungsgesetz v. 5. 8. 1955 (BGBl. I S. 477)	PersVG
Personenbeförderungsgesetz i. d. F. v. 6. 12. 1937 (RGBl. I S. 1320)	PBefG, PBG*)
Personenschädenverordnung v. 10. 11. 1940 (RGBl. I S. 1482)	PSchVO
Personenstandsangelegenheiten VO über ~ v. 12. 5. 1947 (VOBl. BrZ S. 53)	PStVO

---

*) Abkürzung empfohlen durch RVkBl. 1936 B S. 39

Personenstandsergänzungsgesetz Bund. Vom 15. 1. 1951 (BGBl. I S. 57) Bayern. Vom 23. 6. 1949 (GVBl. S. 141) Bremen. Vom 25. 8. 1949 (GBl. S. 175) Hessen. Vom 25. 6. 1949 (GVBl. S. 55) Württemberg-Baden. Ges. Nr. 947 v. 5. 7. 1949 (RegBl. S. 165)	PStErgG
Personenstandsgesetz v. 3. 11. 1937 (RGBl. I S. 1146)	PStG
Personenstandsverordnung der Wehrmacht i. d. F. v. 17. 10. 1942 (RGBl. I S. 597)	WehrmPStVO
Plakate VO ü. d. öffentliche Verbreitung von ~n, Flugblättern u. Flugschriften (Bayern) v. 7. 11. 1951 (GVBl. S. 214)	PlakVO
Planungsgesetz (Berlin) v. 22. 8. 1949 (VOBl. I S. 301), i. d. F. d. Bek. v. 22. 3. 1956 (GVBl. S. 272)	PlanG
Polizei, VO ü. d. Zuständigkeit der Hamburg. Vom 29. 11. 1945 (GVBl. 1946 S. 5) Rheinland-Pfalz. Vom 28. 9. 1954 (GVBl. S. 113)	PolZustVO
Polizeiaufgabengesetz (Bayern) v. 16. 10. 1954 (GVBl. S. 237)	**PAG**
Polizeibeamte Baden-Württemberg. Gesetz z. vorl. Regelung d. Rechtsverhältnisse d. ~ n v. 21. 11. 1955 (GBl. S. 245) Hessen. Gesetz z. vorl. Regelung d. Rechtsverhältnisse d. hessischen ~n v. 17. 3. 1952 (GVBl. S. 77)	vorlPolBG
Polizeibeamtengesetz	PBG
Deutsches ~ v. 24. 6. 1937 (RGBl. I S. 653)	**PBG**
Bayern. Vom 12. 4. 1928 (GVBl. S. 193)	**PBG**
Berlin. I. d. F. v. 10. 12. 1954 (GVBl. S. 773) Preußen. Vom 31. 7. 1927 (GS S. 151)	
Rheinland-Pfalz. ~ f. d. Land ... v. 26. 3. 1954 (GVBl. S. 42)	**LPolBG**
Schleswig-Holstein. ~ f. d. Land ... v. 17. 8. 1953 (GVBl. S. 93)	
Polizeigesetz Baden-Württemberg. ~ v. 21. 11. 1955 (GBl. S. 249) Hessisches ~ v. 10. 11. 1954 (GVBl. S. 203) ~ f. d. Land Schleswig-Holstein i. d. F. v. 31. 3. 1952 (GVBl. S. 92)	PolG
Polizeiorganisationsgesetz	POG
Bayern. I. d. F. v. 20. 10. 1954 (GVBl. S. 245)	**POG**
Nordrhein-Westfalen. Gesetz ü. d. Organisation u. d. Zuständigkeit d. Polizei im Lande ... v. 11. 8. 1953 (GVBl. S. 330) Schleswig-Holstein. Vom 22. 12. 1952 (GVBl. S. 185)	

Polizeistrafgesetzbuch für Bayern v. 26. 12. 1871 (GBl. 1871/72 S. 9)	PStGB
Polizeiverwaltungsgesetz Preußen. Vom 1. 6. 1931 (GS S. 77) Rheinland-Pfalz. Vom 26. 3. 1954 (GVBl. S. 31)	PVG
Polizeiverwendung Gesetz ü. d. Verwendung d. Polizei im Falle eines öffentlichen Notstandes (Bayern) v. 24. 11. 1950 (GVBl. S. 240)	PVerwG
Polizeivollzugsbeamte	
Gesetz z. vorl. Regelung d. Rechtsverhältnisse d. ∼n d. Bundes v. 6. 8. 1953 (BGBl. I S. 899)	**vorlBPolG**
VO ü. d. Laufbahn d. ∼n Bremen. Vom 19. 9. 1952 (GBl. S. 89)	PolLVO
Hessen. Vom 10. 11. 1953 (GVBl. S. 196)	**PolLVO**
VO ü. d. Ernennung u. d. Laufbahn der ∼n d. Landes Nordrhein-Westfalen v. 1. 6. 1955 (GVBl. S. 131)	**LVOPol.**
Postordnung v. 30. 1. 1929 (RGBl. I S. 33)	PostO
Postscheckgesetz i. d. F. v. 22. 3. 1921 (RGBl. S. 247)	PostschG
Postscheckordnung i. d. Bek. v. 16. 12. 1927 (ABlRPM S. 519)	PostschO
Postsparkassenordnung v. 11. 11. 1938 (RGBl. I S. 1645)	PostspkO
Postverwaltungsgesetz v. 24. 7. 1953 (BGBl. I S. 676)	PostVwG
Postwesen Gesetz ü. d. ∼ des Deutschen Reichs v. 28. 10. 1871 (RGBl. S. 347)	PostG
Post-Zollordnung v. 31. 1. 1940 (RMBl. S. 45)	**PZO**
Postzustellungsverordnung v. 23. 8. 1943 (RGBl. I S. 527)	PostZustVO
Preise bei öffentlichen Aufträgen	
VO ü. ∼ v. 11. 8. 1943 (RGBl. I S. 482)	**VPÖ**
VO PR 30/53 ü. d. ∼ v. 21. 11. 1953 (BAnz. Nr. 244; BWMBl. S. 474)	VPöA
Preisauszeichnung VO ü. ∼ i. d. F. v. 6. 4. 1944 (RGBl. I S. 98)	PreisauszVO
Preisbildung bei öffentlichen Aufträgen Richtlinien für die ∼ v. 15. 11. 1938 i. d. F. v. 24. 3. 1941 (RAnz. Nr. 73), 12. 2. 1942 (RAnz. Nr. 51)	**RPÖ**

Preisbindungsverordnung v. 23. 11. 1940 (RGBl. I S. 1573)	PreisbindVO
Preisermittlung s. a. Öffentliche Aufträge Leitsätze f. d. ~ auf Grund v. Selbstkosten v. 21. 11. 1953 (BAnz. Nr. 244; BWMBl. S. 474)	LSP
Preisfreigabeanordnung v. 25. 6. 1948 (WiGBl. S. 61)	PreisfreigAO
Preisgesetz v. 10. 4. 1948 (WiGBl. S. 27)	PreisG
Preisrecht Verordnungen auf dem Gebiete des ~s	PR [folgt Zahl, Bruchstrich u. Jahreszahl, z. B. 75/52]
Preisstopverordnung v. 26. 11. 1936 (RGBl. I S. 955)	PreisstopVO
Preisstrafrechtsverordnung i. d. F. v. 26. 10. 1944 (RGBl. I S. 264)	PrStrVO
Preisüberwachung VO ü. d. ~ u. d. Rechtsfolgen v. Preisverstößen im Grundstücksverkehr v. 7. 7. 1942 (RGBl. I S. 451)	PrÜberwachVO
Pressegesetz Reich. Vom 7. 5. 1874 (RGBl. S. 65) Bayern. Vom 3. 10. 1949 (GVBl. S. 243) Hessen. Vom 23. 6. 1949 (GVBl. S. 75) Schleswig-Holstein. Vom 27. 9. 1949 (GVBl. S. 199) Württemberg-Baden. Ges. Nr. 1032 v. 1. 4. 1949 (RegBl. S. 59)	PresseG
Preußischer Angestellten-Tarifvertrag s. Angestellten-Tarifvertrag	
Prisengerichtsordnung v. 28. 8. 1939 (RGBl. I S. 1593)	PrisGO
Prisenordnung v. 28. 8. 1939 (RGBl. I S. 1585)	PrisO
Private Versicherungsunternehmungen Gesetz ü. d. ~ v. 12. 5. 1901 (RGBl. S. 139)	PrivVUntG
Privatgleisanschlüsse Allgemeine Bedingungen für ~ v. 1. 1. 1955	**PAB**
Privatschulgesetz Baden-Württemberg. Vom 15. 2. 1956 (GBl. S. 28) Berlin. Vom 13. 5. 1954 (GVBl. S. 286) Bremen. Vom 3. 7. 1956 (GBl. S. 77) Hessen. Vom 27. 4. 1953 (GVBl. S. 57)	PrivSchulG

R

Rabattgesetz v. 25. 11. 1933 (RGBl. I S. 1011)	RabG
Realsteuergesetze Einführungsgesetz z. d. ~n v. 1. 12. 1936 (RGBl. I S. 961)	**EinfGRealStG**
Rechnungshofgesetz	RechnHG
Bayern. Vom 6. 10. 1951 (GVBl. S. 189) Berlin. Vom 25. 10. 1951 (GVBl. S. 983) Bremen. Vom 15. 11. 1949 (GBl. S. 229) Hamburg. Vom 16. 12. 1948 (GVBl. S. 147) Niedersachsen. Vom 25. 6. 1948 (GVBl. S. 65)	**RHG**
Rechnungslegungsordnung für das Reich s. Reichsrechnungslegungsordnung	
Rechtsangleichungsgesetz (Saarland) Gesetz Nr. 555 v. 22. 12. 1956 (ABl. S. 1667)	**RAG**
Rechtsanwaltsordnung Reichs-~ v. 21. 2. 1936 (RGBl. I S. 107) Britische Zone. Vom 10. 3. 1949 (VOBl. BrZ S. 80) Bayern. Vom 6. 11. 1946 (GVBl. S. 371) Hessen. Vom 18. 10. 1948 (GVBl. S. 126)	RAO
Rechtsberatungsmißbrauchsgesetz v. 13. 12. 1935 (RGBl. I S. 1478)	RBeratG
Rechtsbereinigungsgesetz (Bayern) 1. ~ v. 12. 5. 1956(GVBl. S. 91)	**1. RBerG**
Rechtseinheitsgesetz Gesetz zur Wiederherstellung der Rechtseinheit auf dem Gebiete der Gerichtsverfassung, der bürgerlichen Rechtspflege, des Strafverfahrens und des Kostenrechts v. 12. 9. 1950 (BGBl. S. 455)	REinhG
Rechtshilfe	
Gesetz ü. d. innerdeutsche Rechts- u. Amtshilfe in Strafsachen v. 2. 5. 1953 (BGBl. I S. 161)	RHilfeG
~ordnung in Zivilsachen v. 19. 10. 1956 [Gilt f. Bund u. Länder]	**ZRHO**
Rechtsverordnungen Gesetz ü. d. Verkündung von ~ v. 30. 1. 1950 (BGBl. S. 23)	RVOVerkG
Reichs- und Staatsangehörigkeitsgesetz v. 22. 7. 1913 (RGBl. S. 583)	RuStAG
Reichsabgabenordnung v. 13. 12. 1919 (RGBl. S. 1993), i. d. F. v. 22. 5. 1931 (RGBl. I S. 161)	AO
Reichsärzteordnung v. 13. 12. 1935 (RGBl. I S. 1433)	RÄO

Reichsangestellten-Tarifvertrag v. 2. 5. 1924 (RBesBl. S. 113)	**RAT**
Reichsapothekerordnung v. 18. 4. 1937 (RGBl. I S. 457)	RApothO
Reichsarbeitsdienstgesetz i. d. F. v. 9. 9. 1939 (RGBl. I S. 1747)	RADG
Reichsautobahn	
~gesetz v. 29. 5. 1941 (RGBl. I S. 313)	RAutobG
Vorl. Autobahn-Betriebs- u. Verkehrs-Ordnung v. 14. 5. 1935 (RGBl. II S. 421)	AutoBBO
Reichsbahngesetz v. 4. 7. 1939 (RGBl. I S. 1205)	RBahnG
Reichsbeamte	
Gesetz betr. d. Rechtsverhältnisse der ~n v. 31. 3. 1873 (RGBl. S. 61), i. d. F. v. 18. 5. 1907 (RGBl. S. 245)	RBG
Gesetz ü. d. Haftung d. Reichs f. seine Beamten v. 22. 5. 1910 (RGBl. S. 798)	RBHaftG
Reichsbesoldung s. Besoldung	
Reichsbewertungsgesetz	
v. 16. 10. 1934 (RGBl. I S. 1035)	**RBewG**
DurchfBest. v. 2. 2. 1935 (RGBl. I S. 81)	**RBewDB 1935**
Reichsbürgergesetz v. 15. 9. 1935 (RGBl. I S. 1146)	RBürgG
Reichsdienststrafordnung v. 26. 1. 1937 (RGBl. I S. 71)	**RDStO**
Reichs-Entlastungsverfügung AV v. 3. 7. 1943 (DtJust. S. 339)	REntlVfg., **REntlV**
Reichserbhofgesetz v. 29. 9. 1933 (RGBl. I S. 685)	RErbhG
Reichsgaragenordnung v. 17. 2. 1939 (RGBl. I S. 219)	**RGaO**
Reichsgrundsätze ü. Einstellung, Anstellung und Beförderung v. 14. 10. 1936 (RGBl. I S. 893), i. d. F. v. 24. 1. 1951 (BGBl. I S. 87, 88)	RGr. ü. Einst.
Reichsgrundsätze ü. Voraussetzung, Art u. Maß d. öffentlichen Fürsorge v. 4. 12. 1924 (RGBl. I S. 765)	RGr.
Reichshaftpflichtgesetz v. 7. 6. 1871 (RGBl. S. 207)	HaftpflG
Reichshaushaltsordnung v. 31. 12. 1922 (RGBl. 1923 II S. 17), i. d. F. d. Bek. v. 14. 4. 1930 (RGBl. II S. 693)	RHO

Reichshaushaltsrecht
Erste Anweisung z. Vollzug d. ∼s in den Ländern v. 5. 5. 1939 (RBesBl. S. 135) — **1. VAHL**

Reichsheimstättengesetz — RHeimstG
v. 25. 11. 1937 (RGBl. I S. 1291)

Reichsjagdgesetz — RJagdG
v. 3. 7. 1934 (RGBl. I S. 549)

Reichsjugendgerichtsgesetz
s. Jugendgerichtsgesetz

Reichskassenordnung — **RKO**
v. 6. 8. 1927 (RMBl. S. 357)
Bayerische Vollzugsbestimmungen zur ∼ f. d. Behandlung von Kosten und Geldstrafen v. 25. 4. 1939 (GVBl. S. 148) — **VVB-Bay. zur RKO-Kosten**

Reichsknappschaftsgesetz — RKnG
i. d. F. v. 1. 7. 1926 (RGBl. I S. 369)

Reichskraftwagentarif — RKT
v. 30. 3. 1936 (RVkBl. B S. 71)

Reichsleistungsgesetz — RLG
v. 1. 9. 1939 (RGBl. I S. 1645)

Reichsmarkabschluß
Richtlinien d. Bausparkassenaufsichtsbehörden z. Erstellung d. ∼es u. d. Umstellungsrechnung d. Bausparkassen v. 25. 11. 1949 (BAnz. 1950 Nr. 4) — **RBK**

Reichsmeldeordnung — RMeldO
v. 6. 1. 1938 (RGBl. I S. 13)

Reichsmietengesetz — RMietG
i. d. F. v. 20. 4. 1936 (RGBl. I S. 380)

Reichsnährstand
Gesetz ü. d. vorläufigen Aufbau d. ∼es v. 13. 9. 1933 (RGBl. I S. 626) — RNährstG
Gesetz ü. d. Auflösung d. ∼es im Vereinigten Wirtschaftsgebiet v. 21. 1. 1948 (WiGBl. S. 21) — RNährstAuflG

Reichsnaturschutzgesetz — RNatSchG
v. 26. 6. 1935 (RGBl. I S. 821)

Reichsnotarordnung — RNotO
v. 13. 2. 1937 (RGBl. I S. 191)

Reichspachtschutzordnung — RPachtSchO
v. 30. 7. 1940 (RGBl. I S. 1065)

Reichspolizeikostengesetz — RPolKostG
v. 29. 4. 1940 (RGBl. I S. 688)

Reichsrechnungslegungsordnung — **RRO**
v. 3. 7. 1929 (RMBl. S. 439)

Reichsschuldenordnung v. 13. 2. 1924 (RGBl. I S. 95)	RSchuldO
Reichsschulpflichtgesetz v. 6. 7. 1938 (RGBl. I S. 799)	RSchulpflG
Reichssiedlungsgesetz v. 11. 8. 1919 (RGBl. S. 1429)	RSiedlG
Reichstierärzteordnung v. 3. 4. 1936 (RGBl. I S. 347)	RTierÄO
Reichsumlegungsordnung v. 16. 6. 1937 (RGBl. I S. 629)	RUmlegO
Reichsverfassung s. Verfassung des Deutschen Reichs	
Reichsvermögen Gesetz z. vorläufigen Regelung d. Rechtsverhältnisse d. ∼s u. d. preußischen Beteiligungen [Vorschaltgesetz] v. 21. 7. 1951 (BGBl. I S. 467)	VorschaltG
Reichsversicherungsamt VO ü. Geschäftsgang u. Verfahren des ∼es v. 24. 12. 1911 (RGBl. S. 1083)	RVAO
Reichsversicherungsordnung v. 19. 7. 1911 (RGBl. S. 509), i. d. F. v. 15. 12. 1924 (RGBl. I S. 779)	RVO
Reichsversorgungsgesetz v. 12. 5. 1920 (RGBl. S. 989), i. d. F. v. 1. 4. 1939 (RGBl. S. 663)	RVersG, RVG
Reichswirtschaftsbestimmungen s. Wirtschaftsbestimmungen	
Reise- und Umzugskostenbestimmungen für die Justizverwaltung (SonderveröffDtJust. Nr. 24)	**RUKZ**
Reisekostenvergütung Gesetz ü. ∼ d. Beamten v. 15. 12. 1933 (RGBl. I S. 1067)	RKG
Religiöse Kindererziehung Gesetz ü. d. ∼ v. 15. 7. 1921 (RGBl. S. 939)	RelKEG
Remboursverbindlichkeiten Gesetz ü. d. innerdeutsche Regelung von Vorkriegs∼ v. 20. 8. 1953 (RGBl. I S. 999)	RembG
Rennwett- und Lotteriegesetz v. 8. 4. 1922 (RGBl. I S. 393)	RennwG
Rentenaufbesserungsgesetz i. d. F. v. 15. 2. 1952 (BGBl. I S. 118)	RentAufbG
Rentenmehrbetragsgesetz v. 23. 11. 1954 (BGBl. I S. 345)	**RMG**

Rentenversicherung	
Gesetz ü. d. Ausbau d. ~ v. 21. 12. 1937 (RGBl. I S. 1393)	AusbG
Gesetz ü. d. Höherversicherung in d. ~en d. Arbeiter u. d. Angestellten v. 14. 3. 1951 (BGBl. I S. 188)	HöVG
Rentenvorschußzahlungsgesetz v. 23.12.1956 (RGBl. I S. 1077)	**RVZG**
Rentenzulagegesetz v. 10. 8. 1951 (BGBl. I S. 505)	**RZG**
Republikschutzgesetz v. 25. 3. 1930 (RGBl. I S. 91)	RepSchG
Revidierte Übereinkunft s. Berner Übereinkunft	
Revisionsgerichtsgesetz (Saarland) Gesetz Nr. 421 v. 7. 7. 1954 (ABl. S. 991)	**RGG**
Rheinschiffahrtsakte, Revidierte, [Mannheimer Akte] v. 17. 10. 1868 (PrGS 1869 S. 798)	RheinSchA
Rheinschiffahrtpolizeiverordnung v. 18. 1. 1939 (RGBl. II S. 41)	RheinSchPolVO
Richter	
Gesetz ü. d. Rechtsstellung der ~ und Staatsanwälte (Berlin) v. 9. 1. 1951 (VOBl. I S. 235)	RiG
Richteranweisung Nr. 1	
Allg. Anweisungen an Richter Nr. 1 (SchlHA 1946 S. 4)	AAR Nr. 1
Richterbesoldung	
Gesetz ü. besoldungsrechtl. Rahmenvorschriften f. Richter u. Staatsanwälte v. 25. 7. 1953 (BGBl. I S. 691)	RiBesG
Richterwahlgesetz	RiWG
Bund. Vom 25. 8. 1950 (BGBl. S. 368)	
Berlin. Vom 26. 7. 1951 (GVBl. S. 546)	
Bremen. I. d. F. v. 18. 12. 1953 (GBl. S. 119)	
Hamburg. Vom 8. 7. 1952 (GVBl. S. 137)	
Hessen. I. d. F. v. 6. 3. 1954 (GVBl. S. 25)	
Richterwahlordnung (Berlin) v. 9. 1. 1951 (VOBl. I S. 240)	RiWO
Richtlinien für das Strafverfahren v. 1. 8. 1953	**RiStV**
Röntgenreihenuntersuchungen, Gesetz ü.	RöntgRUG
Baden-Württemberg. Vom 19. 10. 1953 (GBl. S. 157)	
Bayern. Vom 6. 7. 1953 (GVBl. S. 103)	
Bremen. Vom 2. 3. 1948 (GBl. S. 40)	
Hamburg. Vom 22. 10. 1946 (GVBl. S. 111)	
Niedersachsen. Vom 15. 7. 1948 (GVBl. S. 82)	
Schleswig-Holstein. Vom 16. 6. 1947 (GVBl. S. 13)	

Rückerstattung	
Amerik. Zone. Gesetz Nr. 59 in Kraft seit d. 10. 11. 1947 (ABlMR Ausg. G S. 1)	AmREG
Brit. Zone. Gesetz Nr. 59 v. 12. 5. 1949 (ABlMR Nr. 28 S. 1169; VOBl. BrZ S. 152)	BrREG
Franz. Zone. VO Nr. 120 v. 10. 11. 1947 (JournOff. S. 1219)	FrREVO
Rückerstattungsanordnung der Alliierten Kommandatura (Berlin) v. 26. 7. 1949 (BK/O [49] 180) (VOBl. I S. 221)	REAO
Rücklagenverordnung	RücklVO
Reich. Vom 5. 5. 1936 (RGBl. I S. 435)	
Hessen. ~ f. d. Gemeinden v. 27. 1. 1956 (GVBl. S. 52)	(Hess)**RücklVO**
Rüstungsaufträge	
AO ü. d. Abwicklung widerrufener ~ (Restabgeltungsanordnung) v. 14. 7. 1944 (RAnz. Nr. 160)	RestAbgAO
Rundfunkgesetz	RundfG
Bayern. Vom 10. 8. 1948 (GVBl. S. 135)	
Hessen. Vom 2. 10. 1948 (GVBl. S. 123)	

S

Saatgutanerkennungsverordnung v. 29. 3. 1954 (BGBl. I S. 48)	SaatgAnerkVO
Saatgutgesetz v. 27. 6. 1953 (BGBl. I S. 450)	SaatgG
Sachschadenhaftpflichtgesetz v. 29. 4. 1940 (RGBl. I S. 691)	SachHpflG
Sachverständige Gesetz ü. öffentlich bestellte und beeidigte ~ (Bayern) v. 11. 10. 1950 (GVBl. S. 219)	SachvG
Sammlungsgesetz v. 5. 11. 1934 (RGBl. I S. 1086)	SammlG
Schadensersatzansprüche Gesetz über die erweiterte Zulassung von Schadensersatzansprüchen bei Dienst- und Arbeitsunfällen v. 7. 12. 1943 (RGBl. I S. 674)	ErwZulG
Schaumweinsteuergesetz v. 1. 11. 1952 (BGBl. I S. 730)	SchaumWStG
Scheckgesetz v. 14. 8. 1933 (RGBl. I S. 597)	ScheckG
Schiedsmannsgesetz (Hessen) v. 12. 10. 1953 (GVBl. S. 163)	SchiedsmG
Schiedsmannsordnung (Preußen) i. d. F. v. 3. 12. 1924 (GS S. 751)	SchiedsmO

Schiffahrtsordnung VO ü. d. Schiffahrt auf allen bayerischen Seen (~) (Bayern) i. d. F. d. Bek. v. 25. 6. 1956 (GVBl. S. 118)	SchFO
Schiffsgesetz v. 15. 11. 1940 (RGBl. I S. 1499)	SchiffsG
Schiffsregisterordnung v. 19. 12. 1940 (RGBl. I S. 1591), i. d. F. v. 26. 5. 1951 (BGBl. I S. 360)	SchiRegO
Schiffssicherheitsverordnung v. 31. 5. 1955 (BGBl. II S. 645)	**SSV**
Schlichtungsgesetz Landesgesetz ü. d. Ausgleichs- u. Schiedsverfahren in Arbeitsstreitigkeiten (Rheinland-Pfalz) v. 30. 3. 1949 (GVBl. S. 98)	SchlichtG
Schornsteinfeger VO ü. d. ~wesen v. 28. 7. 1937 (RGBl. I S. 831)	VOSch.
Schornsteinfegergesetz v. 22. 1. 1952 (BGBl. I S. 75)	SchornstFG
Schulaufsichtsgesetz (Bayern) v. 14. 3. 1938 (GVBl. S. 141)	**SchAG**
Schulbedarfsgesetz (Bayern) v. 11. 1. 1939 (GVBl. S. 12)	**SchBG**
Schuldenbereinigung Gesetz ü. eine Bereinigung alter Schulden v. 17. 8. 1938 (RGBl. I S. 1033), i. d. F. v. 3. 9. 1940 (RGBl. I S. 1209)	SchuldBerG
Schuldenregelungsgesetz v. 1. 6. 1933 (RGBl. I S. 331)	SchuldRegelG
Schulgeldfreiheitsgesetz Baden-Württemberg. Vom 31. 1. 1955 (GBl. S. 38) Niedersachsen. Vom 20. 2. 1955 (GVBl. S. 53) Nordrhein-Westfalen. Vom 31. 1. 1956 (GVBl. S. 95) Schleswig-Holstein. I. d. F. v. 21. 6. 1952 (GVBl. S. 116)	SchulgeldFrG
Schulgesetz Berlin. I. d. F. v. 5. 8. 1952 (GVBl. S. 957) Bremen. Vom 4. 4. 1949 (GBl. S. 59) Hamburg. Vom 25. 10. 1949 (GVBl. S. 257) Niedersachsen. Vom 14. 9. 1954 (GVBl. S. 89) Nordrhein-Westfalen. Vom 8. 4. 1952 (GVBl. S. 61)	SchulG
Schulkostengesetz (Hessen) v. 10. 7. 1953 (GVBl. S. 126)	SchulKostG
Schulorganisationsgesetz (Bayern) v. 8. 8. 1950 (GVBl. S. 159)	**SchOG**

Schulpflichtgesetz s. a. Reichsschulpflichtgesetz Baden-Württemberg. Vom 9. 3. 1953 (GBl. S. 17) Bayern. Vom 15. 1. 1952 (GVBl. S. 11) Hessen. I. d. F. v. 27. 5. 1950 (GVBl. S. 68) Nordrhein-Westfalen. I. d. F. v. 27. 7. 1949 (GVBl. S. 245) Rheinland-Pfalz. Vom 22. 12. 1955 (GVBl. S. 115)	SchulpflG
Schulversäumnisse Gesetz ü. Ahndung d. ~ (Bayern) v. 3. 9. 1949 (GVBl. S. 228)	SchVAG
Schulverwaltungsgesetz Bremen. Vom 31. 1. 1950 (GBl. S. 21) Hamburg. Vom 3. 7. 1956 (GVBl. S. 125) Hessen. Vom 10. 7. 1953 (GVBl. S. 131) Niedersachsen. Vom 19. 5. 1954 (GVBl. S. 29)	SchulVwG
Schutz des gewerblichen Eigentums Pariser Verbandsübereinkunft v. 20. 3. 1883 zum ~ in d. Londoner Fassung v. 2. 6. 1934 (RGBl. 1937 II S. 584)	PVÜ
Schutzbereichgesetz v. 7. 12. 1956 (BGBl. I S. 899)	SchbG
Schutzverordnung v. 4. 12. 1943 (RGBl. I S. 666)	SchutzVO
Schwerbeschädigtengesetz v. 16. 6. 1953 (BGBl. I S. 389)	SchwBG
~ v. 12. 1. 1923 (RGBl. I S. 57)	SchwBG 1923
Seefrachtordnung v. 1. 12. 1930 (RAnz. 1931 Nr. 69)	SeefrachtO
Seefrachtrecht Gesetz z. Änderung von Vorschriften d. Handelsgesetzbuchs ü. d. ~ v. 10. 8. 1937 (RGBl. I S. 891)	SFrRG
Seehafen-Zollordnung v. 3. 11. 1937 (RMBl. S. 651; RZBl. S. 637)	**SHZO**
Seelotswesen Gesetz ü. d. ~ v. 13. 10. 1954 (BGBl. II S. 1035)	SeelotG
Seemannsordnung v. 2. 6. 1902 (RGBl. S. 175)	SeemO
Seeunfälle Gesetz ü. d. Untersuchung von ~n v. 28. 9. 1935 (RGBl. I S. 1183)	SUG
Seewasserstraßenordnung v. 31. 3. 1927 (RGBl. II S. 157)	**SWO**
Selbstverwaltung auf dem Gebiet der Sozialversicherung Gesetz ü. d. ~ (Selbstverwaltungsgesetz) i. d. F. v. 13. 8. 1952 (BGBl. I S. 427)	GSv.

Selbstverwaltungsgesetz	SVwG
f. Rheinland-Pfalz i. d. F. v. 5. 10. 1954 (GVBl. S. 117)	
Senatsgesetz	SenG
Bayern. Ges. Nr. 74 v. 31. 7. 1947 (GVBl. S. 162)	
Bremen. Ges. v. 29. 11. 1946 (GBl. S. 107)	
Hamburg. Ges. v. 11. 1. 1951 (GVBl. S. 1)	
Seßhaftmachungsgesetz (Bayern)	**SeßhG**
vom 26. 11. 1954 (GVBl. S. 308)	
Sicherheit und Ordnung	
Gesetz ü. d. öffentliche ~ (Niedersachsen) v. 21. 3. 1951 (GVBl. S. 79)	**SOG**
2. VO ü. eigene Vollzugsbeamte d. Verwaltungsbehörden v. 27. 3. 1952 (GVBl. S. 20)	**2. VollzBeaVO SOG**
VO ü. Zuständigkeiten auf dem Gebiet der Gefahrenabwehr (Niedersachsen)	**ZustVO SOG**
1. VO v. 1. 4. 1951 (GVBl. S. 99)	
2. VO v. 26. 6. 1951 (GVBl. S. 144)	
3. VO v. 20. 7. 1951 (GVBl. S. 149)	
4. VO v. 22. 11. 1952 (GVBl. S. 185)	
5. VO v. 3. 3. 1955 (GVBl. S. 96)	
6. VO v. 28. 2. 1956 (GVBl. S. 11)	
7. VO v. 10. 10. 1956 (GVBl. S. 214)	
Ausführungsbestimmungen v. 30. 4. 1951 (MBl. S. 185)	ABSOG
Siedlung	
s. a. Kleinsiedlung, Landwirtschaftliche Siedlung	
Soforthilfeanpassungsgesetz	**SHAnpG**
1. Gesetz v. 4. 12. 1951 (BGBl. I S. 934)	
2. Gesetz v. 14. 2. 1952 (BGBl. I S. 93)	
Soforthilfegesetz	**SHG**
v. 8. 8. 1949 (WiGBl. S. 205)	
Soldatengesetz	SG
v. 19. 3. 1956 (BGBl. I S. 114)	
Sondergerichtsbarkeit	SondergerVO
VO ü. eine ~ in Strafsachen für d. Angehörigen der SS u. für Angehörige d. Polizeiverbände bei besonderem Einsatz v. 17. 10. 1939 (RGBl. I S. 2107)	
Sonderzulagengesetz	**SZG**
1. ~ v. 2. 12. 1955 (BGBl. I S. 733)	
2. ~ v. 16. 11. 1956 (BGBl. I S. 854)	
Sozialgerichtsgesetz	**SGG**
v. 3. 9. 1953 (BGBl. I S. 1239)	
Ausführungsgesetz zum ~	AGSGG
Baden-Württemberg. Vom 21. 12. 1953 (GBl. S. 235)	**AGSGG**
Bayern. Ges. z. Ausführung d. Sozialgerichtsgesetzes v. 21. 12. 1953 (GVBl. S. 195)	**AGSGG**

Berlin. Vom 22. 12. 1953 (GVBl. S. 1521)	**AGSGG**
Bremen. Ges. ü. d. Sozialgerichtsbarkeit v. 16. 10. 1953 (GBl. S. 107)	
Hamburgisches ~ v. 16. 10. 1953 (GVBl. S. 295)	
Hessisches ~ v. 22. 12. 1953 (GVBl. S. 204)	
Niedersachsen. ~ v. 24. 11. 1953 (GVBl. S. 87)	
Nordrhein-Westfalen. Ges z. Ausf. d. Sozialgerichtsgesetzes v. 8. 12. 1953 (GVBl. S. 412)	
Rheinland-Pfalz. Landesgesetz ü. d. Errichtung v. Sozialgerichten u. eines Landessozialgerichts v. 16. 12. 1953 (GVBl. S. 139)	
Schleswig-Holsteinisches ~ v. 2. 11. 1953 (GVBl. S. 144)	
Ausführungsverordnung	**AVOSOG**
Baden-Württemberg. VO z. Ausführung v. 21. 12. 1953 (GBl. 236)	
Aufgabenübertragungsgesetz	**AÜGSGG**
Bayern. ~ v. 21. 12. 1953 (GVBl. S. 196)	
Sozialversicherung	
Wahlordnung f. d. Organe der Selbstverwaltung auf dem Gebiet d. ~ v. 14. 8. 1952 (BAnz. Nr. 168)	**WO-Sozialvers.**
Gesetz ü. d. Erhöhung d. Einkommensgrenzen in d. ~ u. d. Arbeitslosenversicherung . . . v. 13. 8. 1952 (BGBl. I S. 437)	EEG
Sozialversicherungs-Anpassungsgesetz v. 17. 6. 1949 (WiGBl. S. 99)	SVAG
Sparkassengesetz	SparkG
Bayern. Vom 1. 10. 1956 (GVBl. S. 187)	**SpkG**
Hessisches ~ v. 10. 11. 1954 (GVBl. S. 197)	
Sparkassenordnung (Bayern) i. d. F. v. 6. 12. 1956 (GVBl. S. 321)	**SpkO**
Sparverordnung (Nordrhein-Westfalen) 1. bis 3. VO v. 19. 3. 1949 (GVBl. S. 25, 28, 29)	SparVO
Spediteurbedingungen s. Allgemeine Deutsche Spediteurbedingungen	
Speiseeisverordnung	SpEisVO
Reich. Vom 15. 7. 1933 (RGBl. I S. 510)	
Bayern. Vom 2. 6. 1950 (GVBl. S. 89)	
Niedersachsen. Vom 29. 9. 1950 (GVBl. S. 56)	
Rheinland-Pfalz. Vom 6. 8. 1951 (GVBl. S. 168)	
Schleswig-Holstein. Vom 27. 5. 1952 (GVBl. S. 85)	
Sperrstunde	SpStVO
VO ü. d. ~ (Bayern) v. 12. 12. 1952 (GVBl. S. 313)	
Spielbanken	SpielbG
Gesetz ü. d. Zulassung öffentlicher ~ v. 14. 7. 1933 (RGBl. I S. 480)	

Sportwetten, Gesetz ü. Baden. Vom 17. 12. 1948 (GVBl. 1949 S. 13) Berlin. Vom 21. 9. 1949 (VOBl. I S. 334) Bremen. Vom 25. 10. 1948 (GBl. S. 205) Hessen. Vom 16. 2. 1949 (GVBl. S. 17) Niedersachsen. Vom 31. 3. 1955 (GVBl. S. 145) Nordrhein-Westfalen. Vom 11. 7. 1949 (GVBl. S.243) Rheinland-Pfalz. Vom 11. 8. 1949 (GVBl. S. 337) Schleswig-Holstein. Vom 2. 11. 1948 (GVBl. S. 207) Württemberg-Baden. Vom 18. 8. 1948 (RegBl. S. 133) Württemberg-Hohenzollern. Vom 3. 12. 1948 (RegBl. S. 181)	SportWG
Sprengstoffgesetz v. 9. 6. 1884 (RGBl. S. 61)	SprengstG
Staatsangehörigkeit Gesetz zur Regelung von Fragen der ~ v. 22. 2. 1955 (BGBl. I S. 65)	StAngRegG
Staatsbank, Bayerische Gesetz ü. d. ~ (Bayern) v. 25. 10. 1950 (GVBl. S. 221)	StBG
Staatsgerichtshof, Gesetz ü. d. ~ Baden-Württemberg. Vom 13. 12. 1954 (GBl. S. 171) Bremen. I. d. F. v. 20. 3. 1956 (GBl. S. 30) Hessen. Vom 12. 12. 1947 (GVBl. 1948 S. 3) Niedersachsen. Vom 31. 3. 1953 (GVBl. S. 141)	StGHG
Staatshaftung Gesetz ü. d. Haftung des Staates und anderer Verbände für Amtspflichtverletzungen v. Beamten bei Ausübung der öffentlichen Gewalt v. 1. 8. 1909 (GS S. 691)	(Preuß)BHaftG
Staatshaushaltsordnung Gesetz ü. d. ~ (Preußen) v. 15. 12. 1933 (GS S. 475)	HOG
Statistik Gesetz ü. d. ~ f. Bundeszwecke v. 3. 9. 1953 (BGBl. I S. 1314)	**StatGes.**
Steueränderung Verordnung v. 20. 8. 1941 (RGBl. I S. 510)	**StÄV**
Steueranpassungsgesetz v. 16. 10. 1934 (RGBl. I S. 925)	**StAnpG**
Steuergutscheine Gesetz ü. ~ (Bayern) i. d. F. v. 12. 3. 1952 (GVBl. S. 100)	StGSchG
Steuern Gesetz z. Neuordnung von ~ v. 16.12.1954 (BGBl. I S. 373)	StNOG
Steuersäumnisgesetz v. 24. 12. 1934 (RGBl. I S. 1271)	**StSäumG**

Straffreiheitsgesetz	
v. 31. 12. 1949 (BGBl. S. 37)	StrFG 1949
v. 17. 7. 1954 (BGBl. I S. 203)	StrFG 1954
Strafgesetzbuch	
Reich. ~ v. 15. 5. 1871 (RGBl. S. 127), neu bekannt gemacht am 25. 8. 1953 (BGBl. I S. 1083)	StGB
Thüringen. ~ i. d. F. d. Anwendungsges. v. 1. 11. 1945 (GS 1946 S. 11)	ThürStGB
Strafprozeßordnung	StPO
i. d. F. v. 22. 3. 1924 (RGBl. I S. 299)	
Bayern. AusfGesetz v. 17. 11. 1956 (GVBl. S. 254)	**AGStPO**
Strafrechtsänderungsgesetz	StRÄndG
1. ~ v. 30. 8. 1951 (BGBl. I S. 739)	
2. ~ v. 6. 3. 1953 (BGBl. I S. 42)	
3. ~ v. 4. 8. 1953 (BGBl. I S. 735)	
Strafregisterverordnung v. 17. 2. 1934 (RGBl. I S. 140)	StRegVO
Straftilgungsgesetz v. 9. 4. 1920 (RGBl. S. 507)	StTilgG
Strafverfügungen, amtsrichterliche Gesetz z. Ausf. d. § 413 StPO (~) (Bayern) v. 31. 5. 1951 (GVBl. S. 85)	StVerfG
Strafvollstreckungsordnung v. 7. 12. 1935 (DtJust. S. 1800); [jetzige Fassung] v. 15. 2. 1956	**StVollstrO**
Einführung einer Neuf. d. ~ u. d. Anordnung ü. d. Einforderung u. Beitreibung v. Vermögensstrafen u. Verfahrenskosten (Bayern). Bek. v. 15. 2. 1956 (JMBl. S. 67)	**EBekStVollstrO**
Strafvollzugsordnung, Vorläufige	**VStrVollzO**
Niedersachsen. Vom 12. 7. 1948 (NdsRpfl. S. 162)	
Nordrhein-Westfalen. Vom 19. 8. 1948	
Schleswig-Holstein. Vom 18. 8. 1948	
Strandungsordnung v. 17. 5. 1874 (RGBl. S. 73)	StrandO
Straßenbahn-Bau- u. Betriebsordnung v. 13. 11. 1937 (RGBl. I S. 1247)	**BOStrab.**
Straßenverkehr Gesetz z. Sicherung d. ~s v. 19. 12. 1952 (BGBl. I S. 832)	StVerkSichG
Straßenverkehrs-Ordnung v. 13. 11. 1937 (RGBl. I S. 1179); jetzt i. d. F. v. 29. 3. 1956 (BGBl. I S. 327)	**StVO**
Straßenverkehrs-Zulassungs-Ordnung v. 13. 11. 1937 (RGBl. I S. 1215), i. d. F. v. 24. 8. 1953 (BGBl. I S. 1166); jetzt i. d. F. v. 29. 3. 1956 (BGBl. I S. 271	**StVZO**

Straßenverzeichnisse — StrVerzVO
VO ü. d. ~ v. 27. 9. 1935 (RGBl. I S. 1193)

Straßenwesen — StrRegG
Gesetz ü. d. einstweilige Neuregelung des ~s u. d. Straßenverwaltung v. 26. 3. 1934 (RGBl. I S. 243)
DurchfVO v. 7. 12. 1934 (RGBl. I S. 1237) — StrRegVO

Stundungsordnung — **StundO**
v. 29. 1. 1923 (RGBl. I S. 75)

T

Tabaksteuergesetz — TabStG
v. 6. 5. 1953 (BGBl. I S. 169)

Tanzlustbarkeiten — TanzVO
VO ü. ~ (Bayern) v. 31. 10 1921 (GVBl. S. 541)

Tara-Ordnung — **TO**
v. 21. 3. 1939 (RMBl. S. 545)

Tarife
s. a. Bundestarif

T arifordnung
Allgemeine ~ für Gefolgschaftsmitglieder im öffentlichen Dienst v. 1. 4. 1938 (RArbBl. VI S. 471), i. d. F. v. 1. 11. 1943 (RBesBl. 1944 S. 17) — **ATO**
~ A f. Gefolgschaftsmitglieder [Angestellte] im öffentlichen Dienst v. 1. 4. 1938 (RArbBl. VI S. 475), i. d. F. v. 1. 11. 1943 (RArbBl. IV S. 838) — **TO A**
~ B f. Gefolgschaftsmitglieder [Arbeiter] im öffentlichen Dienst v. 1. 4. 1938 (RArbBl. VI S. 489), i. d. F. v. 15. 4. 1942 (RArbBl. IV S. 615) — **TO B**
~ f. Gefolgschaftsmitglieder in den Kranken-, Heil- und Pflegeanstalten v. 2. 12. 1939 (RArbBl. 1940 IV S. 73) — **KrT**

Tarifvertrag — **TAR**
f. d. Arbeiter bei d. Reichsverwaltungen v. 20. 6. 1930 (RBesBl. S. 63)

Tarifverträge — TarVO
VO ü. ~, Arbeiter- und Angestelltenausschüsse u. Schlichtung von Arbeitsstreitigkeiten v. 23. 12. 1918 (RGBl. S. 1456), i. d. F. v. 1. 3. 1928 (RGBl. I S. 47)

Tarifvertragsgesetz — **TVG**
v. 9. 4. 1949 (WiGBl. S. 55)

Teesteuergesetz — TeeStG
v. 30. 7. 1953 (BGBl. I S. 710)

Telegraphenordnung — TelO
i. d. F. v. 22. 12. 1938 (ABlRPM S. 849 Anl.)

Telegraphenwegegesetz — TelWG
v. 18. 12. 1899 (RGBl. S. 705)

Testamentsgesetz v. 31. 7. 1938 (RGBl. I S. 973)	TestG
Teuerungszulagenänderungsgesetz v. 25. 6. 1952 (BGBl. I S. 350)	TZÄndG
Teuerungszulagengesetz v. 10. 8. 1951 (BGBl. I S. 507)	TZG
Tierkörperbeseitigungsgesetz v. 1. 2. 1939 (RGBl. I S. 187)	TierkBesG
Tierschutzgesetz v. 24. 11. 1933 (RGBl. S. 987)	TierschG
Tierzuchtgesetz v. 7. 7. 1949 (WiGBl. S. 181)	TierzG
Titelgesetz v. 1. 7. 1937 (RGBl. I S. 725)	TitelG
Trümmer	
Bayern. ~ gesetz v. 30. 5. 1949 (GVBl. S. 117)	(Bay)TrümmG
Berlin. Enttrümmerungsgesetz v. 25. 11. 1954 (GVBl. S. 654)	(Bln)EnttrümmG
Hamburg. Enttrümmerungsgesetz v. 31. 7. 1948 (GVBl. S. 75)	(Hamb)EnttrümmG
Hessen. Trümmerbeseitigungsgesetz v. 21. 12. 1949 (GVBl. 1950 S. 1)	(Hess)TrümmBesG
Niedersachsen. Ges. ü. d. Räumung v. ~grundstücken v. 21. 3. 1949 (GVBl. 64)	(Nds)EnttrümmG
Schleswig-Holstein. Ges ü. d. Aufräumung v. ~grundstücken u. d. Verwertung v. ~n v. 2. 11. 1948 (GVBl. S. 209)	(SchlH)EnttrümmG
Truppenvertrag Vertrag ü. d. Rechte und Pflichten ausländ. Streitkräfte u. ihrer Mitglieder in d. Bundesrep. Deutschland i. d. F. v. 30. 3. 1955 (BGBl. II S. 321)	TruppVtg.
Tuberkulosehilfe VO ü. ~ v. 8. 9. 1942 (RGBl. I S. 549)	TbcVO
Tumultschadengesetz v. 12. 5. 1920 (RGBl. S. 941)	TumSchG

U

Überleitungsgesetz 1. ~ v. 28. 11. 1950 (BGBl. S. 773), i. d. F. v. 28. 4. 1955 (BGBl. I S. 193) 2. ~ v. 21. 8. 1951 (BGBl. I S. 774) 3. ~ v. 4. 1. 1952 (BGBl. I S. 1) 4. ~ v. 27. 4. 1955 (BGBl. I S. 189)	ÜberlG
Umlegungsgesetz v. 26. 6. 1936 (RGBl. I S. 518)	UmlG

Umsatzsteuergesetz	
i. d. F. v. 1. 9. 1951 (BGBl. I S. 791)	**UStG 1951**
Durchführungsbestimmungen i. d. F. v. 1. 9. 1951 (BGBl. I S. 796)	UStDB
Umspanner	
VO ü. d. Errichtung von Bauten f. ~ (Transformatoren) (Bayern) v. 5. 5. 1922 (GVBl. S. 277)	UmspBVO
Umstellungsergänzungsgesetz v. 21. 9. 1953 (BGBl. I S. 1439)	UmstEG
Umstellungsgesetz = 3. Gesetz z. Neuordnung d. Geldwesens	UmstG
~ v. 20. 6. 1948 (WiGBl. Beil. 5 S. 13)	
Durchführungsverordnungen	UGDV
Umstellungsverordnung (Berlin) v. 4. 7. 1948 (VOBl. I S. 374)	UmstVO
Umwandlung von Kapitalgesellschaften s. Kapitalgesellschaften	
Umzugskostengesetz v. 3. 5. 1935 (RGBl. I S. 566), i. d. F. d. VO v. 30. 4. 1953 (BGBl. I S. 191)	UKG
Unedle Metalle	
Gesetz ü. d. Verkehr mit ~n v. 23. 7. 1926 (RGBl. I S. 415)	UnedelMetG
Unfallfürsorge	
Gesetz, betr. d. ~ für Gefangene v. 30. 6. 1900 (RGBl. S. 536)	UnfFürsG
Unfallrentenzulagegesetz v. 29. 4. 1952 (BGBl. I S. 253)	UnfZulG
Unfallversicherung	UVVG
Gesetz ü. Verbesserungen d. gesetzlichen ~ v. 10. 8. 1949 (WiGBl. S. 251)	
Unfallversicherungsgesetz	
für Land- und Forstwirtschaft i. d. F. d. Bek. v. 5. 7. 1900 (RGBl. S. 641)	LwUVG
Unlauterer Wettbewerb	
Gesetz gegen den ~ v. 7. 6. 1909 (RGBl. S. 499)	UWG
Unmittelbarer Zwang, Gesetz ü. d. Anwendung ~es	
Bayern. ~ durch die Polizei v. 22. 11. 1950 (GVBl. S. 239)	PZwG
Bremen. ~ v. 19. 2. 1954 (GBl. S. 25)	PolZwG
Hessen. ~ bei Ausübung öffentlicher Gewalt v. 11. 11. 1950 (GVBl. S. 247)	PolZwG
Unmittelbarer Zwang, VO ü. d. Anwendung ~es	PolZwVO
Niedersachsen. ~ durch d. Verwaltungs- u. Polizeibehörden v. 15. 11. 1951 (GVBl. S. 221)	
Rheinland-Pfalz. Landes ~ durch die Polizei v. 10. 4. 1954 (GVBl. S. 61)	

Unterhaltshilfe Gesetz ü. d. ~ f. Angehörige von Kriegsgefangenen i. d. F. v. 30. 4. 1952 (BGBl. I S. 262)	UntBeihG
Unterhaltshilfezulagen-Gesetz 1. ~ v. 21. 2. 1956 (BGBl. I S. 85) 2. ~ v. 28. 11. 1956 (BGBl. I S. 883)	UZG
Unterstützungsgrundsätze Reich. Vom 27. 2. 1943 (RBesBl. S. 46)	UGr.
Berlin. ~ f. d. Verwaltung u. d. Betriebe des Landes v. 13. 7. 1953 (ABl. S. 830)	UGr.
Unterstützungswohnsitzgesetz i. d. F. v. 30. 5. 1908 (RGBl. S. 381)	UnterstWohnG
Untersuchungshaft Gesetz, betr. d. Entschädigung f. unschuldig erlittene ~ v. 14. 7. 1904 (RGBl. S. 321)	UHaftEntschG
Untersuchungshaftvollzugsordnung v. 12. 2. 1953 [Als Sonderdruck veröffentl.]	UVollzO
Uraltkontenbestimmungen (Berlin) v. 23. 12. 1949 (VOBl. I S. 509)	UraltkBest.
Urkunden Verordnung ü. d. Ersetzung v. ~ v. 18. 6. 1942 (RGBl. I S. 395)	UrkErsVO
Urkundensteuergesetz v. 5. 5. 1936 (RGBl. I S. 407)	UrkStG
Urlaubsgesetz Bayern. Vom 11. 5. 1950 (GVBl. S. 81) Berlin. Vom 24. 4. 1952 (GVBl. S. 297) Bremen. Vom 4. 5. 1948 (GBl. S. 67) Hamburg. Vom 27. 1. 1951 (GVBl. S. 11) Hessen. Vom 29. 5. 1947 (GVBl. S. 33) Niedersachsen. Vom 10. 12. 1948 (GVBl. S. 179) Rheinland-Pfalz. Vom 8. 10. 1948 (GBl. S. 370) Schleswig-Holstein. Vom 29. 11. 1949 (GVBl. 1950 S. 1)	UrlG
Urlaubsverordnung (Rheinland-Pfalz) v. 14. 4. 1956 (GVBl. S. 45)	UrlVO

V

Verdingungsordnung für Bauleistungen. Eingef. durch gemeins. Erlaß d. Bundesmin. d. Finanzen, f. Verkehr u. d. d. Post- u. Fernmeldewesen vom 23. 4. 1953	VOB
Verdingungsordnung für Leistungen, ausgenommen Bauleistungen. Für d. Geschäftsbereich d. RFM mit Erlaß v. 25. 3. 1936 angeordnet	VOL
Teil B = Allg. Bedingungen f. d. Ausführung von Leistungen	ABL

Vereinsgesetz v. 19. 4. 1908 (RGBl. S. 151)	VereinsG
Vereinszollgesetz v. 1. 7. 1869 (BGBl. S. 317)	VZG
Verfassung des Deutschen Reichs v. 11. 8. 1919 (RGBl. S. 1383)	WRV
Verfassung	Verf.
Baden-Württemberg. Vom 11. 11. 1953 (GBl. S. 173)	
Bayern. Vom 2. 12. 1946 (GVBl. S. 333)	BV
Berlin. Vom 1. 9. 1950 (VOBl. I S. 433)	
Bremen. Vom 21. 10. 1947 (GBl. S. 251)	
Hamburg. Vom 6. 6. 1952 (GVBl. S. 117)	
Hessen. Vom 1. 12. 1946 (GVBl. S. 229)	
Niedersachsen. Vorläufige ~ v. 13. 4. 1951 (GVBl. S. 103)	
Nordrhein-Westfalen. Vom 6. 6. 1950 (GVBl. S. 127)	
Rheinland-Pfalz. Vom 18. 5. 1947 (VOBl. S. 209)	
Verfassungsgericht Gesetz ü. d. Hamburgische ~ v. 2. 10. 1953 (GVBl. S. 231)	VfGG
Verfassungsgerichtshof, Gesetz ü. d.	VfGHG
Bayern. Ges. Nr. 72 v. 22. 7. 1947 (GVBl. S. 147)	
Nordrhein-Westfalen. ~ f. d. Land . . . v. 4. 3. 1952 (GVBl. S. 35)	
Rheinland-Pfalz. Landes ~ v. 23. 7. 1949 (GVBl. S. 285)	
Verfassungsschutz Gesetz ü. d. Zusammenarbeit d. Bundes u. d. Länder in Angelegenheiten d. ~es v. 27. 9. 1950 (BGBl. S. 682)	VfSchutzG
Verfolgte Gesetz ü. d. Anerkennung u. Versorgung d. politisch, rassisch oder religiös Verfolgten d. Nationalsozialismus (Berlin) v. 13. 4. 1956 (GVBl. S. 388)	PrVG
Vergleichsordnung v. 26. 2. 1935 (RGBl. I S. 321)	VerglO
Vergnügungsausnahmeverordnung (Bayern) v. 20. 11. 1956 (GVBl. S. 261)	VergnAusnV
Verkehr mit Gefangenen Polizeiverordnung ü. d. ~ v. 20. 2. 1941 (RGBl. I S. 104)	GefVerkPolVO
Verkehrsfinanzgesetz v. 6. 4. 1955 (BGBl. I S. 166)	VerkFinG 1955
Verkehrswesen (Bayern) Gesetz ü. d. Zuständigkeiten auf d. Gebiete d. ~s v. 17. 10. 1952 (GVBl. S. 277)	VerkZustG

Verlagsgesetz v. 19. 6. 1901 (RGBl. S. 217)	VerlG
Vermögensbewertungsgesetz v. 16. 1. 1952 (BGBl. I S. 22)	VermBewG
Vermögensteuer	
~gesetz i. d. F. v. 10. 6. 1954 (BGBl. I S. 137)	**VStG**
~-Richtlinien f. d. ~-Hauptveranlagung 1953 v. 21. 9. 1954 (BAnz. Beil. zu Nr. 185; BStBl. I S. 439)	**VStR 1953**
~-DurchfVO v. 4. 7. 1952 (BGBl. I S. 382)	**VStDV**
Vermögensstrafen VO ü. ~ u. Bußen v. 6. 2. 1924 (RGBl. I S. 44)	GeldstrVO
Versammlungsgesetz v. 24. 7. 1953 (BGBl. I S. 684)	VersammlG
Verschollenheitsänderungsgesetz v. 15. 1. 1951 (BGBl. I S. 59)	VerschÄndG
Verschollenheitsgesetz v. 15. 1. 1951 (BGBl. I S. 63)	VerschG
Versicherungsämter VO ü. Geschäftsgang u. Verfahren d. ~ v. 24. 12. 1911 (RGBl. S. 1107)	VAO
Versicherungsaufsichtsgesetz i. d. F. v. 6. 6. 1931 (RGBl. I S. 315)	VAG
Versicherungsbedingungen s. Allgemeine Versicherungsbedingungen	
Versicherungsteuer	
~gesetz i. d. F. v. 9. 7. 1937 (RGBl. I S. 793)	**VersStG**
~ DurchfBestimmungen v. 13. 7. 1937 (RGBl. I S. 797)	**VersStDB**
Versicherungsverordnung v. 27. 6. 1948 (WiGBl. Beil. 5 S. 26)	VVO
Versicherungsvertragsgesetz v. 30. 5. 1908 (RGBl. S. 263)	VVG
Versicherungswesen Gesetz ü. d. öffentliche ~ (Bayern) v. 7. 12. 1933 (GVBl. S. 467)	**VersG**
Versorgungssachen Gesetz ü. d. Verfahren in ~ i. d. F. v. 2. 11. 1934 (RGBl. I S. 1113)	VersVerfG
Versorgungsschadenrentengesetz (Bayern) v. 27. 7. 1953 (GVBl. S. 118)	VRG
Versteigererbestimmungen Preußische ~ v. 3. 12. 1934 (GS S. 30)	**PrVB**
Versteigerergewerbe Gesetz ü. d. ~ i. d. F. v. 12. 2. 1938 (RGBl. I S. 202)	VersteigG

Vertragshilfegesetz v. 26. 3. 1952 (BGBl. I S. 198)	VHG
Vertragshilfeverordnung v. 30. 11. 1939 (RGBl. I S. 2329)	**VHV**
Vertretung des Bayerischen Staates VO ü. d. ~ in bürgerlichen Rechtsstreitigkeiten u. in Parteistreitigkeiten d. Verwaltungsgerichtsbarkeit sowie ü. d. Abhilfeverfahren v. 8. 8. 1950 (GVBl. S. 115)	VertrVO
Vertretung des Bundes in bürgerlich-rechtlichen Angelegenheiten im Geschäftsbereich d. Bundesministers d. Innern. Anordnung v. 29. 1. 1955 (BAnz. Nr. 29)	**Vertretungsordnung BMI**
Verunstaltung Gesetz gegen die ~ v. Ortschaften und landschaftlich hervorragenden Gegenden (Preußen) v. 15. 7. 1907 (GS S. 260)	VerunstG
Verwahrungsgesetz (Bayern) v. 30. 4. 1952 (GVBl. S. 163)	VerwahrG
Verwaltung Gesetz z. Vereinfachung u. Verbilligung d. ~ v. 27. 2. 1934 (RGBl. I S. 130)	VwVereinfG
Verwaltungsgebühren Hessisches ~gesetz v. 14. 10. 1954 (GVBl. S. 163) Preußen. Gesetz ü. staatl. ~ v. 29. 9. 1923 (GS S. 455)	VwGebG
Verwaltungsgebührenordnung (Preußen) v. 30. 12. 1926 (GS S. 327)	VwGebO, **VGO**
Verwaltungsgerichtsgesetz Bayern. Vom 25. 9. 1946 (GVBl. S. 281) Hessen. Vom 31. 10. 1946 (GVBl. S. 194) Württemberg-Baden. Ges. Nr. 110 v. 16. 10. 1946 (RegBl. S. 221)	VGG
Süddeutsches ~ bezeichnet die im wesentlichen gleichlautenden Gesetze der vorstehend genannten Länder Berlin. Vom 8. 1. 1951 (VOBl. I S. 46) Bremen. Vom 5. 8. 1947 (GBl. S. 171)	SüddVGG
Brit. Zone. MRVO Nr. 165, in Kraft seit d. 15. 9. 1948 (VOBl. BrZ S. 263) Rheinland-Pfalz. Vom 14. 4. 1950 (GVBl. S. 103)	VO 165
Verwaltungsgerichtskostenordnung (Hessen) v. 7. 11. 1955 (GVBl. S. 57)	**VGKO**
Verwaltungskosten-Pauschbeträge VO ü. d. Verteilung der ~ d. Bundespost u. d. Bundesbahn (Niedersachsen) v. 29. 3. 1955 (GVBl. S. 108)	**VerwKZuschVO**
Verwaltungs-Vollstreckungsgesetz v. 27. 4. 1953 (BGBl. I S. 157)	**VwVG**

Verwaltungszustellungsgesetz	
Bund. Vom 3. 7. 1952 (BGBl. I S. 379)	**VwZG**
Bremisches ~ v. 14. 9. 1954 (GBl. S. 103)	**BremVwZG**
Hamburgisches ~ v. 21. 6. 1954 (GVBl. S. 33)	**HbgVwZG**
Niedersächsisches ~ v. 20. 11. 1953 (GVBl. S. 86)	NdsVwZG
Schleswig-Holstein. ~ v. 15. 2. 1954 (GVBl. S. 31)	SchlHVwZG
Verwaltungszwangsverfahren	
VO betr. d. ~ wegen Beitreibung von Geldbeträgen v. 15. 11. 1899 (GS S. 545)	VerwZwVO
Verwarnungsgesetz (Bayern) v. 7. 3. 1952 (GVBl. S. 99)	VerwG
Vieh- und Fleischgesetz v. 25. 4. 1951 (BGBl. I S. 272)	ViehFlG
Viehhandel VO, betr. d. Hauptmängel und Gewährfristen beim ~ v. 27. 3. 1899 (RGBl. S. 219)	ViehmängelVO
Viehseuchengesetz	
~ v. 26. 6. 1909 (RGBl. S. 519)	ViehsG
Bayern. AusfGesetz v. 13. 8. 1910 (GVBl. S. 615)	AGVSG
Volksschulfinanzgesetz (Preußen) v. 2. 12. 1936 (GS S. 161)	VSchulFinG
Volksschulgesetz	VSchulG
Bayern. Vom 27. 7. 1948 (GVBl. S. 157)	
Rheinland-Pfalz. Vom 4. 2. 1955 (GVBl. S. 1)	**VSchG**
Württemberg. I. d. Bek. v. 17. 8. 1909 (RegBl. S. 177)	
Volksschullehrerbesoldungsverordnung v. 29. 9. 1940 (RGBl. I S. 1313)	**VBV**
Volksschulunterhaltungsgesetz (Preußen) v. 28. 7. 1906 (GS S. 335)	VSchulUG
Vollstreckungsmißbrauchsgesetz v. 13. 12. 1934 (RGBl. I S. 1234)	VollstrMißbrG
Vollziehungsanweisung d. Reichsfinanzverwaltung v. 31. 10. 1932 (RMBl. S. 690)	**VollzA**
Vormundschaftsordnung (Bayern) v. 19. 1. 1900 (JMBl. S. 181)	VormO
Vorprüfungsordnung f. d. Bundesverwaltung v. 12. 2. 1953 (MinBlFin. S. 114)	**VPOB**
Vorprüfungsordnung f. d. Verwaltung d. Landes Baden-Württemberg v. 17. 1. 1955 (GBl. S. 13)	**VPO Baden-Württemberg**
Vorschuß-Richtlinien v. 8. 6. 1935 (RBesBl. S. 59)	**VR**

W

Währungsausgleich Gesetz ü. einen ~ f. Sparguthaben Vertriebener i. d. F. v. 14. 8. 1952 (BGBl. I S. 547)	WAG
DurchfVOen	**WAG-DV**
Währungsergänzungsverordnung (Berlin) v. 20. 3. 1949 (VOBl. I S. 86)	WährErgVO
Währungsgesetz v. 20. 6. 1948 (= Gesetz Nr. 61 d. Am. u. d. Br. MilReg., VO Nr. 158 d. FrMilReg.) (WiGBl. Beil. 5 S. 1)	WährG
Waffengesetz v. 18. 3. 1938 (RGBl. I S. 265)	WaffG
Wahlgesetz s. a. Bundestagswahl, Landtagswahl, Landeswahlgesetz, Bundeswahlordnung, Landeswahlordnung Berlin. Gesetz ü. d. Wahlen z. Abgeordnetenhaus u. zu d. Bezirksverordnetenversammlungen 1954 v. 4. 8. 1954 (GVBl. S. 471) Bremen. ~ f. d. Bürgerschaft v. 22. 4. 1955 (GBl. S. 71) Hamburg. Gesetz ü. d. Wahl z. hamburgischen Bürgerschaft i. d. F. v. 6. 12. 1956 (GVBl. S. 497)	WahlG
Wahlprüfungsgesetz Bund. Vom 12. 3. 1951 (BGBl. I S. 166) Hessen. Vom 5. 8. 1948 (GVBl. S. 93) Niedersachsen. Vom 6. 3. 1955 (GVBl. S. 87)	WahlprüfG
Wandergewerbe Gesetz ü. d. Besteuerung d. ~ s v. 10. 12. 1937 (RGBl. I S. 1348)	**WGewStG**
Warenzeichengesetz v. 5. 5. 1936 (RGBl. II S. 34), i. d. F. v. 18. 7. 1953 (BGBl. I S. 643)	WZG
Warschauer Abkommen v. 12. 10. 1929 (RGBl. 1933 II S. 1039)	WarschAbk.
Wassergesetz Baden. Vom 12. 4. 1913 (GVBl. S. 250) Bayern. Vom 23. 3. 1907 (GVBl. S. 157) Preußen. Vom 7. 4. 1913 (GS S. 53)	WG
Wasserverbandgesetz v. 10. 2. 1937 (RGBl. I S. 188)	WassVbG
Wasserverbandverordnung 1. VO v. 3. 9. 1937 (RGBl. I S. 933) 2. VO v. 15. 12. 1942 (RGBl. I S. 729) 3. VO v. 20. 4. 1943 (RGBl. I S. 268)	WassVbVO

Wechselgesetz v. 21. 6. 1933 (RGBl. I S. 399)	WG
Wechselordnung i. d. F. v. 3. 6. 1908 (RGBl. S. 326)	WO
Wechselsteuergesetz v. 2. 9. 1935 (RGBl. I S. 1127)	WechsStG
Wegereinigungsgesetz (Preußen) v. 1. 7. 1912 (GS. S. 187)	WegereinG
Wehrbeschwerdeordnung v. 23. 12. 1956 (BGBl. I S. 1066)	**WBO**
Wehrgesetz v. 21. 5. 1935 (RGBl. I S. 609)	WehrG
Wehrleistungsgesetz v. 13. 7. 1938 (RGBl. I S. 887)	WehrlG
Wehrmachtdisziplinarstrafordnung v. 6. 6. 1942 (HDv. 3/9, MDv. Nr. 130, LDv. 3/9)	**WDStO**
Wehrmachtsfürsorge- u. versorgungsgesetz v. 26. 8. 1938 (RGBl. I S. 1077)	**WFVG**
Wehrmachtversorgungsgesetz v. 19. 9. 1925 (RGBl. I S. 349)	WehrmVersG
Wehrpflichtgesetz v. 21. 7. 1956 (BGBl. I S. 651)	WehrpflG
Wehrstrafgesetz	WStG
Weingesetz v. 25. 7. 1930 (RGBl. I S. 356)	WeinG
Welturheberrechtsabkommen v. 6. 9. 1952 (BGBl. II 1955 S. 101)	WUA
Werbung s. Außenwerbung	
Werkdienstwohnungsvorschriften v. 30. 1. 1937 (RBesBl. S. 23), i. d. F. v. 9. 12. 1938 (RBesBl. S. 383)	**WWV**
Wertpapierbereinigung ~ gesetz v. 19. 8. 1949 (WiGBl. S. 295) 1. Änd. u. ErgGes. v. 29. 3. 1951 (BGBl. I S. 211) 2. Änd. u. ErgGes. v. 20. 8. 1953 (BGBl. I S. 940)	WBG WBErgG WBErgG
Wertzollordnung v. 21. 9. 1951 (BGBl. I S. 835)	**WertZO**
Wettbewerb VO ü. ~ v. 21. 12. 1934 (RGBl. I S. 1280)	WettbVO
Wettbewerbe auf d. Gebiete d. Bauwesens Grundsätze u. Richtlinien für ~ u. des Städtebaues v. Juli 1952	**GRW 1952**

Wetterdienst Gesetz ü. d. Deutschen ~ v. 11. 11. 1952 (BGBl. I S. 738)	WettDieG
Wiedergutmachung Gesetz z. Regelung d. ~ nationalsozialistischen Unrechts für Angehörige des öffentlichen Dienstes v. 11. 5. 1951 (BGBl. I S. 291), 7. 1. 1952 (BGBl. I S. 15), 19. 8. 1953 (BGBl. I S. 994), 23. 12. 1955 (BGBl. I S. 820)	BWGöD
Gesetz z. Regelung d. ~ nationalsozialistischen Unrechts f. d. im Ausland lebenden Angehörigen des öffentlichen Dienstes v. 18. 3. 1952 (BGBl. I S. 137)	BWGöD (Ausl.)
Gesetz z. ~ d. den Beamten, Angestellten u. Arbeitern d. öffentlichen Dienstes durch d. Nationalsozialismus zugefügten Unrechts (~sgesetz) (Schleswig-Holstein) v. 4. 7. 1949 (GVBl. S. 162)	WGöD
Hamburg. Allg. Wiedergutmachungsgesetz v. 8. 4. 1954 (GVBl. S. 55)	AllgWiedergG
Wiederherstellung der Rechtseinheit s. Rechtseinheitsgesetz	
Wiederherstellung d. Gesetzeseinheit auf dem Gebiete des bürgerlichen Rechts, Gesetz z. ~ v. 5. 3. 1953 (BGBl. I S. 33)	GesEinhG
Wildverkehrsordnung Reich. Vom 21. 3. 1936 (RGBl. I S. 259) Hessen. Vom 21. 11. 1950 (GVBl. S. 239)	WildVerkO, **WVO**
Wirtschaftsbestimmungen für die Reichsbehörden v. 11. 2. 1929 (RMBl. S. 49)	**RWB**
Justizvollzugsbestimmungen. AV d. RJM v. 15. 3. 1938 (DtJust. S. 400)	**JVB z. d. RWB**
Wirtschaftsprüferordnung (Rheinland-Pfalz) v. 21. 3. 1950 (GVBl. S. 91)	**WPO**
Wirtschaftsstrafgesetz	
~ v. 26. 7. 1949 (WiGBl. S. 193)	WiStG 1949
~ v. 9. 7. 1954 (BGBl. I S. 175)	WiStG 1954
Wirtschaftsverwaltung VO ü. d. ~ v. 28. 11. 1939 (RGBl. I S. 2315)	WiVwVO
Wochenpflegerinnen VO ü. ~ v. 7. 2. 1943 (RGBl. I S. 87)	**WochPflVO**
Wohnraum s. a. Berechnungsverordnung	
Wohnraum Bestimmungen ü. d. Förderung d. Schaffung v. ~ durch Wiederaufbau u. Wiederherstellung sowie durch Um- und Ausbau im Lande Nordrhein-Westfalen. RdErl. v. 27. 1. 1951 (MBl. S. 222)	**WAB**

Wohnraumbewirtschaftungsgesetz v. 31. 3. 1953 (BGBl. I S. 97)	WBewG
Ausführungsgesetze z. Wohnraumbewirtschaftungsgesetz	AGWBewG
Baden-Württemberg. Vom 14. 6. 1954 (GBl. S. 79)	
Bayern. Vom 7. 5. 1954 (GVBl. S. 106)	**AGWoBewG**
Berlin. Vom 13. 5. 1954 (GVBl. S. 290)	
Hessen. Vom 2. 6. 1954 (GVBl. S. 100)	
Rheinland-Pfalz. Vom 19. 7. 1954 (GVBl. S. 101)	
Durchführungsgesetze	DGWBewG
Niedersachsen. Vom 14. 7. 1953 (GVBl. S. 48)	
Schleswig-Holstein. Vom 16. 2. 1954 (GVBl. S. 31)	
Wohnraumlenkungsverordnung v. 27. 2. 1943 (RGBl. I S. 127)	WLVO
Wohnraumversorgung VO z. ~ d. luftkriegsbetroffenen Bevölkerung v. 21. 6. 1943 (RGBl. I S. 355)	WVVO
Wohnsiedlungsgebiete Gesetz ü. d. Aufschließung von ~n v. 22. 9. 1933 (RGBl. I S. 659)	WohnsG
Wohnungsbau	
Gesetz ü. Gebührenbefreiungen beim ~ v. 30. 5. 1953 (BGBl. I S. 273)	WohnGebBefrG
VO ü. d. Gebührenbefreiung beim Klein~ v. 27. 8. 1936 (RGBl. I S. 702)	KlWohnGebBefrVO
Weisung ü. Aufbaudarlehen f. d. ~ i. d. F. v. 3. 12. 1956 (BAnz. Nr. 248)	**AW-Weisung**
Bayern. Gesetz ü. d. Grundsteuerfreiheit u. Gebührenfreiheit f. d. sozialen ~ v. 28. 11. 1949 (GVBl. 1950 S. 30)	GSW
Wohnungsbaugesetz	**WoBauG**
1. ~ v. 24. 4. 1950 (BGBl. S. 83), i. d. F. v. 25. 8. 1953 (BGBl. I S. 1047)	
2. ~ v. 27. 6. 1956 (BGBl. I S. 523)	
Wohnungsbau-Prämiengesetz v. 17.3.1952 (BGBl. I S. 139), i. d. F. v. 12.12.1954 (BGBl. I S. 482)	WoPG
DurchfVO v. 8. 9. 1955 (RGBl. I S. 585; BStBl. I S. 454)	WoPDV
Richtlinien z. Durchf. d. ~s v. 12. 7. 1956 (BAnz. Nr. 136; BStBl. I S. 365)	**WoPR 1956**
Ergänzungs-Richtlinien v. 11.7. 1956 (BAnz. Nr. 136; BStBl. I S. 360)	**WoPER 1956**
Wohnungseigentumsgesetz v. 15. 3. 1951 (BGBl. I S. 175)	WEG
Wohnungsgesetz (= Kontrollratsgesetz 18) v. 8. 3. 1946 (ABlKR S. 117)	WohnG

Wohnungsneubau Bestimmungen ü. d. Förderung des ~es (Kleinwohnungen u. Kleinsiedlungen) (Nordrhein-Westfalen) RdErl. v. 25. 1. 1951 (MBl. S. 181)	**NBB**
Wohnungswesen Gesetz ü. d. Gemeinnützigkeit im ~ v. 29. 2. 1940 (RGBl. I S. 438)	**WGG**

Z

Zahnärzte Prüfungsordnung f. ~ v. 26. 1. 1955 (BGBl. I S. 37)	ZahnÄPrüfO
Zahnheilkunde Gesetz ü. d. Ausübung d. ~ v. 31. 3. 1952 (BGBl. I S. 221)	ZahnHKG
Zerlegungsgesetz v. 29. 3. 1952 (BGBl. I S. 225)	ZerlegG
Zivilblinde Gesetz ü. d. Gewährung von Pflegegeld an ~ (Bayern) v. 18. 6. 1953 (GVBl. S. 77)	ZPflG
Zivilprozeßordnung v. 30. 1. 1877 (RGBl. S. 83)	ZPO
Einführungsgesetz v. 30. 1. 1877 (RGBl. S. 244)	EGZPO
Zollanweisungs-Ordnung v. 21. 3. 1939 (RMBl. S. 461)	**ZAnwO**
Zollager-Ordnung v. 24. 3. 1939 (RMBl. S. 557)	**ZLO**
Zollgesetz v. 20. 3. 1939 (RGBl. I S. 529)	**ZG**
Zollordnung s. Allgemeine Zollordnung	
Zollvormerkordnung v. 24. 3. 1939 (RMBl. S. 595)	**ZVormO**
Zolltarifgesetz v. 16. 8. 1951 (BGBl. I S. 527)	ZTG
Zuckergesetz v. 5. 1. 1951 (BGBl. I S. 47)	ZuckG
Zuckersteuergesetz v. 26. 9. 1938 (RGBl. I S. 1251)	ZuckStG
Zündwarenmonopolgesetz v. 29. 1. 1930 (RGBl. I S. 11)	ZündwMG
Zugabeverordnung = VO d. RPräs. z. Schutze d. Wirtschaft v. 9. 3. 1932 (RGBl. I S. 121)	ZugVO
Zugabewesen Gesetz ü. d. ~ v. 12. 5. 1933 (RGBl. I S. 264)	ZugWesG

Zulassung v. Ärzten z. Tätigkeit b. d. Krankenkassen	
Brit. Zone. Zulassungsordnung f. Ärzte v. 21. 4. 1948 (ArbBl. BrZ S. 251)	ZulO f. Ärzte
Baden-Württemberg. Gesetz ü. d. Zulassung d. Ärzte, Zahnärzte u. Dentisten z. Tätigkeit bei d. Krankenkassen ... v. 20. 7. 1953 (GBl. S. 113)	ZulG f. Ärzte
Bayern. Gesetz ü. d. ~ v. 14. 6. 1949 (GVBl. S. 162)	ZulG f. Ärzte
Berlin. Zulassungsordnung f. Sozialversicherungsärzte in ... v. 3. 9. 1951 (GVBl. S. 632)	ZulO f. Ärzte
Hessen. VO ü. d. ~ v. 7. 2. 1950 (GVBl. S. 31)	ZulVO f. Ärzte
Rheinland-Pfalz. Landes ~ v. 21. 4. 1950 (GVBl. S. 153)	ZulG f. Ärzte
Zuständigkeit	
Bayern. VO, d. ~ d. Verwaltungsbehörden in Sachen d. Strafgesetzbuchs f. d. Dt. Reich u. d. Polizeistrafgesetzbuchs betr. v. 4. 1. 1872 (RegBl. S. 25)	ZustVO
Preußen. Gesetz ü. d. ~ d. Verwaltungs- u. Verwaltungsgerichtsbehörden v. 1. 8. 1883 (GS. S. 237)	ZustG
Zuständigkeitsergänzungsgesetz v. 7. 8. 1952 (BGBl. I S. 407)	ZustErgG
Zuwendungen	ZuwG
Gesetz ü. d. Behandlung v. ~ an betriebliche Pensionskassen u. Unterstützungskassen bei d. Steuern vom Einkommen u. Ertrag v. 26. 3. 1952 (BGBl. I S. 206)	
Zwangsabtretungsgesetz (Bayern) v. 17. 11. 1837 (GBl. Sp. 109)	ZwAbtretG
Zwangsenteignungsgesetz (Württemberg) v. 20. 12. 1888 (RegBl. S. 446)	ZwEnteigG
Zwangskartelle	ZwKartG
Ges. ü. Errichtung v. ~n v. 15. 7. 1933 (RGBl. I S. 488)	
Zwangsversteigerungsgesetz v. 24. 3. 1897 (RGBl. S. 97), i. d. F. v. 20. 5. 1898 (RGBl. S. 369, 713)	ZVG
Zwangsvollstreckung	ZwVVO
VO ü. Maßnahmen auf dem Gebiete d. ~ v. 26. 5. 1933 (RGBl. I S. 302)	
Zweckentfremdung	ZweckEntfVO
VO ü. d. Verbot d. ~ v. Wohnungen v. 14. 8. 1942 (RGBl. I S. 545)	
Zweckverbandsgesetz	ZweckVG
Reich. Vom 7. 6. 1939 (RGBl. I S. 979)	
Rheinland-Pfalz. I.d.F. v. 3.12.1954 (GVBl. S. 156)	

FSC
www.fsc.org
MIX
Papier | Fördert
gute Waldnutzung
FSC® C083411

Kolibri 360 GmbH
Ferdinand-Jühlke-Straße 7
99095 Erfurt, Deutschland
produktsicherheit@kolibri360.de